Contaminants in the Subsurface: Source Zone Assessment and Remediation

地下污染物
污染源区评估与修复

美国国家科学院国家研究委员会 著
（National Research Council of the National Academies）
山东洌泉环保工程咨询有限公司 组织翻译
李 静 谭勇壁 译

·北京·

内 容 简 介

本书共7章，重点介绍了氯化溶剂DNAPLs（重质非水相液体）和化学炸药污染源，系统描述了地下污染源的定义、各种水文地质环境条件下的污染迁移特征、污染源区调查与表征、在美国法律标准监管框架下的治理目标与指标的制定与衡量、修复技术的案例分析与选择、治理决策议定书要素与执行污染源治理的六步骤，强调了污染源区的动态反复调查表征与概念模型的不断完善、治理目标的细化描述、目标与技术方案的对应可行性以及确保实现治理目标。

本书专业性、参考性较强，可供从事地下水污染治理和土壤修复的工程技术人员、科研人员和管理人员参考，也可供高等学校环境科学与工程、生态工程及相关专业师生参阅。

图书在版编目（CIP）数据

地下污染物：污染源区评估与修复/美国国家科学院国家研究委员会著；山东冽泉环保工程咨询有限公司组织翻译；李静，谭勇壁译. —北京：化学工业出版社，2022.11

书名原文：Contaminants in the Subsurface: Source Zone Assessment and Remediation

ISBN 978-7-122-42122-7

Ⅰ.①地… Ⅱ.①美… ②山… ③李… ④谭… Ⅲ.①地下-污染源-评估②地下-污染源-生态恢复 Ⅳ.①X531

中国版本图书馆CIP数据核字（2022）第164051号

责任编辑：刘　婧　左晨燕　　文字编辑：汲永臻
责任校对：王鹏飞　　装帧设计：史利平

出版发行：化学工业出版社（北京市东城区青年湖南街13号　邮政编码100011）
印　　装：北京科印技术咨询服务有限公司数码印刷分部
787mm×1092mm　1/16　印张17¼　彩插2　字数361千字　2023年3月北京第1版第1次印刷

购书咨询：010-64518888　　售后服务：010-64518899
网　　址：http://www.cip.com.cn
凡购买本书，如有缺损质量问题，本社销售中心负责调换。

定　　价：138.00元　　

美国国家科学院出版社

地址：500 Fifth Street，N. W. Washington，D. C. 20001

提示：本书的主题项目已获得国家研究委员会理事会的批准，编写委员会成员来自美国国家科学院、美国国家工程院以及医学研究所的顾问团。负责本书的委员会成员是根据其胜任该工作的能力并在此基础上进行适当的平衡而选出来的。最后，本书经美国国家科学院国家研究委员会的理事会同意后呈交。

本书涉及的研究内容得到国家科学院与美国陆军部的支持，合同编号：DACA31-02-2-0001。书中，作者们所表达的任何意见、研究成果、结论或建议，并不一定代表为该项目提供支持的组织或机构的意见。

美国国家科学院
全国科学、工程和医学的顾问

美国国家科学院是一个私营的、非营利性的、由从事科学和工程研究、致力于推进科学和技术发展以及致力于推动科技为公众谋福利的杰出学者所组成的协会。自 1863 年国会赋予美国国家科学院宪章级别的权威后，美国国家科学院就肩负起要求联邦政府就科学和技术问题与其商议的使命。目前布鲁斯 M. 艾伯茨博士（Dr. Bruce M. Alberts）担任美国国家科学院院长。

美国国家工程院成立于 1964 年，主要由优秀的工程师组成，根据美国国家科学院的章程，工程院与科学院为同级组织。美国国家工程院负责自身的管理与成员的选取，并和美国国家科学院一起为联邦政府提供咨询。此外，美国国家工程院还赞助旨在满足国家需要、激励教育和研究发展的工程方案，并认证工程师的卓越成就。目前威廉 A. 沃尔夫博士（Dr. Wm. A. Wulf）担任美国国家工程院院长。

医学研究所成立于 1970 年，由美国国家科学院建立，其目的在于确保具有合适专业技能的杰出人士在调查有关公众健康的政策事宜时提供服务。在国会赋予美国国家科学院宪章级别的权威下，医学研究所有责任成为联邦政府的顾问；同时，医学研究所还主动承担医疗护理鉴定、教育和研究等责任。哈维 V. 菲尼伯格博士（Dr. Harvey V. Fineberg）担任医学研究所的主席。

国家研究委员会于 1916 年由美国国家科学院组建，其目的在于广泛联合科学和技术团体为联邦政府提供咨询并在学术上进行深入研究。委员会在科学院确定的总体政策下运作，目前已成为美国国家科学院和工程院为政府、公众和科学以及工程学界提供服务的主要运营机构。理事会由科学院和医学研究所共同管理。布鲁斯 M. 艾伯茨博士（Dr. Bruce M. Alberts）和威廉 A. 沃尔夫博士（Dr. Wm. A. Wulf）分别担任国家研究委员会的主席和副主席。

地下污染源清除委员会

约翰 C. Fountain，董事会主席，北卡罗来纳州立大学，罗利
琳达 M. Abriola，塔夫茨大学，马萨诸塞州梅德福
LISA M. ALVAREZ 科恩，美国加州大学伯克利分校
玛丽 乔 BAEDECKER，美国地质调查局，弗吉尼亚州雷斯顿
戴维 E. 埃利斯，杜邦工程，特拉华州威尔明顿
托马斯 C. 哈蒙，美国加州大学默塞德分校
南希 J. 海登，佛蒙特大学，伯灵顿
彼得 K. KITANIDIS，斯坦福大学，加州
乔尔 A. 明茨，诺瓦东南大学，佛罗里达州劳德代尔堡
詹姆斯 M · 费伦，桑迪亚国家实验室，新墨西哥州阿尔伯克基
Gary A. POPE，奥斯汀得克萨斯大学
大卫 A. 萨巴蒂尼，俄克拉荷马大学，诺曼
托马斯 C. SALE，科罗拉多州立大学，科罗拉多州柯林斯堡
布伦特 E. SLEEP，多伦多大学，加拿大安大略省多伦多
JULIE L. WILSON，EnviroIssues，俄勒冈州图拉丁
约翰杨，以色列卫生部，Talpiot
瑟琳 L. YURACKO，YAHSGS，华盛顿州里奇兰德

全国科学研究委员会

劳拉 J. 埃勒斯　计划主任
斯蒂芬妮 · 约翰逊　项目官员
ANITA A. HALL　项目研究副主任
乔恩 · 桑德斯　高级项目助理（2004 年 4 月通过）

水科学与技术委员会

国家研究委员会成员

译者的话

污染场地修复在我国如火如荼地开展了十几年的时间，行业经过前期在修复项目国家层面的管理、修复技术与设备研发、修复项目管理流程以及修复项目的资金来源等多方面的大量探索，今天的污染场地修复行业在上述多个方面都有了质的飞跃，进入了一个新的阶段。尤其是在修复模式与修复技术方面，在逐步由异位修复模式转变到以原位修复为主的模式：原位热脱附技术，例如GTR、ERH以及TCH技术，原位氧化技术，原位空气曝气与原位多相抽提技术等的组合技术都得到了大量的工程推广，行业发展由过去的粗放工程施工阶段发展到了技术细分领域的快速发展阶段。

根据《土壤污染防治行动计划》《地下水污染防治实施方案》等文件，土壤和地下水污染是目前亟待解决的突出环境问题之一，其修复未来市场潜力巨大。尤其是发展到今天，行业已经逐步由“重土轻水”的修复思路转移到“水土共治”的修复思路上。污染土壤与污染地下水的同步修复对污染场地污染源区域的原位修复技术提出了更多、更高的需求。而目前，国内严重缺乏污染源区域原位修复技术方面的相关参考资料，尤其是污染源区域的原位修复技术的设计需要有水文、地质、化学、生物、环境以及材料等诸多领域的交叉经验，由于污染场地修复行业在国内依然是环保领域的一个新兴分支，国内的污染场地修复行业依然需要在污染源区域原位修复的污染调查、修复目标确定、修复技术比选以及项目管理等方面向本行业发展经验较为丰富的欧美等国家借鉴经验。

在此背景下，译者翻译了本书，与行业同仁共享。本书对美国在污染场地污染源区原位修复技术比选与案例研究等方面做了系统的总结，并对污染源原位修复之前对水文地质的调查与分类、污染调查问题与调查技术、修复目标确定与项目管理流程等多个方面进行了详细论述。需要提醒的是，美国污染场地的治理目标是广义的目标，包括绝对目标与功能目标，目标之下还应选择制定适当的衡量指标，这与我国的情况是不太相同的，我国污染场地治理目标主要指污染修复的污染物去除浓度修复目标值或风险管控目标值。

本书中文版由李静完成了全书的翻译工作，谭勇壁在此基础上对照英文原文进行了翻译修订与校对工作，以保障本书的翻译质量。在此，对参与本书翻译与出版的同仁表示衷心的感谢!

如果本书对污染场地修复的业内同仁或有志于从事修复事业的读者有所帮助，译者将感到莫大的欣慰。由于英文版专业性表达强、美国技术政策背景性强、翻译难度较大，同时限于译者水平和翻译时间，文中难免存在不妥与疏漏之处，恳请读者批评指正。

译者

2022年6月

前言

在过去二十年中，污染场地地下水的修复一直是数以千计的实验研究（实验室实验）、中试以及全面的实地治理项目的主题，耗资数十亿美元。然而，上述工作的成效在很大程度上还是不确定的。1994年国家研究委员会（NRC）开展了一项具有里程碑意义的研究——“地下水污染清理的备选方案”，委员会回顾了到当时为止可以获得的修复工程的绩效数据，并表示“这些研究的结果表明，不同的利益群体均对地下水污染表示关注……而国家可能将大量资金浪费在无效的修复工作上”。

NRC和政府机构针对最近的研究得出结论：尽管在一定条件下不同技术已被证明可以有效消除污染物质，但是这些技术展现出的消除性能均是针对特殊的场地，因此难以得到有意义的一般性结论。对于复杂的污染场地的修复，特别是在一个污染源区（高度污染区域，在第1章中将对其进行定义）可以得到如下结论，即很难在一个合理的时间段内（例如100年）使其恢复到饮用水标准。因此，目前很难确定污染源区是否合适与何时该进行修复。

陆军部队和其他军事机构分支、许多私人企业一样，也拥有大量的复杂污染场地，并且有理由预计其中存在污染源区。鉴于修复这些污染场地需要极高的成本（仅陆军剩余需要负责的场地修复费用估算就近40亿美元），那么我们需要解决的关键问题是判定什么样的污染源区修复可行以及哪些修复技术适用。

本书是应陆军要求开展的一项研究的成果，它开发了针对特定场地的污染源区修复可行性的评估逻辑基础方法。它将技术选择与可能的修复效果性能等技术问题置于场地特征、修复目标和修复指标要求的背景下。这种框架方法反映了一个事实，即修复项目是否“可行、有效”取决于项目目标、所选技术和场地特征。

本书也讨论了如何将不同的利益相关方、监管关注点、场地水文地质情况、修复技术选择以及修复效果性能监测等各个方面纳入决策过程，从而可以指导陆军、其他军事机构、政府机构和私营企业的决策者们在面对重质非水相液体（DNAPLs）和化学炸药污染场地时有哪些潜在的治理技术选项。正如早期研究所强调的，使用正式的决策过程的必要性来自特定场地参数对修复效果性能的影响、公众对激进修复的渴望、修复的高成本以及在大多数情况下污染场地不太可能完全恢复的现实。

在编写本书期间，地下污染源清除委员会（作者）受惠于陆军联络员和修复项目管理者（RPM）的帮助，他们不但针对陆军场地修复工作提供了很有价值的信息，而且还协助委员会（作者）收集相关数据和信息。特别是，我们要感谢 Laurie Haines（陆军环境中心），他为委员会做了两场报告、帮助分发和整理了陆军 RPM 调查报告，并于过去两年中为委员会收集了大量的信息。委员会幸运地收到了 Susan Abston（来自美国陆军），Joe Petrasek 和 Terry Delapaz，Corinne Shia [来自科学应用国际公司（SAIC）]，Greg Daloisio（来自 Weston），Ken Goldstein（来自 Malcolm Pirnie），Doug Rubingh 和 Tom Zondlo（来自 Shaw E&I），John Blandamer[来自联合军（RSA）]，Wes Smith 和 Kira Lynch（来自陆军工程兵），Ira May（来自陆军环境中心），Hans Stroo（来自 Retec 集团），Erica Becvar（来自空军卓越环保中心），Robert Siegrist（来自科罗拉多矿业大学），James Spain（来自美国空军），Hans Meinardus（来自 INTERA），Charles Newell（来自地下水服务公司），Suresh Rao（来自普渡大学），Lawrence Lemke（来自密歇根大学）和 Tissa Illangasekare（来自科罗拉多矿业大学）的报告。在第二次委员会议期间，空军房地产局的 Doug Karas 组织委员赶往凯利空军基地进行实地考察。水科学和技术委员会的员工，包括研究董事劳拉・埃勒斯、斯蒂芬妮・约翰逊、项目助理 Jon Sanders 和 Anita Hall，也为委员会提供了大量的服务。

依据 NRC 报告审查委员会的审核程序，具有不同观点和技术特长的学者都审查了本书。而这一独立审查的目的就是为了提出坦率公正的、批评性的意见，以帮助作者以及 NRC 使本书尽可能可靠，并确保本书符合委员会关于客观性、证据性和研究责任响应性的标准要求。为了维护审核过程的完整性，复审稿和原稿件均保持为秘密级别。我们感谢下列参与了本书审核的人员：科学国际公司的伊丽莎白・安德森，洛斯阿拉莫斯国家实验室的约翰・霍普金斯，Malcolm Pirnie 公司的迈克尔・卡瓦纳夫，加州大学戴维斯分校的道格拉斯・麦凯，SERDP/ESTCP 项目办公室的 Jeffrey Marquesee，魁北克大学的理查德・马特尔，普渡大学的苏雷什・饶，汉密尔顿辣椒律师事务所的威廉沃・尔什和伊利诺伊大学的 Charles Werth。尽管以上审阅者提供了许多建设性意见和建议，但是他们并没有被要求认可结论或建议，也没有看到发布前的终稿。本书的审查由 Randall Charbeneau 监督。他由 NRC 任命，负责确保按照规定程序对本书进行独立审查，并且仔细地考虑了所有的审查意见。本书的最终内容完全由编写委员会负责。

主席，John Fountain

目录

5 污染源修复技术的选择 / 136

6 污染源治理决策议定书要素 / 226

0 绪论

全国各地有成千上万个商业、工业和军事场地的地下水受到化学废物污染。自20世纪80年代美国超级基金法颁布以来，虽然许多存放危险废物的场地已被清理，但仍有大量顽固有机污染物污染场地，其水质和土壤污染物浓度超过相关标准。基于多种原因，早期的修复手段，例如抽出-处理技术已被证明难以修复这些受污染场地。地下介质的非均质性、含水层对污染物的吸附作用以及污染物向低渗透区扩散等多种因素互相耦合，使得抽出-处理技术的修复效率比预想的要低得多。此外，许多有机污染物水溶性低，往往形成独立的有机相液体［非水相液体（NAPLs）］或独立的固相存留于地下。上述情况一旦产生，这些独立相或被吸附的污染物将会成为地下水的一个长期存在的污染源。

污染源区污染表征、治理技术可行性及其潜在成本估算的技术性困难是如此巨大，以致目前还没报道有哪个大型DNAPLs（重质非水相液体）污染场地的修复、污染治理使其水质恢复到饮用水标准。尽管如此，来自公众要求清理污染场地的压力和来自污染责任方履行治理责任以达到关闭场地的愿望仍然存在，因此在过去几年中重大污染源治理所需的某些技术正在被大型污染责任单位越来越多地使用，例如美国军方。特别是，负责协调全国数千处陆军设施污染场地恢复治理工作的陆军环境中心，要求国家研究委员会（NRC）提供资源投入，以帮助确定污染源治理指标的有用性和适用性作为一项治理策略，这些指标包括污染物总量去除、污染风险降低和其他指标等，可以由更具有攻击性的治理技术实现。除了重点阐述氯化溶剂DNAPLs的治理之外，本书还深入探究了化学炸药类污染物的治理。

本书撰写目的如下：

① 本研究中，如何对“污染源”定义才有意义？污染源描述步骤对于污染物总量去除作为一种治理策略的有效性具有怎样的重要性？在复杂的污染场地中，可利用何种工具或方法来界定有机物污染的来源？就污染物总质量和单体质量分布，应如何对这些表征的不确定性进行量化？

② 为确定各种污染源清除策略的有效性，对数据和分析有什么要求？针对不同的有机污染物种类和水文地质环境，这些要求如何变化？有效性应考虑修复后地下水的水质指标、污染羽减小和控制、污染物的去除量、风险的降低程度和污染场地在其全生命

周期的管理成本。

③ 目前已有哪些工具或技术以及将来需开发什么样的工具，用以预测污染源去除的潜在效益？

④ 在精心设计的污染源治理决策议定书中都有哪些最重要的要素，可以协助现场项目经理评估污染源去除措施能带来的治理效果？

⑤ 为达到不同的治理目标及水质持续改善，如何评估污染源清除工作？（例如，污染源去除工作达到何种程度时可转向依靠自然衰减监测技术？）

⑥ 到目前为止，在军事和其他设施场地中，针对污染源去除行动已取得了哪些成果？更通俗具体地说，将未来使用污染源去除技术作为一种治理策略方面和此项研究期间调查到的具体治理技术应用方面，我们能如何评价？

0.1 污染源

NRC 项目委员会成立后首要的工作就是研究和重新定义“污染源”。该定义抓住了污染源作为污染储存库的本质，同时又对污染源区和受污染的地下水羽进行了辨别。此外，为更好地描述化学炸药的性质，该定义还包含纯固体污染源，如下所述：

污染源区域是指包含饱和带或不饱和地带层区域，该区域内含有害物质、工业废物或污染物，其作用类似一个污染储存库，并可持续对地下水、地表水或者空气造成污染羽流，或形成直接暴露源。污染源范围包括正在受到或已受到独立相污染物（非水相液体或固体）污染的区域。污染源区中污染物总量包括以吸附形式存在的污染物质量、存在于水相中的污染物质量以及以固体或 NAPL 形式存在的污染物质量。

掌握地下污染源区的特征是有效进行污染场地表征和修复的关键。将环境水文地质特征、化学污染物组成与释放特征以及随后化学污染物在地下的传输与转化特征相结合，就能够确定污染物在污染区域的分布情况。在第 2 章中描述的五类水文地质环境广泛代表了所关注的普遍地质环境：

① Ⅰ类——具有低异质性和中度到高度渗透性的颗粒介质；

② Ⅱ类——具有低异质性和低渗透性的颗粒介质；

③ Ⅲ类——具有中度至高度异质性的颗粒介质；

④ Ⅳ类——具有低岩石基质孔隙度的裂隙介质；

⑤ Ⅴ类——具有高岩石基质孔隙度的裂隙介质。

上述设定主要表现为地质环境在渗透性、异质性和孔隙度方面的不同，而这些参数无论是在自然状态还是工程条件下都能控制污染物在污染源区中的存储及释放。例如，具有高岩石基质孔隙度（Ⅴ类）特点的裂隙介质场地往往将污染物存储于静滞的水相区域并吸附到含水层固体上。由于这些地区污染物的反向扩散，可使地下水中污染物长时间保持较高的浓度。典型水文地质环境的范围在几米之内，而整个污染源区规模可达几十米。同时，污染源区可以处在一个单一的水文地质环境中（如沙丘沉积物），也可以处于包含多个水文地质的环境（如冲积层上覆盖裂隙结晶岩）中。水文地质环境除了可确定整体污染的地下分布外，还限制了可用于表征污染源区的工具类型以及可使用的减少污染源区域污染物总量的治理技术。

通常有机污染物作为液相成分进入地下，如稀释的水溶液、浓缩的水溶液（渗滤液）或与水不混溶的有机液体（NAPL）。由氯化溶剂形成的DNAPLs在地下的迁移取决于其密度、黏度、与孔隙水间的界面张力以及地层固体的性质，如质地和湿润性。DNAPLs不但可以在地下汇集，也可以作为液滴或结节形式存在于含水层孔隙内。DNAPLs污染场地的显著特征之一是在地下的分布通常呈稀疏且高度异质性。一旦污染物进入地下，溶解、吸附和生物降解等过程可使污染物在局部相-相之间再分配以及将污染物带离初始释放位置，从而对污染物的再分布产生较大影响。根据水文地质环境中的条件，以DNAPLs形式释放到地下的部分污染物可能会扩散至停滞区，成为吸附态或溶解态的污染物。

相比于DNAPLs，人们对化学爆炸物污染源区的特点了解不多，可能是因为这些污染场地所涉及的安全问题。尽管如此，人们仍认为从生产和制造过程中排放的绝大多数化学爆炸污染物是以液相混合物的形态被排放到环境中的，在地下土壤层6m范围内，炸药化合物通常会从液相混合物中沉淀下来。此外，在生产过程中排放出的一些浓缩的废弃物，其行为可能会像DNAPLs或重混溶相液体一样。然而，一旦这些炸药原料进入土壤就可能带来巨大的变化，往往会因土壤环境条件如温度和酸度的降低而促进独立固相物质的生成。固相可通过雨水对地下水的补给而溶解，接着在土壤孔隙水或地下水中扩散。

对于氯化溶剂和炸药的污染源区，由于污染物溶于水且难以被生物降解，导致污染羽流沿着污染源物质扩散梯度方向扩散。通常，与污染源区的污染物总量分布相比，地下水污染羽往往分布于更大的空间，污染羽区中的污染物分布更为连续。此外，随着时间的推移，污染羽中发生的生物地球化学过程使得混合污染物的组成与刚释放出来时有很大差别。还应该指出，在许多水文地质环境中，污染物从污染羽中被吸附或扩散到含水层固体中（以及随后的反向扩散）是常见的现象。尽管这类吸附或停滞区的污染物可以造成水污染，但是在这些区域不存在DNAPLs或固相污染源，因此它不构成污染源区（见本书定义）。因此，并非所有的地下水污染羽流都意味着污染源区的存在。

0.2 污染源区表征

可通过场地表征来揭示水文地质环境和危险废物场地中污染物的分布。场地表征是一个连续的创建和修订场地概念模型的动态过程，该模型涉及场地的各个方面，也包括污染源区。污染源区表征包括：表征不足可能带来的后果、表征的方法和工具、已确定修复目标的污染源区表征的重要性、规模问题以及对污染源区表征过程中不确定性的整合，这些问题将在第3章讲述。在整个污染源修复过程中，一个需要不断强调的问题是污染源的表征服务于污染源的治理。污染源区修复目标的确定和修复技术的选择将对其表征策略产生重要影响，反之亦然。

由于不同场地之间具有较大的差异，所以规定一个具体的、逐步的污染源区表征的过程是不可能的，但对所有污染源区的表征来说获取如下四大类信息是非常必要的。

（1）掌握污染源的状况和自身性质

污染源的组分有哪些；是否存在 DNAPLs 或爆炸性物质；以及基于已知信息，各个单一组分预期的行为是什么。

（2）表征场地水文地质条件

与污染源区相关的地下岩性特征和地下水流特征是什么；污染场地下是否有多个含水层；它们是如何连接的；低渗透层或带区域有什么性质，它们的连通性如何；是否能对特定污染场地的水流系统进行更宏观的描绘；可否测量地下水的速度和方向（以及在空间和时间尺度上的变化）。

（3）确定污染源区的几何形状，污染物的分布、迁移和溶解率

根据岩土学理论，确定污染源在哪里；污染源是以 DNAPLs 池的形式分布还是以饱和残留形式分布，或两者兼有；爆炸性物质是以结晶态存在还是以吸附态存在；污染物当前纵向和横向的污染程度如何，以及基于污染场地水文地质特征，未来这些污染物将如何迁移；污染源溶解的速率如何。

（4）掌握污染场地的地球生物化学特征

传递和转化过程对污染源区污染物质衰减和污染源物质扩散梯度方向的羽流发挥什么作用；修复策略将如何影响场地的地球化学环境（如通过释放其他有毒物质或通过添加或去除微生物活性及污染物降解的依赖性物质）。

尽管可能有一个完整的工作计划用来指导以特定顺序进行的污染源区表征工作，但是每项表征工作都与其他表征相关联，对于上述通用的表征工作之间进行很好的迭代不仅是可取的，而且对于修复过程来说也非常关键。

第 3 章概述了表征上述四大类信息的方法和手段。这些表征方法和手段包括非侵入式方法（如收集历史信息、某些地球物理技术）、侵入式取样方法、实验室分析方法以及上述方法的综合。一些方法可以从地下移除污染物，另一些方法可以在线或在样品取出后测定污染物的化学成分，还有一些方法可以两者兼具，也有些方法不具有上述两种功效。许多方法已被开发并应用于由松散地质介质构成的污染场地的修复中，而不适用于裂隙或岩溶介质。事实上，由于裂隙岩体环境具有高度的空间变异性，适用的方法往往只能提供有限的信息（如特定点信息）。

许多 DNAPLs 或爆炸物质污染场所缺乏足够的场地表征结果以支持修复策略的制订和成功指标的选择。这极有可能是由于制订的目标不明确、财力支持有限或来自进度的压力与应付最后期限。尽管在技术方面仍存在诸多挑战，但为了有效地管理环境修复工作，对污染场地进行一定程度的表征是必不可少的。过高地估计污染源区的大小会把修复工作的范围成本抬到极高水平。反之，未察觉的污染物质将会危及污染源清理工作的成效并将带来额外的表征和修复工作。以下是针对污染源表征的结论和建议。

在整个污染源的治理过程中应反复进行污染源的表征，以确定治理目标成功的量化指标与治理技术。所有污染场地都需要进行一定量的污染源表征以开发和细化污染场地概念模型。通常情况下，成功的污染源修复工作需要多方面信息，例如污染物质的性质、污染场地的水文地质、污染源区的分布以及污染场地的生物地球化学状况。但任何给定场地所需表征工作的程度和使用的表征方法都取决于场地条件、选择的治理目标和实现目标所选用的技术。

与理论上污染源的大小范围、污染源地下水文地质特征和样品分析数据相关的不确定性的评估是决定（修复）是否成功的关键。通常使用统计、反演运算以及随机反演方法来完成上述评估。遗憾的是，在含危险品的污染场地很少对不确定性进行定量分析。通过增加对污染源的表征从而对不确定性有更好的掌控，这将使得最终采用更为准确的修复措施。而在大多数污染场地，并没有对已有的成果资源和污染源表征工作进行优化组合，故不能减少治理措施的不确定性。

0.3 污染源修复的目标

只有制订了规范、清晰和准确的修复目标，污染源修复工作才能成功。这包括了解场地修复目标的全部内容范围、目标之间的相对优先级别以及将目标定义为可实施的具体指标。不幸的是，不能明确说明治理目标是污染源治理技术应用的一个重大障碍。通常，要么是污染源治理效果的数据与治理项目的既定目标无关，要么目标表达过于不准确，以至于无法评估污染源治理措施是否有助于实现这些目标。如作者知道在某些条件下，如果在治理工作开始之前就制订出详细的、具有可操作性的治理目标，那么则很可能最后决定不对污染源进行治理。

由于一个污染场地的多个利益相关方可能有着各自不同的目标，但是又使用相似的语言来描述这些差异显著的目标，因此污染源治理目标制订模糊的问题普遍存在。此外，一个特定的性能指标可能会对应多种不同的目标，同时各个利益相关方也相应地对其产生不同的理解。最终 DNAPLs 问题和污染源治理面临一些暂时性的问题，这很难用传统技术管理框架的分析方法来评定其对人类健康和环境安全的风险。

第 4 章对修复污染源场地可实施的各种修复目标进行了说明，并区分了绝对目标和功能目标，其中绝对目标是修复目标的重点，而功能目标则是实现绝对目标的手段目标。例如，在特定法规的监管框架下修复目标成功完成的必要条件是在特定的时间和空间节点上，减少地下水中污染物到指定的浓度水平，这被认为是一个绝对目标。然而，该目标可换成与之一致的说法：确保人类健康风险降低到可接受水平。在这种情况下，该目标即为功能目标，这是由于其他目标也会实现相当程度的人类健康保护，如禁止使用受污染的地下水。

修复的物理目标包括污染物总量去除、浓度降低、质量通量减少、降低污染源迁移潜力、羽流尺寸减小以及残余物质毒性或流动性的改变。还讨论了涉及风险降低、成本最小化和进度安排的目标，针对场地治理的许多目标已经在法规监管、风险评估及经济框架方面实现了制度化。以下将对本章污染源修复目标进行总结并提出建议。

① 在决定尝试修复工作及选定具体技术之前就应该制订好治理目标。作者认为治理措施往往在没有明确说明治理目标的状况下实施，而事实上只有经所有利益相关方明晰所确定的治理目标才能确保他们理解随后的治理决策。而缺少制订明确治理目标将注定会使利益相关方不满并会导致在使用可选择的技术时产生昂贵的费用并造成毫无结果的“任务偏差”。这一步与对污染场地的准确表征同等重要。

② 为了评估各种目标和技术选择，需要对功能目标和绝对目标进行明确区别。应让所有利益相关方都明白，如果给定的目标仅是实现绝对目标的手段（即它是一种功能目标），就应该向所有涉众说明这一点。当考虑实现绝对目标的替代方法时和当不同涉众有不同意愿时，相互替代目标尤为重要。

③ 每个目标应该对应一个指标，即对一个特定污染场地应采用可被测量的量来评估目标的成效。缺乏指标的目标应根据具有指标的附属功能目标进一步细化。此外，尽管决定受技术和非技术因素影响，但一旦做出决定应该重点以技术指标为依据来确定修复工作成功与否。

④ 许多涉及 DNAPLs 治理场地的治理目标应该尽量涵盖其长时间尺度特征。相对于 DNAPLs 存在的持久性（长达数百年），一些现有技术管理框架中的时间尺度非常短（很少超过 30 年），因此无法区分该类污染场地在修复速度方面存在显著差异的替代治理方案。在生命周期成本分析中所选择的时间尺度和贴现率可以显著影响不同修复措施的成本估算。然而在环境科学其他领域（如储存和处理放射性物质）现已制订出一个更现实、更具有时空观的决策方法。在将上述方法应用到 DNAPLs 治理问题上时，陆军和其他修复团体需要做一个总体考虑。

0.4 污染源修复技术的选择

第 5 章介绍了用于污染场地（修复）的主要备选技术，包括技术概述、技术优势和劣势评价以及对每项技术的特殊注意事项。由于氯化溶剂污染场地治理工作中最大的困难在于其在饱和带的清理去除，因此第 5 章侧重于讨论对该介质中氯化溶剂污染物的治理技术。

目前通过对地下污染物进行物理提取并广泛用于污染源修复的技术主要有两种。多相抽提技术采用真空技术或泵抽出非水相液体（NAPL）、蒸汽和水相污染物，然后对污染物进行处理。表面活性剂和助溶剂冲洗技术包括将另一种液体引入地下，地下的污染物在液体中进行重新分配，然后混合物被提取到地表并进行后续处理。化学氧化技术和化学还原技术是两种试图原地转化地下污染物的修复技术。利用这两种方式，引入地下的化学物质与目标污染物发生反应并使目标污染物转化或降解成较低毒性、易分解的物质。在污染源修复方面，应用最广泛的三种土壤加热方法分别为蒸汽吹扫法、热传导加热法和热电阻加热法。这些方法都旨在提高有机污染物在蒸汽或气体中的比例，进而在真空条件下可将污染物提取分离。此外，还有可以在高温下实现原位降解多种有机污染物的修复措施。两种直接或间接利用原位降解污染物的生物处理方法都应用于DNAPLs污染场地的修复。空气喷射法主要通过去除地下的挥发性有机化合物同时辅以污染物原位生物降解来实现污染物的去除。强化生物修复法是指通过向地下引入化学物质，刺激微生物降解目标污染物的一种原位修复方法。由于开挖、阻隔以及抽出-处理技术是解决DNAPLs污染的传统方法，因此在本章中只对其做简要讨论以方便比较。

对不同DNAPLs污染源修复技术的比较见表5-8，该表的目的在于帮助确定一个最可行修复技术的清单，在特定污染场地环境下对各项技术进行全面评估。该表评估了何种技术适合清除何种污染物，随后对每一项技术在污染物质量去除、局部水相浓度降低、质量通量降低、减少污染源迁移的能力以及毒性的改变进行了定性评价。对第2章中描述的五类水文环境条件，每一项技术都进行了逐一评价。通过“高”“中”“低”或“不适用”的等级，对既定技术实现已明确目标的可能性进行了评价。应该记住，一个给定治理技术所能展现的治理性能与特定的场地条件密切相关，这就如同修复目标与修复策略的关系。因此修复成效具有一定的主观性，应被认为是相对的（一种技术相比于另一种技术），而不是绝对的。此外，一个单一的污染场地可能包含几种水文地质环境，或者它所包含的水文地质环境可能无法清楚地归入五类水文地质环境中的任何一类。

表5-8中的条目是根据已报道的案例研究（若有）而制订的，更多是来源于作者的专业判断（因为当前缺乏综合大规模治理项目实例）。尽管就技术度量指标而言，表5-8中几乎没有测量数据，但是依然可以概括出一些结论。此外，一些污染源修复技术对一定范围内的场地污染物都能达到大量去除的效果。若干研究还表明污染物浓度有所减少(仅在一个或几个井取样证明)，但这些测量的意义仍有很大的争议。但到目前为止在场地修复研究结论中还没有任何一个案例表明污染物质量通量减少、迁移速率降低以及毒性改变。造成上述结果的部分原因在于这些参数难以测量。此外，几乎没有场地数据可以支持这些假设，现有实验室数据表明部分污染物质量去除会影响局部浓度和下游质量通量梯度。因此，当前现场研究的可用数据无法证明污染源修复可能对水质产生什么影响。因而制订了以下关于污染源修复技术的补充结论和建议。

① 大多数技术的性能依赖于场地的异质性。一般来说，冲洗方法的效率随着异质性的增加而降低，尽管异质性的影响程度取决于特定的场地特征和冲洗操作过程。在表面活性剂冲洗案例中，通过空气注入产生的泡沫可以作为减弱异质性的一种方式。尽管蒸汽驱会受到蒸汽优先流通道的影响，但热传导在一定程度上减弱了这种影响。由于热传导系数几乎不会因介质性质的改变而变化，因此通过热传导实现的土壤加热技术对异质性最不敏感。化学氧化和生物强化修复技术受到异质性的影响要比热修复技术受到的影响大，而空气喷射是受异质性影响最大的技术，这是因为没有缓解因素可以阻止低黏度异质性空气的优先流，并使其通过DNAPLs区域。相比于污染源区的质量通量，异质性很可能会影响修复技术实现总量去除和局部水相浓度降低的能力。

② 对低渗透性介质或裂隙介质，大多数修复技术不可用或有负面效应或不能充分发挥修复作用。冲洗技术在低渗透性的环境（Ⅱ类）中效率非常有限，因为冲洗溶液（表面活性剂、氧化剂、还原剂或蒸汽）流动很难通过低渗透层。不使用流体流动作为污染物传输介质的技术，如热传导加热和电阻加热，在Ⅱ类水文地质环境中具有很大的潜力。由于表征裂隙网络和描绘污染源区存在的调查难度和高昂成本，在裂隙介质（Ⅳ类和Ⅴ类）中，污染源修复技术的应用也非常受限。另外，对大多数技术而言（除传导加热技术外，因为热可以通过岩石基质有效地被传导），沿高渗透性裂隙造成的优先沟流效应会使这些技术在低渗透性基质区域产生的污染物质量去除效果非常差。

③ 由于每一种技术都可能产生负面效应，因此需要在技术的设计和实施过程中考虑负面效应的影响。造成负面效应的例子包括表面活性剂/助溶剂/蒸汽引起的 DNAPLs 垂直迁移，化学氧化剂或还原剂引起的氧化还原电位的改变（可能释放出键合的非目标化合物到地下水中）以及由于化学或热技术引起的本地微生物种群的变化。有时候通过有经验的设计/实施团队可以避免这些负面影响。在其他案例中，负面效应也应该视为设计/实施过程中的一个影响因素。

④ 为了更好地了解各项修复技术的性能和经济效益，几乎所有待评估的污染源修复技术都需要更系统的现场规模测试。在审查的创新技术中，只有表面活性剂冲洗技术在同行审查文献中积累了大量的现场规模研究。由于应用于现场规模的污染源修复技术还相当少，因而没有足够的信息来全面评估大多数技术，特别是关于污染源区中污染物质量减少的长期影响。此外，由于不充足的经济数据和特定场地所具有的水文地质性质及修复成本不同，所以无法一般性预测污染源修复技术对全生命周期成本的影响。

⑤ 方案设计、实施以及检验修复效果所需的污染源区表征水平和类型取决于所制订的修复目标与所采用的修复技术。例如，采用原位化学氧化修复技术需要对污染源区中污染物的质量和组分以及基质需氧量进行准确评估，否则由于化学计量上的限制或未知污染源消耗了氧化剂，修复作业可能会遇上麻烦。在使用如表面活性剂增强冲洗的修复技术之前，应该确定污染源中物质的性质（如组成、黏度、密度、界面张力）以便评估修复技术的适用性。同时，在设计阻隔系统时应该对污染源中物质的位置和分布有一定的了解。例如，如果设计将最有效的泥浆反应墙（slurry wall）置于污染源区内部而不是在污染源区的外围，它对下游污染物质量通量的影响较小。在效果监测方面，通过监测矿化产物或氧化剂的消耗量来评价原位化学氧化修复技术的有效性，可能因其他污染物的存在而高估治理效率。

⑥ 由于炸药污染源的表征及炸药与地质介质相互作用的表征远远落后于现有的 DNAPLs 知识库，所以针对炸药污染源区的修复技术还处在初期阶段。在了解爆炸物污染处理技术的效用性和性能特点之前，应该先了解爆炸物污染源的化学性质和物理性质。此外，含有高浓度爆炸物的污染源区域具有在修复期间爆炸的危险，因此必须在专业设施里完成该区域的实验和现场评估。

0.5 污染源修复决策议定书要素

污染源治理技术的投入往往未能实现预期的风险降低或现场维护要求，部分原因在于 DNAPLs 长期不断的释放和爆炸性物质在技术层面上很难被清理干净，而且还与污染源区管理密切相关。成功的污染源修复项目的设计和实施涉及污染源区表征的迭代、修复目标的完善以及修复技术的评估，可见过程非常复杂，为确保完成修复需要制订一个正式的决策议定书。第 6 章阐述了决策议定书包括的要素，以帮助项目管理者设计、实施和评估污染源修复的效果。这些要素构成了图 0-1，图 0-1 描述了一个六步法污染源治理，包括行动（白色方框）、收集数据和信息（灰色方框）和决策点（灰色菱形框）。随着污染源修复的开展，依次进行这六个步骤。然而，由图 0-1 可见，每一步都可能会有多个迭代直到决定确立继续下一步。

以一个假设的例子来详细描述该过程，该例子是一个典型的废物场，与本书前面几章中的信息相结合。图 0-1 中的第 2 步和第 3 步都集中在辨别绝对目标和功能目标上，在图中这两个目标都被清楚地说明和证实（不同概念之间可以区分）。图 0-1 侧重于通过具体场地的数据收集（例如灰色方框中所示的“收集数据并完善概念模型”）来管理数据缺口和不确定性。如第 2 章和第 3 章中所述，废物场地中污染物的定位和污染程度具有极大的不确定性。议定书强调了使用者需要认清他们目前理解的局限性、需要为有效制订决策收集必要信息的重要性以及管理从已知条件推导出的尚未确定的信息。图 0-1 中第 4 步涉及第 5 章中技术比较表的内容（参见表 5-8），这是为了确定哪种修复技术在给定的污染物类型、水文地质环境和所选的功能目标条件下是可以实施的。收集充足的污染源表征数据、构建出清晰的绝对目标和功能目标以及它们的量化方法，但是对修复技术的评估很少达到本书所描述的水平。如果上述步骤都没有涉及，那么在单一场地上进行的污染源修复成功的概率会非常低。

军队应该开发一份更详细的、保持与图 0-1 中使用要素一致的议定书。一份因地制宜的议定书可以帮助股东们从修复污染源区投资上获得最佳收益。需要解决的关键问题是采取能够影响预期变化的行动，了解目标可实现的程度，以及能够衡量实现预期目标的进展。议定书需要被整合编入陆军已使用于个别场地的修复选择框架体系之中，包括超级基金、《资源保护与恢复法案》(RCRA)、相关的州法规或基地重组与关闭项目。

如果希望取得污染源修复的成功，受污染影响的团体必须参与其中。利益相关方的参与可更好地理解给定场地的绝对目标范围、制订功能目标以及就适当的行动达成共识。但是没有足够的公众参与，可能会让修复方案遗漏一些关键要素，参与团体中的一部分人可能会感觉他们的需要被忽视了，或对能达到的结果产生不切实际的期望。对于所有相关利益共同承担者，公众获得相关信息对污染源修复决策制订是必要的。

关于未来使用污染源去除修复技术作为治理策略的问题，回顾以往污染源修复经验可从中得到一个重要结论：数据还不足以确定大多数技术在各种不同条件下（除简单的

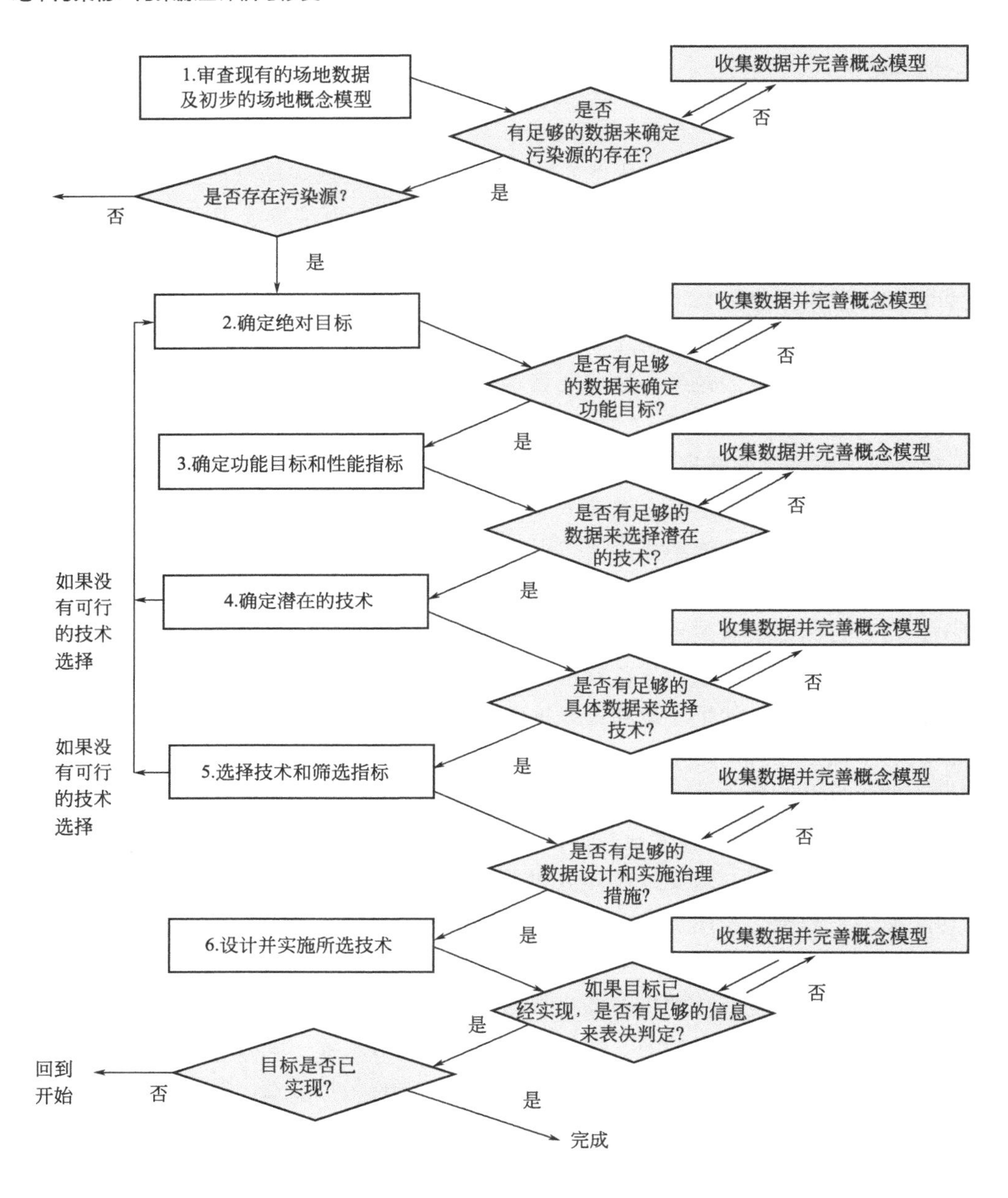

图 0-1 进行污染源治理的六个步骤

水文地质环境外）的有效性。此外，可用的污染源修复技术不可能对大多数复杂的水文地质环境如喀斯特都有效。除了界定极端条件，很难做出关于污染源治理的一般性陈述，因为大多数场地研究没有提供技术治理能力可以满足大多数目标的定量信息。极少几个非常认真记录的案例取得了去除或降解存在于污染源区内的大部分污染物质的结果。在其他几个很好的修复项目记录中，监测井中的浓度减少到仅占修复前浓度的很小一部分，尽管在这些去除修复案例中几乎没有一个案例提供了可能会暴露污染物浓度反弹信息的长期数据。在作者评审的项目中没有一个项目提供了对污染物质量通量进行测量的定量化信息。

尽管有这些缺点，项目管理者根据图 0-1 所示的污染源治理议定书的要素，就能做出是否开展污染源修复工作以及怎样去尝试治理污染源的决定，并且可以对资源进行合理分配。图 0-1 中的步骤，即决定是否有污染源存在，建立绝对目标和功能目标并对其性能指标进行量化，选择、设计和实施修复技术，收集数据以支持这些决定，本书中所提及的过去的案例很少以这种方式进行。不遵从这些步骤可能会导致污染源治理技术在没有很好表征的污染场地、具有复杂水文地质环境的场地以及没有清晰理由进行治理项目的场地上被过早地扩大实施了。

在简单的水文地质环境中，有几个技术在污染物总量去除和浓度减少方面显示了很好的前景，为确定它们在水质改善方面的长期效果还要更深入的研究，尤其对质量通量减少的目标的关注变得更普遍。因此，未来的工作应该尝试去确定在全范围条件下这些去除技术是否可以被成功地应用，并且通过这些去除技术更好地理解污染物去除是如何影响水质的。

1 引 言

100 多年前，工业革命导致地表水水质发生了显著变化，人们开始担忧供水系统受到污染。然而，大家普遍认为地下水可以避开上述污染，直到 20 世纪 70 年代，地下水污染成为一个必须要面对的主要问题（NRC，1994；Pankow 和 Cherry，1995）。通过严格监管点源污染的排放，包括发展更高效的污水处理厂，美国一些地区地表水水质已经得到了显著改善（EPA，2000）。地下水的情况就不一样了，地下水污染的治理工作较地表水面临着更为艰巨的挑战。

20 世纪 80 年代早期，美国在颁布《综合环境应对、赔偿和责任法》（CERCLA，又称超级基金法）和《资源保护与恢复法案》（RCRA）之后，开始了大规模的地下水污染治理的尝试。早期治理工作的结果表明很少有治理项目能够实现预期污染水平减少的目标。美国环境保护署（EPA）（EPA，1989，1992）的研究发现常用的抽出-处理技术很少可以将污染场地的地下水恢复到被污染前的状态。1994 年国家研究委员会（NRC）开展的一项更为全面的研究详细审查了全国范围内 77 个采用抽出-处理技术的污染场地，再次验证了上述结论。

地下水水文地质和地球化学的根本属性已成为污染地下水治理工作的固有难题。首先，地下基质的异质性、污染物在固态有机物上的吸附和污染物向低渗透区扩散这三个因素结合起来使得抽出-处理技术的效率比原先预想的要低得多（Mackay 和 Cherry，1989）。其次，由于有机污染物在地下水中的溶解度一般非常低，因此这类污染物更倾向于在地下形成一个分离的有机相液体（非水相液体，NAPL），例如氯化溶剂，或作为分离的固态物质的存在（如在地下沉淀的化学爆炸物）。其中密度比水大的有机液体称为重质非水相液体（DNAPLs）。20 世纪 80 年代后期，人们认识到被 DNAPLs 污染的场地更难以修复（Feenstra 和 Cherry，1988；Mackay 和 Cherry，1989；Mercer 和 Cohen，1990；NRC，1994）。在没有认识到 DNAPLs 普遍存在于污染源区之前，大家通常认为打几个孔，抽出一些污染的地下水之后就能够去除大部分污染物。

在污染场地，分离相或吸附相污染物通常是长期存在的污染源。即地下水流过含有污染物的地下区域（被称为污染源区）后，会溶解少量污染物从而被污染。由此可见，除非将污染源去除或进行物理隔离，否则无法将污染的地下水修复到原初的状态（NRC，1994）。但是由于缺乏有效的表征工具以及 DNAPLs 易在有限的空间内形成非均匀分布，我们很难找到地下污染源。尽管已开发了许多新技术用来修复污染源区，但由于评估这些技术存在困难（缺乏中试研究的数据）从而预测它们在实际场地应用的有效性亦成为问题。

包含更全面分析和新修复技术（NRC，1997，1999，2003）的几份 NRC 报告都延伸了 1994 年关于抽出-处理系统报告的结果。它们均指出用于评估修复技术性能的可用数据普遍不足（包括修复 DNAPLs 污染场地的技术）。这与最近许多研究结果（ITRC，2000，2002；SERDP，2002；EPA，2003）一致，即将 DNAPLs 污染的场地修复到污染前的水平是很罕见的或者可能无法在现实中实现。事实上，没有任何已报道的案例表明受 DNAPLs 污染的大规模场地内的地下水可被修复到饮用水标准。目前大多数 DNAPLs 污染的场地都安装了抽出-处理系统，以控制溶解相污染羽，从而将对公众的风险降至最低。其中只有一小部分污染场地实际尝试过修复 DNAPLs 污染源。

在受污染场地附近居住或工作的人均对 DNAPLs 污染源修复持有技术上不可行以及修复工作成本过高的观点。但当发现污染时，经常会有来自公众要求修复污染场地的压力。事实上，修复 DNAPLs 污染场地的技术都非常昂贵，这就造成了上述压力与现实的对立，以至于只有很少几个针对上述污染场地进行的大规模修复尝试。是否值得对 DNAPLs 污染场地进行修复取决于治理项目的目标，目标怎样才能完成（这往往是未知的）以及与其他关键场地的竞争需要。由于修复全国范围内受污染的地下水的成本估算高达几亿到几百亿美元（NRC，1999b），因此优先修复可以产生最大影响的场地是至关重要的。

与以往的 NRC 报告不同，本书主要侧重于积极修复污染源区和探索包括地下水水质在内的影响修复的诸多因素。考虑到 DNAPLs 存在于众多污染场地（Villaume，1985；Feenstra 和 Cherry，1988；Mercer 和 Cohen，1990；Pankow 和 Cherry，1995），以及先前的研究发现对 DNAPLs 污染场地的修复难以达到完全修复（参见 NRC，1994，1999；第 5 章中包括许多相关案例研究），本书将阐述修复该类型场地时可以实现的目标。一些大的团体如美国陆军正在越来越多地采用一些能够显著修复污染源的修复技术。根据总污染物去除的比例、风险减小的程度和其他指标，采用主动性更强的技术究竟可以实现什么样的目标还是难以确定。在美国陆军环境中心的要求下，作者展开了本项研究。在美国范围内，美国陆军环境中心与整个军队联合致力于治理军事设施基地内成千上万的污染场地。尽管本书主要关注含氯溶剂 DNAPLs 的治理，但对化学爆炸物污染的治理也进行了深入探讨，因为军队对地下爆炸性污染物负有极大的潜在法律责任。

1.1 美国地下污染治理状况

在过去 20 年全美国清理危险废物场地期间，相应的治理工作也随之不断发展，从初始的 CERCLA 或超级基金过程发展到后面的修复阶段。即目前大部分的污染场地已从最初的表征和调查，治理工作主要体现在治理调查和可行性研究（RI/FS），发展到选择性治理，实施治理措施和在某些情况下关闭污染场地。

针对全美国危险废物污染场地的治理方针也发生了改变，从最初强调污染源处理（反映出全美国应急计划中优先处理污染源，即通常所说的基本威胁）发展到污染物的管控监测。在很大程度上，侧重点的变化反映了治理许多更加复杂和顽固危险废物场地存在技术困难，可获得资源存在限制。在20世纪80年代初，美国国会并不清楚污染场地治理技术的局限性。1986年，对CERCLA法案进行了修订，以满足对地下水水质达到饮用水标准的要求，如此一来需要处理的治理场地的数量显著增加。然而，从那时开始，公众也认识到在足够的时间长度（如数十年）内，许多污染场地利用抽出-处理技术难以实现地下水中污染物浓度减少至达到饮用水标准（NRC，1994）。尽管抽出-处理技术在修复地下水方面效果不显著，但几个政府机构还是评估了其长期持续运行成本，其中年使用费用达数百万美元而整个修复周期则需要耗费数十亿美元❶（DoD，1998）。为了应对日益增长的污染场地治理费用和逐渐认识到的技术的局限性，联邦和各州的监管机构颁布了一些明确的政策，从而使人们接受了更多的管控措施。例如，1996年美国环境保护署发布的指南依然选择抽出-处理作为DNAPLs污染场地拟行的修复办法，这体现了当时对抽出-处理方法在技术层面上的可行性的持续争论（EPA，1996）。1982～1986年，在超级基金项目的资助下，虽然对污染源场地修复处理措施的资助从14%增加到了30%，特别在1992年更达到峰值73%，但此后对其资助比例开始下降。对单纯监控自然衰减（MNA）或自然衰减连同其他治理措施的资助从1982年的0%上升到1998～2001年期间的28%～48%之间（EPA，2004）。美国环境保护署发布的1990年超级基金修复规则声称，尽管永久性修复是首选，但是其目前希望在“切实可行”的情况下使用更为激进主动的修复处理技术解决造成主要威胁的场地，而对于造成相对较低的长期威胁的场地进行工程控制，例如采取阻隔措施（EPA，1991）。

根据CERCLA和RCRA（几乎包括所有的军事污染场地），许多污染场地的治理尽管朝着阻隔污染源及监控污染源自然衰减的趋势发展，但是治理和监测行动不可能被合法地终止，除非残留在场地内的化学物质浓度降低到其特性允许不受限制使用的水平。在绝大多数污染场地，这个目标与地下水中污染物浓度相对应，即在污染源区或一些特定的羽流区，污染物浓度等于或低于饮用水的最大可接受污染物浓度水平（MCLs）❷。在此标准下，NRC（1994）估计治理时间将从几年延长到几千年，而实际浓度时间长度不确定。因为军方的主要目标是在未来10～15年内尽可能多地完成军事污染场地的治理收尾工作，为了缩短治理施工和监测所需的时间，人们再次做出努力，试图用更积极的污染源修复技术来去除许多危险废物场地的大部分污染物。

---

❶ 全生命周期的花费估算：估计在全生命周期抽出-处理修复技术在单一场地的平均花费为980万美元，而在国防部3000个场地中，有10%的场地正在或者将要使用完全的抽出-处理修复系统。

❷ MCLs，maximum contaminant levels，直译为最大污染物水平，其含义为最大可接受污染物浓度水平。

污染源修复技术包括异位修复和原位修复技术，这两种技术中不但有常规修复技术又有具有创新性的修复技术。截至2002年，所有超级基金资助的修复项目中58%采用异位修复技术（EPA，2004），相应的情况也发生在军事场所污染场地的修复上。42%超级基金资助的修复项目采用原位污染源修复技术，这其中有超过1/2的项目采用土壤蒸汽抽提修复技术，余下的主要还包括固化/稳定化修复技术、生物修复技术、土壤冲洗修复技术。此外，本书关注的重点是具有创新性的原位技术，近来已经被证明至少在消除部分污染源上具有潜在的效果。尽管无法获得大多数创新技术的全面评价数据，但是美国环境保护署已经编制了关于原位化学氧化和原位热处理修复技术的指南（包括蒸汽注入、电阻加热、热传导加热、射频加热和热空气喷射修复技术）。在美国环境保护署数据库69个热处理修复项目中，其中49个在过去5年中完成或正在进行中（www. cluin. org/products/thermal）；此外还发现原位化学氧化修复技术的使用频率也具有类似的上升趋势（www. cluin. org/products/chemox）。尽管在20世纪90年代（NRC，1997），总体趋势是私人投资在创新性修复技术方面逐渐减少，但在过去6年中这些更激进主动的污染源修复技术在超级基金项目中的使用不断增加。

1.2 军方地下污染场地的治理挑战

军事环境恢复项目的目标是“保护人类健康和保护环境，在资源容许的条件下尽可能快地清理污染场地，并加快治理工作，以促进当地对陆军地产的处置和再次使用”（Department of Army，1997）。此外，该计划旨在优化降低风险和治理费用支出（Haines，2002）。

军事设施修复项目的活动反映了上述讨论的全国总体趋势，即大多数污染场地现在处于治理工作的尾声。截至2003年9月30日，陆军已确定现役基地中有10367个污染场地，在已关闭的基地中有1899个场地（国防部，2003）。对于这两类基地，确定污染场地中约88%已达到“就地治理/治理完成”，这是军方在治理污染场地过程中的里程碑，表明修复工程的结束或治理工作的完成。这些数字不包括未爆弹药（UXO）、废弃军火或弹药成分，这些物质主要分布在26个已关闭基地中的177处污染场地以及166个现役基地中的819处污染场地。陆军按今日美元的购买力估计现役基地和已关闭基地中剩余的污染场地实现就地修复/修复完全（不包括未爆弹药的清理）累计成本需要310亿美元（国防部，2003）。但在2005财年和2006财年，预计对现役设施治理方案的扶持资金稳定在4亿美元。

如其他军事分支机构和大型私人责任方一样，军队应该对危险废物污染场地负责，这些污染场地反映了20世纪以来频繁的军事活动。在这些设施中最显著的特点或许是污染物种类分布广泛——往往是未知成分的混合物并且没有清楚记录它们是如何被处理的。正如在附录A以及其他文献记录总结中提到的（NRC，1999），由于普遍存在的大范围石油运输及利用石油燃料开展工业活动，导致在陆军和其他军事设施中石油烃类化合物极为常见。石油烃类化合物包括汽油组分［苯、甲苯、乙苯和二甲苯（BTEX）和充氧剂如甲基叔丁基醚（MTBE）］以及其他燃料成分。由于许多石油烃类化合物可通过自然降解过程而除去，因而它们不太可能带来长期的污染问题，最终也不需要采用激进主动的污染源修复措施。

在军事设施中更令人关注的是顽固的有机化合物如氯化溶剂四氯乙烯（PCE）、三氯乙烯（TCE）和三氯乙烷（TCA）及其降解产物氯乙烯、二氯乙烯（DCE）和二氯乙烷（DCA），所有这些污染物都有可能以DNAPLs形态存在于地下。含氯有机溶剂广泛用于军事装备的清洗和去油，剩余溶剂往往倾倒于地表或装入桶中。在国防部（DOD）管辖范围内大约有3000个孤立的污染场地需要对氯化溶剂进行清理（Stroo，2003）。虽然据美国环境保护署估计，在国防部（DOD）、能源部（DOE）管辖范围内以及超级基金项目资助的修复场地中，大约有5000个场地被氯化溶剂污染（EPA，1996b），但是并不是所有这些场地都存在DNAPLs。此外，估计在美国全国范围内还有20000个被溶剂污染了的干洗店场地（Jurgens和Linn，2004）。

其他经常出现在军事污染场地内被报道的难以处理的有机化合物是多氯联苯（PCBs）、多环芳香烃（PAHs）、杂酚油和煤焦油。多氯联苯混合物（最常见的为Aroclor 1254和1260）在使用受到限制之前，常被用作电力变压器和电容器的绝缘液。多环芳烃是石油产品的组成部分，而杂酚油和煤焦油是由数百种化合物组成的混合物，其中包括酚、萘和其他种类的多环芳烃以及含氮杂环化合物，常用来处理木材。除草剂和杀虫剂也经常被报道出现在军事污染场地，同时还有重金属（特别是铅）、涂料、高氯酸盐、邻苯二甲酸盐和硝酸盐。

军事基地中，陆军拥有最多的受化学爆炸物污染的场地。化学爆炸物2,4,6-三硝基甲苯（TNT）、2,4-二硝基甲苯（DNT）、六氢-1,3,5-三硝基-1,3,5-三嗪（RDX）和八氢-1,3,5,7-四硝基-1,3,5,7-四氮杂环辛烷（HMX）被报道出现在其被制造的军事场地或出现在其被处理的军需库。尽管陆军42个军事基地中只有230个场地含有以化学爆炸物为代表的污染物（Haines，2003），但是当污染源区被完全表征后需要对污染源进行修复的含化学爆炸物的污染场地的数量将会大大增加。

这些化合物分布的多样性体现了典型的军队和其他军事设施所进行的广泛军事活动，包括提供服务、材料和设备以支持军事行动，设计和制造武器系统，以及喷漆（通常会释放出重金属和溶剂）。这导致产生以工业垃圾填埋场、垃圾处理坑、地面和地下储油罐以及漏油场地为最新特色的军事设施。此外，军事设施内还有典型的城市废物流，例如市政固体垃圾填埋场、污水处理厂、医院、洗衣房、高尔夫球场以及汽车和卡车燃料的地下储油罐。

尽管上文讨论了广泛存在的污染问题，陆军环境中心要求NRC特别关注难降解有机化合物的污染。进一步来说指的是那些可能存在于地下的有机化合物如DNAPLs（主要是溶剂）以及纯固态污染物（化学爆炸物）。表1-1总结了发现的含有主要难降解化合物军事设施的数目（附录A，表A-3列举了详细细节）。下文将以缩写来表示这些化合物，如NAPL和DNAPLs。

表 1-1 在军事设施中需要关注的常见有机污染物①

污染物	氯化溶剂					炸药			
	PCE	TCE	顺-1,2-DCE②	1,2-DCA	TCA③	DNT	TNT	HMX	RDX
含有污染物的设施总数/个	51	74	32	24	35	26	30	19	14
在所有军事设施中所占比例/%	37	54	23	17	25	19	22	14	10

① 基地调整和关闭法案（Base Realignment and Closure Act，BRAC）涉及的军事设施数量为 23；目前处于运转状态的军事设施数目为 115。

② 不包括其他 DCE 同类物质。

③ 包括 1,1,1-TCA 和 1,1,2-TCA。

注：在单一军事设施中也可包含多个独立的危险废物污染场地。

资源来源：由 Laurie Haines 汇编，陆军环境中心。

考虑到污染源区清理的固有技术困难和调查、修复此类场地可能带来的高成本问题，陆军（如其他军事分支一样，见 NRC，2003）关注污染场地的长期管理和成本责任，以及在整个修复计划中实现关闭场地的能力。2001 年期间，陆军环境中心审查了 7 份涉及 DNAPLs 存在于复杂水文地质条件的污染场地的独立修复技术评价报告。从这些报告中可见，在不了解修复技术是否能大量去除污染物以及从这些污染场地去除的污染物质及其对地下水污染的长期影响之间的关系的条件下，试图寻求某些激进主动的污染源修复技术。陆军管理人员之间在修复工作的成本与减少实际风险相匹配这个问题上也表达了很大的不确定性。此外还发现，修复场地的修复项目管理者（RPM）有时未能制订防止修复工作失败的紧急预案和应对策略，这导致了积极污染源修复工作的大量重复。

为了应对上述趋势，陆军环境中心推荐使用一种新的方法来处理这些污染情况复杂、治理成本高的场地，该方法包括：a. 直接保护污染水的使用人（备用供水，井口治理等）；b. 考虑所需修复项目早期技术不可行的豁免修复的需求；c. 记录修复成本及修复风险降低的好处。但据陆军环境中心称，该方法的实施已受到来自利益相关方（如法规制定者和公众）相当大的阻力，这是由于利益相关方倾向于采用去除污染物的方法，从而更喜欢使用激进主动的污染源修复策略，并且认为技术不可行是不采取修复行动的借口。然而从一个更为实用的角度来看上述问题，这是由于缺乏科学知识和工具对所推荐的技术做出分析。因此，陆军环境中心要求 NRC 参与并在几个技术问题上给予帮助以确定作为清理策略的污染源治理技术的实用性和适用性。因此以下关键问题成为作者工作的指南。还应该指出“污染源去除修复”在本书余下部分被“污染源治理”所代替。

① 对于本研究的目的而言，什么是对“污染源”有意义的定义；污染源描绘步骤

对于污染物总量去除作为一种治理策略的有效性有多重要；在复杂场地中，有什么工具或方法可用来界定有机物污染的来源；就污染物总量和总量分布而言，如何对这些表征的不确定性进行量化。

② 对于不同的污染源去除策略，什么数据和分析要求能确定其有效性，以及这些要求如何因不同种类的有机污染物或水文地质环境而变化。有效性是地下水恢复、羽流收缩和遏制、污染物总量去除、风险减少以及生命周期内场地管理成本考虑的重要量化指标。

③ 目前有什么好的治理工具或技术，以及未来需要发展什么样的工具以协助预测污染源去除可能带来的好处。

④ 在一个精心设计的治理决策议定书中什么要素最重要，以便帮助现场项目管理者评估污染源去除措施能带来的治理效果。

⑤ 对于污染源去除工作带来实质性的水质改善并满足各种清理目标的能力，从中可以得出什么结论（例如，这些去除工作何时才可以去除足够多的污染源以至于后期仅需依靠自然衰减并对其进行监控）。

⑥ 到目前为止在军事和其他设施上，污染源去除行动取得了哪些成果。更通俗地说，如何评价污染源去除技术作为一种治理策略，如何评价本书调查的具体技术。

1.3 DNAPLs 和化学炸药的表征和分布

本书第 2 章详细介绍了 DNAPLs 和化学爆炸物的物理性质，这些性质影响其在地下的分布和持久性。然而，一些简短的评价是必要的。大多数 NAPLs 包括几种不同的化合物，NAPLs 在释放前就完成了混合、与含水层和土壤中的固体反应以及特殊组分部分被生物降解。当一种 DNAPLs 中包含超过一种化合物时（通常情况下）则称为多组分 DNAPLs。因此，应当区分单组分 DNAPLs 与多组分 DNAPLs。

氯代溶剂是最常见的 DNAPLs 组成成分，其中四氯乙烯（PCE）、三氯乙烯（TCE）、1,1,1-TCA、1,2-DCA、顺-1,2-DCE、二氯甲烷和氯仿最为常见。这些化合物在水中的溶解度为微溶到中度溶解之间，溶解后形成污染地下水的羽流并迁移出污染源区。

DNAPLs 被释放到地下后，通常垂直向下流过渗流区并略有扩散。当达到地下水位时，土壤毛细管力会引起水平扩散。在垂直和水平流方向，DNAPLs 都趋于被限定通过具有最大渗透性的通道。因此，DNAPLs 通常沿着一个非常狭窄、高度不规则的路径渗透并汇聚成污染源区，该区包含非常狭窄的垂直路径并伴随有细的、横向延展的水平层，见图 1-1。受限和分布极其不均匀的 DNAPLs 极难检测和修复。鉴于上文讨论中提到的许多因素都会影响 DNAPLs 的分布，实际上在污染场地的地下范围内只有一小部分含有 DNAPLs。

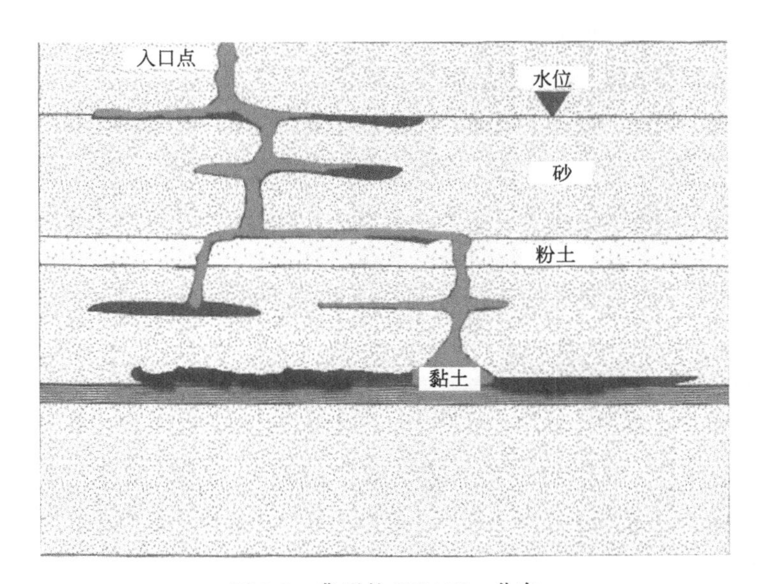

图 1-1 典型的 DNAPLs 分布

注：灰色区域显示的是 DNAPLs 残余饱和度，而黑色区域是 DNAPLs 池（见第 2 章）。

资料来源：改编自 NRC（1999a）。

爆炸性物质是可以进行快速氧化的一类物质，而这个快速氧化的过程即爆炸，伴随爆炸过程会释放出大量能量。爆炸性物质根据成分可分为有机和无机两类，其中有机类炸药已引起了最大的环境风险。大多数化学爆炸性物质的熔点远高于近地表土壤的温度，因此在与环境有关的温度下以固态形式存在。不同于 DNAPLs，当爆炸性物质以固态形式沉积在地表时它不会迁移到地下。

爆炸性化合物水溶性较差。尽管如此，表面沉积的固态爆炸性物质可以溶入向下渗透的雨水中，并形成一个长期威胁地下水水质的污染源。但由爆炸性物质引起的地下水污染更常见的情况是将大量含有该类化合物的废水排放到环境之中。对于被排放行为影响的场地，大量爆炸性污染物通常以吸附态和液态的形式存在。但在寒冷环境中，含有高浓度爆炸性污染物的废水被排放后，爆炸性化合物可从水相中析出并沉淀在土壤系统中形成独立的固态体系。通常通过挖掘来去除这些地表残留污染物，而更深的污染源区需原位治理。

1.4 污染源区的定义

为了将激进主动的污染源修复作为一种治理策略进行评估，并将其与其他类型的治理活动（风险管控或一定的去除修复+风险管控）区分开来，必须对术语“污染源”进行定义。虽然看似简单，术语“污染源”却可以从多个角度加以定义。以下的定义包括了各个不同角度，该定义也得到了作者的赞同，即在 DNAPLs 或爆炸性物质释放的场地通常含有一个污染物总量最初集中的区域。该区域则被称为污染源区，并作为溶解相羽流发展的源头。只要污染源一直存在，溶解相羽流将不断发展，鉴于此，必须去除（或隔离）污染源区并防止溶解相羽流的形成。

定义“污染源”的方法之一是考虑污染源中可能存在污染物的相态。一个未受污染的土壤系统包含固相、液相和气相。而其中任何污染物均可以一个单独的液相或纯固相形式存在，它可以溶解在水相中，也可在固态土壤中以某种形式存在，亦可挥发成气态。就本书而言，作者认为孤立的固态或液态污染物就是事实上的污染源。由于与其他相态的污染源相比，地下气态污染物每单位体积占总污染物质量百分比一般可忽略不计，因而挥发态污染物不被认为是污染源。那么，这带来的挑战就是确定什么程度的吸附或溶解污染物可被视为污染源。特别是下面的两个定义可以揭示上面的争论。

EPA对“污染源物质”（EPA，1991）的规章性定义是：物质包括或含有有害物质、污染物或充当一个污染物迁移到地下水、地表水、气体的储存库或作为污染物的直接暴露源。

虽然没有进一步澄清，但是“储存库”一词表明可提供大量污染物。“污染物迁移到地下水、地表水、空气”这一短语意味着污染物可以从它的起点移动。同时EPA（1991）进一步说明“污染的地下水一般不被认为是污染源物质”。EPA利用例子解释了污染源物质和非污染源物质的区别，如表1-2所列。

表1-2 EPA污染源物质与非污染源物质的例子

污染源物质	非污染源物质
桶装的废物	地下水
受污染的土壤和裂隙	地表水
在地下水或裂隙基岩中被淹没密集的非水相液体(NAPLs)	因处理工地材料而产生的残余物
漂浮在地下水中的NAPLs	
受污染的污泥和沉积物	

资料来源：EPA（1991）。

虽然在EPA给出的定义中明确排除受污染的地下水是污染源物质，但是由于与污染的直接接触，污染物的吸附作用总导致固相污染。事实上，呈吸附态污染物的量可能会大大超过在溶液中污染物的量。而这两种状态污染物数量上的相关程度取决于污染物和土壤特性。那么这类新形成的受污染的土壤现在是否可以被认定为污染源物质？这似乎不太可能，而EPA很可能倾向于使用“受污染的土壤”来指如桶装废物一样的就地被污染的土壤和残余物。然而，EPA的定义中并没有清楚地区分污染源与溶解了污染物的羽流影响了的固态物质。鉴于此，作者研究了替代的定义。最近EPA从事DNAPLs场地的专家小组也给出了一个包含上述区别的定义，并且该定义与术语“污染源区”的定义接近：

污染源区是DNAPLs以独立相存在的地下水污染区域，其表现形式要么是在残余饱和度外作为随机分布的独立相分区存在，要么是在隔水层上集聚的、作为独立相的

“污染地”存在……这包括曾与自由相 DNAPLs 接触的含水层体积。

EPA 小组将渗流区问题排除在其定义之外，并强调了 DNAPLs（氯化溶剂、溶剂/烃类混合物、煤焦油/杂酚油）而不是轻质非水相液体（LNAPLs)。EPA 小组的定义明确区分了含有溶解相 DNAPLs 的羽流区（未曾与 DNAPLs 接触）与污染源区（已与 DNAPLs 接触)。

作者综合了可以把握污染源本质作为污染储存库的定义，并在污染源区和羽流区之间作出区分，同时还将纯固相污染源包括在内，修正了已有的定义。

污染源区是指含有危险物质、污染物的饱和带或包气带地下区域，这些致污物以污染储存库形式存在维持地下水、地表水或空气中的污染羽流，或作为直接暴露的污染源。这个污染源区域的体积以已接触过独立相污染物（非水相液体或固体）的区域体积为准。污染源区污染物的量包括吸附相和水相中的污染物以及作为固体或 NAPL 存在的污染物。

对污染源区的识别既可通过直接观察独立相污染物（NAPL 或固体)，也可通过推论污染源区来完成。即根据平衡分配理论，即使不能发现孤立的纯固态或液态污染源区，但在某些土壤和水相中污染物的浓度水平意味着其存在。因此，地下水中污染物浓度等于或接近其在该温度下的溶解度，就可以推断存在独立相的污染物。

类似的方法可用于识别曾经含有 DNAPLs 但现在不再含有的污染源区。例如，最常采用关于此类污染源区的例子是由于基质扩散而导致 DNAPLs 消失。也就是说，如果 DNAPLs 被困在黏土层之上，或约束在黏土单元的裂隙中，那么曾与 DNAPLs 接触的水体将迅速转变为 DNAPLs 饱和水，这就会与没有和 DNAPLs 接触的背景水之间形成一个较大的浓度梯度。这将导致污染物扩散到介质之中并随后吸附到固体介质上。这种相对稳定的污染物质区域对修复的影响是显著的，这是由于如果对污染源区进行冲洗或化学修复可以去除 NAPL（例如使用表面活性剂或原位氧化的方法)，岩石裂缝基质中的污染物将基本不受影响，并随后扩散回到更多的透水区并再次污染地下水。可从治理后反弹的水溶液中 DNAPLs 浓度水平或介质内高浓度的 DNAPLs 推断出这种类型污染源区的存在。

作者负责的还包括“污染源清除”，但在本书撰写过程中这个术语被弃用了，因为尽管很多技术涉及污染物总量去除（例如挖掘和使用表面活性剂/助溶剂冲洗技术)，但是还有其他技术并不涉及去除污染物。有几种方法可分解销毁污染物质（化学氧化、还原或生物降解的方法)，或可同时结合去除和分解作用（例如蒸汽处理)。其他技术如阻隔或固定化技术则不涉及任何污染物总量去除。在大多数情况下，无论是通过物理去除方法还是反应去除方法都不能实现污染源的完全去除。因此，在本书中使用了“污染源治理”一词来定义任何可减弱与污染源区相关联问题的方法。

1.5 报告路线图

潜在责任相关方、科学家与工程师、监管机构和其他利益相关方愈发倾向于使用更为激进主动的污染源修复技术，但这些技术随之带来了许多问题和不确定性，而这些问题和不确定性就是本书试图要解决的。本书讨论了作为危险废物治理策略的污染源区治理工作的优缺点，重点阐述顽固的有机污染物的修复技术（例如溶剂、其他 DNAPLs 以及爆炸性物质）。为了对场地表征和陆军感兴趣的各种修复技术做更全面的陈述，迄今为止作者分析了数十个陆军和其他设施的污染源治理工作。作者听取了有关 11 个陆军场地的治理报告并广泛审查了列在表 1-3 中的治理报告。这些场地有的受到化学爆炸性物质污染，有的受到了有机氯溶剂的污染，并且它们的水文地质条件还有一定的跨度。此外，作者还审查了许多非军事场地的污染源治理工作，其中包括在第 5 章中引用的近百个有关具体技术的案例以及 5 个在 EPA 专家小组会中讨论过的场地（EPA，2003）。本书研究的军事及其他场地的治理案例都已经完成了污染源表征和污染源治理工作。

表 1-3 作者审核过的军事场地污染源区表征和源区治理项目

设施和场地	技术	规模	污染物
Anniston	原位化学氧化-芬顿	中试，实际场地	TCE+其他
Letterkenny OU3	原位化学氧化-芬顿	中试	DCE，TCE，VC，PCE
Watervliet	原位化学氧化-$KMnO_4$	中试	TCE，PCE
Letterkenny OU11	原位化学氧化-过氧酮	中试	TCE+其他
Pueblo	原位化学氧化-芬顿	中试	TNT，TNB，RDX
Milan	原位化学氧化-芬顿	中试	TNT，RDX，HMX
Letterkenny OU10	强化生物修复	中试	TCE，TCA，DCE，DCA，VC
Badger	强化生物修复	中试，实际场地	DNTs
Redstone	没有治理技术计划	NA(无实施)	TCE，TCA，高氯酸盐
Ft. Lewis	热处理技术计划	NA(无实施)	TCE
Volunteer	监控自然衰减技术计划	NA(无实施)	DNT，TNT

本书的中心主题是理解场地水文环境、不同治理目标和污染源处理技术效率三者之间关系的重要性。在危险废物场地治理工作中，委员会判断这三个独立变量就是影响决策的中心内容，图 1-2 利用立方体阐明了这三者之间的多维关系（图 1-2 中没有包括其他影响污染源修复的因素，如 DNAPLs 的类型及其释放量）。把污染源治理工作构想成多维联系的问题是最可能使治理成功的关键，同时这种构想还把在具体污染场地的水文环境下采用的适合污染源治理技术与治理目标相关联起来。本书图中所体现的概念被用于阐明这些独立变量之间的关系对于治理成功的重要性。

为了阐明物理环境的作用，第 2 章较第 1 章展示了 DNAPLs 和爆炸性物质场地一

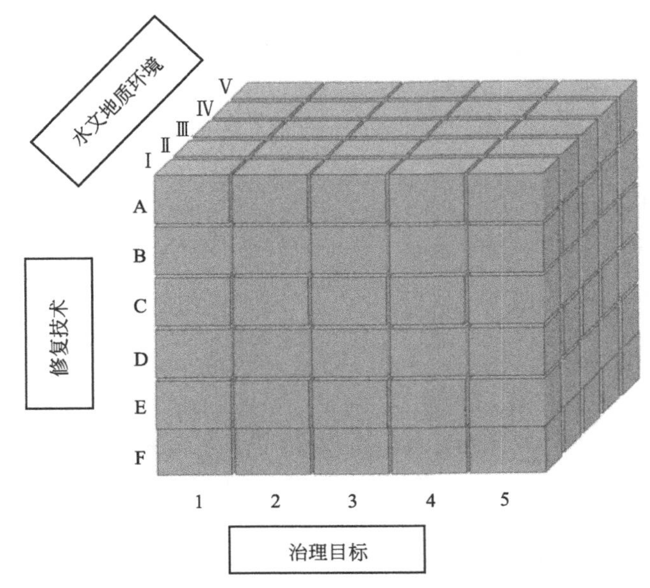

图 1-2 成功的污染源治理与物理环境、选择的治理目标及治理技术间的关系图

个更全面的画面，其中包括 DNAPLs 的结构以及污染物特性的信息。第 3 章讨论污染源区表征的作用，并强调在做出治理决策之前理解污染源区性质的重要性。如果没有足够的对污染源区规模、性质以及污染物分布的表征，污染源清除是不可能取得成功的。第 4 章列出了污染源治理的各项目标，并侧重于确保让项目管理者可以选择出适合衡量既定目标是否能够实现的指标。作者研究了许多污染源（修复）实例，发现并没有提前充分定义清理的目标，会导致对预期结果的错误理解。

第 5 章讨论了与污染源积极治理相关的具体技术，其中包括这些技术的最优使用条件、局限性以及达到第 4 章中所述的各项目标的有效性。并对污染源治理带来的水质改变的能力给出结论。最后，第 6 章介绍了基于图 1-2 的污染源治理的讨论-决策框架以及作者关于污染源治理作为未来危险废物污染（包括 DNAPLs 和化学爆炸性物质）场地治理策略的结论。

应注意，正如第 3 章将要详细讨论的内容，认识、表征以及治理场地这 3 个过程并不是线性关系，因为它并不是如章节中表现出的从最初研究到最后治理一般的连续过程。而事实上，它本质上是反复迭代的过程，即需要对每个阶段的研究进行不断的反馈。从概念模型到目标选择、表征的方法和程度、治理项目的设计以及效果评估的基础，每一个方面都必须要随着对场地的不断理解而不断完善和重新评估。

本书旨在向相关决策者告知，对受到 DNAPLs 和化学爆炸物污染的场地存在潜在可行的治理选项。考虑到需要调和公众对积极修复的强烈要求与目前修复技术明显不能实现含水层水质的恢复以及与修复工作高成本之间的冲突，所包含的科学信息应有助于决定治理工作的优先次序。

[1] Department of the Army. 1997. Environmental Protection and Enhancement. Army Regulation 200-1. http：//www. usapa. army. mil/pdffiles/r200-1. pdf.

[2] Department of Defense (DoD). 1998. Evaluation of DoD waste site groundwater pump-and-treat operations. Report No. 98-090，Project No. 6CB-0057. Washington，DC：Office of the Inspector General.

[3] DoD. 2003. Defense Environmental Restoration Program Annual Report to Congress-Fiscal Year 2003. Washington，DC：DoD. http：//63. 88. 245. 60/DERPARC _ FY03/do/report.

[4] Environmental Protection Agency (EPA). 1989. Evaluation of Ground-Water Extraction Remedies：Volumes 1 and 2. Washington，D. C. ：EPA Office of Emergency and Remedial Response.

[5] EPA. 1991. A Guide to Principal Threat and Low Level Threat Wastes. Publication 9380. 3-06FS. Washington，DC：EPA Office of Solid Waste and Emergency Response.

[6] EPA. 1992. Evaluation of Ground-Water Extraction Remedies：Phase II，Volume I-Summary Report. Publication 9355. 4-05. Washington，DC：EPA Office of Emergency and Remedial Response.

[7] EPA. 1996a. Presumptive Response Strategy and Ex Situ Treatment Technologies for Contaminated Ground Water at CERCLA Sites. EPA 540-R-96-023. Washington，DC：EPA Office of Solid Waste and Emergency Response.

[8] EPA. 1996b. A Citizen's Guide to Treatment Walls. EPA 542-F-96-016. Washington，DC：EPA.

[9] EPA. 2000. U. S. EPA National Water Quality Inventory 2000 Report. Washington，DC：EPA Office of Water.

[10] EPA. 2003. The DNAPLS Remediation Challenge：Is There a Case for Source Depletion? EPA 600/ R-03/143. Washington，DC：EPA Office of Research and Development.

[11] EPA. 2004. Treatment technologies for site cleanup：annual status report (11th edition). EPA 542-R-03-009. Washington，DC：EPA Office of Solid Waste and Emergency Response.

[12] Feenstra，S. ，and J. A. Cherry. 1988. Subsurface contamination by dense non-aqueous phase liquid (DNAPLS) chemicals. *In*：Proceedings of the International Groundwater Symposium，International Association of Hydro-geologists，May 1-4，Halifax，Nova Scotia.

[13] Haines，L. 2002. Army Environmental Center. Presentation to the NRC Committee on Source Removal of Contaminants in the Subsurface. August 22，2002.

[14] Haines，L. 2003. Army Environmental Center. Presentation to the Committee on Source Removal of Contaminants in the Subsurface. April 14，2003.

[15] Jurgens，B. ，and W. Linn. 2004. Drycleaner Site Assessment & Remediation-A Technology Snap- shot (2003). State Coalition for the Remediation of Drycleaners. http：//drycleancoalition. org/ download/2003surveypaper. pdf.

[16] Interstate Technology Regulatory Council (ITRC). 2000. Dense Non-Aqueous Phase Liquids (DNAPLs)：Review of Emerging Characterization and Remediation Technologies Technology

Overview. Washington, DC: Interstate Technology and Regulatory Cooperation Work Group.

[17] ITRC. 2002. DNAPLS Source Reduction: Facing the Challenge. Regulatory Overview. Washington, DC: Interstate Technology and Regulatory Council.

[18] MacKay, D. , and J. A. Cherry. 1989. Groundwater Contamination: Pump and Treat Remediation. Environ. Sci. Technol. 23: 630-636.

[19] Mercer, J. W. , and R. M. Cohen. 1990. A Review of Immiscible Fluids in the Subsurface: properties, models, characterization and remediation. J. Contam. Hydrol. 6: 107-163.

[20] National Research Council (NRC). 1994. Alternatives for Ground Water Cleanup. Washington, DC: National Academies Press.

[21] NRC. 1997. Innovations in Ground Water and Soil Cleanup: From Concept to Commercialization. Washington, DC: National Academy Press.

[22] NRC. 1999a. Groundwater and Soil Cleanup: Improving Management of Persistent Contaminants. Washington, DC: National Academy Press.

[23] NRC. 1999b. Environmental Cleanup at Navy Facilities: Risk-Based Methods. Washington, DC: National Academy Press.

[24] NRC. 2003. Environmental Cleanup at Navy Facilities: Adaptive Site Management. Washington, DC: National Academies Press.

[25] Pankow, J. F. , and J. A. Cherry. 1995. Dense Chlorinated Solvents and other DNAPLs in Ground-water. Waterloo, Ontario: Waterloo Press. 522 p.

[26] Quinton, G. E. , R. J. Buchanon, D. E. Ellis, and S. H. Shoemaker. 1997. A Method to Compare Groundwater Cleanup Technologies. Remediation 8: 7-16.

[27] Strategic Environmental Research and Development Program (SERDP). 2002. SERDP/ESTCP Expert Panel Workshop on Research and Development Needs for Cleanup of Chlorinated Solvent Sites. Washington, DC: SERDP/ESTCP.

[28] Stroo, H. 2003. Retec. Presentation to the Committee on Source Removal of Contaminants in the Subsurface. January 30, 2003.

[29] Villaume, J. F. 1985. Investigations at sites contaminated with DNAPLs. Ground Water Monitoring Review 5 (2): 60-74.

2 污染源区

了解地下污染源区的特征可为解决污染源表征、治理技术选择以及制订决策提供基础。根据第 1 章中给出的定义，污染源区为曾与孤立相污染物有过接触并充当污染的储存库，持续向地下水、地表水或者空气中提供污染羽流或直接作为污染暴露源头的区域。在这些地下水停滞区内，非水相、吸附态以及溶解态的污染物可以向经过这片区域的地下水持续地提供污染物。本章首先阐述了在危险废物场地中五类典型的水文地质环境。随后说明了污染物的释放和后续的迁移、储存以及归趋，并描述了地下水中作用于污染物的许多过程以及如何影响污染物在场地范围的分布。随后介绍了污染源区的五类水文地质中构造。虽然许多控制地下污染物归趋和运输过程对氯化溶剂与化学炸药是相同的，但还是分别讨论了这两类污染物，因为它们的释放机制明显不同。

2.1 水文地质环境

一系列多样化的地质过程产生了具有丰富变化特征的地下环境。常见的沉积体系包括风吹砂（风成）、海滩砂、冲积扇、河床沉积、冰川冲刷沉积、沉积三角洲以及湖泊沉积（湖成）黏土。常见的岩石体系包括石灰岩、白云岩、砂岩、页岩、具有夹层的砂岩和页岩、喷出的火山流序列、侵入式花岗岩以及变质结晶岩系。这些系统在不同程度上可以断裂、胶结和/或因溶解而破裂（岩溶）。就污染源的表征、修复技术的效率以及最后可以取得的修复效果而言，上述多样性使得做出一个一般的技术性报告具有挑战性。例如，地下水或液体修复药剂（如表面活性剂）在海滩砂子中与在石灰岩中的运移行为非常不同，同时表征冲积土与表征岩石所需的工具也有明显的区别。

图 2-1 展示了具有广泛代表性的五类水文地质环境。在五类水文地质环境之间，其特性上的差异主要在于渗透性和孔隙度在空间上的变化（详见工具箱 2-1，其中解释了与下文阐述中相关的术语）。无论是在自然条件还是工程条件下，这些参数控制着污染物在污染源区内的储存和释放机制。通常认为具有代表性的水文地质环境的预计尺寸（大小）在数米范围内，但是整个污染源区的大小却可以在几十米的范围内。污染源区中可以存在一个单一的水文地质环境（例如沙丘沉积），也可以包括多个水文地质环境（例如冲积层覆盖裂隙的结晶岩）。在后一种情况下，其与邻近单一污染源区在对于污染

物的储存和释放机制上具有巨大的差别，而目前对该机制的研究仍是一个挑战。

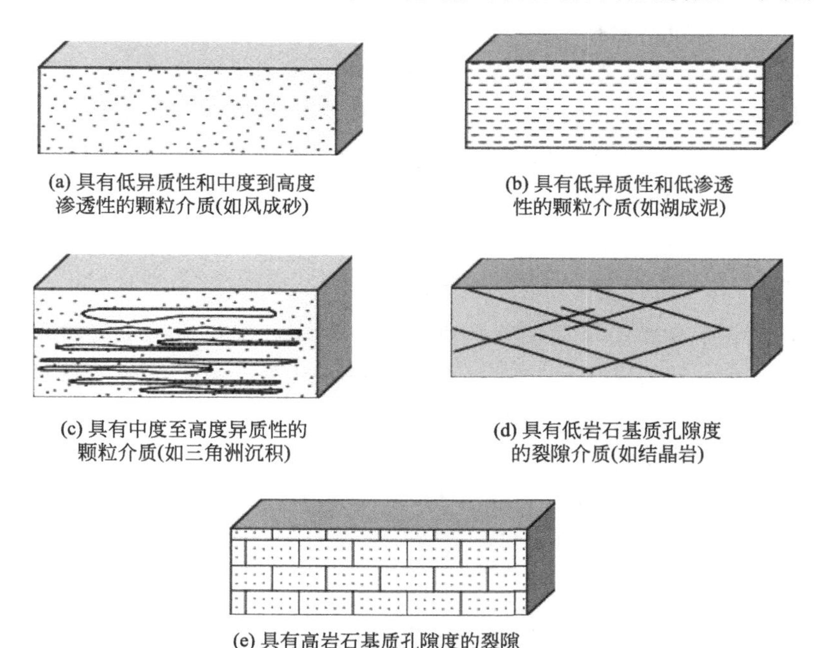

(a) 具有低异质性和中度到高度渗透性的颗粒介质(如风成砂)

(b) 具有低异质性和低渗透性的颗粒介质(如湖成泥)

(c) 具有中度至高度异质性的颗粒介质(如三角洲沉积)

(d) 具有低岩石基质孔隙度的裂隙介质(如结晶岩)

(e) 具有高岩石基质孔隙度的裂隙介质(如石灰石、砂岩或裂隙黏土)

图 2-1 五类普遍的水文地质环境

下面介绍五类常规水文地质环境的水力学特性（主要是渗透性和孔隙度）。在随后的章节中将详述污染物在上述每一类水文地质环境中可能的分布情况。尽管没有完全描述水文地质系统的多样性，但这五类水文地质环境设定有助于突出污染源区储存和释放污染物的主要差异。本章中所用的分类法是有目的通用分类法，其可以很容易地扩展到更严格的反映已存在的水文地质环境类型中。

工具箱 2-1
水文地质环境术语

下列术语有助于区分在本章讨论中使用的五类水文地质环境。

共聚体与非共聚体：共聚体是指地质学上的物质共聚形成一个坚固的整体（例如大部分岩石地层）。而地质学上的物质介质没有共聚成为整体，呈松散排列，并易于分离成颗粒状组分，则称为非共聚体。许多松散冲积（例如海滩砂）就属于非共聚体。上述两个词是岩土工程术语，使用不同的工具来探测共聚体与非共聚体。尽管所有的黏土都是颗粒状的，但就非共聚体这个术语而言，可能并不适用于所有的黏土。因此，非共聚体是一个比颗粒分散更严格的术语，并在本书中谨慎地使用。

粒度：[引自 Press 和 Siever (1974)]，描述颗粒物大小的参数。颗粒物大小分类为：黏土＜(1/256)mm＜极细砂＜(1/16)mm＜细砂＜(1/8)mm＜中砂＜(1/2)mm＜

1mm＜粗砂＜极粗砂＜2mm＜细砾＜4mm＜卵砾＜8mm＜粗砾＜256mm＜巨砾。粒度和不同粒度（排序）的混合程度是控制颗粒状多孔介质渗透性的主要因素。

渗透性：渗透性（k）是多孔介质的一个性质，指流体通过多孔介质的能力。渗透性与流体的种类或多孔介质中的液体无关，而与多孔介质单位长度的平方有关（例如 m^2）。本书中使用渗透性作为流体通过介质能力的主要量度，因为在所研究的介质的孔隙空间内可以共存一种以上的流体（例如空气、水以及 NAPL）。介质的渗透性＜$10^{-14}m^2$ 被视为低渗透性介质。而高渗透性介质的渗透性＞$10^{-10}m^2$。渗透性在 $10^{-14} \sim 10^{-10}m^2$ 之间的介质为中等渗透性介质。

二次渗透：二次渗透是指部分多孔介质的渗透性，其与多孔介质的二次特征有关（次生）。例如裂隙、动物洞穴、根孔以及溶解特性。在一些介质如裂隙黏土或结晶岩中，控制流体传输的主要因素就是二次渗透。

有效孔隙度：孔隙度为介质中的孔隙体积与介质的总体积的比。水文地质中，多孔介质的有效孔隙度 Φ 是更重要的术语，是一个无量纲的参数，定义为相互连通的孔隙体积与介质的总体积的比。本书所称孔隙度均指有效孔隙度。

$$\Phi = \frac{V_{\text{interconnected}-\text{voids}}}{V_{\text{total}}}$$

对于裂隙介质，孔隙度的组成包括基质孔隙度 Φ_{matrix} 和裂缝孔隙度 Φ_{fracture}：

$$\Phi_{\text{matrix}} = \frac{V_{\text{matrix}-\text{voids}}}{V_{\text{total}}}; \Phi_{\text{fracture}} = \frac{V_{\text{fracture}} - V_{\text{voids}}}{V_{\text{total}}}$$

水力传导系数：地下水水文学领域，术语水力传导系数（K）是指多孔介质传输水的能力。相比渗透性，传导系数依赖于多孔介质和多孔介质中的流体性质，并以长度比时间为单位。水力传导系数可由以下公式说明：

$$K = \frac{k g \rho_{\text{water}}}{\mu_{\text{water}}}$$

式中，k 为渗透性；g 为重力加速度；ρ_{water} 为流体密度；μ_{water} 为动力黏滞性系数。

在本书中，为了更加熟悉水力传导系数，K 值被包含在相关要点中。图 2-2 描绘了渗透性与水力传导系数之间的关系，及其在常见地质介质中的数值。所有案例均是基于关注的流体水以及水完全饱和了多孔介质的假设进行赋值的。低水力传导系数是指其值＜10^{-7}m/s，高水力传导系数是指其值＞10^{-3}m/s，而中等水力传导系数值介于两者之间。

异质性：异质性用来描述渗透性在空间的变化情况。异质性存在于各种尺度范围内，可以反映在离散界面上渗透性的突然变化（例如，由低渗透夹杂造成的）或在某尺度范围内渗透性的连续变化（例如，由颗粒尺寸的特定层次造成的）。本书关注的异质性可以小到厘米尺度。就术语异质性的程度而言，如果介质异质性在空间的变化少于 3 个数量级则称为轻度异类。这是基于：a. Borden 含水层（Canadian Forces Base Borden，Ontario）被分类为“轻度异质性”（Domenico 和 Schwartz，1998）；b. 在 Borden 含水层观察到近 3 个数量级的渗透性变化（Sudicky，1986）。介质在空间上具有多于 3 个数量级的变化的渗透性被认为是中度或高度异质性。各向异性指的满足随着测量点取向的不同，地质地层的渗透性随之变化的情况。这通常发生在分层沉积层中，这是由于分层沉积层中垂直渗透性往往比水平渗透性的 1/10 还小。这种各向异性趋于横向扩散和横向流动。

导水系数：导水系数描述的是在垂直间隔上地质介质传输水的整体能力。导水系数是指间隔层水力传导系数和单位厚度的乘积。导水系数的单位是长度的平方比时间。

分层：此术语是指在常见的自然地质介质中，水平床层上的物质具有不同渗透性和孔隙度。单一床层通常反映此层沉积模式的变化（例如在水的流动或停滞的情况下）。层的厚度和横向扩展的程度上取决于沉积模式。

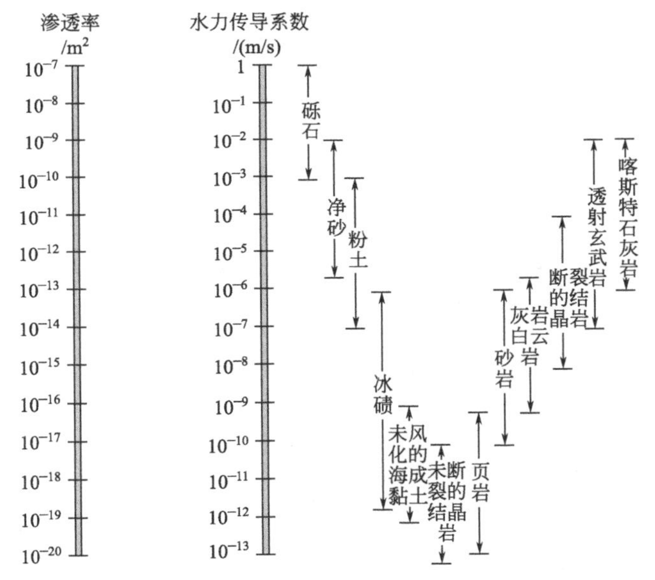

图 2-2 常见的地质介质渗透性和水力传导系数

资料来源：改编自 Freeze 和 Cherry，1979。

2.1.1 I 类——具有低异质性和中度到高度渗透性的颗粒介质

I 类介质是指体系具有与典型的颗粒介质相一致的孔隙度（例如 5%～40%）、与砂子或砂砾相一致的渗透性（$>10^{-14}\,m^2$ 或水力传导系数 $>10^{-7}\,m/s$）和轻微异质性（少于 3 个数量级）。为了将其概念化，认为这种材料本质上是均匀的，因而是比较少见的。具有这种性质的沉积土主要为风吹砂和沙滩沉积土。例如加拿大博登空军基地的沙滩沉积土和科罗拉多州大沙丘国家公园的沙丘沉积土（图 2-3）。由于其轻微的异质性和中度到高度的渗透性，该类型介质的所有部分都可以传输地下水。

图 2-3 来自大沙丘国家公园的沙丘沉积土
资料来源：http：//www.nps.gov/grsa。

2.1.2 Ⅱ类——具有低异质性和低渗透性的颗粒介质

Ⅱ类的水文地质环境主要指与典型颗粒介质有一致的孔隙度（例如 5%～40%）、低空间变化渗透性（少于 3 个数量级）、与淤泥或黏土沉积相一致的低渗透性（$k<10^{-14}m^2$）以及低水力传导系数（$K<10^{-7}m/s$）。例如没有显著二次渗透特征（如裂隙、根孔、动物坑或擦痕的黏土沉积物）。尽管这些体系较为罕见（尤其是在经常发生污染物排放的近地表环境），但是也能找到一些这样的例子，例如美国能源部南卡罗来纳州萨凡纳河场地项目中被 TCE 污染了的黏土。通常情况下，具有显著二次渗透特征的低渗透材料宜划分入Ⅴ类水文地质环境中进行的描述。

2.1.3 Ⅲ类——具有中度至高度异质性的颗粒介质

Ⅲ类水文地质环境包括的体系指渗透性从中度向高度变化（大于 3 个数量级）以及孔隙度与颗粒介质相一致（例如 5%～40%）。由于渗透性在空间上的巨大变化（尺度从厘米到米），导致部分区域具有相对穿透性，而其他部分则保持水流静止不动。如图 2-4 所示，具有夹层的砂岩和页岩就是一个例子。在报告中，对于符合Ⅲ类水文地质环境的介质，高渗透性区域的渗透性要高于 $10^{-14}m^2$（$K>10^{-7}m/s$）。因为冲积层丰富，

图 2-4 具有夹层的砂岩和页岩

渗透性在空间上有很大的变化，所以总是会遇到岩石或与冲积三角洲、冲积河流、冲积扇和冰川沉积层相关的冲积层，所以具有上述性质的介质常见于近地表的沉积物。如图2-5所示，包括在俄克拉荷马州中部的加伯-惠灵顿含水层、在得克萨斯州和路易斯安那州的齐科特（Chicot）含水层以及加拿大安大略省瑟奇蒙特（Searchmont）附近的明显分层的黏土。

图 2-5 Ⅲ类介质的例子

注：砂泥交互层，与来自 Varved 的沉积物（Searchmont 附近，Ontario）每年的沉积循环相关。

资料来源：http：//geology. lssu. edu/NS102/images/varves. html，经许可转载。

©2004，苏必利尔湖州立大学的地质和物理系。

2.1.4 Ⅳ类——具有低岩石基质孔隙度的裂隙介质

在结晶岩石（包括花岗岩、片麻岩和片岩）中，具有低岩石基质孔隙度的裂隙介质比较常见。例如在美国东南部的皮埃蒙特大区和蓝岭山脉地区的岩床及美国西部山脉的深成岩石（见图2-6）。由于在非裂隙岩石基质中几乎没有空隙存在，所以Ⅳ类水文地质环境主要的传输特征是由裂隙引起的次级渗透。非裂隙岩石基质的渗透性低于$10^{-17}\,m^2$（水力传导系数$K<10^{-10}\,m/s$）。但是，介质的整体渗透性与裂隙的频率、缝隙的大小以

及相互连接程度相关，这样，Ⅳ类介质整体渗透性的估值范围为 $10^{-15} \sim 10^{-11}m^2$（$K=10^{-8} \sim 10^{-4}m/s$）。岩石基质和裂隙的孔隙度通常都非常小（<1%）。然而，在结晶岩被深度风化的地区（例如在岩床顶部），其未暴露的部分可以表现如多孔介质一样，虽然对于裂隙岩石类型的水文地质环境预期并不具有这样的性质。Ⅳ类介质与Ⅰ类介质存在显著区别，Ⅳ类介质中的污染物将出现在稀疏的岩石裂缝网络中，这些裂缝可能在水力上相互连接，也可能不相互连接。通常，在具有低岩石基质孔隙度的裂隙介质中形成的污染源区要比在Ⅲ类和Ⅴ类介质中形成的污染源区少见。这反映出很多地表排放出的污染物几乎达不到岩床区域，特别在美国，结晶岩岩床要比沉积岩岩床更少见（Back 等，1988）。

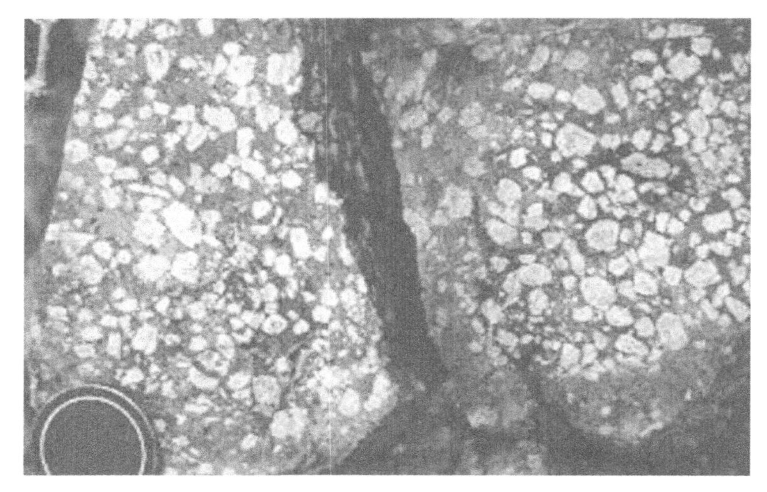

图 2-6 Ⅳ类介质的例子——裂缝结晶岩

注：摄于亚利桑那州基特峰天文台（Kitt Peak Observatory，Arizona）附近。

资料来源：http://geology.asu.edu/? reynolds/glg103/rock_textures_crystalline.htm，经许可转载。©2004，美国亚利桑那州立大学地质科学系。

2.1.5 Ⅴ类——具有高岩石基质孔隙度的裂隙介质

此类水文地质环境包括具有显著穿透性能的裂隙（二次渗透性）和较大空隙的岩石基质体系。非裂隙基质的渗透性被认为 $<10^{-17}m^2$（$K<10^{-10}m/s$）。整个体系的渗透性的预期范围为 $10^{-16} \sim 10^{-13}m^2$（$K=10^{-9} \sim 10^{-6}m/s$）。相对于总单元体积的裂隙孔隙比较小（例如，<1%），然而，与Ⅳ类不同，Ⅴ类的地质学环境中非裂隙基质的孔隙度预计会下降至 1%～40%。经常在沉积岩（如石灰岩、白云岩、页岩、砂岩）和裂隙黏土中遇到具有高岩石基质孔隙度的裂隙介质。例如在五大湖附近的尼亚加拉悬崖（见图 2-7）和在加拿大安大略省萨尼的呈裂隙的湖泊沉积黏土。

Ⅴ类水文地质环境中的一个重要变种是通常由碳酸盐（如石灰石或白云石）形成的喀斯特地貌。这种情况下，包括落水洞、溶洞以及其他溶液入口在内的穿透区具有千差万别的隙缝，其具有储存和运输大量污染物质量的能力（见图 2-8）。喀斯特地层的渗

图 2-7 Ⅴ类介质的例子
注：石灰岩裂缝，门县，威斯康星州（Door County，Wisconsin）。
资料来源：http：//www.uwgb.edu/dutchs/GeoPhotoWis/WI-PZ-NE/BayshorePark/bayshcp3.jpg，经许可转载。©2004 自然和应用科学系，威斯康星大学绿湾分校。

透性可以从裂隙间很低的渗透流变化到通道和洞穴间的明渠流，渗透性变化范围可超过10个数量级（Teutsch 和 Sauter，1991；White，1998，2002）。喀斯特具有如下特点：既可以沿着稀疏溶蚀特性快速迁移同时存在高比例的停滞区与可穿透区的转换。因此，在表征和管理方面Ⅴ类是最具挑战性的一类水文地质环境。

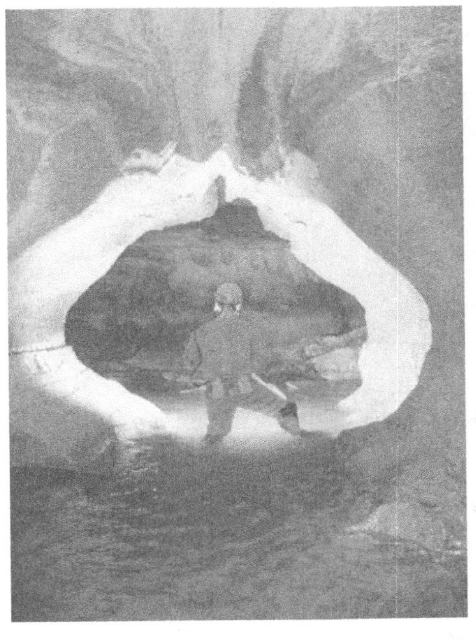

图 2-8 形成喀斯特地形的石灰石，大范围-小尺度的溶解特征
资料来源：Courtesy of De la Paz and Zondlo，Shaw E&I（2003）。

2.1.6 水文地质环境与特定场地的相关性

上文中描述的五类水文地质环境与在实际场地中观察到的连续变化的水文地质环境中的类型不同。Ⅰ类具有轻微异质性和中到高度渗透性，可以随着异质性的增加逐渐过渡为Ⅲ类水文地质环境。而随着黏土比例的增加，Ⅲ类水文地质环境可以过渡为Ⅱ类水文地质环境。在自然系统中存在从干净砂子到黏土砂到砂质黏土到纯黏土的连续排列。相似地，裂隙的重要程度也随之变化，其在Ⅲ类水文地质环境中微不足道，而在Ⅴ类环境中起主要作用。由于存在这些水力梯度，滞留区的存在和扩散以及吸附程度会随之连续地变化。

特别是对于一定规模以上的污染源区，也可能会遇到多个水文地质环境。这通常发生在岩床上的浅层冲积层上。例如，在美国东南部的皮埃蒙特，人们可以看到覆盖在裂隙结晶岩上的河流沉积物（Ⅲ类）和腐质泥土（Ⅴ类）（见图 2-9）。在这些条件下，选择表征工具和污染源管理技术具有挑战性，因为虽然污染物可能存在于整个区域，但是适于一种水文地质环境条件的工具可能在临近的另一种水文地质环境条件下就无法使用。

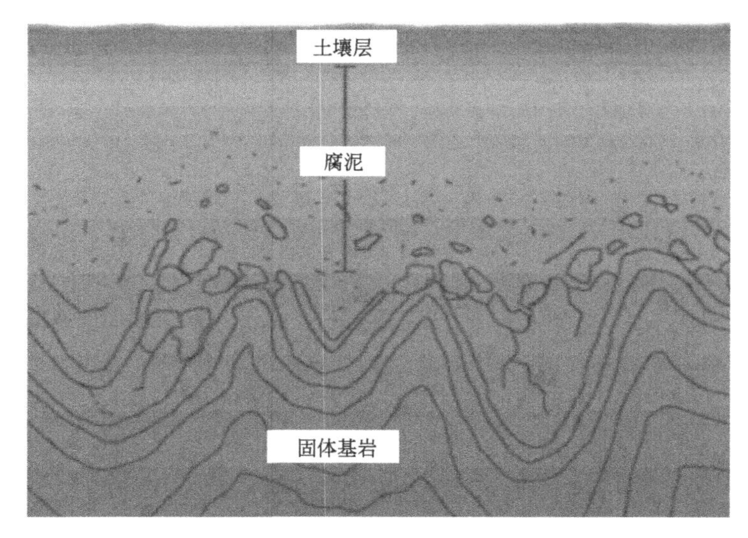

图 2-9 覆盖在高度风化腐殖质的石英石岩床上的混合水文地质环境

注：资料来源：http：//web. wm. edu/geology/弗吉尼亚，经许可转载。

©2004 年弗吉尼亚大学，地质系，威廉和玛丽学院。

尽管需要面对这些复杂性问题，但为了给上文的讨论提供背景资料，陆军仍要求评估 DNAPLs 场地分别在五类水文地质环境中所占的比例。DNAPLs（总共 120 个）可能存在于陆军 43 个现役和基地重组与关闭（BRAC）的设施中，其中 DNAPLs 所处介质中，属于Ⅰ类水文地质环境的占 26%、属于Ⅱ类水文地质环境的占 16%、属于Ⅲ类水文地质环境的占 16%、属于Ⅳ类水文地质环境的占 14%、属于Ⅴ类水文地质环境的占 28%（Laurie Haines，陆军环境中心，个人交流）。

2.2 DNAPLs 的迁移特征

氯化溶剂在地下的分布取决于上文所述的特定水文地质环境，溶剂的化学和物理性质，溶剂最初排放的量、方式、时机，它们在地下的运动和迁移方式，以及可能会导致污染源区地质构造改变的人类活动（例如开挖）。表 2-1 列出了在 DNAPLs（均包括氯化溶剂和其他有机化合物）中几种常见化学品的性质。在随后的讨论中会发现，这些性质在体现迁移能力和 DNAPLs 最终分布上扮演着重要角色，此外它们还被用来预测可能的化学转化或相变过程。

表 2-1 在 DNAPLs 中的有机化学品的性质

化学品污染物	CAS 登录号	水溶解性 /(mg/L)	密度 /(g/cm^3)	蒸汽压 /mmHg	绝对黏度 /10^{-3}Pa·s	$\lg K_{ow}$	亨利系数/ ($10^3 atm·m^3/mol$)
氯化溶剂							
四氯乙烯(全氯乙烯、PCE)	127-18-4	150	1.62	20	0.89	2.88	15
三氯乙烯(TCE)	79-01-6	1100	1.46	74	0.57	2.53	9.1
顺-1,2-二氯乙烯(顺-1,2-DCE)	156-59-2	3500	1.28	200	0.48	1.86	3.4
1,1-二氯乙烯(1,1-DCE)	75-35-4	400	1.21	590	0.36	2.18	15
1,1,1-三氯乙烷(1,1,1-TCA)	71-55-6	1300	1.34	120	0.87	2.48	15
1,2-二氯乙烷(1,2-DCA)	107-06-2	8300	1.23	87	0.80	1.48	1.1
四氯化碳(CT)	56-23-5	800	1.59	120	0.97	2.83	30
三氯甲烷(氯仿、CF)	67-66-3	8200	1.49	200	0.58	1.95	3.4
二氯甲烷(DCM)	75-09-2	13000	1.33	440	0.43	1.25	2.0
其他烃类化合物							
萘	91-20-3	32	1.14	8.2×10^{-2}	固体	3.36	0.46
苯并[a]芘	50-32-8	0.004	1.35	5.6×10^{-9}	固体	6.04	3.4×10^{-4}
Aroclor 1254(PCB 混合物)	11097-69-1	51	1.50	7.7×10^{-5}	700	6.5	2.7
Aroclor 1260(PCB 混合物)	11096-82-5	80	1.56	4.0×10^{-7}	树脂	6.9	0.34

注：1. 单位和缩写：CAS 登录号是美国化学学会用来识别数据库中的化学品的唯一标识符。
2. 水溶解度在 25℃时的数值。
3. 密度在 20℃时的数值。
4. 蒸汽压是在 25℃时的数值。
5. 黏度是在 20℃时的绝对黏度。
6. $\lg K_{ow}$ 为正辛醇-水分配系数（无单位）。
7. 亨利系数是在 25℃时的数值。1atm=101325Pa。
资料来源：蒙哥马利（2000），除另有说明外。Mackay 等（1993）的顺-1,2-DEC 的性质；Cohen 等（1993）的绝对黏度。

2.2.1 污染物释放

通常污染物以液相组分的方式被释放到地下，如稀释的水溶液以及浓缩的水溶液

（渗滤液）或不与水混溶的有机液体（非水相液体或 NAPL）。释放的液体的性质将极大地影响其迁移途径、扩散范围以及释放污染物的持久性。例如，在地下环境中，作为污染物主要成分的有机液体，仅微溶于水，这使其可以发生远距离的迁移。

NAPLs 有许多来源，包括表面泄漏、渗漏桶、管道、储罐以及液体废物处理操作过程的泄漏。在地下环境中遇到的许多 NAPLs 一般为几种不同化合物组成的混合物，这是由于这些化合物被排放前的使用经历、化学物质排放的顺序以及随后在地下环境中发生的生物或非生物反应造成的。由一种以上的化合物组成的 NAPL 即为多组分 NAPLs。其中挥发性有机化合物（VOCs）、多氯联苯（PCBs）以及多环芳烃（PAHs）是 NAPLs 中的常见组分。而两类更为常见的 NAPL 组分是氯化溶剂和石油烃类化合物（包括汽油和燃料油）（Mercer 和 Cohen，1990）。其他常见 NAPLs 包括煤焦油、变压器油（多氯联苯的主要载体）和杂酚油（多环芳烃和酚类物质的主要载体）。

密度比水大的 NAPLs 通常称为重质 NAPLs（DNAPLs）。上面列举的各类化合物中，氯化溶剂是最常见的 DNAPLs（例如四氯乙烯、三氯乙烯、顺-1，2-二氯乙烯、1，1-二氯乙烯、1，1，1-三氯乙烷、1，2-二氯乙烷、四氯化碳、氯仿、二氯甲烷）。多氯联苯、多环芳烃、杂酚油以及煤焦油也常形成 DNAPLs 或作为 DNAPLs 的成分。石油烃和变压器油通常会形成密度小于水的轻质 NAPLs（LNAPLs）。还应该指出，多组分 DNAPLs 中含有高浓度的石油烃类如苯、甲苯、乙苯和二甲苯（BTEX）的情况并不少见。可见，DNAPLs 密度比水的大还是小取决于其纯液态表现形式，而辨别出 DNAPLs 的化学成分才是重点，而同时，就 DNAPLs 自身而言，也可以视其为一个由多种化学物质组成的孤立有机相液体。

2.2.1.1 在地下环境中 DNAPLs 的运动和迁移

（1）不混溶流

某一地层内大部分 NAPLs 的迁移形式由有机液体的性质如密度、黏度、与孔隙水间的表面张力以及地层固体的性质（包括质地和表面特性）决定。当 NAPLs 进入地下环境时，它将首先遇到含有自然孔隙水和空气的非饱和带，在该区域主要是重力驱动 NAPLs 的迁移（NAPLs 取代空隙中的空气）并将趋于向下垂直移动。同时 NAPLs 在非饱和带迁移时，由 NAPLs 的溶解度和挥发度决定它是否会溶入孔隙水和/或挥发到孔隙空气之中。当 NAPLs 继续向下迁移，最终会遇到所有孔隙都被水填满的饱和带。根据密度，DNAPLs 将倾向于继续垂直向下迁移，将地下水取代出来，直至渗透性较小的地层，或者 DNAPLs 的体积被耗尽，或者遇到了垂直方向上足够大的水力梯度。此外，LNAPLs 往往会趋向于在饱和带顶部的毛细管边缘区扩散，迁移方向主要沿着地下水的自然流动方向。

具有代表性的 DNAPLs 组分的具体密度在它们向下通过饱和带的迁移中起到主要作用，并列于表 2-1 中（其他几个重要的参数也一同给出）。需要注意的是氯化溶剂的特征密度$\geqslant 1.2g/cm^3$，因此表现出较强的垂直流动趋向（Pankow 和 Cherry，1996

年）。然而杂酚油、煤焦油和其他多环芳烃为基础成分的DNAPLs的密度趋向于与水的密度接近（例如1.1g/cm^3），因此可能不会产生大的垂直迁移的推动力。

在饱和地下水区，NAPLs的密度会影响其垂直迁移的倾向，其黏度则会影响其迁移速率。通常情况下，由于流动阻力减少，低黏度的流体往往可以更快速地迁移。表2-1列出DNAPLs包括氯化溶剂在内的许多组分，它们黏度都小于水。因此，这些液体更容易流动。然而杂酚油和煤焦油具有更高的黏度，因此在相似的水力梯度下迁移要慢得多。

第三个影响DNAPLs在地下迁移的作用为毛细管作用。毛细管作用是发生在相与相之间（既可以发生在液相与液相之间，也可以发生在固相与液相之间）界面力的物理作用的表现形式。这些界面力的性质和程度对控制迁移路径、DNAPLs扩散程度以及DNAPLs进入饱和地层起主要作用。毛细管作用由孔隙的几何结构和两个界面的性质（表面张力和润湿性）控制。表面张力是液相-DNAPLs界面的一个性质，并被定义为产生一个新的单位界面面积所需的能量（Hiemenz和Rajagopalan，1997）。通常对纯的有机液体相而言，DNAPLs-水间界面张力在20～50dyn/cm的范围内（Mercer和Cohen，1990）。然而，界面张力会受到共存污染物或在DNAPLs相中的添加剂（包括有机酸、碱和表面活性剂）以及溶于孔隙水中的成分（如天然腐殖质）的严重影响。这些化合物如表面活性剂可大大降低界面张力（Adamson和Gast，1997）。而降低界面张力将导致降低DNAPLs在横向（或垂向）上向其最初迁移方向的扩散能力，并且减少DNAPLs取代饱和孔隙水所需的力。

润湿性是指一种流体在另一种不能混溶的流体存在情况下，在固体表面上扩散或黏附的趋势。它控制孔隙内的流体分布。在水/NAPLs/固体体系，通过固体表面而包覆固体并且显示有高亲和力的液体称为润湿相，而另外一种液体则称为非润湿相。接触角是液-液界面与固体表面所成的角度（Hiemenz和Rajagopalan，1997），可作为测量润湿性的指标。对于许多天然矿物质，包括石英和碳酸盐，水比常见的DNAPLs组分更容易被吸附在矿物质表面。因此在这样的介质中，水通常为润湿相，可以沿固体表面、小孔隙区域和裂隙分布。如果一个固体具有亲水性，可通过水相进行测量其与水之间的接触角，应在0°～60°之间。反之，接触角接近180°则具有憎水性，固体可被NAPLs强烈润湿。如果接触角的范围为70°～120°，那么这个表面具有中度润湿性（Morrow，1976）。一直被石油行业定义的混合润湿条件是指其中较大的孔隙是有机相润湿造成的而小的孔隙是水相润湿造成的（例如，Salathiel，1973）。“润湿”一般用来描述具有不同润湿性的表面（Anderson，1987）由于自然的变化或通过固体与释放出的NAPLs之间的相互作用。在地下环境中水润湿、中度润湿以及有机润湿条件可以同时存在（Anderson，1987）。例如，可以发现接触含有表面活性组分的NAPLs混合物对多孔介质具有中度到有机相润湿性（例如，Powers et al.，1996）。上述研究和其他研究都表明，在受污染的地下环境中表面润湿性的变化是常见的。而这些变化可能会影响NAPLs在自然环境中的迁移和持久性。

在水可润湿的介质中，非润湿性的DNAPLs趋向集中在孔隙中间、更大的孔隙和裂隙中。润湿相可以很容易地进入新的孔隙内部空间，但非润湿相必须克服毛细管力后才可以进入。所需的取代力是孔隙的几何结构、表面张力和接触角的函数。在圆柱形孔隙中，取代润湿相所需的压差（ΔP）可由拉普拉斯-杨氏（Laplace-Young）方程给出：

$$\Delta P = 2\sigma\cos\theta/r \tag{2-1}$$

式中 θ——接触角；

σ——表面张力；

r——孔隙半径。

所需压差可由作用于非润湿相上的压力或在孔隙上累积的非润湿相重量提供。对于非润湿的DNAPLs来说，在穿透孔隙之前，其在孔隙上必须累积的高度h与压差有关：

$$\Delta P = P_{nw} - P_{w} = \Delta\rho h g \tag{2-2}$$

式中 $\Delta\rho$——DNAPLs和水之间的密度差异（非润湿性和润湿阶段）；

g——重力加速率；

P_{nw}——非润湿性液体压力；

P_{w}——润湿性液体压力。

一旦达到这个压差，DNAPLs就可以侵入孔隙。

虽然我们已经深入理解了简单孔隙几何形状（如圆柱孔）的毛细管力，但自然形成的多孔介质的复杂孔隙结构使得精确预测界面位置变得非常困难。因此，在实际应用中，采用液相压差与润湿性液体的饱和度之间建立的宏观关系来描述特定介质的毛细管行为，也称为毛细管压力-饱和曲线。完成任意一种润湿性液体的取代所需的关键压差称为入口压力。对于天然多孔介质的孔隙几何形状和表面粗糙度，尽管必须对式(2-1)所示的关系加以修订，但是这种关系的一般形式仍然是有效的。因此，式(2-1)表明毛细管力的存在往往对于非润湿性的DNAPLs进入水饱和的小孔造成阻碍（毛细管）。

非润湿的DNAPLs的迁移是一种垂直的迁移，直到遇到更细粒的介质层为止，在该处，DNAPLs将在水平方向上扩展至积累到足以克服入口压力或直到在水平扩展的过程中遇到一个入口压力很小的路径（可能由岩层的变化造成）。微小的岩层质地变化就可以引起入口压力发生很大的改变并足以影响DNAPLs流动，这样的岩层变化可以出现在匀质的单位岩层中（Kueper等，1993）。在饱和砂质介质中，DNAPLs的迁移对渗透性和毛细管作用的小范围变化非常敏感（Poulsen和Kueper，1992；Brewster et al.，1995）。这种小规模的入口压力变化可造成DNAPLs在宏观均质地下层中渗透的参差不齐，从而导致形成狭窄垂直的优先流通道（俗称手指流），并且该优先流通道作为快速管道使DNAPLs迁移到地下深层。由于小范围的成分变化不容易被量化，因而这些优先通道随机出现在DNAPLs分布区（例如，Rathfelder等，2003）。由于DNAPLs存在手指流行为，同时手指流的横向尺寸又小，因此难以将其保留在原地。毛细力将倾向于阻止形成更宽泛的手指流，因此在粗糙质地的介质和小表面张力的条件下，沿着手指流的扩散较为常见。

由于细粒度介质层通常会对向下流动的流体产生阻力，因而通常会导致其在一定距离上的水平扩散，而这个距离较垂直路径上的水平扩散来说大得多。因此，DNAPLs往往沿着一个极不规则的路径迁移，导致污染源区内有与狭窄的垂直通道相连接的薄层呈水平透镜状横向扩展分布的DNAPLs。这对在含有连续的细小质地、高渗透性水平层的Ⅲ类地质环境尤为真实，而具有水平向很宽泛的裂隙Ⅳ类或Ⅴ类介质的情况相反。如果有小范围的分层存在，这也可能满足Ⅰ类水文环境的特点。当更细的介质颗粒或不透水层下沉，即使在水力梯度呈相反方向的条件下DNAPLs也将向下流动。这种横向组合将一直扩散直至遇到渗透性更好的路径，并使得DNAPLs向下的迁移代替DNAPLs从进入点向更远距离的流动。细粒层的地形结构变化可能困住部分DNAPLs，并形成隔离池（如图2-10所示，在裂隙岩体系下DNAPLs的泄漏）。

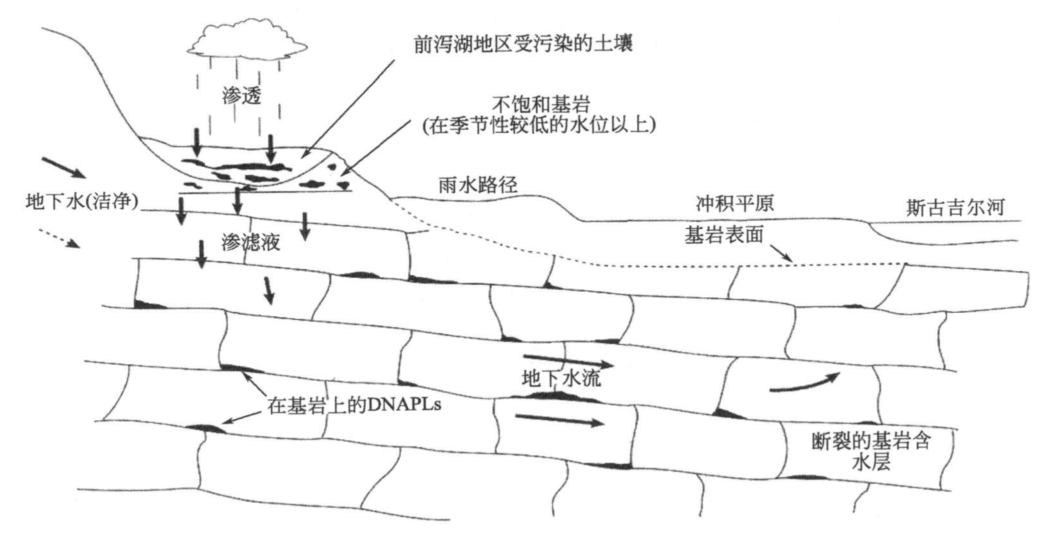

图2-10 在宾夕法尼亚州的一个裂隙岩体（Ⅴ类）含水层中DNAPLs隔离池的示意

注：该点被1,2,3-三氯丙烷（一种DNAPLs）污染，并沿解离面裂隙流动。

资料来源：EPA（1992）。

图2-11和图2-12展现了上文讨论的DNAPLs迁移特点，图中描述了利用实验室沙箱探索PCE在石英砂介质（代表Ⅰ类介质，渗透性有1～2个数量级变化）中的释放行为。图2-11(a)表明毛细管作用造成的阻碍对四氯乙烯迁移的影响。在这里PCE被释放到一个渗透性为$1.2\times10^{-10}m^2$的粗糙水饱和砂之中，在重力的作用下，PCE向下迁移直到遇到了渗透性为$8.2\times10^{-12}m^2$的细质砂层。在不同质地材料的界面上，PCE横向扩散，在入口压力被超出前PCE可沿着细质砂层的周边流下来，并再次在粗质砂中找到迁移通道。随后，PCE在箱子底部的另一种材质的界面上淤积成池。由图可知，在PCE形成的透镜状薄层淤积池上还有一个小的更厚的PCE池，这是由于DNAPLs垂直手指状的迁移勉强可辨别路径渗透到具有更小毛细作用形成的障碍层。如上所述，这些都是DNAPLs迁移行为的典型特征。图2-11(b)展示了界面张力的降低对四氯乙烯迁移的影响。所采用物理条件体系与图2-11(a)中所示一致，仅是驻孔流体（具有润

湿性）含有一种可以降低 PCE 和水相间的界面张力（从 47.8dyn/cm 降到 0.5dyn/cm）的表面活性剂。需要注意的是，当 PCE 在细砂层表面扩展的时候，其堆积厚度造成的压力超过了入口压力，使 PCE 能够穿过质地更细的砂粒层。还要注意透镜状堆积中不易被辨别的小尺度变化可导致在 PCE 通过细粒砂层中形成优先路径。

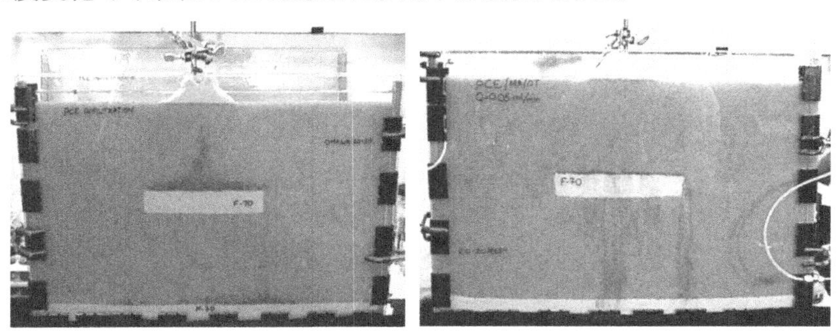

(a) 高界面张力　　(b) 低界面张力

图 2-11　界面张力（IFT）对 DNAPLs 迁移的影响（彩图见书后）

注：(a) 含水层单元实验（实验单元：60cm 长×35cm 高）的照片和（b）被含有表面活性剂水溶液（IFT 减少至 0.5dyn/cm）饱和的砂土层中的最终分布。

资料来源：Rathfelder 等，经许可转载（2003 年）。©2003 爱思唯尔科学（Elsevier Science）。

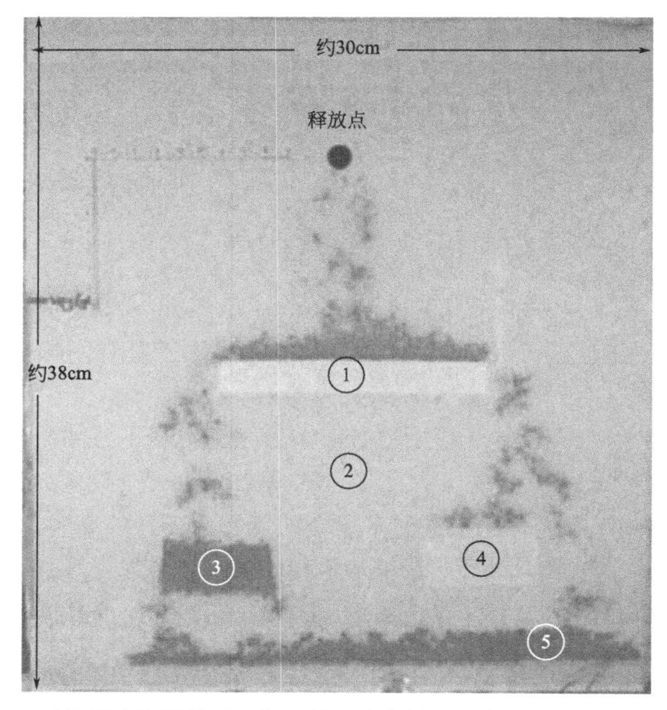

图 2-12　在沙箱中润湿性对四氯乙烯（暗染料）迁移的影响（彩图见书后）

注：砂子的润湿性和渗透性：①水润湿，$4.7\times10^{-12}m^2$；②水润湿，$4.0\times10^{-10}m^2$；③有机相润湿，$6.4\times10^{-11}m^2$；④水润湿，$6.4\times10^{-11}m^2$；⑤有机相润湿，$4\times10^{-10}m^2$。

资料来源：O'Carroll 等，经许可转载（2004 年）。©2004 年爱思唯尔科学（Elsevier Science）。

图 2-12 展示了润湿性对 DNAPLs 迁移的影响。这里需要再次强调的是，四氯乙烯是从粗砂质介质中释放出来的。粗砂表面被不同性质的精细结构的液体包覆成透镜状。砂子经过十八烷基三氯硅烷涂层的处理即为图中所示的有机相润湿砂，从而使 NAPLs 对砂子表面具有润湿性。因此在这种状态下 NAPLs 很容易取代水，因为毛细管力具有把 DNAPLs“拉”到有机相润湿的材料中的能力。

(2) 残余截留

当 DNAPLs 迁移通过地下时，由于毛细管作用，有机相内的小液滴或结节被毛细孔截留。通常这些被截留的 NAPLs 被量化为残余饱和度，即被截留的有机相的体积与总孔隙体积的比值。当毛细管力大到足够克服流水所施加在其上的力和重力时截留现象就会发生。因而残余饱和度是孔隙的几何形状、有机相的性质（包括界面张力、黏度和密度）、流速和多孔介质的润湿性的函数。被截留的残余物还是在有机相被排泄前 DNAPLs 所能达到的最大饱和度和随后排放历程的函数，也就是说，在经历较大释放速率的介质中或在 NAPLs 聚集成池的区域内发现较高的残留量。此外，由于高释放速率会导致大量有机物被截留，而当 DNAPLs 以较低的速率释放时，DNAPLs 就可以向更远更深的地方迁移。可见释放速率会影响 DNAPLs 溢流的迁移模式。应当注意的是聚集成池的有机物会因为地下水流场的变化或者因为池所在区域内毛细管屏障破坏而产生流动。然而在自然或抽出处理的条件下地下水流速往往会发生变化，但是残余饱和度基本上被认为与流速无关（Powers 等，1992）。

在现场和实验室实验中测定的饱和松散介质中 DNAPLs 的局部最大饱和度通常为 10%～35%，而对于低渗透性的介质该值甚至可达 50%（Conrad 等，1987；Schwille，1988）。然而在典型 DNAPLs 污染的实际场地中已报道的平均残余饱和度通常要小得多，这是由于受到孔隙体积（大小在 0.1%～1.0%之间）的影响（Meinardus 等，2002）。这个明显的差异与饱和度的测量范围有关，即与有机物质量的平均体积有关。例如，在如图 2-11(a) 所示的 PCE 释放的情况下，在该反应槽内测得 DNAPLs 平均饱和度（被排放的总体积除以反应槽的孔隙体积）为 0.1%，而在选定的 $2cm^3$ 子样品内测得饱和度范围为 0.8%～19%（Rathfelder 等，2003）。因此，第一个饱和度（0.1%）可能会被表征为整个场地范围的平均值，但需要清楚该平均值不能代表 DNAPLs 在场地内的真实分布。

图 2-13(a) 展示了 NAPLs 的截留，其中在填充了粗质石英砂的砂柱中可以观察到残余 PCE 截留。图 2-13(b) 显示了在一个类似的砂柱实验中，苯乙烯（LNAPL）被更多不同级别砂粒所截留和一些被截留的结节聚合的情况。

(3) 影响 DNAPLs 持久性的其他过程

上述各节描述了控制 DNAPLs 迁移和其在地质介质中截留形成 DANPLs 污染源的过程。DNAPLs 污染源区一旦出现，这一污染源区的长期持续性将受到 DNAPLs 向流动孔隙水的溶解速率和由于化学风化或微生物转化引起的 DNAPLs 性质变化的影响。

DNAPLs 的局部溶出一直是许多调查的主题。研究人员发现诸多参数影响着溶出

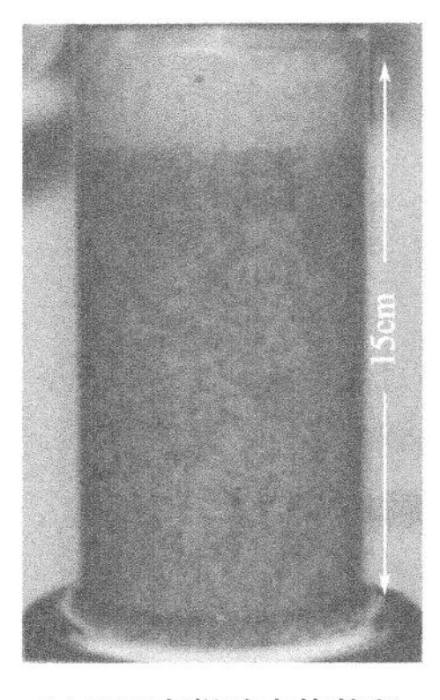

(a) PCE在粗砂中的截留

(b) 来自分级砂中代表性结节

图 2-13　NAPLs 的截留（彩图见书后）

资料来源：允许转载来自 Powers，et al（1992 年）。©1992 美国地球物理联合会。

速率，包括 DNAPLs 组成成分的溶解度、地下水的局部流速、地质介质的结构不均质性、固体介质的润湿性以及 DNAPLs 的饱和度（Powers 等，1992，1994；Bradford 等，1999）。一般情况下，传质速率往往会随着地下水流速、介质颗粒尺寸的均一性以及 DNAPLs 的溶解度的增加而增加。由于 DNAPLs 的溶解度（见表 2-1）和地下水流速通常都非常小，在具有自然流速的 DNAPLs 污染源区，DNAPLs 的溶出速率比较小。因此 DNAPLs 可以持续几十年呈残余饱和状态（Lemke 等，2004）。正如热力学平衡考虑所预期的那样，对于 DNAPLs 混合物，可溶性成分越多，溶解速度越快，导致 DNAPLs 成分随时间的变化而变化。同时优先溶解的行为也会潜在地改变 DNAPLs 的溶解度、黏度、密度、表面张力和毒性。

在滞流区或流速非常缓慢的区域，溶出进一步受到有机溶质从 DNAPLs 界面扩散（扩散通量）的限制影响。根据菲克扩散定律，扩散通量是 DNAPLs 组分在水中的浓度梯度和扩散率的乘积。在水相中 DNAPLs 成分典型扩散率的数量级为 $10^{-5}cm^2/s$。由于扩散速率非常小，同时加上这些化合物具有较低的溶解度，这导致扩散过程非常缓慢。因此，如果 DNAPLs 能以某种形态进入滞留区或者水流绕过 DNAPLs 区域（将产生高饱和度的 DNAPLs 池），溶出速率就会变得非常小，并会导致在自然条件下 DNAPLs 将在此区域持续存在上百年。

分子扩散过程也倾向于将已溶解的污染物扩散进入某个地层的滞留区。因此，尽管毛细管作用形成的屏障或低渗透性区域可以阻止 DNAPLs 向下迁移，DNAPLs 池下的低渗透区域也可成为已溶解的有机物的储存库。如果 DNAPLs 池随后被去除，污染物的浓度梯度方向会发生逆转，导致有机物从低渗透性的区域扩散出来，成为低渗透层上流动地下水的一个持续污染源。

从某个地层存在的滞流区逆向扩散的有机污染物的潜在存储池受固体土壤对 DNAPLs 组分吸附能力的严重影响。通常不可以通过对地下水取样来对被吸附的污染物进行定量，而只能通过对含水层岩芯取样来进行评估。吸附的污染物是与固体介质相关联那部分有机污染物的量。对于有机化合物，它的吸附能力通常与固态介质中有机碳含量与性质、固体介质的表面积以及有机化合物的辛醇-水分配系数（K_{ow}）（见表 2-1）相关。一般情况下，较大的吸附能力与固体介质具有更高含量的有机碳成分、更高的表面积以及有机物具有较高的辛醇-水分配系数相关。有机固体部分成岩程度可能会影响其吸附率和吸附可逆性（Huang 和 Weber，1998；Weber 等，1999）。

在平衡条件下，吸附态的有机物与水相中有机物的浓度存在量化关系。这种关系称为平衡等温线。在 DNAPLs 附近，水相中具有持久的高浓度，并伴以扩散，极易促进吸附。相反，如果去除 DNAPLs，解吸附将作为一个持续性的污染物来源，通过反向扩散过程输送污染物。因此，在非均质地层中，因修复工作或自然衰减去除 DNAPLs 后，滞流区的逆向扩散将会把水相或吸附相中的污染物带出并维持羽流污染。

因为在地下不同夹层的自然沉积物（例如砂子和淤泥）中，地下水流速会发生数量级的变化，因此，预测和评估污染物在低渗透区的存储和洗脱是一项复杂的任务。如果地下水流动相对缓慢，与典型自然流动条件类似，那么通常认为吸附是一个平衡过程，即当水流流过固体时，固-液相的交换瞬间发生。然而，当流速比较快时，如使用泵抽取地下水的情况，固-液相的交换可能要滞后于水流速度，这就造成当羽流分别到达或穿过某个观察点时，出现如下的情况：a. 污染物比预期更早地出现；b. 抽提的污染物比预期出现得要晚。此外，污染物在水相中的生物和化学转化过程可能会受到类似的解吸附的限制，特别是在那些转化比较快的地方。但是迄今为止，只在简单的地质条件情况下研究过反向扩散过程（Sudicky 等，1985；Parker 等，1994，1997；Ball 等，1999；Liu 和 Ball 等，1998；Mackay 等，2000）。

由于 NAPLs 与高浓度污染物的毒性有关（Robertson 和 Alexander，1996），直到近来人们仍认为在氯化溶剂污染源附近不可能发生生物转化。但是，最近发表的一些研究记录了在达到或接近 PCE 水相溶解度的情况下微生物的活动情况（Yang 和 McCarty，2000；Cope 和 Hughes，2001；Sung 等，2003）。最近的研究表明，在实验室内通过增加污染物的局部浓度梯度和增加水溶性的情况下，微生物的活动能将 DNAPLs 的溶出因子增加 5 倍甚至更多（Yang 和 McCarty，2002；Cope 和 Hughes，2001），虽然在场地条件下还没有增强 DNAPLs 溶出的记录。在自然地下条件下，缺少电子供体通常会抑制微生物的活性。

2.2.1.2 污染源区内污染物的场地尺度分布

鉴于上面所讨论的许多影响 DNAPLs 分布的过程，在污染场地的地下仅有一小部分区域中含有 DNAPLs，这并不令人感到惊讶。在这个区域内，无论在水平方向还是垂直方向，DNAPLs 的分布都呈不规则状态，而且这种分布难以通过排放点的位置来预测。DNAPLs 的质量都分布在残余的结节和更饱和的池区之内。在排放期间或排放之后的瞬间，DNAPLs 将是污染源区内所占比例最大的污染物组分。而随着时间的推移，DNAPLs 中扩散的部分会转移到水相、气相以及固相中，从而将 DNAPLs 完全去除。当发生这样的过程时，水文地质环境可影响溶解的物质是否往滞流区迁移（一般在岩石基质中）以及吸附在固体上成为污染源区污染物的主要成分。图 2-14 显示了在这些不同相中的污染物质量的理论分布情况。

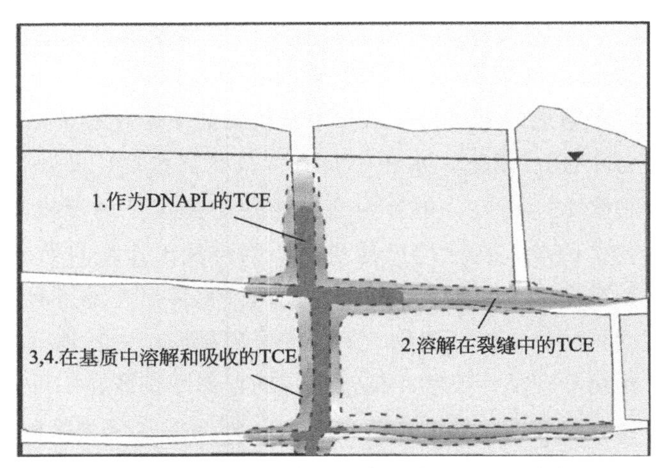

图 2-14　在地下环境中污染物质量的理论分布

下面将讨论在前面介绍的五类水文地质环境下，DNAPLs 污染源中 DANPLs 吸附或溶出的倾向。

（1）Ⅰ类水文地质环境

对于具有低异质性和中度到高度渗透性的颗粒介质，所有污染源区均认为是可以转移的。在低吸附介质区域（例如有机质含量低），在固体上几乎没有污染物被保留。因此，通常在Ⅰ类水文地质环境中没有停滞区或持续洗脱的区域，并且 DNAPLs 是溶解相羽流最可能的来源。然而，需要注意的是，广泛的 DNAPLs 池区可能会出现在Ⅰ类水文地质环境与其他低渗透区的交界处（见图 2-12），而且，此类池区很难被治理。

（2）Ⅱ类水文地质环境

在具有低异质性和低渗透性的颗粒介质中，污染源区相对较少。鉴于Ⅱ类水文地质环境中不存在二级渗透特性，而 NAPLs 需要很高的取代压力和/或对流体很低的水力传导率，导致污染物很难进入其中。但例外的是在 DNAPLs 优先润湿细质颗粒介质并在毛细管力作用下拖入介质内部的地方。图 2-12 展示了在低渗透材料内部优先润湿行为的例子。图中，在反应槽底部附近左边由细质颗粒“吸附”的 DANPLs 呈透镜状，而右边的透镜状吸附体没有被穿透。在低渗透性介质中这样的优先润湿是矿物学上的差异造成的，或更为普遍的是这些介质先前接触过含有表面活性的共污染物（例如有机酸和碱）的地下水。

（3）Ⅲ类水文地质环境

Ⅲ类地质环境包括可穿透的夹层和高孔隙度的滞流区，此类环境多见于冲积地层，其中低渗透夹层通常呈水平状并向侧向扩展。在这类环境中，DNAPLs 初始沿着可穿透层内的路径迁移，因为这样所需的取代压力较小。而毛细管作用障碍由高取代压力的低渗透层充当。通常，在污染源区 DNAPLs 将停留在可穿透区与滞流区相交的地方（例如 DNAPLs 池区形成于黏土层上）。随着时间的延长，DNAPLs 将分散进入水相，并可在此通过被水冲洗而离开污染源区（通过地下水流动传输），也可通过扩散进入低渗透的滞流区。在低渗透层大部分污染物也可能会被吸附到固体介质上（Parker 等，1994）。但是一旦所有的 NAPLs 被耗尽（既可以是自然过程也可以是工程过程），来自滞流区污染物的反向扩散可在一个很长时段内维持可穿透层中污染物的浓度。这可能是在采用污染源控制措施导致可穿透区污染物大量减少后，驱动污染物反弹的一个主要因素（例如，Sudicky 等，1985；Parker 等，1997；Liu 和 Ball，2002；Sale 等，2004）。图 2-15 展现了在简化的Ⅲ类水文地质环境中关于 DNAPLs 的污染物通量示意图，图 2-15(a) 中通量包括扩散跨越透水层、扩散到底层的停滞区、平流通过 DNAPLs 池和扩散到 DNAPLs 池下坡的停滞区。在图 2-15(b) 中，通量反扩散到透水区后 DNAPLs 溶解。

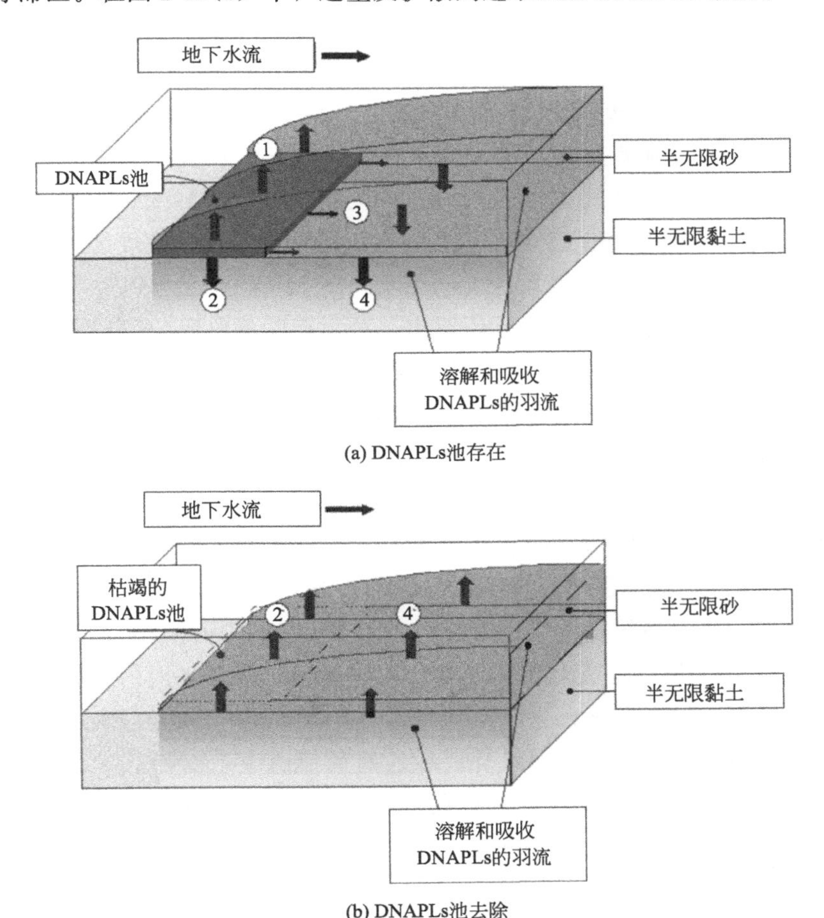

图 2-15 Ⅲ类水文地质环境下的污染物通量示意

①—扩散跨越透水层；②—扩散到底层的停滞区；③—平流通过 DNAPLs 池；④—扩散到 DNAPLs 池下坡的停滞区

注：(a) 在典型Ⅲ类水文地质环境下，污染物通量（①～④）和在砂层与黏土层之间相连处的 DNAPLs 池分布情况，和 (b) DNAPLs 去除后的反向扩散羽流和污染物的分布情况。

资料来源：Sales 等，2004。

(4) Ⅳ类水文地质环境

Ⅳ类环境涉及具有低岩石基质孔隙度的裂隙介质，此类介质裂隙是污染物存储的主要空间。裂缝网格的关键属性是裂隙通常代表岩石基质总体积的一小部分，并且裂隙间既可以很好地相互连接也可几乎不连接（Parker 等，1996）。由于Ⅳ类水文地质环境具有整体低孔隙度（包括裂隙区），污染物被排放到这些环境中往往会形成一个比较大的污染源区。此外，由于流动的横截面面积较小以及缺乏通过扩散进入滞流区引起的污染物衰减，水相中污染物的传输速率会很大。由于这类环境中基质的孔隙度很小，在污染源区几乎没有污染物呈吸附态形式或呈滞流区溶出相形式。但是，在裂隙网格没有很好连接的地方，部分裂隙可以充当滞流区，同时，在裂隙终点处的 DNAPLs 可以作为持续性的溶出污染物的污染源，而这样的污染源难以修复。最后，由于裂隙潜在的稀疏网络以及结晶岩表征工具的局限性，对这类系统进行表征可能会很困难。

(5) Ⅴ类水文地质环境

Ⅴ类水文地质环境涉及具有高岩石基质孔隙度的裂隙介质（岩石或低渗透冲积层）。因此，与Ⅳ类水文地质环境不同，Ⅴ类水文地质环境中的滞流区具有存储溶出态和吸附态污染物的潜力，从而在污染源质量分布上占很大比例。DNAPLs 本身趋向于流过裂隙网格（沿着具有低取代压力的路径），但通常会被基质块阻拦（由于高的取代压力）（Kueper 和 McWhorter，1991）。鉴于仅能将有限的具有中度到高度溶解度的 DNAPLs 释放出来，因此通过溶解态和吸附完全可能把 DNAPLs 从透水的裂隙转移到滞流区（Parker 等，1994）。在这类水文地质环境中，对污染物的管理将面临如下挑战：描述污染源区的程度，表征裂隙网格，在某些情况下传输液体修复剂到目标区，以及了解在 PNAPLs 修复后污染物反向扩散的潜力，以维持传导性裂缝中的污染物浓度。

图 2-16 为黏土层和砂层体系中 DNAPLs 的理论分布情况，图中描述了上述已知过程中 DNAPLs 的假想分布。除了残留态和汇集态的 DNAPLs，图中描绘了在非饱和带的蒸汽羽流以及在饱和带内 DNAPLs 的溶解态与吸附态 DNAPLs 污染物。溶解态和吸附态污染物羽流延伸到砂层中顺 DNAPLs 梯度传送，进入 DNAPLs 周围的静止黏土层，并进入砂层羽流周围的黏土层。需要注意的是 DNAPLs 的残留更可能发生在稀疏池和手指状渗透路径中，而不是图 2-16 中的块状体中。根据床层的厚度和溢出面积的大小，这个场地可以被概念化为一个Ⅱ类水文地质环境或是Ⅰ类水文地质环境（砂）与Ⅴ类水文地质环境（裂隙黏土）的组合。在这两种情况下，DNAPLs 都将会垂直通过上层砂层迁移到上层黏土层。基于场地研究（Poulsen 和 Kueper，1992；Kueper 等，1993）和数值模拟（Kueper 等，1991a，b），在砂层中的 DNAPLs 最有可能呈现出稀疏的水平透镜状分布并且当附近的残余饱和 DNAPLs 被排尽后留下垂直的手指状路径。当达到上层裂隙黏土层时，DNAPLs 会通过二级渗透特性继续向下迁移。液相中大的浓度梯度可能会通过扩散作用将污染物带入黏土基质中（Parker 等，1994，1997）。在第二砂层中，DNAPLs 在水平方向呈稀疏的透镜状分布，当附近的残余饱和 DNAPLs 被排尽后留下垂直的手指状路径。而到达更底部的黏土层时，垂直迁移停止，并在那里

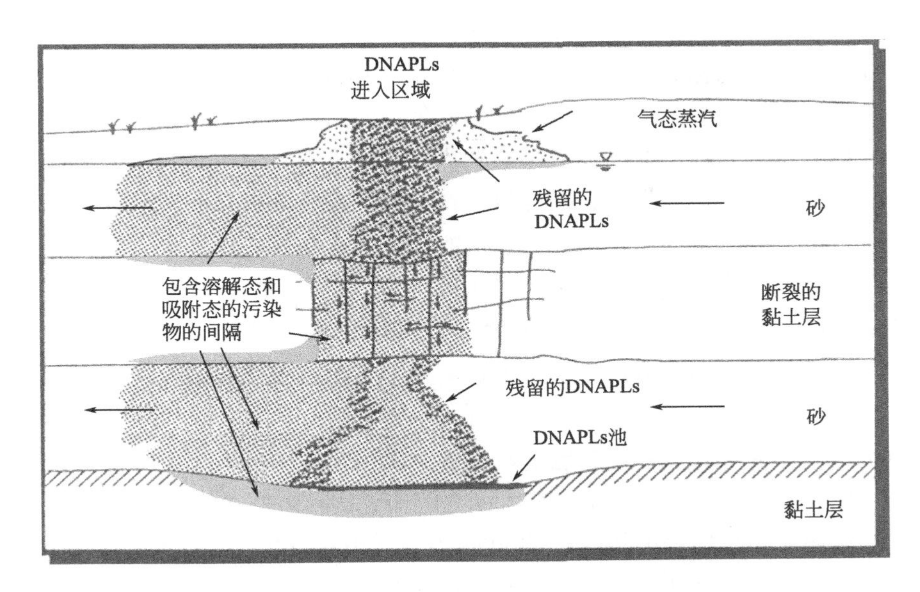

图 2-16 DNAPLs 源区假想图
资料来源：改编自 Cohen et al.，1993。

形成大的 DNAPLs 池。该途径在非饱和土壤带、砂和黏土层中残留的 DNAPLs 以及在含水层沉积物上形成的吸附态或溶解态的污染物将成为长期的污染源，即在地下深处留下 DNAPLs 池及含有溶解化合物的两股污染物羽流。

2.2.2 污染物羽流

鉴于第 1 章中对“污染源区”的定义，区分污染源区与污染羽流非常重要。在污染源区的下游形成污染物羽流，同时形成羽流还要求 DNAPLs 在水中有一定的溶解度并可以不被自然生物降解。例如，氯化溶剂不容易被氧化性的微生物过程所降解（也可更容易被生物降解，但至少部分还需要通过还原脱氯或共代谢氧化过程），同时含水层物质对这类氯化溶剂的吸附很小。因此，氯化溶剂可在污染源的下游形成广泛的羽流。根据不同程度的生物地球化学过程，羽流中的污染物化学成分和浓度范围可能与污染源区内污染物有很大的不同。

通常，与污染源区中污染物分布相比，地下水羽流中污染物趋向于向更大的空间范围扩展分布，并在自然条件下保持更好的连续性。对于一个有限的、均一的水相污染物的污染源区，教科书中对其形成羽流进行了如下描述：在一个理想化的均匀的砂质含水层中通常呈三维椭球体的特征形状。这个羽流形状是在假设具有三维高斯混合或弥散、均匀、单向流条件下形成的。然而，这样具有规则浓度分布的羽流仅在最理想化的条件下实现。越接近污染源区，羽流将趋向于模仿上游不规则饱和分布的空间特点。DNAPLs 池的存在以及在自然流条件下小范围的垂直混合倾向于形成一个非常不规则的、分层的羽流（见本书第 4 章工具箱 4-1）。此外，在更复杂的地质环境区域［例如高度异质的颗粒环境（Ⅲ类水文地质环境）、裂隙岩床或喀斯特地貌体系（Ⅳ类和Ⅴ类水文地质环境）]，羽流的形状主要由宏观流速的变化、非达西流（裂隙基质）以及基质中的扩散控制，并可能与教科书中描述的高斯分布形状几乎完全不同。

如季节性的波动使地下水流动情况发生改变，这将导致地下水羽流的形状和范围可能会随时间而改变。然而，在合理的稳流条件下，并给予足够的时间以满足含水层固体的吸附容量，地下水羽流将表现出相当稳定的特性。在这样的条件下，羽流依靠污染源区支持，而污染源区内污染物的质量流失的速度非常慢，致使在观察期内（可能是几年）污染源区都会保持不变。而在羽流周围，污染物质量会流失，或者更准确地说由于地下水稀释过程（平流和弥散流）或如生物降解等转化过程使其浓度衰减至低于检测限水平。

应当指出，在许多水文地质环境下，通常会发生污染物从羽流中吸附或扩散到含水层固体上（以及随后的反向扩散）。如图 2-17 所示，这种现象可以造成长期的地下水污染。事实上，相比于离散状 DNAPLs 或在污染源区内滞流区中的污染物，抽出-处理系统所产生的长期低浓度氯化溶剂被认为与非 DNAPLs 污染物分散的反向扩散更相关(Liu 和 Ball，2002)。尽管这种吸附或滞流区的污染物可长期提供水相中 DNAPLs 的成分，但由于在 NAPLs 曾出现过的地方现在不存在污染源，因此其并不能满足第 1 章中所给出的污染源区的定义。所以并不是所有地下水污染物羽流都意味着存在污染源区。

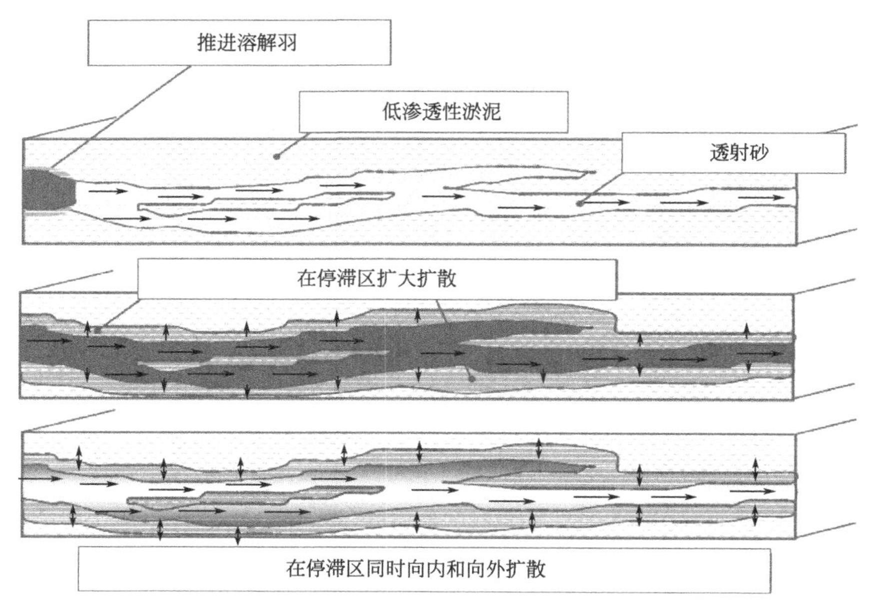

图 2-17 在解除包含溶剂的羽流后，从停滞区到透水区的污染物逆向扩散原理

资料来源：来自 Sale 等并有所修改，2004。

2.3 化学炸药的迁移特征

已造成最大的环境影响并最受军队关注的污染物是化学炸药，并且均为有机爆炸物，如2,4,6-三硝基甲苯（TNT）、2,4-二硝基甲苯（DNT）、六氢-1,3,5-三硝基-1,3,5-三嗪（RDX，中文名：黑索金）、八氢-1,3,5,7-四硝基-1,3,5,7-四氮杂环辛烷（HMX，中文名：奥克托今），其结构如图2-18所示[1]。如DNAPLs一样，化学爆炸物引起的地下污染程度由排放污染物的性质以及在地下环境中土壤-化学物质间相互的物理作用所控制。然而，和对氯化溶剂与土壤的相互作用的了解程度相比，人们对化学爆炸物污染源物质与土壤的相互作用的了解要少得多。因此，本节主要介绍爆炸性物质排放的污染物的性质，并重点介绍在修复这些化合物污染场地时，使修复工作更具挑战性的几个特殊的性质。

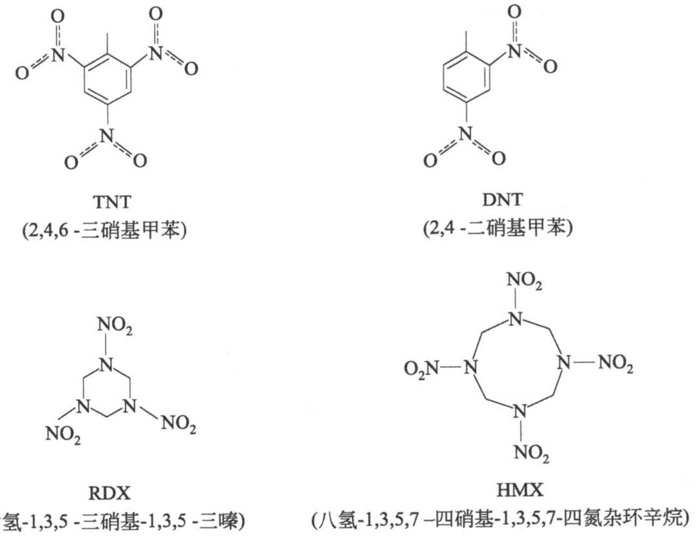

TNT
(2,4,6-三硝基甲苯)

DNT
(2,4-二硝基甲苯)

RDX
(六氢-1,3,5-三硝基-1,3,5-三嗪)

HMX
(八氢-1,3,5,7-四硝基-1,3,5,7-四氮杂环辛烷)

图2-18　TNT、DNT、RDX和HMX的结构

表2-2列出了已发现的作为环境污染物的主要化学爆炸物的主要性质。这些物质水溶性较低，在环境温度下以固体的形态存在。尽管炸药吸附到含水层固体上的程度取决于许多因素，其中每种化合物的K_{ow}值（辛醇-水分配系数）以及固体介质中存在的有机碳含量和类型特别重要，并且这些参数在后面章节会被继续使用，此外本书还要强调对于爆炸性化合物其吸附程度是如何变化的。鉴于表2-2中所给出的K_{ow}值，相比于RDX和HMX，吸附在更大程度上控制着TNT和DNT的运动和迁移。这些现象是在含有多种污染物的国防部基地（路易斯安那州AAP和内布拉斯加州AAP）中被观测到

[1] 本书不考虑未爆弹药（unexploded ordinance，UXO）。

的，此外还发现，这些场地的地下水羽流中通常含有更高浓度的 HMX，其次是 RDX，再次是 DNT 和 TNT。因为 HMX 具有低毒性、不太严格的饮用水指导浓度以及通常在地下水中浓度低，因而 HMX 极少引起清理工作的关注，但是在本书中将全面讨论上述 4 种化学炸药。

表 2-2　常见化学爆炸物的性质

爆炸物	CAS#	水溶解性(20℃)/(mg/L)	熔点/℃	$\lg K_{ow}$
TNT	118-96-7	108	80	1.86
DNT	121-14-2	170	72	1.98
RDX	121-82-4	45	204	0.86
HMX	2691-41-0	3	286	0.06

资料来源：Rosenblatt et al.，1991。

2.3.1　释放出的爆炸性物质

军事场地中由有机爆炸物引起的环境污染可概括分为 3 种常见的排放机制：a. 生产过程中的排放；b. 制造过程中的排放；c. 军事训练和测试行动。多数爆炸物问题都是源于历史生产过程中的排放和制造过程（铣制/加工或拆卸弹药）中的排放，而不是源于最终爆炸物爆炸的过程。而氯化溶剂污染场地是在最终使用过程中的最终产品溢流或排放造成的，这使得爆炸物污染场地不同于氯化溶剂污染场地。

2.3.1.1　生产过程中的排放

在众多的设施上生产爆炸物用来满足战时需要和达到维持国家安全的存量。生产最多的爆炸物包括 TNT、RDX 和 DNT。在军队内部，TNT 的主要生产工厂为 Volunteer AAP、Radford AAP、Louisiana AAP、Longhorn AAP、Cornhusker AAP 和 Iowa AAP。DNT 主要是在 Badger AAP 生产（见工具箱 2-2），而 RDX 是在 Holston AAP 生产。

工具箱 2-2

在 Badger 军事弹药厂生产的 DNT

建于 1942 年的 Badger 军事弹药厂是美国生产 DNT 的主要工厂，一直生产到 1977 年后才转入备用状态。在该设施内，废井用于燃烧有机溶剂、推进剂废物和木材。3 个废井每天处理 500gal（1893L）的 DNT、溶剂和其他物质。调查显示，废井内 DNT 浓度高达 28%。采用应急的修复措施对每个废井表层的 13～20ft（4～6m）的材料进行挖掘并焚烧。此外，每个废井上安装了 6 个土壤蒸汽萃取井，从而去除了 1600lb（726kg）的溶剂。但是，废井底部下方 15～25ft（4.6～7.6m）的土壤仍含有浓度远远超过 1%的 DNT。使用原位生物修复并配合原位润湿来诱导固相 DNT 转移到土壤孔隙水中的污染源处理工艺持续到今天，对 Badger 军事弹药厂的污染源处理至今已有一些成效，但是为优化场地规模的生物降解过程，还必须提供养分、调节 pH 值以及控制亚硝酸盐浓度（Fortner 等，2003）。

（1）三硝基甲苯（TNT）

TNT 是军械使用的最普遍的爆炸物。在美国，TNT 都由军队兵工厂生产，并在第二次世界大战时达到顶峰：每天生产 65t（Kaye，1980）。TNT 以一种精细化的形式存在，是最稳定的炸药之一，并可以长时间保存。

TNT 的商业生产始于连续硝化甲苯这一批量生产的过程。在第一步过程中，加热条件下向甲苯中加入硝酸和硫酸生产出单硝基甲苯（MNT）（或称为单油）。使用硝酸强化废酸使单油转化成二硝基甲苯（DNT）（或称为双油）。在最后转化为 TNT 过程中，双油被发烟硫酸[1]和硝酸加热。在每一步批量生产过程中产生的化合物都是混合物。因此，单油和双油中都包括 MNT 和 DNT，以及其他生产过程中产生的副产品。TNT 的前驱体被融化并用苏打水溶液冲洗，然后再用亚硫酸钠溶液洗净，最后从其他副产品的异构体中分离 2,4,6-TNT。每道工序中产生的废酸都会被循环利用到前面的工序中。来自最后清洗步骤中的清洗水则通过水槽排到一个“洪水”（意为炸药污染的水）处理区（Urbanski，1967a）。1968 年，Radford AAP 开始连续制造 TNT，在一个六段的生产过程中连续引入硝酸和发烟硫酸（Kaye，1980）。无论是批量生产还是连续 TNT 生产，每个生产室都使用充满水的淹没槽，在生产失控时停止生产。存储在保温水槽的泄漏物质向生产室与保温水槽之间转移，其他溢流向淹没槽排放的物质可能是地下爆炸性污染物的重要来源。

历史文献中使用术语“硝基体”来代表在生成最终产品（TNT）之前的生产过程产生的各式各样的硝基苯化合物。硝基体在每一步中的组成差别很大，如表 2-3 列出了 Radford AAP 连续生产线中的硝基体组成。

表 2-3 连续 TNT 生产过程中硝基体的组成

过程	硝基体的组成/%			温度/℃
	MNT	DNT	TNT	
1	77	18	4	50～55
2	0	71	29	70
3	0	30	69	80～85
4	0	10	90	90
5	0	2	98	95
6	0	0	100	100

资料来源：Kaye，1980。

[1] 发烟硫酸是三氧化硫与硫酸的混溶形成的重油状液体。

通常在较高温度下将硝基体生产材料排入淹没槽中，包括单油、双油和 TNT 以及残留的甲苯，其中单油、双油和 TNT 包含在硝酸和硫酸的混合物中。评估表明，Joliet AAP 批量生产过程的第 1 阶段以及 Radford AAP 连续生产过程的第 1 和第 2 阶段中，淹没槽中的液体中含有 75%～85%的 MNT（大多为 2-MNT 和 4-MNT）（Persurance，1974），这种构成的液体可能会有 DNAPLs 一样的行为。然而根据异构体的不同，MNTs 的密度范围为 1.155～1.160g/cm^3，远远低于氯化溶剂的密度（见表 2-1）。在两种生产过程的最后阶段发现硝基体物质在环境温度下呈固态。遗憾的是，既没有在批量生产过程或连续生产过程操作中淹没槽的使用频率的资料，也没有淹没槽物质被清除和销毁的时间间隔方面的信息。由于高浓度硫酸的存在会改变物质密度以及爆炸性化合物的溶解度，这使 TNT 生产过程中排放物质的物理化学性质变得更为复杂。100%硫酸的密度为 1.84g/cm^3，78%的硫酸密度为 1.71g/cm^3。在 50℃下，90%硫酸溶液中，MNT 的同分异构体的溶解度为 34%；在 70℃下，90%硫酸溶液中，二硝基甲苯同分异构体的溶解度为 20%；在 80℃下，90%的硫酸溶液中，TNT 的同分异构体的溶解度为 10%（Urbanski，1967a）。所有这些复杂性，使得弄清硝基体生产材料的混溶性以及确定分离的非水相液体能否形成乳液都变得很难。

因此，在 TNT 生产工厂中排放的爆炸性物质的物理化学性质会随生产过程的步骤、物质中混入酸的量、在某个阶段中的反应程度以及淹没槽或废液池的稀释程度而变化。在某些情况下，可能会存在主要包含 MNT 的孤立相 NAPL，而另一些情况下，可能会存在含有非常高浓度的 MNT、DNT 和 TNT 的 DNAPLs。在大多数炸药污染场地，由于了解到的这些影响因素的信息非常有限，很难评估爆炸性物质在各种水文地质环境中的分布。

(2) 二硝基甲苯（DNT）

一般情况下，DNT 的生产过程类似于 TNT，但不同在于，这一过程在二次硝化后停止。因此，控制 DNT 生产中任何排放出的物质的物理化学性质的因素与 TNT 生产类似。MNT 异构体的硝化会产生各种各样的 DNT 异构体。例如，邻硝基甲苯硝化会生产 2,4-DNT 和 2,6-DNT；而硝基甲苯硝化只生产 2,4-DNT；但 *m*-硝基甲苯硝化会生成 3,4-DNT、2,3-DNT 和 3,6-DNT，所有这些产物均不是生产 2,4,6-TNT 过程中想得到的产物。工具箱 2-2 讨论了部队方面生产 DNT 以及由此引起的地下污染。

(3) RDX

环三亚甲基三硝胺、羟乙基六氢均三嗪和旋风炸药均为 RDX 的别名。RDX 是一种氮含量占 37.84%的白色结晶固体。RDX 通常会与其他炸药、油或蜡混合后使用。它具有高度的存储稳定性并被认为是军中最具爆炸威力的高能炸药之一。纯 RDX 作为按压弹丸内的火药使用。将 RDX 与一个具有相对较低熔点的物质混合后可以作为投掷武器使用。RDX 也作为雷管和爆破管的基本填充物。

在第二次世界大战前和第二次世界大战期间，发明了多种合成 RDX 的方法。第一种方法是通过直接使用硝酸硝化六胺，但这个过程的回收率很低。1941 年，美国人和德国人同时开发出在醋酸酐存在下将六胺二梢盐酸与二梢盐酸铵酯反应生成 RDX 的新方法（Urbanski，1967b）。这个方法依然是今日美军生产 RDX 使用的主要方法之一，但 8%～12%的 HMX 是产物中常见的杂质。

Holston（Kingsport，Tennessee）军工厂主要生产 RDX。初步的表征工作表明，RDX 存在于这个场地的地下水中，但仅在两个生产建筑物下的位置检测到 RDX 的浓度，这暗示地下污染源区的存在（RDX 水溶性：2%～4%）（USACHPPM，2003）。但对于那些在生产过程中使用过的其他设施，RDX 对地下水的污染更普遍地在这些设施中出现。

（4）HMX

环四亚甲四硝胺、1,3,5,7-四硝基-1,3,5,7-四氮杂环辛烷和八素精都是 HMX 的别名。HMX 用于需要每单位质量具有最大爆炸力的军械中。在冰醋酸、醋酸酐、硝酸铵和硝酸存在下，硝化六胺（六次甲基四胺）产生 HMX。反应产物是 RDX、HMX 的混合物，其中 RDX 可以通过碱性水解有选择性地被破坏。其实 HMX 也是生产 RDX 时的副产品，并曾在 Holston 军工厂生产。调查 Holston 军工厂的地下水发现，在含有 RDX 的井中也发现了 HMX，但 HMX 浓度低得多，没有超过生活饮用水指标的限制（USACHPPM，2003）。

2.3.1.2 制造过程中的排放

此处定义的制造过程是后生产过程，即处理固态爆炸性物质的过程。例如装载、组装、填充军械装置以及从过期弹药中清除爆炸填充物的拆卸操作。最常见的爆炸填充材料由 TNT 和 B 组分（60% RDX 和 40% TNT）组成。在装填和拆卸这两个操作中，通常使用热水或蒸汽作为清洗或冲洗材料的介质。这些使用过的清洗液通常会用粗织物过滤从而除去其中的悬浮颗粒，然后通过管道、水槽或沟渠排放到渗透或蒸发池。而连续排放的以爆炸物为溶质的水溶液会渗入土壤，造成大面积污染。

The Umatilla Army Depot 提供了一个例子：从 1955 年至 1965 年，一个在此运行的弹药冲洗设施，使用热水和蒸汽从弹药体中清除爆炸物。大约有 8.5×10^5 gal（3.22×10^6 L）含有 TNT 和 RDX 的清洗用水被排放到 2 个面积约为 0.5acre（0.2hm^2）的地表水库中。污染源控制措施是挖掘地表 20ft（6m）内的土壤并做堆肥处理。目前使用地下水泵和粒状活性炭处理方法，使地下水位以上的剩下的 30ft（9m）土壤接受原位冲洗。

2.3.1.3 军事训练和测试行动

与爆炸性物质释放有关的军事训练和测试行动包括使用军事弹药的实弹射击演习。通常引爆军事弹药可以消耗掉大部分爆炸性填充物。81mm 和 120mm 迫击炮及 105mm 火炮爆炸的实验表明只有微量 TNT、RDX 和 HMX 残留在地面（Jenkins 等，2001）。然而，低效率爆炸会引起固态含能材料分散到地表或进入近地面的土壤层之中（DeLaney 等，2003）。

低效率爆炸过程难以定义，但通常可以通过触发引爆来表征，即在消耗掉所有填充的爆炸物之前爆炸强度减弱。就破裂的情况来说，其会使军械中大块的填充爆炸物分散成小颗粒，而破裂可能会发生在土壤表面或撞击后的地面上。此外，炸药物的处理方法（例如开放式引爆）以及安全地处置未爆炸的弹药也可能引起目标对象的不完全爆炸（Lewis 等，2003）。目前对于高能物质的释放，这些引爆方式还没有得到充分的表征。

2.3.2 化学炸药在地下的转化

2.3.1 节中已注意到包括化学爆炸物在内的各种物质可能在军事行动中被排放出来。而在生产和制造过程中，水溶液是最常见的排放废物。在环境温度显著低于排放水温的情况下，爆炸性物质可能会从溶液中析出，并在土壤中形成一个孤立的固态物质形态。例如，TNT 水溶性可从 40℃的 250mg/L 下降至 20℃的 110mg/L。同样，RDX 的溶解度可从 40℃的 115mg/L 下降至 20℃的 45mg/L。从生产和制造过程中排放出的废液中的固态炸药最可能沉淀在近地表的土壤层内（＜20ft 或 6m），挖掘地表和再处理（例如通过焚烧或堆肥）是有效的修复策略。炸药污染物从管道和水槽中泄漏或溢流或从无衬沟渠中渗透出可能会导致其积累在未饱和的土壤孔隙和裂隙基质中，并成为造成地下水长期污染的来源。

如前所述，生产过程中排放出的一些高浓度废物其行为可能与 DNAPLs 或 DMPLs 相似。然而，虽然加热、浓缩的生产物质其最初行为类似 DNAPLs，但是由于环境条件往往会同时降低温度和酸度，促进孤立固态爆炸性物质的形成，因此这些物质一旦进入土壤，其行为将会发生重大变化。当然，在雨季期间地下回灌水会导致固态爆炸物溶解并将爆炸性污染物转移到土壤孔隙水或者地下水中。随后，更多的可溶性物质被稀释，更多的不稳定的化合物被降解，在长期时间（数十年）内可能形成与最初排放物具有显著不同性质的混合物。

降雨能溶解由军械爆炸散布的固态高能物质，并将其转移至土壤孔隙水中。由军械爆炸所引起的潜在污染风险取决于地下水的深度，回灌、溶解、吸附以及降解速率也在不同程度上产生污染风险。目前这种类型污染源的性质和影响才开始被人们认识，正在进行的项目就是提高对其科学认识并开发减缓办法（SERDP，2003）。由于未爆弹药的存在，对这些污染源区的管理变得很复杂。

尽管化学爆炸物集合中各种炸药有着显著的差异，但是一旦上述讨论的化学爆炸物到达地下，生物和非生物的氧化还原反应将是其降解的主要途径。在好氧和厌氧条件下，TNT 可被微生物以及土壤矿物自然快速地转化为单硝基甲苯，然后是双硝基甲苯（Ahmad 和 Hughes，2000）。TNT 的生物降解主要是共代谢过程。由于苯环的破裂以及剩余硝基基团亲电子性的减弱，随着每一种硝基基团的连续减少还原速率下降。此外，部分硝基甲苯会继续参与到与土壤有机质的反应之中，在多步骤的腐化过程中形成共价键式的键合（Thorne 和 Leggett，1999）。生产过程中的杂质 2,4-DNT 和 2,6-

DNT可在有氧条件下被生物降解，这些物质中的碳、氮和能量（Fortner等，2003）会供应给特殊的细菌。在还原条件下，RDX发生最强的环境反应，依次减少的硝基使RDX降解为单、双和三亚硝基的RDX的产物，随后是苯环的裂解以及产生的各种短链化合物（Hawari，2000）。虽然假设HMX也会发生类似RDX的连续还原、减少硝基并随后开环的反应，但是对HMX在地下迁移和转化方面的认识与了解较少。

自然衰减机制促成污染物减少的顺序为TNT>DNT>RDX>HMX。TNT的吸附以及好氧降解形成了连续的消除反应。然而，对于DNT似乎需要消除营养成分和亚硝酸盐副产品才能发生显著的生物降解。RDX和HMX在土壤中的吸附都很弱，自然消除反应需要强烈的还原条件。出于这个原因，并考虑到RDX毒性，对环境修复来说RDX已经成为一个极具挑战性的有机爆炸物。

2.3.3 爆炸性物质在污染源区场地范围内的分布

目前，相比于DNAPLs的知识基础，对化学炸药污染源区的表征还不成熟，主要是因为在20～30年前主要的生产经营已停止，关于过去废物管理实践的知识和爆炸物产生的混合物的理化性质方面的知识已经消失。爆炸物不同的污染源区通常都含有固态物质，尽管对于TNT生产来说，单油和双油也曾被认为是重要的原材料。在军事训练和测试范围内，由爆炸引起的炸药碎片在表层土壤的分布正成为一个潜在的污染源物质。

目前，很难确定化学爆炸物在前面所述的五类水文地质环境中是如何分布的。基于相分配法则和最大水相溶解度的限制，可以推测出现的固态爆炸性化合物会再次沉淀在颗粒介质上。但由于需要确定污染源区的结构，炸药物质再次沉淀、溶解和传输的动力学还没有被很好地理解。此外，在生产过程中还没有开展淹没槽或地表蓄池中废物的混溶/不混溶的流体特征方面的研究工作。

2.4 本章总结

在任何场地治理之前都应当了解（或至少讨论）污染场地重要的物理和化学特性。首先，必须能够对场地的水文地质环境进行分类，因为其对污染物在地下的整体分布起重要作用。此外，现有的水文地质环境既限制了可以用于表征污染源区的工具类型，又限制了可能达到减少污染源总量的修复技术。鉴于水文地质的异质性和物理化学的多样性的结合，复杂的场地是常态而不是例外。

以DNAPLs形态存在于地下的氯化溶剂是军队和许多其他潜在责任方最为关注的污染物，因此，本书的主要焦点是DNAPLs污染。DNAPLs场地具有许多特性，其中之一是DNAPLs在地下的分布通常呈稀疏状并且非常不均匀（依赖于场地的水文地质条件）。此外，取决于场地的孔隙度、渗透性和吸附能力，一大部分已被排放到地下的污染物质可能会以吸附态或溶解态污染物的形态转移到滞流区。这些污染源可长期对地下水羽流造成污染。

相比于DNAPLs，目前对爆炸性物质污染源区的表征还相当不成熟。多数爆炸物以水相混合物的形态排放到环境中，而化学爆炸物还可以从水相中沉淀出来。在考虑、设计和有把握地部署治理技术之前，需要对生产过程中和制造过程中的排放以及军事训练和测试行动所形成的污染源区的地质构造进行科学的调查。此外，一个DNAPLs所不具有的重要制约因素是爆炸物的安全性。管理引爆的危险品，特别是钻井取样和污染源物质的处理将需要额外的资源和技术。

尽管本章讨论了五类水文地质环境，但污染物的分布远远超过五类。一个场地中污染物的分布将受到转化和迁移过程、污染物排放的性质以及水文地质环境（或环境的污染）的影响。因此，本章不应被视为场地分类以及决定场地中污染物分布的说明书。应关注必要的污染源表征，第3章将对这个问题进行讨论。

参考文献

[1] Adamson, A. W., and A. P. Gast. 1997. Physical Chemistry of Surfaces, 6th ed. New York: Wiley.

[2] Ahmad, F, and J. B. Hughes. 2000. Anaerobic Transformation of TNT by *Clostridium*. *In*: Biodegradation of Nitroaromatic Compounds and Explosives. J. C. Spain, J. B. Hughes, and H. Knackmuss (eds.). Boca Raton, FL: Lewis Publishers.

[3] Anderson, W. G. 1987. Wettability literature survey-part 4: effects of wettability on capillary pressure. J. Pet. Technol. 39: 1283-1300.

[4] Back, W., J. S. Rosenshein, and P. R. Seaber. 1988. Hydrogeology-The Geology of North America Volume O-2. Boulder, CO: Geological Society of America.

[5] Ball, W. P., C. Liu, G. Xia, and D. F. Young. 1997. A diffusion-based interpretation of tetrachloroethene and trichloroethene concentration profiles in a groundwater aquitard. Water Resources Research 33 (12): 2741-2758.

[6] Bradford, S. A., R. Vendlinski, and L. M. Abriola. 1999. The entrapment and long-term dissolution of tetrachloroethylene in fractional wettability porous media. Water Resources Research 35 (10): 2955-2964.

[7] Brewster, M. L., A. P. Annan, J. P. Grenhouse, B. H. Kueper, G. R. Olhoeft, J. D. Redman, and K. A. Sander. 1995. Observed migration of a controlled DNAPLs release by geophysical methods. Groundwater 33 (6): 977-987.

[8] Cohen, R. M., J. W. Mercer, and J. Matthews. 1993. DNAPLs Site Evaluation. C. K. Smoley (ed.). Boca Raton, FL: CRC Press.

[9] Conrad, S. H., E. F. Hagan, and J. L. Wilson. 1987. Why are residual saturation of organic liquids different above and below the water table? *In*: Proceedings-Petroleum Hydrocarbons and Organic Chemicals in Groundwater: Prevention, Detection and Restoration. Worthington, OH:

National Water Well Association.

[10] Cope, N. , and J. B. Hughes. 2001. Biologically-enhanced removal of PCE from NAPL source zones. Environ. Sci. Tech. 35 (10): 2014-2021.

[11] De la Paz, T. , and T. Zondlo. 2003. DNAPLs in Karst the Redstone Experience. Presentation to the Committee on Source Removal of Contaminants in the Subsurface. January 30, 2003, San Antonio, Texas.

[12] DeLaney, J. E. , M. Hollander, H. Q. Dinh, W. Davis, J. C. Pennington, S. Taylor, and C. A. Hayes. 2003. Characterization of explosives residues from controlled detonations: low-order detonations. Chapter 5, Distribution and fate of energetics on DoD test and training ranges: Report 3, ERDC TR-03-2. Vicksburg, MS: U. S. Army Engineer Research and Development Center, Environmental Laboratory.

[13] Domenico, P. A. , and F. W. Schwartz. 1998. Physical and Chemical Hydrogeology, 2nd ed. New York: John Wiley & Sons.

[14] Environmental Protection Agency (EPA). 1992. Evaluation of Ground-Water Extraction Remedies: Phase II, Volume I-Summary Report. Publication 9355. 4-05. Washington, DC: EPA Office of Emergency and Remedial Response.

[15] Fortner, J. D, C. Zhang, J. C. Spain, and J. B. Hughes. 2003. Soil Column Evaluation of Factors Controlling Biodegradation of DNT in the Vadose Zone. Environ. Sci. Technol. 37 (15): 3382-3391.

[16] Freeze, R. A. , and J. A. Cherry. 1979. Groundwater. New Jersey: Prentice-Hall.

[17] Hawari, J. 2000. Biodegradation of RDX and HMX: from basic research to field application. *In*: Biodegradation of Nitroaromatic Compounds and Explosives. J. C. Spain, J. B. Hughes, and H. Knackmuss (eds.). Boca Raton, FL: Lewis Publishers.

[18] Hiemenz, P. C. , and R. Rajagopalan. 1997. Principles of Colloid and Surface Chemistry, 3rd ed. New York: Marcel Dekker.

[19] Huang, W. L. , and W. J. Weber. 1998. A distributed reactivity model for sorption by soils and sediments. 11. Slow concentration dependent sorption rates. Environ. Sci Technol. 32 (22): 3549-3555.

[20] Jenkins, T. F. , J. C. Pennington, T. A. Ranney, T. E. Berry, P. H. Miyares, M. E. Walsh, A. D. Hewitt, N. M. Perron, L. V. Parker, C. A. Hayes, and E. G. Wahlgren. 2001. Characterization of Explosives Contamination at Military Firing Ranges. ERDC TR-01-5. Vicksburg, MS: U. S. Army Engineer Research and Development Center.

[21] Kaye, S. M. 1980. Encyclopedia of Explosives and Related Items. PATR 2700, Volume 9. Dover, New Jersey: U. S. Army Armament Research and Development Command, Large Caliber, Weapon Systems Laboratory.

[22] Kueper, B. H. , and D. B. McWhorter. 1991. The behavior of dense nonaqueous phase liquids in fractured clay and rock. Journal of Ground Water 29 (5): 716-728.

[23] Kueper, B. H. , D. Redman, R. C. Starr, S. Reitsma, and M. Mah. 1993. A field experiment to study the behavior of tetrachloroethylene below the water table: spatial distribution of pooled

DNAPLS. Groundwater 31：756-766.

[24] Kueper，B. H.，and E. O. Frind. 1991a. Two phase flow in heterogeneous porous media. 1. Model development. Water Resources Research 27 (6)：1049-1057.

[25] Kueper，B. H.，and E. O. Frind. 1991b. Two phase flow in heterogeneous porous media. 2. Model application. Water Resources Research 27 (6)：1058-1070.

[26] Lemke，L. D.，L. M. Abriola，and J. R. Lang. 2004. DNAPLs source zone remediation：Influence of hydraulic property correlation on predicted source zone architecture，DNAPLs recovery，and contaminant mass flux. Water Resources Research. In press.

[27] Lewis，J.，S. Thiboutot，G. Ampleman，S. Brochu，P. Brousseau，J. C. Pennington，and T. A. Ranney. 2003. Open detonation of military munitions on snow：An investigation of energetic material residues produced. Chapter 4，Distribution and fate of energetics on DoD test and training ranges：Report 3，ERDC TR-03-2. Vicksburg，MS：U. S. Army Engineer Research and Development Center，Environmental Laboratory.

[28] Liu，C.，and W. P. Ball. 1998. Analytical modeling of diffusion-limited contamination and decontamination in a two-layer porous medium. Advances in Water Resources 24 (4)：297-313.

[29] Liu，C.，and W. P. Ball. 2002. Back diffusion of chlorinated solvents from a natural aquitard to a remediated aquifer under well-controlled field conditions：predictions and measurements. Journal of Groundwater 40 (2)：175-184.

[30] Mackay，D. M.，W. Y. Shiu，and K. C. Ma. 1993. Illustrated Handbook of Physical-Chemical Proper-ties and Environmental Fate for Organic Chemicals，Vol. III. Chelsea，MI：Lewis Publishers.

[31] Mackay，D. M.，R. D. Wilson，M. P. Brown，W. P. Ball，G. Xia，and D. P. Durfee. 2000. A controlled field evaluation of continuous versus pulsed pump-and-treat remediation of a VOC-contaminated aquifer：site characterization，experimental setup，and overview of results. Journal of Contaminant Hydrology 41：81-131.

[32] Meinardus，H. W.，V. Dwarakanath，J. Ewing，G. J. Hirasaki，R. E. Jackson，M. Jin，J. S. Ginn，J. T. Londergan，C. A. Miller，and G. A. Pope. 2002. Performance assessment of NAPL remediation in heterogeneous alluvium. Journal of Contaminant Hydrology 54：173-193.

[33] Mercer，J. W.，and R. M. Cohen. 1990. A review of immiscible fluids in the subsurface：properties，models，characterization and remediation. Journal of Contaminant Hydrology 6：107-163.

[34] Montgomery，J. H. 2000. Groundwater Chemicals，3rd ed. Boca Raton，FL：Lewis Publishers and CRC Press.

[35] Morrow，N. R. 1976. Capillary-pressure correlations for uniformly wetted porous media. Journal of Canadian Petroleum Technology 15 (4)：49-69.

[36] O'Carroll，D. M.，S. A. Bradford，and L. M. Abriola. 2004. Infiltration of PCE in a system containing spatial wettability variations. Journal of Contaminant Hydrology 73：39-69.

[37] Pankow，J. F.，and J. A. Cherry (eds.). 1996. Dense Chlorinated Solvents and other DNAPLs in Groundwater. Portland，OR：Waterloo Press.

[38] Parker，B. L.，D. B，McWhorter，and J. A. Cherry. 1997. Diffusive loss of non-aqueous phase

organic solvents from idealized fracture networks in geologic media. Ground Water 35 (6): 1077-1088.

[39] Parker, B. L., J. A. Cherry, and R. W. Gillham. 1996. The effect of molecular diffusion on DNAPLs behavior in fractured porous media. Chapter 12 *In*: Dense Chlorinated Solvents and Other DNAPLs in Groundwater. J. F. Pankow and J. A. Cherry (eds.). Portland, OR: Waterloo Press.

[40] Parker, B. L., R. W. Gillham, and J. A. Cherry. 1994. Diffusive disappearance of immiscible-phase organic liquids in fractured geologic media. Journal of Groundwater 32 (5): 805-820.

[41] Persurance, R. 1974. Explosion Hazard Classification of Drowning Tank Material from TNT Manufacturing Process. Picatinny Arsenal Technical Report 4613. Dover, NJ.

[42] Poulsen, M. M., and B. H. Kueper. 1992. A field experiment to study the behavior of tetrachloro-ethylene in unsaturated porous media. Environ. Sci. Technol. 26 (5): 889-895.

[43] Powers, S. E., L. M. Abriola, and W. J. Weber, Jr. 1994. An experimental investigation of NAPL dissolution in saturated subsurface systems: transient mass transfer rates. Water Resources Research 30 (2): 321-332.

[44] Powers, S. E., W. H. Anckner, and T. F. Seacord. 1996. Wettability of NAPL-contaminated sands. Journal of Environmental Engineering 122: 889-896.

[45] Powers, S. E., L. M. Abriola, and W. J. Weber, Jr. 1992. An experimental investigation of NAPL dissolution in saturated subsurface systems: steady-state mass transfer rates. Water Resources Research 28 (10): 2691-2705.

[46] Press, F., and R. Siever. 1974. Earth. San Francisco, CA: W. H. Freeman and Company.

[47] Rathfelder, K. M., L. M. Abriola, M. A. Singletary, and K. D. Pennell. 2003. Influence of surfactant- facilitated interfacial tension reduction on organic liquid migration in porous media: observations and numerical simulation. J. Contaminant Hydrology 64 (3-4): 227-252.

[48] Robertson, B. K., and M. Alexander. 1996. Mitigating toxicity to permit bioremediation of constituents of nonaqueous-phase liquids. Environ. Sci. Tech. 30: 2066-2070.

[49] Rosenblatt, D. H., E. P. Burrows, W. K. Mitchell, and D. L. Parmer. 1991. Organic Explosives and Related Compounds. *In* The Handbook of Environmental Chemistry, Vol 3. G. O. Hutzinger (ed.). Berlin and Heidelberg: Springer-Verlag.

[50] Salathiel, R. A. 1973. Oil recovery by surface film drainage in mixed-wettability rocks. J. Pet. Technol. 25 (OCT): 1216-1224.

[51] Sale, T., T. Illangasekare, F. Marinelli, B. Wilkins, D. Rodriguez and B. Twitchell. 2004. AFCEE Source Zone Initiative-Year One Progress Report. Colorado State University and Colorado School of Mines, Prepared for the Air Force Center for Environmental Excellence.

[52] Schwille, F. 1988. Dense Chlorinated Solvents in Porous and Fractured Media. Translated by J. F. Pankow. Chelsea, MI: Lewis Publishers.

[53] SERDP. 2003. Annual Report to Congress-Fiscal Year 2002, from the Strategic Environmental Research and Development Program. Arlington, VA: SERDP Program Office.

[54] Sudicky, E. A. 1986. A natural gradient experiment on solute transport in a sand aquifer: spatial

variability of hydraulic conductivity and its role in the dispersion process. Water Resources Research 22 (13)：2069-2082.

[55] Sudicky，E. A.，R. W. Gillham，and E. O. Frind. 1985. Experimental investigations of solute transport in stratified porous media：(1) the non reactive case. Water Resource Research 21 (7)：1035-1041.

[56] Sung，Y.，K. M. Ritalahti，R. A. Sanford，J. W. Urbance，S. J. Flynn，J. M. Tiedje，and F. E. Loffler. 2003. Characterization of two tetrachloroethene (PCE)-reducing，acetate-oxidizing anaerobic bacteria，and their description as *Desulfuromonas michiganensis* sp. nov. Applied and Environmental Microbiology 69：2694-2974.

[57] Teutsch，G.，and M. Sauter. 1991. Groundwater modeling in karst terranes：scale effects，data acquisition and field validation. Pp. 17-35 *In*：Proceedings of the Third Conference on Hydrogeology，Ecology，Monitoring，and Management of Ground Water in Karst Terranes，Nashville，TN.

[58] Thorne，P. G.，and D. C. Leggett. 1999. Investigations of explosives and their conjugated transformation products in biotreatment matrices. Special Report 99-3. U. S. Army Corps of Engineers，Cold Regions Research and Engineering Laboratory. Hanover，NH：Army Corps of Engineers.

[59] Urbanski，T. 1967a. Chemistry and Technology of Explosives，Vol. 1. Oxford：Pergamon Press.

[60] Urbanski，T. 1967b. Chemistry and Technology of Explosives，Vol. 3. Oxford：Pergamon Press.

[61] USACHPPM. 2003. Interim Measures Report，Site-Wide Groundwater，Area B (Explosives Production Area)，28 May through 13 June 2003，Holston Army Ammunition Plant，Kingsport，Tennessee. Aberdeen Proving Ground，MD：U. S. Army Center for Health Promotion and Preventative Medicine，Ground Water and Solid Waste Program.

[62] Weber，W. J.，W. L. Huang，and E. J. LeBoeuf. 1999. Geosorbent organic matter and its relationship to the binding and sequestration of organic contaminants. Colloids and Surfaces A-Physico-chemical and Engineering Aspects 151 (1-2)：167-179.

[63] White，W. B. 2002. Karst hydrology：recent developments and open questions. Engineering Geology 65 (2-3)：85-105.

[64] White，W. B. 1998. Groundwater flow in karstic aquifers. Pp. 18-36 *In*：The Handbook of Ground water Engineering. J. W. Delleur (ed.). Boca Raton，FL：CRC Press.

[65] Yang，Y.，and P. L. McCarty. 2000. Biologically enhanced dissolution of tetrachloroethene DNAPLS. Environ. Sci. Tech. 34 (14)：2979-2984.

[66] Yang，Y.，and P. L. McCarty. 2002. Comparison between donor substrates for biologically enhanced tetrachloroethene DNAPLs dissolution. Environ. Sci. Tech. 36：3400-3404.

3 污染源区表征

本书的目标之一是阐述污染源治理有效性表征工作的重要性，包括对用于描绘地下有机污染源区的工具或方法的说明。在第 2 章中描述了危险废物场地的周边地区的情况，即通过表征来揭示污染场地水文地质环境和污染物的分布。场地表征是一个连续的、动态的过程，用于构建和修订场地概念模型，而场地概念模型则可用于理解包括污染源区在内的危险废物场地的相关方面的信息。依据相关的地下物质与在地下发生的污染过程，场地概念模型代表目前对场地理解的程度，其还可以作为更复杂场地表征工作的基础并最终用于支持对各种可选修复方案的评价。由于场地可用真实数据的稀缺性，场地概念模型只能提供一个近似真实的情况。事实上，在场地概念模型开发的早期阶段几个初步结论都有可能成立。然而，随着获得更多的监测数据和其他数据，各种似是而非的场地概念模型逐渐整合，构成一张包括所有明显的流体流动和物质的传递以及转化过程的图景。通过使用计算机模型，可以使场地概念模型不断完善，并解决特定场地中的复杂性问题，包括流动、传递以及转化过程在空间和时间上的变化情况。

尽管由于场地之间的条件不同，我们不可能规定一个固定的污染源区表征步骤，但是对于所有污染源区表征来说，关键的信息可以分为以下四大类。

(1) 了解污染源存在的形式和性质

污染源的组分是什么，是 DNAPLs 还是爆炸性污染物；根据已知信息，探究各个组成部分的预期行为是什么。

(2) 表征水文地质条件

地下的岩石学特征和从属于污染源区的地下水的流动特征是什么；场地中是否有多个含水层，以及它们之间如何联系；低渗透层或区域有什么样的性质和连通性；在特定场地和大范围区域，是否可以描述流体系统；是否可以测量地下水的流速和方向（在空间和时间上的变化）。

(3) 确定污染源区的几何构造、污染物的分布、迁移和溶出速率

就岩性学角度而言，污染源在哪里；是否存在 DNAPLs 池或呈残留饱和分布的 DNAPLs，还是两者兼有；爆炸性污染物是以结晶态存在还是以吸附态存在；目前污染源物质迁移的纵向和横向范围是什么；基于场地的水文地质特征，未来迁移的可能性有多大；污染源溶解速率有多大。

（4）了解生物地球化学环境

对污染源区和下游羽流中污染物的衰减而言，流体运输和地球化学转化过程发挥了什么样的作用；治理策略如何影响地球化学环境（例如通过释放其他有毒物质，或通过添加或移除微生物活性以及污染物降解所依赖的物质）。

调查过程可能需要有一个整体的工作计划，以按特定顺序表征上述描述的污染源活动。然而，每项表征活动都与其他活动有关，处理好一般类别表征工作之间的迭代不仅是可取的而且是过程中的关键步骤。此外，应在污染源区的表征与其他场地概念模型组件间进行迭代，不断重新评估对场地状况的理解程度，同时从各个方面的表征中，获得并整合新数据。

本章讨论了污染源区表征的几个方面，首先讨论了对污染源区表征不足可能引起的后果。随后的章节将讨论污染源表征中四个主要类别的重要信息，并概述了浩如烟海的表征方法和工具。常规的场地表征的方法已在其他文献中说明（ITRC，2003；EPA，2003；Thiboutot 等，2003），因此本书不会对其进行详细描述。而对爆炸性物质的特定污染源表征方法的开发还不理想，因此，本章不会在此对爆炸性污染场地调查进行详细的讨论。本章最后讨论了：a. 对确定的清理目标而言，污染源区表征的重要性；b. 表征规模问题；c. 表征过程中的不确定性。

本章中反复出现的一个主题是在整个污染源治理过程中，污染源区表征工作应该提供最佳的信息。预定治理目标和预选治理技术将对污染源区的表征策略产生重要影响，反之亦然。这些主题将在第 4 章和第 5 章中分别讨论，并鼓励读者记住这 3 个重点主体之间的相互关系。

3.1 污染源区调查表征的关键参数及用于评价参数的工具

污染源区表征的 4 类重要信息：a. 了解污染源物质存在的形式和性质，是 DNAPLs 还是爆炸性污染物；b. 水文地质环境；c. 污染源区轮廓描述，包括地下的几何结构、污染物分布、迁移以及溶出率；d. 场地的生物地球化学环境。下面将详细讨论涉及上述 4 种类别的信息以及测量某些参数所必需的工具。

由于地下环境以及不同场地上人类活动的变化性和复杂性，没有任何两个 DNAPLs 或爆炸性物质污染的场地是相同的。因此，没有一套标准的工具能够完成污染源区的表征。但是每个场地必须用解决其特定局限和困难的方式进行表征。在没有选取必要的污染源区表征工具之前，大致了解工具的功能和局限性以及产生数据的不确定性是非常重要的。很多工具都适用于污染源区和一般的场地表征并提供涉及 4 类信息中些许有用信息。

在决定选取适当的表征工具时，还应考虑成本、监管验收以及其他非技术因素的影响。例如，钻探和岩芯分析是一种被监管委员会所接受的用于评估 DNAPLs 分布和饱和程度的廉价的表征方法。此外，分区井间示踪剂测试（PITT）在确定残留的 DNA-

PLs 量方面比钻探和岩芯分析具有优势，却没有被广泛采用（主要是成本的原因）。对DNAPLs 和爆炸性物质而言，调查有关于它们的衍生废物的处理与处置的成本以及监管要求都很高。

安全问题也取决于所涉及的污染源物质。当对被疑有爆炸性物质的场地进行表征时，因为具有爆炸的危险，场地作业人员必须保持警惕（EPA，1993）。例如，含有12%～15%TNT 或 RDX 污染的土壤，在被火焰和冲击触发后，可能会发展成爆炸（Kristoff，1987）。鉴于上述原因，军队认为土壤中含有高于 10%的爆炸性物质就可能造成爆炸的危险。因此，在炸药生产和军事训练场地开始钻探作业之前，通常使用地球物理方法安全地获取现场水文信息（Thiboutot 等，2003）。

表 3-1 总结了各种表征方法和工具以及在获取与污染源区表征相关的 4 类信息上的适用性。表 3-2 列出了对各种工具更为详细的介绍，包括工具的简单描述、用于测量什么参数、工具的一般应用以及污染源区表征时工具的一般性限制。这里介绍的各种方法和工具，包括从历史信息收集到某些地球物理技术的非侵入性的表征方法、侵入性采样工具、实验室分析方法，以及结合上述方法的工具。事实上，表 3-1 和表 3-2 中所列的工具是不同的，这是因为一些方法是从地下去除污染物样品，一些方法用于测量原位样品或被取出的样品中的特殊化学成分，一些方法可以同时具有两种功能，一些方法不具有上述两种中的任一种功能。此外，一些工具获得的信息类别比其他工具获得的信息类别要广泛得多，而一些工具还可能略有重叠。这两个表被认为是包含广泛并能提供常用于污染源区表征的工具集和方法集的全面概述。

表 3-1 各种调查表征方法及其能表征源区的潜在信息

方法/工具	污染源物质资料	水文地质	源区轮廓	生物地球化学
历史数据	可能	可能	可能	不适用
区域地质	不适用	适用	不适用	可能
地球物理工具	不适用	适用	不适用	不适用
直推式钻探	可能	适用	适用	适用
岩芯分析	可能	适用	可能	适用
井下法	可能	适用	不适用	不适用
水压计	不适用	适用	不适用	不适用
抽水试验	不适用	适用	不适用	不适用
地下水分析	可能	不适用	可能	适用
固体(基质)	不适用	不适用	不适用	适用
微生物分析	不适用	不适用	不适用	适用
土壤蒸气分析	可能	不适用	可能	不适用

续表

方法/工具	污染源物质资料	水文地质	源区轮廓	生物地球化学
DNAPLs 分析	适用	不适用	不适用	不适用
分区示踪剂	不适用	可能	适用	不适用
带式 NAPL 取样器	适用	不适用	适用	不适用
染色剂	可能	不适用	可能	不适用

注：“可能”表示在某些情况下方法/工具可以提供与该类别相关的信息。

表 3-2 对各种方法和工具的总结以及它们对污染源区表征的应用

方法/工具	工具描述和测定内容	用途/相关源区	局限性
历史数据	关于化学品的种类和数量的信息以及化学品处理和处置的方法	提供对 DNAPLs 组合以及源位置的理解	未知地下溶剂迁移，化学成分随时间而变化
区域地质	关于裂隙、沉积孔、泉眼以及排放点等信息	用于构建现场概念模型和确定水文地质环境	很难从这些信息中推断出特定场地细节
地球物理方法	地震折射和反射。地震仪测量从点光源发出声音并地下传输	提供了三维地层图。用于定义地质异质性问题	不针对 DNAPLs 检测
	电导率。测量在地下和地面电极之间的电流传输过程中产生的大量电阻	用于确定地层学，地下水位，埋藏的废物，以及传导污染物的羽流	不适用于 DNAPLs 检测
	导电性。通过记录在地面引起的电磁电流的大小变化来测量大量的电导	用于测定横向地层变化和导电污染物、埋地的废物以及公共设施的存在	不适用于 DNAPLs 检测
	探地雷达。通过发射高频电磁波来测量材料的介电特性并通过不同介电性质材料的界面持续监测它们的反射	用于确定现场地层学，以及埋地废物和公用设施的位置	无法穿透黏土层。不针对 DNAPLs
	磁技术。测量被埋在地下的黑色金属物体引起的地球磁场的扰动	用于在填埋场发现钢制品	仅限于黑色金属探测
直推式钻探技术	直推式钻探技术既可用于探索地下样品，又可用于现场对物理和化学参数的现场分析。两种主要技术包括圆锥触探法(CPT)和螺旋推进法。它们在操作原理上是相似的，但在规模上和在某些方面是不同的。CPT 系统主要用于原位测量，利用传感器测量土壤和沉积物的阻力。CPT 通常与水相(驱动点)取样和探针[例如激光诱导荧光，中子探针，膜界面探针(MIP)]结合使用	用于获得有关土壤、地层学、地下水位、孔隙压力以及水力传导系数等物理特性的信息。提取出的水相样本可以进行定量分析。MIP 提供半定量的地下水挥发性有机化合物(VOCs)浓度数据，而激光诱导荧光检测荧光化合物	直推式钻探技术通常比传统的钻机更快速、更灵活，而且不存在钻井废料。然而，它们并不适用于基岩、卵石以及致密黏土。它们仅限于小于 100ft (30m)的深度的未固结的含水层。它们需要用钻孔数据校正，以便准确地解释地层学。氯化溶剂不会发出荧光
岩芯检索和分析	各种各样的钻井技术例如旋转声波、飞行钻、空心钻杆、旋转钻井以及电缆工具钻孔等技术，再加上不同的取样管(空心阀杆或活塞管)，可以用于从松散或综合介质中收集岩芯	提供关于多孔介质、地质学和地层学的直接信息。样品可以检测污染物或其他地球化学物质	提供了一个空间变量的测量参数。收集方法可能会改变岩芯的物理化学性质。在放射性场所很昂贵

续表

方法/工具	工具描述和测定内容	用途/相关源区	局限性
井下方法	井下视频(如GeoVIS)通过一个蓝宝石窗口照亮土壤,并用微型彩色照相机对其进行图像处理(三维激光扫描)	提供钻孔的视觉成像。NAPLs可能是可见的离散的球状体	状况的有效性没有被很好地定义
	井下流量测量器或热流量计测量地下水的流入率	识别优先流的区域	为了确保准确性,用其他流量计量技术进行校准
	井径测井仪采用钻孔壁测量孔直径	识别钻孔内的空腔或裂缝	只提供点测量
	电导探针以深度决定流体的传导性	可识别流入区和污染区	局限于改变流体导电性的污染物(即不是DNAPLs)
	自然伽马测井测量的是同位素在黏土和页岩层中优先排序的结果	揭示了页岩或黏土层的存在	
	伽马-伽马测井测量介质对伽马辐射的响应	提供有关地层密度的信息	
	中子测井测量介质对中子辐射的响应	测量含水率和孔隙度	
	电阻和电导设备可以测量地层流体和介质的特性	能识别岩性、地层学或高离子强度-受污染的水	通常与岩芯分析或其他钻孔数据结合使用
水压计	主要用于确定压头在空间上和时间上的位置	用于测量地下水的流动。屏幕的长度是非常重要的	可能无法提供源区内所需的详细信息。由于压头分布随时间而变化,因此可能需要在较长时间内进行取样
抽水试验	抽取地下水,然后监测压降锥和回弹,可用于估计渗透性、水力传导性、影响半径和流动边界。在泵送过程中,通常使用标准示踪剂测试(如溴化或碘化)来确认流量模型和优化流量	这些信息对于场区概念模型开发和补救活动是必要的	提供一个空间平均估计。不确定优先路径或高度可渗透的区域
地下水分析	可以用不同的泵、抽泥筒或取样器收集离散的水样,然后分析不同的污染物和地下水成分。多层取样允许在一个井内的不同深度进行取样	帮助描述现场的污染区域,并记录预修复的条件,以便日后评估是否达到了修复目标	需要正确理解地下水流动、生物地球化学和DNAPLs组成
固体(基质)特征化	包括对有机物含量、黏土和黏土类型、淤泥含量、矿物成分和润湿行为的分析	提高对源区域的理解以及地下环境对修复行为的影响(例如氧化)	难以定量地将大量的土壤测量与污染物的行为联系起来
微生物分析	利用传统的培养方法和微观的方法,结合分子技术和工具,对提取的亚表面样品进行微生物群落组成和功能潜力的测定	识别在地下群落中存在的有机体和基因,以评估潜在的活性,并量化与活性微生物种群相关的功能活性	很难将实验室活动的测量和速率外推到现场活动
土壤蒸气分析	使用土壤探测器或被动土壤气体收集器提取土壤气体。各种分析技术用于测量实际污染物(如GC-MS)	可用于指示污染的"热点"	提供点测量。对分区以及NAPLs组合的理解是非常有必要的。仅在渗流的区域内就可以反映DNAPLs分布
DNAPLs分析	各种分析技术用于确定DNAPLs化学成分(如GC-MS)和化学物理性质,如黏度(例如黏度计)、界面张力(如垂滴法)和密度(如密度计)	用于更好地分析地下水和土壤蒸气样品的测量结果并加强场区概念模型和建模工作	DNAPLs样本很难获得,而且可能在场区地点以及时间上都是可变的

续表

方法/工具	工具描述和测定内容	用途/相关源区	局限性
分区示踪剂测试	一些疏水性的化学物质，如高质量的醇类（分区示踪剂）是通过一个受污染的区域被注入保守的示踪剂。与保守的示踪剂相比，活性示踪剂对DNAPLs的划分出现突破性进展。利用迟滞系数和分配系数来确定NAPLs饱和度	提供对DNAPLs饱和度的原位估计。当与多级抽样结合时，可以提供关于DNAPLs分布的信息	很贵。仅限于具有足够高渗透性的介质
带式NAPL取样器	材料被放置在一个中心或与NAPLs发生反应的钻孔上，如柔性衬管地下技术（FLUTe）	提供在钻孔的DNAPLs分布的连续记录	只显示DNAPLs的存在（而非数量）。没有被证明在所有情况下都能作出反应；因此，否定的结果不是决定性的。钻孔的时间可能很重要
疏水性染料法（如苏丹Ⅳ）	在土壤样品中检测DNAPLs的疏水性染料振荡试验	用于定位DNAPLs的现场筛选工具	只能显示DNAPLs的存在（而非数量）

大量的参考文献提供了这些调查技术的应用和局性的附加信息。例如，Cohen等（1993）和ITRC（2002，2003）提供了这些技术中多种技术的细节。NRC（2003）提供了各种传感器和分析技术及合适的应用方面的信息。一个专家小组向美国环境保护署（EPA）提交的关于DNAPLs污染源修复的报告中总结了表征工具（EPA，2003a），Kram等（2001，2002）对各种分析工具与圆锥触探法进行了比较，Griffin和Watson（2002）比较了确认DNAPLs的场地技术。可以从美国能源部（DOE）环境管理科学项目、EPA的技术创新办公室（http：//fate. clu-in. org）以及EPA的环境技术验证项目（http：//www. epa. gov/etv）处获取关于采样技术的信息。Shapiro（2002）讨论了裂隙岩石的取样。Thiboutot等（2003）提供了主要在军事训练和测试场地范围内大量关于爆炸性物质场地表征的信息，包括爆炸的风险和合适的采样策略及化学分析方法。

3.1.1 污染源的存在形式与性质

在采用广泛的污染源区的表征方法之前，我们应先努力确定污染源的性质。确定DNAPLs或爆炸性物质的组成对各种场地管理工作是有帮助的。了解污染源的组分能够依据已知信息预测各个组分的行为，这点对执行风险评估和预测场地合适的治理措施是很重要的。对于DNAPLs，如果可能，应确定它的物理化学特性，如溶解度、密度（或相对密度）、黏度、界面张力、润湿性、接触角以及在沉积物与水之间分配的倾向（有关于DNAPLs表征的分析方法，见Cohen等，1993）。沉积物和水中的浓度分析与健康基础标准相关，并可预测人类和生态系统暴露于污染物的风险。这对指导场地表征的后续工作很有必要。

基于直接或间接证据，在场地调查技术和用于确定DNAPLs污染源物质信息方面，Kram等（2001）提供了一个优秀的总结。DNAPLs污染源的直接检测可以通过对土壤、岩石或水体样品的各种分析来完成。这些技术范围包括视觉观察技术（井下视频）

与用疏水性染料进行的土壤震荡试验，也包括原位荧光测定技术、提取样品或岩上样品的测定技术或采用带式 NAPL 取样器辅助进行异位岩样检测或原位钻孔探测技术。这些各式各样的调查技术通常用于确定 DNAPLs 的存在，而 DNAPLs 的总质量或化学组成则不一定可以确定。

工具箱 3-1
从土壤样品中推断纯固相炸药

通过评估相分离平衡的方法，可推断出可能存在的单独固相（Jury 等 1991；Phelan 和 Barnett，2001）。Jury 等（1991）阐述了土壤中一种化学成分的总浓度等于其在土壤固相吸附、土壤液相和土壤蒸气相中分配之和：

$$C_T=\rho_b K_d C_1+\theta C_1+aK_H C_1$$

式中 ρ_b——土壤溶重，g/cm^3；

K_d——线性土壤-水分配系数，cm^3/g；

C_1——该种化学物质在土壤液相中的浓度；

θ——土壤溶积湿度（也称体积含水量），cm^3/cm^3；

a——通气的孔隙度，cm^3/cm^3；

K_H——亨利常数（无量纲）。

在具体温度条件下，水里溶质的最大浓度受到溶解度的限制。如果依赖于温度的溶解度限制被用于评估上述公式中的 ρ_b、K_d、θ、a 和 K_H，那么在必然出现单独的化学品固相之前，C_T 是从土样中确定的最大总体浓度。

RDX（一种固相爆炸物质）在形成单独固相存在之前会分配到土壤中，其最大总土壤浓度的分析结果如图 3-1 所示。在 20℃时，RDX 在水中的最大溶解度约为 45mg/L。由

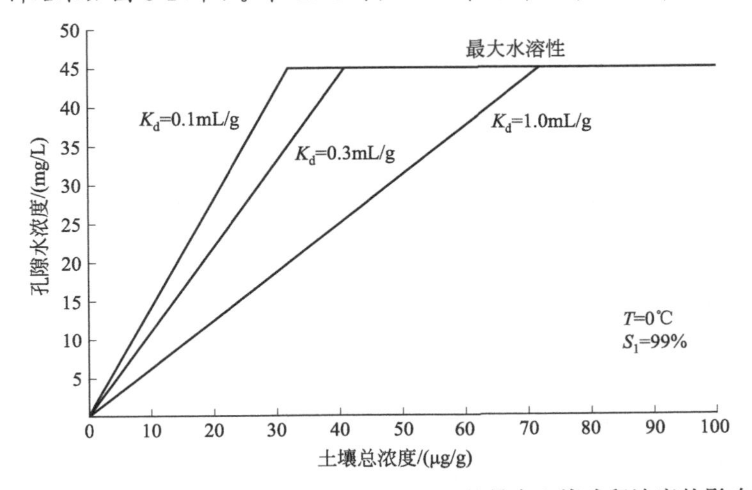

图 3-1 土壤-水分配系数（K_d）对于 RDX 的最大土壤残留浓度的影响

资料来源：Phelan 等，2003。

于低的蒸汽压、空气-水分配系数（K_H）以及土壤-水的分配系数（K_d）是影响土壤最大残余浓度的主要因素。图 3-1 展示了超过 70μg/g 的总土壤残留浓度（土壤液相、土壤固相吸附和土壤蒸气相的总和），表明在土壤系统中存在固相炸药的可能性。土壤-水相分配系数（K_d）越低，最大总土壤残留浓度也越低，这是因为土壤的吸附能力越小。这个例子中的介质是接近饱和的土壤（S_1=99%，这里 S_1 定义为土壤孔隙度除以土壤容积湿度）。

在 DNAPLs 和固相爆炸性样品不能从污染源区的场地中被隔离出来的状态下，了解污染源物质的存在状态和性质将会是很大的挑战。在这种情况下，采用间接方法例如相对于饱和水相或蒸气相浓度，检测得到污染物水相或蒸气相浓度较高，或测量土壤样品中高的污染物浓度，可用于推断单独相的存在（见工具箱 3-1，作为有关化学爆炸物的例子）。例如，水溶液中 DNAPLs 溶解度超过 1%（Mackay，1991；Cohen 等，1993）或土壤浓度高于 10000mg/kg（EPA，1992）通常被认为有 DNAPLs 存在。因为 DNAPLs 的高度异质性分布，因而使用这个技术来推断 DNAPLs 的存在必须谨慎。在一个小的垂直和水平距离上，水相浓度可能会有一个数量级的变化，因此为了克服传统检测井巨大的井屏障间隔，从而对潜在污染源获得更高的揭示率，从特定深度间隔取样（使用多级监测井在特定深度的驱动点采样或浅井监控）可能更为明智。此外，在多组分 DNAPLs 中，每种单一组分的溶解度都低于相应的纯组分的溶解度。经验证据清楚地表明，缺乏高于上述这些数值限制的观测数据并不排除存在 DNAPLs（Frind 等，1999；DELABarre 等，2002）。应该牢记，地下水和土壤取样会提供污染源物质中可溶性组分的一般性信息（除非有幸收集到岩芯样本，其孔隙中含有 DNAPLs，但由于 DNAPLs 分布的高度不均匀，这是不寻常的）。此外，固体可干扰某些化合物的萃取。历史记载可能会提供年代和确认的化合物以及在场地上化合物使用的一些资料。然而，缺少收集实际化学样品如 DNAPLs 样品，使得完全理解污染源物质的性质变的不可能（就上述论及的关键物理和化学参数）。

鉴于某些发生的事件，表 3-3 列出了在一个场地上存在污染源区的可能性。例如，如果历史上有一个已知或可能的 DNAPLs 释放，那么那里具有污染源的可能性就很高。

表 3-3 基于各种事件发生的情况判断场地中存在污染源区的可能性

事件	DNAPLs 源
DNAPLs 的已知或可能的历史释放	高度确定性
过程或废物处理表明可能存在 DNAPLs 释放	高度确定性
DNAPLs 是通过监测井等在地下发现的	高度确定性
化学分析表明 DNAPLs 存在(≥饱和度)	高度确定性
DNAPLs 的化学药品在现场使用的量很可观	可能,有些不确定性
化学分析表明可能的来源区域	很可能,有些不确定性

使用广泛的化学品和践行的处置方法会导致场地上化学品质量和组成的变化。因此，寻找和分析一个 DNAPLs 样品可能无法提供一个具有代表性样品用于整体污染评估。此外也存在这样的可能，即污染源区不一定有随着时间的推移而持续稳定的样品。污染源物质可以变得更易溶解，更易被生物降解，或挥发组分更易挥发，进而改变物质的组成，从而影响它的物理化学性质。此外，就 DNAPLs 而言，地下环境的自然变化和场地上进行的各种表征与治理活动会导致污染源自身会持续变化。

对土壤样品的化学分析是最可能辨认爆炸性物质作为地下污染源物质的办法。在现场活动期间，现场检测是确定高浓度污染物的一种理想的方法。这些方法需要用丙酮或甲醇提取 2～20g 土壤样品。然后，用比色法或免疫检测方法获取定量或半定量的结果（Crockett 等，1998）。这些方法适用于 TNT、DNT、RDX、HMX 以及其他爆炸性化合物，并且其中大多数方法的检测限均约为 1×10^{-6}。使用这些方法时，必须意识到比色法可能产生的干扰以及免疫测定方法可能产生的交叉反应。其他新型的基于色谱技术的场地检测方法可能会提供更精准的结果（Hewitt 和 Jenkins，1999）。

3.1.2 水文地质表征

精确描述地下环境及其内部的流体特征对于构建整个场地的概念模型非常关键，同时对开发成功的治理策略也很必要。表征地下环境的主要困难在于确定地质体的异质性并理解异质性如何影响地下水和污染物的迁移。然而，在没有大量场地具体数据时，可能经常使用的方法是发展出一个对场地的通用性描述，包括地表形貌、区域地质（如地下物质是共聚体或非共聚体）和区域地下水状态（如流体来自回灌区-降雨、地表水库或水塘-排放区-地表水或抽水井）。

地下水文地质表征涉及各种水压测试、示踪试验以及详细的水压静态分布图。根据相对透水与不透水单元以及地下水流动方向，来源于土壤钻孔和水力压头分布的有关岩性数据将有助于描述出一个更为详尽的场地地层分布图。收集到足够的数据对描述水通过可渗透介质到排放点的移动过程和流动模型非常有用。在裂隙岩石系统中，对于流体体系的理解有益于了解 DNAPLs 迁移路径和它将有可能迁移经过的路径。

对必须在一个给定的场地的范围内精确地描述流体来确定渗透性和有效孔隙度是困难的。在异质性含水层，其渗透性可发生 13 个数量级的变化。抽水试验经常被用来确定场地的渗透性，但是，这些测试仅提供了一个空间平均值而不能洞察表征为低渗透区的Ⅲ类和Ⅴ类水文地质环境中所观察到的异质性。在一些裂隙含水层，如喀斯特含水层，获得足够的关于水力特性方面数据并确定流动路径也更为困难。了解流体体系并确定地下水的流速是很重要的，因为其可以用作污染源修复中污染物质量通量减少的指标（见第 4 章）。

多年来大量开发的用于描述地下异质性和异常的非侵入式表征技术对污染源区地质表征是很有用的（尽管它们几乎不适用于定位污染源和确定它们在地下的分布）。地质绘图及对露出岩和其他地貌特征的解释可以提供关于含水层特性和可能的近污染源区的渗透性信息。其他技术（见表 3-2），如地震波折射和反射法、电阻抗、电导、探地雷达（GPR）以及磁技术，都涉及向地下输入某些类型的能量并利用适当探测器捕获转化成其他形式的能量。例如，电阻抗涉及地下介质和植入的电极间的电流传输以及电流通过介质的总体电阻测量。

非侵入性技术的成功应用往往依赖于使用者的场地经验以及没有来自结构和电源线的干扰。在生产场地或一个有很多历史活动如被各种设施填满的场地上避免电源线的干扰是非常困难的。通常情况下，使用者必须有详细的场地背景知识或必须使用其他技术独立地验证结果。非侵入式技术的数据质量可能非常好，但通常需要用岩芯数据校准。可以在 Cohen 等（1993）和 ITRC（2002）的相关研究中发现上述表征工具更详细的信息。

除了非侵入式工具，直推式钻探技术被广泛用于场地表征和污染源区的水文地质检测。顾名思义，在液压油缸、锤或振动的方法下，将配备探头、采样器或其他工具直接推入地下。通常使用液压油缸将锥形钻杆（CPT）推入地下，而其他驱动点的方法经常使用电锤。驱动点的方法用于进行连续和单点的地下水取样，或用于压力计和监测井安装，以及用于对水汽取样。在锥形钻杆的锥尖配备有传感器可以测量岩石静态压力、水压、电阻抗以及孔隙压力，在垂直方向上这些参数可以达到岩石学上厘米级的分辨率。此外，许多分析方法已被开发并可在钻头使用。这些分析方法包括荧光光谱仪、拉曼光谱以及紫外吸收光谱，这些方法可有助于确定污染物的存在和浓度（Kram 等，2001，2002）。由于直推方法通常更为便宜并且比传统以钻井为基础的技术侵扰程度低，在现场条件允许的情况下，这些方法得到了越来越广泛的应用（直推钻机不能用于渗透岩床、鹅卵石或密度较大的岩层）。

对污染源区水文地质表征而言，井下方法显得越来越有用。通常井下方法与其他表征手段如土壤岩芯取样联用。井下方法可以提供关于地层、地层密度、孔隙度、裂隙、流径以及水分含量等信息，能获取的信息取决于所使用的方法。例如，如果裂隙钻孔相交，各种井下成像技术可以提供裂隙的方位和走向的信息。应该说明的是，裂隙密度与裂隙岩含水层内的渗透性（Paillet，1998）的相关性不大。因此，在这样的环境中，裂隙连接通常采用传统的含水层检测方法来说明，即给一个位于中心的单钻孔上承载水压，同时在观测孔中测量水位降（Tiedeman 和 Hsieh，2001）。由于大多数压力试验产生大量需要处理的污染水并导致污染物的分散，这些方法不应用于那些对污染源区没有清楚了解的场地。产生更少量水的表征方法，如使用短应力时间的交叉孔流量计脉冲测试可能对确定地下离散裂隙间的连接是有用的（Williams 和 Paillet，2002）。

3.1.3 污染源区描述

污染源区描述是指确定污染源在地下的位置（包括横向和纵向）、其源强度[1]以及

---

[1] “源强度”是一个非严谨定义的术语，指存在于源区污染物的质量或者从源区流出的污染物通量（更常见）。因此，它传达的信息不仅有关于源区的生命，而且还与形成（以通量为基准）的羽流大小有关。

它如何在相间移动。例如，DNAPLs是否在岩床上汇集，是否按高渗透单元到低渗透单元的多层序列层方式汇集在隔水层上部，是否分布于沉积层中，是否在局部地区含量高于残余饱和度或大部分地区达到或低于残余饱和度。没有这些信息，对于所选择的治理方法的效果和达到清理目标所需的时间将很难具有确定性。

描述污染源区重要的第一步是收集和分析历史上化学品使用和有关场地治理的信息。获得的信息可以用于寻找DNAPLs或爆炸性物质的位置，因此很有价值，并可以在修复过程中节省时间和成本。从先前或正在进行的调查中获取水文信息，无论场地规模还是局部规模，对垂直和水平径流来说都能提供有价值的信息。然而，在某些情况下，如有多个互连层和岩床裂隙的复杂场地则很难获得上述信息。

通过分析沉积岩岩芯或通过测定特定污染物的溶解浓度是最常见的描绘污染源的方法，在极少数情况下和可能发生的地点，通过分析井或岩芯中发现的自由产物来达到上述目的。通常借助于侵入式技术，如前面所述通过钻探取出岩芯和直推技术，可以获取土壤和岩芯以及溶解污染物浓度。应该指出，当使用钻井技术时，真正的危险在于一个交叉连接的含水区。收集土壤岩芯取样需要考虑到污染源区整体情况和化学特性；建造水井需要考虑到各种基于抽水评估技术的应用。在这两种情况下，需要足够数据在三维尺度上绘制污染源及其他溶解组分图。由于在数十厘米的垂直方向和几米的水平规模上，DNAPLs分布具有高异质性，岩芯必须在同等尺度下取样和分析，以建构一个DNAPLs分布的详细地图。然而，通常这种详细的表征是不必要的。如前所述，带式NAPL取样器和疏水性染料可以提供岩芯或钻孔自身的DNAPLs现场检测。

分区井间示踪剂测试（PITT）通常是一种可以在比土壤取样范围更大的体积内评估DNAPLs质量和分布的方法。这种方法已成功用于50多个DNAPLs场地调查（Jin等，1997；Annable等，1998；Mariner等，1999；Londergan等，2000；Rao等，2000；Kram等，2001，2002；Meinardus等，2002；Jayanti，2003）。Meinardus等（2002）报道了一个关于PITT测量与从岩芯中取出的几百个土壤样品中测量DNAPLs容量的比较，这是最完整的比较之一。尽管场地具有显著的异质性，但两种方法测定的DNAPLs总容量具有良好的一致性。场地分析技术的进步可以缩短分析时间并增加实验室分析能力。此外，PITT期间使用多级采样可以提供更好的DNAPLs空间分布评估。这个技术依赖于遍布污染源区示踪剂与残留DNAPLs之间有足够长时间的接触。大差别异质性的存在和DNAPLs分布的频繁变化会影响接触并降低检测的准确性。因此，将PITT应用于复杂场地可能需要特殊的设计方法如应用水力控制井限制示踪剂流向，使其在横向和纵向流向污染源区。Jayanti（2003）分析了在大范围场地条件下，异质性对该技术的影响。

在裂隙岩含水层中定位污染源区特别困难。从裂隙岩中收集用于化学分析的水样会产生变化巨大的结果，这与含水层的性质（通透性、储水性以及嵌入钻孔裂隙的水头压力）有关。在表征岩床含水层中地下水化学成分的空间变化率很重要的情况下，从离散间隔内收集水样是有利的，可使用加壳或衬里将单个裂隙或钻孔临近的裂隙组液压隔离。在水样不能从水力隔离层中采集以及水样从开放的钻孔中采集的情况下，在设计收集系统时必须考虑在钻孔内的水量的影响（Shapiro，2002）。

尽管污染源可以通过监测取样点上污染物浓度随时间变化情况来描绘，但是污染物质量通量的测量越来越多地被视为一种更精确的决定修复成效的方法（见第 4 章，Feenstra 等，1996）。要计算通量，在修复开始之前，至少在羽流的一个横向截面上很好地了解流体体系和污染源组分在垂直方向上的浓度分布。在文献中质量通量测量方法比较常见（如工具箱 3-2 中所述），本书将不对其进行详细说明。

工具箱 3-2
测量质量通量的手段

污染物的质量通量测量可作为评估 DNAPLs 污染源修复进展的一个方法（Feenstra 等，1996；Einarson 和 Mackay，2001；API，2003；EPA，2003a）。质量通量是迁移通过一个垂直于地下水水流方向横截平面的污染物的量。质量通量是指在单位时间单位面积下污染物移动通过一个表面的质量。在地下水场地研究的实际应用中，测定的是质量排量（单位时间内排放的质量）而非质量通量，并假设面积涵盖了整个污染羽流的宽度。在特定位置测定质量通量的一个方法是通过横截面积上的污染物浓度数据和具体排量。由于在横截面内污染物浓度和地下水排放的变化，可以在一个小区域估算质量通量并加和获得总通量。测量的准确性与样品点的密度以及测定的含水层的水文特性相关。在复杂场地，很难获得这个信息。

另一个测定质量通量的方法是使用下游横断面井的含水层测试以及测量被抽出的污染物质量（Bockelmann 等，2001）。如果下游井捕获了整个污染物羽流，可以通过污染物浓度和抽率计算质量通量。但很多案例中，没有捕获整个污染羽流，那么这个方法需要抽水井速率的信息、污染物数据以及其他必要的可用于流动-传递模型的数据。以上信息及数据都具有很大的不确定性。此外，该方法中抽水可能会导致污染物的额外扩散并产生大量废水。

第三个方法依然处在开发阶段，是将吸附性的可渗透介质放置于钻孔或检测井中用于拦截污染的地下水以实现质量通量的测量。在该可渗透介质中掺入示踪剂。通过量化释放示踪剂的质量和吸附的污染物，结合地下水流速则可计算出污染物的质量通量（Hatfield 等，2002）。这需要介质和污染物分配特性的知识。由于这个方法仅需要较少的关于流体体系的量化信息，尽管可能更容易使用，但它还存在一个缺点，即测量只在特定点实现，与一些流体路径缺乏交联。吸附性渗透介质的使用还没有用于场地测试。目前，所有这些方法都是实验性的。报告的案例应用主要是用于自然衰减的场地评估以及在那些污染物是石油烃类化合物或甲基叔丁基醚（MTBE），而不是 DNAPLs（Borden 等，1997）的场地。事实上，就可获得的地下水流体系包括水力传导系数和水力梯度的信息情况下，质量通量的测量正成为一个更为积极的定量污染物质量流失方法的希望。

3.1.4 污染场地的生物地球化学环境

一些污染源修复技术可使污染源区附近及下游羽流的氧化还原条件发生巨大改变，从而导致水化学和生物活性发生变化。例如，某些修复技术，如使用高锰酸钾会抑制微生物群落并停止正在发生的自然生物降解过程。其他试剂如表面活性剂可能作为碳源增强微生物的活动。与此相反，某些生物地球化学条件会限制原位修复的效果。例如，在具有高浓度有机物质的含水层中，将需要大量的氧化剂以确保与目标有机污染物间反应。为了更好地了解和预测这些现象，对场地进行地球化学评价是至关重要的。

在开展修复活动之前，特别是当意识到涉及微生物或非生物化学转化的修复技术时，应事先获得污染源区内水化学和微生物活动的信息。例如，哪些矿物质能溶解或易沉淀，如果水化学环境改变，哪些微量元素可被释出。众所周知，多种微量元素对氧化还原反应很敏感并会在某些条件下随着水力梯度在溶液中迁移。可以通过检测水/沉积物中的原生微生物种群（NRC，2000；Witt 等，2002）判定水中的电子受体，如氧气、硝酸盐以及硫酸盐的状态和质量（Chapelle 等，1995；McGuire 等，2000）；确定沉积物中可被提取的铁量（Bekins 等，2001）和检测歧化金属还原的可能性（Lovley 和 Anderson，2000），对自然生物修复与可能的强化生物修复共同作用的潜在速率做出评估。

以传统浓缩/隔离为基础的技术以及以基因为基础的分子技术都可以用来分析微生物群落，并评估其作用的潜力。例如，在场地上存在的脱囟（*Dehalococcoides*）物种的微生物数据可以与定量聚合酶链反应（PCR）结合进行评估和量化，并具有确定其功能的潜力（Hendrickson 等，2002；Lendvay 等，2003）。但是，由于在实验室研究的条件下几乎不可能完全复制场地条件，推断微生物活性的实验室结果时必须注意。

3.1.5 水文地质复杂场地的污染源表征

上述讨论的表征工具并非对所有水文地质环境都适用。大多数工具已被开发和应用于多孔介质场地（特别是非共聚的粒状地质环境），因此并不适用于Ⅳ类和Ⅴ类或喀斯特水文地质环境（见第 2 章）。而呈现出一系列水文地质环境条件的场地（如在图 2-16 中所描述的场地）需要一系列的工具来实施污染源区表征。一个特殊的问题是适用于裂隙岩体系统中的工具往往只能提供有限的（即特定点）信息，因为这些场地空间变异程度高。例如，喀斯特体系是由可溶于水的碳酸盐岩和发育良好的次生孔隙组合形成。岩石结构（例如岩床平面、连接点、断层和裂隙）形成了在喀斯特溶岩中常见的相互连接间隙的基础。这些间隙可能包含大型沟渠并通常能够快速输运水（和污染物）通过场地。在这种环境下，确定污染源的位置以及确定哪些裂隙是水力贯通的是极其困难的工作。创新的办法如使用断层扫描来确定哪些裂隙相通依然处在研究阶段。因此，喀斯特溶岩和裂隙系统中的污染源区的水文地质表征与治理工作，具有极端的挑战，例证如工具箱 3-3 中的案例研究。

3.1.6 表征工具总结

鉴于污染源区特异的场地性质，尽管不可能准确地描述应该使用什么工具来表征污染源区，但代表当前技术水平的一个典型方案还是可以勾勒出使用上述工具的情况。由于 DNAPLs 的迁移（此后引起 DNAPLs 分布）在很大程度上由渗透性控制（由于低渗透层排斥 DNAPLs，而高渗透层可以引导 DNAPLs 通过），水文地质表征是污染源表征过程中必要的第一步。随后，过往化学品使用的数据与水样分析的结合被用于确定可能存在 DNAPLs 的区域。接着，通过分析从钻孔内获取的岩芯样品或分析利用直推钻探方法获取的样品或利用井下分析工具界定污染源区。由于 DNAPLs 分布的极端异质性，通过岩芯取样或直推获得的样品与 DNAPLs 污染源交叉的可能性非常低，因此，并不总是能发现出现 DNAPLs 的确凿证据。如有必要，可通过分区井间示踪剂测试（PITT）确认 DNAPLs 存在的量。通常，治理计划的目标将有助于确定需要的表征工作的水平。由于场地物理性质决定着获得所需数据的困难程度，因此这方面的工作也将受到场地物理性质（即共聚体与非共聚体，裂隙与非裂隙）的限制。

应该指出必须从一个大范围尺度收集表征数据。例如，水力传导系数可由抽水试验确定，而此测试平均了数百立方米的水量，或由岩芯样品确定，仅需要平均几立方厘米的岩土样。此外，通常可用多种方法测量相同的参数，而结果之间的比较并不一定简单。例如，水溶液浓度可以通过监测井检测几米的范围来确定，也可从一个驱动点井检测 30cm 的范围来确定，或者通过在直推钻杆头上的荧光工具测定超过几个平方厘米范围内的浓度。分析过程可能是在实验室采用标准方法，也可能是在现场采用检测工具包或采用井下工具。每一种情况下，测量规模和分析方法均会影响结果。在开发场地的概念模型过程中，必须注意协调不同方法、不同实验室以及不同场地规模产生的不同的数据集。

工具箱 3-3
红石军械厂（The Redstone Arsenal）案例研究

红石军械厂占地面积达 38000acre（15378hm^2），紧挨着 Huntsville，Alabama。其地下的地质情况为具有复杂的喀斯特暗渠并最终排放到流往南部的田纳西河里。自 1941 年该工厂开始运营，主要从事火箭推进剂的研究和开发。在 20 世纪 80 年代中期到 1996 年，5 台溶剂除油设施在 10 号操作单位（OU-10）内运行，开始时使用 TCE 而后来使用 1,1,1-三氯乙烷（1,1,1-TCA）。这个区域内地下水中的主要污染物是 TCE 和高氯酸盐。风化层和喀斯特上层岩床与这个区域紧密相连并形成了一个单一方向上的水力梯度含水层。带着下列的目标，开展了喀斯特系统（阶段Ⅰ）条件下一个场地范围内的水文地质的调查：确立喀斯特地貌对地下水流以及污染物传递的重大影响，描述出喀斯特流域以便定义污染源-接受体流动的可能路径，确定最优长期监控地表水和地下水的监测位置以及评估可能进行的治理工作，开发一个场地范围的概念模型以支持决策制订，评估存在的监控井网络的范围。表 3-4 总结了调查活动以及获得的结果。

表 3-4 调查活动及其结果

调查活动	目的/结果
热红外飞行和实地勘查	确定离散的地下水排放点(例如关键点和渗漏点)。超过 100 个关键点是挥发性有机化合物的仪器采样点
航空照片立体评估	地表勘察成果清单(例如灰岩坑特征)，获得喀斯特地貌特征
亚拉巴马州洞穴调查数据库，回顾和开发钻孔日志和其他钻探信息的数据库	地下勘察成果清单(例如探明洞穴、裂缝特征)，获得岩溶特征；获得了 1100 个基岩顶部高程和 686 个岩芯样品；在 293 个点位发现了 569 个岩溶裂隙
900 口井的水位测量	场地的潜在水位
钻孔流量测量	在基岩和选择的过载井中确定水力梯度
连续水质数据采集和历史地下水数据的回顾	确定地面水流的动力学，了解地表水和地下水的相互作用，并确定这些因素对污染物运输的影响
地表水数据整合	了解喀斯特含水层(例如大小，季节性模式)
非现场油井库存	识别潜在的受体，评估现有站点周边井
染料的跟踪研究	提供潜在的主要流动路径的指示

污染源描述：带着试图区分和表征地下 DNAPLs 的目的，包括 DNAPLs 的水平和垂直方向的范围和质量，在 OU-10 开展了额外表征，其还有助于开发污染源概念模型，也包括试图理解地下的层次结构。与这些目标相关联的活动以及所取得的结果如表 3-5 所列。

表 3-5 目标相关联活动及其结果

调查活动	目的/结果
地震波反射	绘制 DNAPLs 可能累积的结构低点，识别故障
地下水的筛选	改善 DNAPLs 源区域的局限性
驱动点筛选(DPT)	对 245 个地点进行了 VOCs、高氯酸盐的取样分析。在 DPT 洞中进行了 8 次 FLUTe 调查。DPT 数据与监测相结合，以识别“热点”。数据与地震反射相结合，指导深井钻井
深基岩钻孔[最高可达 275ft(84m)]	在自然伽马、流体温度、电阻率和井径测量技术的基础上，采用裸眼地球物理测井技术，确定了地层、裂隙、导管、流的分布
	采用水物理测量方法获得了水力传导性、透射率、节间率等。K 值通常比封隔器测试结果高出一个数量级。几乎没有低于 200ft(61m)的流量
	使用了数字录制的光学传送器。自然产生的烃类化合物从地层和钻孔中渗出
	采用 FLUTe 技术对 4 个钻孔进行了研究。DNAPLs 只在一个地方检测到
	对几个间隔封隔器进行了试验(用于水力传导性)，并对污染物进行取样
基岩岩芯	用紫外荧光扫描，没有识别出 DNAPLs
通量表征	建立采样关键点流量的函数，从而使污染物从地下水中进入地表

在 OU-10 内的污染源区计划了附加的工作，包括染料示踪剂实验、深层岩床的长期抽水测试以及自然衰减评估。这个在复杂场地上定义污染源区的例子，即使已做了大量研究，对实际的污染源区域依然存疑。事实上，若没有对污染源区域进行清楚了解，则无法成功治理污染源。

3.2 污染源区表征方法

在实施昂贵的修复技术之前，通过污染源区表征了解场地复杂性可以节约资源并有助于界定合理的清理目标。除了 4 种主要类型的污染源表征信息和上面提到的相关工具，在污染源表征期间，现场管理人员还应考虑如下讨论的一些其他因素。在主导污染源表征过程时，所面对的其他问题包括如何确定什么样水平的表征对场地规模的影响是足够的，以及如何评估和处置表征的不确定性。本节还讨论了在污染源表征信息与污染源治理目标及治理技术选择之间所需的迭代反馈，这个论题还将在第 6 章中决定污染源治理架构的主题中进一步展开。

3.2.1 污染源区表征应反映治理决策

污染源区表征的目标是为治理决策提供基础依据。一旦污染源被确定存在，将出现用于开发治理策略的一系列决定，而每个决定都需要具体的表征信息。重大决定包括界定治理目标、确定是否有一个或多个可能有效并能达到所选定目标的技术、选取最佳的场地治理技术、计划治理项目以及评估治理的有效性。每个决定都将在下面几章中详细讨论（第 4 章主要讨论选定修复目标，第 5 章主要讨论修复技术，第 6 章主要讨论决策过程）。由于不同的技术和不同的目标需要不同类型的表征，在每个决策点必须对污染源表征进行重新审视。这表明，污染源区的表征是一个动态、反复的过程（ASTM，2003），在本质上与动态工作计划和用于环境数据收集的 TRIAD 方法类似（EPA，2001，2003b，2004；NRC，2003），并且可以利用实时数据（当可得时）。事实上，随着时间的推移，表征工作应该产生一个逐渐精细化的理论污染源子模型，该模型的构建过程可作为场地的整体理论构建过程的一部分。污染源区子模型的构建基于对释放污染位置和污染是如何释放的探究，这个开发过程会一直持续到在最终选定的清理策略下与污染源大小和结构相关的不确定性可被接受。

3.2.2 污染源区与羽流间的尺度关系问题

对场地管理者来说，认识到污染源区表征将需要实施一个比羽流表征更密集的取样计划是很重要的。羽流存在于一个相对大的空间范围（几百米到上千米），但羽流的起始污染源区的规模较小（几米到几十米）。此外，羽流比 DNAPLs 更具有空间连续性，它们跟随地下水流动路径，所以尽管数据相对稀疏，但推断出它们的几何构造更能被接受。

除非确定知道水文地质情况，否则试图用羽流数据去描绘污染源区是不精确的（Sciortino 等，2000，2002）。因为污染源区由多相流现象所决定，这些多相流的几何形状一般比羽流的几何形状更难以预测，并且羽流的特征受多个污染源区影响，所以上述确定性是必要的。鉴于此，为具体描述污染源区几何构型，进行高空间密度的 3D 采样工作是有必要的。

成功的场地管理人员应该通过治理目标和治理技术充分理解羽流与污染源区之间的关系。以确定羽流潜在暴露路径为目的，观测羽流规模是很有必要的。然而，重要的是避免以过多的局部污染源区表征工作为代价过度描绘羽流。这意味着要从大规模的场地表征工作中收集关于场地水文地质和羽流的重要信息，可能的污染源区结构应该被加入场地概念模型中。越早形成场地概念模型，就可以越早确定与审慎评估污染源治理目标和治理技术。

3.2.3 认识和管理的不确定性

不确定性是危险废物治理中不可避免的一部分，特别是涉及非水相液体污染源。鉴于此，NRC 的报告（2003）定义了“自适应场地管理”这一术语，强调使用适应性管理方法管理场地的重要性（Holling，1978；Walters，1986，1997；Walters 和 Holling，1990；Lee，1993，1999），这些适应性管理方法都是通过长期积累和经验总结形成的，这种方法与 20 世纪 80～90 年代颁布的快速设计、清理并关闭的目标相反。在 NRC（2003）中“自适应现场管理”被描述为“创新的资源管理办法，这种方法对不确定性的响应进行快速识别，并可对响应进行监测和解释，同时以迭代的方式来调整项目使其持续地改进，并最终实施管理方法”。当然，工程师和应用科学家是不知道这样的策略的。例如，Karl Terzaghi 和 Ralph Peck 是岩土工程师的先驱，他们改进了观测方法（Terzaghi，Peck，1967；Peck，1969），除其他特征外，这个方法强调了工程师应该根据新信息改进方案而不是使用已经制订好或提前确定的方案，然而这仅是个好的设想。也就是说，即使 Karl Terzaghi 和 Ralph Peck 改进了岩土工程的理论并尊重其固有的价值，但他们也认识到其局限性，这是由于许多局限性来源于自然环境土壤的复杂性。

3.2.3.1 污染源的不确定性

产生与污染源区治理相关的不确定性的原因可以被分为以下几类［更为详尽的细节可参考 NRC（1999）］。

（1）测量误差

测量误差与不精确的收集、分析以及解释样品相关。测量误差起源于人为错误和使用不适合的工具收集数据。人为错误会导致样品在收集和运输过程期间受到干扰或被污染。此外，使用者可能会在错误的时间或地点收集数据，如果没有理解样品的空间或时间尺度，使用者可能会错误地解读数据（Sposito，1998），或他们可能会使用不正确的或过于简单化的概念模型来建立什么数据需要直接测量、什么数据需要确定之间的关联（例如，在泵抽或示踪试验中，通常水文地质测量被过于简单化并用于确定从水头到浓度观测的水文地质参数）。质量保证和质量评估程序会减少人为错误的大小和频率或至少避免导致现场工作的专业人士产生可能出现误差的想法。测量误差的第二个重要来源是不准确的测量设备以及未必能够检测在相关的浓度水平上关注的化合物。例如，确定污染物与腐殖质组成的复杂混合物中特殊的成分是不可能的。

（2）样品误差

样品误差是指依靠有限空间和时间上的数据导出的推论，并由此产生的不确定性。常常缺乏关于污染源位置、化学组成、排放污染物的量、排放的时间以及污染物当前分布的信息。同时，地质构造、污染源区和羽流都具有高度异质性，很难用准确的方式将其描述清楚。根据水文地质环境和存在的污染物，污染源区可能有不规则的污染分布，这反映了自然的地质变化。不幸的是，在大多数场地，在表征期间所采集的地下水和土壤样品数量有限，而且呈不均匀分布。这是由于场地表征、制造潜在的新暴露途径、DNAPLs的再移动、在大量钻孔和采样过程中的工人暴露风险导致了高成本。在这样的环境中，通过仅有的几个地点样本强行推断整个污染源区的水文参数和污染物浓度的值，显然是一个充满错误的行为。以类似的方式，当在样品数据间插入不同时间的样品数据时显著的时间不均匀性也会产生误差（Kitanidis，1999；Houlihan，Lucia，1999）。正如预期的那样，可以通过增加观测点的密度和观测频率来减小样品误差。

（3）模拟误差

模拟误差有时也被称为模型误差，在基本概念模型建立和演绎物理、化学和生物过程模型中，或者在完成数学模型过程中被定义为与不精确性相关的错误。在污染源治理过程中，用于帮助决定是否采用某种技术的所有模型（例如表面活性剂冲洗的UTChem模型）都会受到模拟误差的影响。例如，概念模型可能忽视或歪曲如吸附和生物降解等的主要过程。在某些情况下，模型误差来源于含水层异质性，而这往往在地下物理模型中难以被发现。在其他情况下，用于验证模型数据的准确性限定了模型，即测量误差会加剧模拟误差。最后，所有的数学模型都是现实情况的近似，甚至最接近现实的模型也是基于计算机的舍入和截断误差的数值模型。更重要的是，数学仿真模型解决了比实验室规模要粗略得多的尺度可变性，而在实验室规模内我们的过程认识是最可靠的。也就是说，了解不同的过程并知道在厘米尺度下参数的值，确定什么方程和参数可以用于一个有效平均为米级尺度的模型（Dagan和Neuman，1997；Sposito，1998；Rubin等，1999）。考虑到实施治理技术之前，将越来越频繁地使用仿真模型，更好地理解模拟误差是模型成功应用的关键。

在污染源治理研究中遇到的不确定程度通常要比羽流治理研究中遇到的大得多，因为在污染源区：相比水相羽流，质量分布更变化多端，更依赖于水文地质环境，并更难以描述；通常比对羽流的测量更少；涉及更多物理、化学和生物过程（如溶出和重新分配）。

在许多应用中不确定性的主要来源是样品误差。幸运的是，可以通过增加污染源区的取样数目、使用统计技术，或两者结合使用的方法来减小样品误差。由于缺乏专业知识和前期的金融资源，尽管不经常执行上述减小抽样误差的方法，定量不确定性分析（对于水文信息来说）应该成为日常污染源表征工作的一部分，特别对于复杂场地，在污染源组成、分布和强度上具有非常大的不确定性。下面讨论不确定性分析的三种方法，即统计方法、反演方法和随机反演方法。

3.2.3.2 不确定性的分析方法

（1）统计方法

不确定性分析最重要的目标之一是估计未知量和量化估计的误差，从而确定具有代表性的有限采样数据。例如，一个非常简单的方法（Moore 和 McCabe，1999）是用从污染源区提取的“点”样本中污染物的浓度来计算平均值，作为浓度的代表值。同时用标准差除以采样点数量的平方根数据作为测量变量。然而，由于这些简单的统计方法基于所有样品来自相同的分布而且样本之间没有相关性的假设，而这种方法对那些污染源区的数据是无效的，因此通常它是不适用的。事实上，相比一个大距离间隔的两个样本，在靠近的区域中获得的两个样本更可能具有相似的值，即数据表现出相关性或“空间上的连续性”或“构成的相似性”。

地质统计方法（Rouhani 等，1990a，b；Kitanidis，1997；Olea，1999；ASCE，2003；Rubin，2003）明确地解释了空间连续性和参数间的空间关联，因而是可用的。例如，在推断总质量时地质统计方法会以说明污染源结构和临近地区对每个观察点的影响的方式来衡量点测量的权重。变异函数是地质统计中常用的定量数据之一，是指两个样品值的平均平方差，但对这两个样品的要求是取样点间隔的长度和方向的函数。从污染源中污染物浓度变差的分布形状可以看到浓度在空间的分布是否以连续和平滑的方式波动。如果浓度变化平滑，彼此相邻的两个观测本质上提供相同的信息，因此，在估算总质量时上述样品点应较在不同地质构造中取样所得数值对总质量的加权值要低。在另一个例子中，考虑到在绘制污染物等高线图之前，面对网格点污染物浓度的估值问题，这些网格点就是样品的采样点。估计值是所得数值的加权平均，并且由地质统计分配权重，估计值说明网格点中每个点与观测点之间分离程度（长度和方向）。因此，如果变化是渐进的，一切都是相同的，观测点附近的网格点通常应给予比远离观测点的网格点更高的权重。如果有分层，即使网格点距离相等，但对同一地层的网格点的观察值应该有比在不同地层的网格点更多的权重。而简单统计方法中，所有观测分配相同的权重忽视了非均匀采样点在空间分布对结果的影响，因此在最终的分析中地质统计方法较简单统计方法更具有合理和直观的吸引力。地质统计学比过去建议的插值和平均的方法（如反演距离加权）要更为系统和严格。

地质统计方法的一个主要优势在于其可以量化并以标准误差的形式表达不确定性，这种方法容许对评估值进行更信息化的使用。该误差可能表明需要更多的观测，甚至应从观测中收集更多的测量数据。也就是说，在测量前可以评估一个增加的测量值对标准评估误差的影响，即统计方法可以引导取样策略的选择。综上所述，由于地质统计方法可以评估合适的评估值和评估标准误差，其比专门的方法具有更大优势。当然，地质统计方法的优势是假设在正确应用基础上，尤其应对选择合理的空间结构模型给予足够的关注（例如一个变差）。这种方法一般用于对水文地质参数插值，特别是用于对污染物羽流插值（Kitanidis，Shen，1996；Saito，Goovaerts，2000；Pannone，Kitanidis，2001）。这些方法也可用于分析来自污染源区的数值以便更好地估算等高线图或空间平均值（例如在土壤中的 NAPLs），并提供一个对这些评估关联的不确定性的更好的了解。

与更常见的探测井或直推贯入式钻探获取样品后提供的点信息相反，值得注意的是地球物理方法，如地震波的折射和反射、探地雷达和电阻抗，提供的是全局的信息（Rubin 等，1999；Hyndman，1999；Chen 等，2001；Hubbard 等，2001；Jarvis，Knight，2002），因而使用地质统计分析方法分析从这些工具中获取的数据时必须谨慎。这些地质统计方法带来了希望并有了一些应用的报道，但它们自身也有不确定性。首先，产生的数据是空间的平均值。这是因为信号从发射源穿越地质构造到接收器，并且由于成本原因，发射源和接收器的数量有限并只能安装于地表或一些井中，所以只能近似测量地球物理特性。其次，也许更重要的是，测量地球物理属性通常不是治理研究的直接关注点，而仅仅因地球物理属性与治理相关。例如，电阻抗与盐度或水中溶解的总固体量相关。这种关系是不准确的，并可能是在评估一个量到另一个量中不确定性的重要来源（如从电阻抗到盐度，或从介电常数到水分含量）。一个有前景的方法是结合使用地质调查和探测井数据以开发适当的相关函数。

（2）反演方法

反演方法是利用模拟模型来推断关注的参数。利用未知参数的初步估计作为数据，可预测观察量的值。然后，将其与实际观察值比较，并明智地调整这些参数，以改善预测和数据之间的一致性。例如，在一个地质构造内为了观测井中或压力计上的压力或者水头，可以推断出水力传导系数的空间分布。这种方法被广泛用于水文地质学，属于反演建模、历史拟合、模型校正或只是参数估计（Yeh，1986）的应用范畴。事实上，典型的井测试［如用来确定穿透率和存储系数的抽水试验（Boonstra，1999）］包括反演建模，它使用的是一个简单的概念模型。在治理调查的早期阶段，通常只能间接推断污染源的存在（例如通过测量溶解度极限附近的溶质浓度或通过测定经治理后的多孔隙中的地下水仍存在的污染问题）。这种方法使用了反演建模的原理，尽管所用模型的复杂程度可能有很大差异。

为了节省校准模型的时间，人们越来越多地使用自动反演方法（Poeter 和 Hill，1997）。他们搜索并使用拟合标准最小化的参数值作为估计值，例如模型预测值和观测值之差的平方和。当该模型使用了正确的参数，模拟数据可以重现。从有限的观察值推断空间分布的变量（例如作为空间坐标的函数的电导率、压力或浓度）特别具有挑战性，因为模拟结果可能取决于所用观察数据的离散性。使用更细的网格可以获得更高的分辨率，但其结果可能远不如使用粗网格的结果准确。对于空间分布变量的自动估算，每一种研究方法一个重要部分都是其近似表示，例如将域细分为适当数量的均质区域，或将一系列可控函数与未知参数进行叠加。

（3）随机反演方法

反演问题的确定性方法有一个缺点，就是其对参数产生单一的估值，尽管通常认为与数据同等一致的解具有多种。例如，即使对羽流进行广泛的取样，显示污染物浓度接近溶解度上限，但是依然可能无法确定污染产生的原因是否由分离的DNAPLs或爆炸性物质污染源或更大程度地从固相缓慢的解吸造成。即使存在一个污染源，由于其具有容易被除去的特性（例如有限的空间范围），因此不能确定污染源的确切位置和强度，造成目前可用表征技术可能不足以支持这样的行为。

随机反演方法（Yeh，1986；Ginn 和 Cushman，1990；McLaughlin 和 Townley，1996）将反演方法的原理与统计方法或地质统计模型相结合，并可用于描述空间构造和量化误差，明确辨认不确定性。同时还可以产生标准误差和置信区间，而不仅仅是一个估值。更好的是，人们可以利用蒙特卡洛技术（如 Robert 和 Casella，1999）生成与数据一致的几种不同解决方案（称为条件现实）。人们可以利用这些解决方案来评估建议的管理方案可能成功的机会，如 Bair 等（1991）所阐述的井口保护问题。

除观察值外，随机反演方法还可以明确地考虑其他信息，如渗透性在一定范围内或在附近的两个地点的水溶液浓度是相关联的。Bayesian 方法（Christakos，1990；Copty 等，1993；Gelman 等，1995；Carlin 和 Louis，2000；Chen 等，2001；Kennedy 和 Woodbury，2002）是利用 Bayes 定理的统计推断方法的一个子集，受到了特别的关注，这是由于它们很适合稀疏或不完整的数据分析。在 Bayesian 方法中，这些额外的信息被编码成一个“先验概率分布”，然后与观测的信息相结合产生一种后验概率。

虽然随机方法很有前景，但是它还处于开发的初期阶段，这限制了它在污染源区的实际应用。此外，限制随机方法实际应用的缺点是计算量大，因为随机方法的实现涉及大量的确定性仿真模型的运算。然而，依然鼓励增加使用随机方法。它们非常适合对污染源区的数据进行分析，以增进对场地条件的了解，如估计污染物总质量，并提供一个更好地了解与这些估值相关联的不确定性，并设计监测方案。

3.2.3.3 不确定条件下的决策

修复中不确定性具有显著作用，尤其是当污染源中可能涉及 DNAPLs 时，要求决策者制订管理不确定性的方法。有几项研究考虑了不确定性条件下的决策问题（Massman 等，1991；Lee 和 Kitanidis，1991），包括在 NRC（2003）推广的自适应场地管理方法。此外，地质统计方法和其他随机方法已被用来评估数据的价值，通常是通过使用优化工具从而指导设计适当的采样网络和选择采样频率（Freeze 等，1992；James 和 Freeze，1993；Christakos 和 Killam，1993；James 和 Gorelick，1994；Capilla 等，

1998)。从这些研究中，可收集在大量不确定性条件下运行良好策略的以下共同特征。

(1) 多个方案

不确定性的存在本质上意味着没有办法仅设计单一的方案或可能性。例如，除了污染源的独一无二的形状或程度外，还有可能有许多与现有资料相一致的地方。因此，与其为某一特定场景设计理想的性能，不如基于一系列合理的可能性而设计令人满意的性能。

(2) 裕度设计谨慎和对冲

由于要在裕度设计和增加失败风险之间进行基本的取舍，因此不确定性会产生具体的成本。例如，如果污染源边界不为人所知，必须通过更大的污染面积或实际污染源中遗漏的部分目标而谨慎行动。裕度设计通常可以通过一个安全系数表示（例如目标面积与“最佳估值”面积的比率）。最佳估计通常靠近可能的情况数值范围的中部，因为它们通常是大量可能值的平均值或中值，使用这些无安全因子的估值时可能会产生高得令人无法接受的失败概率。

(3) 反馈、适应性、探测

应通过使用所有测量值和其他所有可用的信息来完善场地概念模型并减小不确定性。例如，考虑到设计抽出-处理系统用于遏制羽流；如果后来发现羽流延伸的面积比最初设想的小得多，应该调整方案以减少运行成本。此外，应以可以引入评价的反馈机制来设计方案，并用来达到减少成本的目的。例如，抽水井可以以如下的方式应用：在运行的初始阶段抽水井可以提供关于羽流位置的信息。应建立起动态工作计划，即将数据收集的反馈告知后续工作的理念，并且是当前 EPA 三重组方法中强调的核心(EPA，2001，2003b，2004)。这个过程的实现需要快速反馈以及快速分析方法，例如直推式钻机的分析工具、现场分析实验室或现场化学筛选试验。

(4) 表征、治理和监测的综合设计

场地特征和监测影响治理的设计，即可制订一个更保守的治理计划以弥补表征的不足。假设，固定总额的资金必须在实际治理成本和表征成本之间分配。原则上，最优分配方法是在一个固定的风险程度下（见第 4 章，可由浓度目标表示），用于表征和治理的每一美元的边际效益恰好相等。图 3-2 给出了其原理解释。因此，与“越多的表征越好”这一广泛流传的说法相反，必须在用于收集数据所花的钱和执行实际治理所花的钱之间取得恰当平衡。当然，一些（修复）方法比其他的（修复）方法需要更多数据，以确定其对场地的潜在适用性及对效果的评估，当考虑（修复）工作的整体成本时这些数据收集工作的成本应包括在内。

(5) 稳健性

不同技术具有各自可接受的不确定性。即某些技术对不确定性具有更强的适应性，因而具有更强的稳健性。根据治理前和治理期间所需的污染源表征的情况，一种治理技术的稳健性直接影响到需要进行工作的水平（相称成本）。例如，与污染源区的性质和

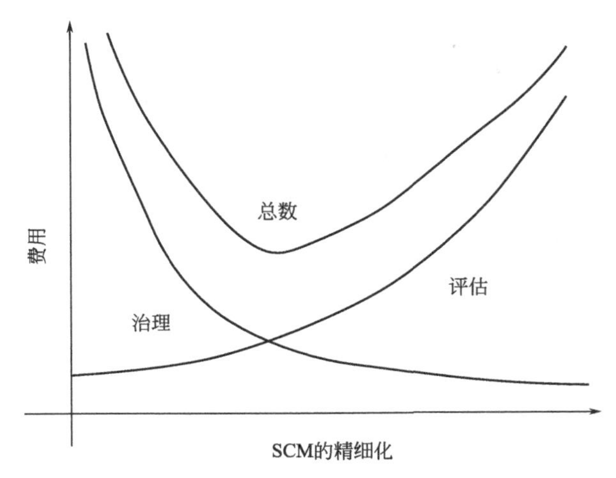

图 3-2 治理与评估（表征）之间的费用分配

注：图 3-2 所阐述的治理与评估之间的费用分配理论取决于如何精细化场地概念模型。在评估上花费更多，场地概念模型（SCM）将更精确。而场地概念模型越精确，治理花费就越少。即存在一种精细化的水平实现对最小化总成本的优化。

几何结构相关联的不确定性程度较高，而污染源区面积的纵向和横向的边界是相对确定的。在这里，一定水平和类型的污染源区表征工作对于要使用的遏制污染物扩散或监控污染物的自然衰减的技术可能已足够，但对于表面活性剂冲洗这样的污染源去除技术却是不足的。

污染源的评估和去除是具有挑战性的任务，并且与收集测试值相关的困难和高成本使其更具有挑战性。当针对污染源治理进行评估和选择治理技术时，必须考虑由有限的数据、水文地质变化以及其他原因引起的不确定性。针对划定的污染源区，大多数污染源治理研究都规避对数据进行客观和系统的分析和对不确定性进行评估，并规避对治理的有效性进行预测（尽管经常使用污染地下水对人类健康风险的统计模型）。这是不幸的，因为这样的分析可以为提出更合适的治理计划提供成功的机会，并就如何通过额外的测试改善方案给予指导。工具箱 3-4 总结了在北卡罗来纳州规模较小的 Camp Lejeune 污染源区表征的进展和强度。在开发整个场地概念模型后，其中包括描绘污染源区和局部水文地质的初步工作，这个场地被选为用于测试基于表面活性剂冲洗的污染源修复技术。这个项目代表了污染源区修复工作之前和之后所需的表征程度，足以评价与上述工作相关联的不确定性。

工具箱 3-4
Camp Lejeune 案例研究

以 MCB Camp Lejeune 88 号场地为例，它在完成足够的污染源表征工作后完成了污染源清除工作（ESTCP，2001；NFESC，2001，2002）。通过调查化学品使用历史和使用传统的场地表征方法，例如钻井取样以及地下水检测，一开始就识别出这个之前作为干洗店的场地具有成为PCE污染源区的可能性。首先利用直推式钻机进行广泛和密集的物理取样工作，根据渗透性对比和孔隙度分布绘制土壤岩性图，为DNAPLs空间分布提供线索。同时，测量有机碳含量以及对岩芯样品进行化学分析以得到关于分布更直接的证据。由于确认在黏土层上以及沿着黏土层的DNAPLs分布开始增加，污染源修复已经成为一个潜在的目标，并将探测井安装在污染源区内或其周围。使用这些井执行更具体的表征策略，例如抽水测试和分区井间示踪剂测试（PITT），用于评估黏土单元作为一个整体对毛细管流的阻碍作用以及评估污染源区域内DNAPLs的体积。在为清除工作做的表征活动结束前，在差不多10m×10m的污染源区域内安装了3个注射井、6个抽提井以及2个水力控制井，同时在污染源区域内早已密集地安装了由各式直推式钻杆测试钻头和岩芯采样器组成的探测装置。这个水平的表征对评估基于表面活性剂增强的含水层修复（SEAR）的污染源修复技术的可行性以及为其应用的准备工作是必需的。

在Camp Lejeune的SEAR技术评估中包括大量额外的表征工作。在SEAR实施前和实施后PITT被用于评估污染源区域内残留DNAPLs的体积，从一个小的污染源区域内收集了60个SEAR实施后确认的岩芯样品并分析。结果表明尽管在污染源区域内的渗透性部分92%～95%的DNAPLs已去除，但完全去除的部分仅有72%。然后SEAR实施后期的表征和分析表明，由于已经实施了表面活性剂冲洗，残余DNAPLs是不可溶解的。随后的模型推演和通量减少也表明实现了72%的质量去除并伴随有来自污染源区超过90%的溶解量的通量减少（Jayanti和Pope，2004）。随后进行的地下水检测工作致力于通过污染羽流的尺寸来确认上述减少的充分性。需要强调的是，除PITT外，传统的表征方法也被用于表征Camp Lejeune的污染源区域。

3.3 污染源区表征不足的影响

通常在没有足够污染源区表征的前提下尝试进行污染源治理是不明智的，特别是对复杂场地的治理。第一，应充分了解污染源区来自技术上、经济上以及体制上的障碍。例如，对于场地的地质条件目前调查技术可能不足以描述污染源区。第二，对场地表征拨付的预算在确切地回答上述问题之前可能就已被耗尽。第三，对清理提供资金的利益相关方和机构可能会失去对表征进程的耐心并要求开始修复行动。尽管技术上存在挑战，但一定程度的污染源区表征对环境恢复工作的有效管理是不可或缺的。对污染源大小的严重高估可能会过度地抬高治理工作的成本。反之，遗漏污染源物质将危及清理的成功，并将需要额外的表征和治理工作。污染源区评估必须是场地表征过程中不可或缺的一部分，并且不充分的污染源区表征未来可能会产生重大风险。

图3-3旨在说明污染源区表征不足的后果。3个案例均基于一个假设的DNAPLs污染场地，该场地已经进入了相对后期的表征阶段。水文地质环境表征为分层的Ⅰ类和Ⅱ

类系统（见第 2 章），即浅砂含水层与底层的低渗透率的黏土层隔离（程度未知）。场地内可能的污染源区附近，地下水中污染物浓度升高，但数据相对稀少和多变，污染源区的具体几何形状严重不确定。在第 1 个案例中，做出了放弃所有额外的污染源区的表征并开始修复的决定。在后 2 个案例中，决定投入不同额外的时间和资源对污染源区进行表征。

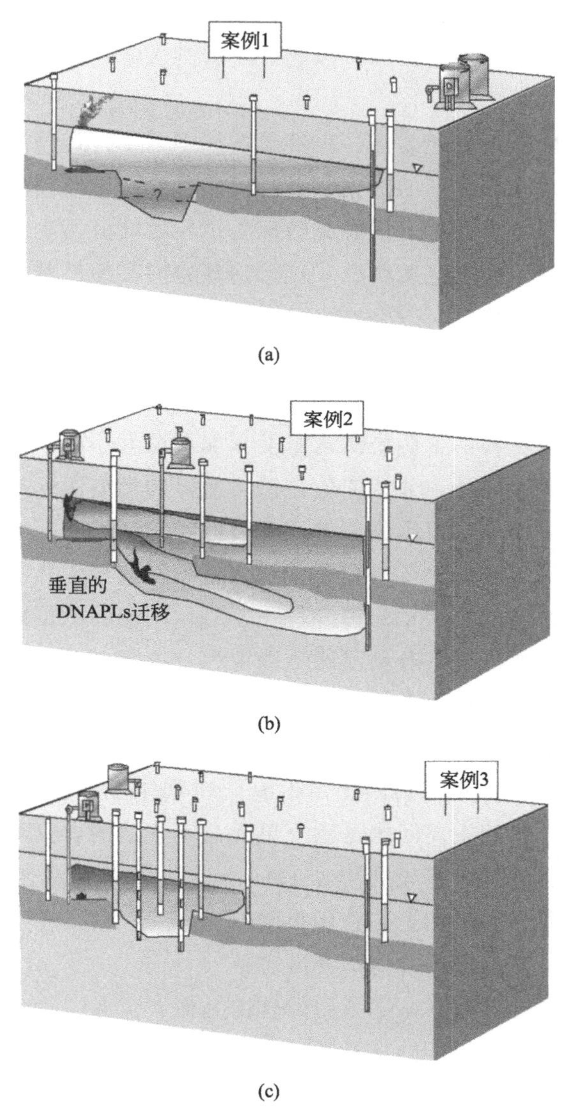

图 3-3　在一个定义不清、不连续的黏土层中，污染源区表征不足的潜在影响

图 3-3 中案例 1 代表一个旷日持久的抽出-处理工作，将污染源控制住，但不会在短期内去除污染源。在案例 2 中，化学冲洗技术应用得过早，导致部分 DNAPLs 迁移到下层含水层。案例 3，充分的源区表征保障了准确评价污染源的范围和成功执行化学

冲洗技术，使源区污染物强度大幅降低，并随后监测自然衰减。

（1）案例1说明：最低限度的源区表征

尽管场地存在与DNAPLs的存在和性质相关联的不确定性，但是羽流的水平末端分布似乎相当合理明确。因此，一种选择是放弃所有额外的污染源区表征并实施传统的抽出-处理的策略。现场工作人员对水力截获和抽取水的治理具有丰富经验。决策者对试图修复污染源区非常谨慎，因为要面对有关底层的黏土层、污染源的大小和污染源强度的不确定性，担心修复工作会失败。因此，没有尝试修复污染源区而是采用了保守的泵抽出-处理方案。

鉴于他们在决定前停止场地表征，决策者选择了一个合理的治理计划。如果污染源区的治理工作在没有足够的表征的数据下进行，有可能会导致消极后果。首先，花费的成本可能产生有限的效益。其次，污染源治理尝试导致部分污染源向更深层转移或转移到地下更难接近的区域，而在这些情况下进行治理将需要额外费用。然而，由于污染源物质没有通过泵抽出-处理技术有效地减少，可以预期，将需要一个长期的运行和维持周期，这些均需要无期限地投入成本。

（2）案例2说明：不足的源区表征

在案例2中，决策者确认了污染源区修复（如羽流大小减少至合规边界内，并缩短场地关闭的时间）的潜在好处，并认为值得追加额外的污染源区表征。尽管技术人员在场地评估方面经验相对较少，但是决策者选择对污染源区的表征额外分配资源。以一年的时间为限以确保污染源区的表征过程不会将修复工作拖延太久。采集了额外的岩芯样品，在可能的污染源区周围安装了监测井。一年后，相应的数据提高了污染源区的面积的分辨率，但垂直方向上依然具有高度的不确定性。决策者认为在污染源区内已确认的一个黏土层是足够连续并能成为毛细管水流的屏障，最终做出了决定并采用激进主动的化学冲洗技术，旨在移动并提取DNAPLs（见第5章中的技术）。

在这个案例中，决策者允许利用预定的有限时间来控制污染源区的表征工作的质量。实际上在污染源区内的主要问题是黏土单元是不连续的，这意味着修复成功的可能性很低。最终，因为驱动技术可能会推动DNAPLs通过不连续区域并向更深的地下方向迁移，使花在污染源修复工作上的费用被浪费。

（3）案例3说明：充足适当的污染源区表征

案例3中的决策者的理由与案例2中的理由类似，但有一个例外，在案例3中，他们认识到继续进行污染源区表征的重要性，直至有关部分污染源去除可行性的不确定性减少到可管理水平以下。污染源区表征和修复的外围专家意见一直被保留并用以协助现场人员。与前面的案例一样，也进行了额外的岩芯取样，并在可能的污染源区域周围安装了监测井。在一年后，污染源在垂直方向的分布仍具有高度不确定性，随后投入了更多的时间和资源来安装和监控多级监测井以更好地解决垂直浓度梯度的问题。在第二年年底，解决了污染源区和底层黏土单元的不确定性问题，从而正确地认定了一个不太激进的DNAPLs增溶修复策略。决策者选择设计和实施减少污染源强度的化学冲洗技术，他们定向冲洗和回收水力，以防止 DNAPLs 迁移通过不连续的黏土层。

在这个案例中，在污染源表征上决策者花费了相对于案例 1 和案例 2 都更多的时间和金钱。这样做，他们已经成功地达到了最大化去除污染源。设计、实施和评估化学冲洗方案需要额外的 2 年时间。然而，根据修复前和修复后溶出通量估计，95%的原始污染源的强度已经去除。建模工作预测了污染源强度的减小，并且将对自然衰减的监控发展成所有利益相关者都可接受的一种替代方案。自采用积极表征污染源区的决定起，已经过去了 4 年，但与前 2 个案例相比，现在该场地的运营和维护成本更低（然而，这是不太明确的，就案例 3 来说，应考虑与危险废物场地的生命周期相关的所有支出的成本是否要低于前 2 个案例，请参阅第 4 章关于生命周期分析的深入讨论）。

尽管这些案例研究都是假设的，但可用它们来说明污染源区表征中的共同主题。出于多种原因，责任方可能不愿意调拨污染源区全面表征所需的大量资金。污染源识别和描绘被认为具有技术上的挑战性并且花费昂贵，而且它们可能揭示出比以前认为的还要更广泛的污染问题，从而导致更大的治理成本。详细的污染源区表征可能不会吸引责任方，这是因为它可能铺设了复杂的、昂贵的，也许是对污染源区修复有效性待商榷的道路。事实上，应注意如果过于重视对污染源区的表征，如在没有正确预防措施下在污染源区过度钻井会再次使 DNAPLs 流动或产生与化学品暴露接触相关的工人安全问题。然而，不存在的或不认真的表征尝试可能会不必要地引起无法预期的风险管理工作（案例 1）或妥协的不具有任何成效的污染源修复工作（见案例 2）。要避免这些不良后果，就需要一个动态的反复迭代具体的污染源表征评估和治理计划的决策过程。即在初步信息的基础上，在表征和修复间分配资金。随着新信息的获得，必须重新审查并有可能改变修复活动的目标。一旦认清污染源修复被认为是一个潜在的并且有前途的治理方法，就必须基于水文地质条件和污染物类型，评估哪些修复方法是适当的以及这些方法需要什么样的表征水平。虽然在这个反复的过程中，可能出现利益相关者随着时间的消耗而欲加快治理，急于对污染的性质和程度做出判断，从而使场地条件恶化，导致污染在无意中残留。公众更容易认同诚实承认数据的局限性和不确定性，而不是先前确认而后被揭示为不正确的数据。

3.4 结论与建议

作者对许多污染源表征和治理案例进行了研究（见第 1 章），认为在多个 DNAPLs 和爆炸物污染场地案例中，现场特征不足以支持治理策略，也不足以支持为了提高水质、总量去除及达到其他适当指标而开展的评估实验的实际结果。几个案例中，数据都不足以确定是否找到了真正的污染源。这极有可能是由于需要达到一定进展和出于迎合最后期限的压力、财政限制，或不清晰的目标。

尽管有很多不足，陆军已经在改进其污染源表征工作，特别是在确定 DNAPLs 的存在方面取得了显著进步。对于陆军案例研究评估，作者也建议开发场地概念模型与增强陆军表征工作同步快速完善。例如，在 Fort Lewis，使用了大量的非传统表征技术，包括 CPT-LiF、MIP、GPR、电阻率、染料测试和多层井。其他使用新型技术的场地包括 Watervliet 和 Redstone Arsenal，在 Watervliet 井下地质物理被用于表征裂隙岩石；而在 Redstone Arsenal，主要的工作是表征一个复杂的喀斯特地层中的水流。这些工作都是令人印象深刻的。鉴于喀斯特、表层溶岩和裂隙岩床环境都无法较好地应用现有的场地表征技术，军队意识到在这样的水文地质背景下场地表征的难度，因此他们因技术不可行而申请豁免表征（例如在 Anniston 和 Letterkenny 场地）。如果能够明确界定治理目标且如果通过获取的数据得出不可能通过可行的方法满足治理目标的结论，这样的豁免是正确的。

下面是关于污染源表征的建议。

① 在整个去除治理过程中，污染源表征应该以反复迭代的验证方式进行以实现确认治理目标、度量治理成果和确认治理技术。所有场地都需要一定量的污染源表征以支持场地概念模型的建立和细化。总体而言，成功的污染源治理需要污染源物质的性质、场地的水文地质、污染源区的分布和场地生物地球化学方面的信息。然而，任何给定场地所需表征工作的程度和使用都取决于场地条件、所选择的治理目标和为实现目标所选的治理技术。

② 对不确定性的评估影响了成功治理的可能性，这里的不确定性与污染源强度和位置的概念模型化、地下的水文地质特征和样品分析数据相关。通常借助于统计、反演和随机反演的方法来完成这些评估。不幸的是，在危险废物场地上很少进行定量的不确定性分析。而通过增加污染源表征可将不确定性处理得更好从而使最终的治理变得更精确。很可能在大多数场地上都没有对在资源与污染源表征上的花费进行最优化组合，以及在减少不确定性与治理行动之间进行最优化组合。

参考文献

[1] American Petroleum Institute (API). 2003. Groundwater remediation strategies tool. Publication Number 4730. Washington, DC: API Publishing Services.

[2] American Society of Civil Engineers (ASCE). 2003. Long-term groundwater monitoring: the state of the art. Prepared by the Task Committee on the State of the Art in Long-Term Groundwater Monitoring Design. Reston, VA: American Society of Civil Engineers.

[3] American Society for Testing and Materials (ASTM). 2003. Standard guide for developing conceptual site models for contaminated sites. Document No. ASTM E1689-95 (2003) e1. West Conshohocken, PA: ASTM International.

[4] Annable, M. D., P. S. C. Rao, K. Hatfield, W. D. Graham, and C. G. Enfield. 1998. Partitioning tracers for measuring residual NAPLs for field-scale test results. J. Env. Eng 124: 498-503.

[5] Bair, S., C. M. Safreed, and E. A. Stasny. 1991. A Monte Carlo-based approach for determining travel time-related capture zones of wells using convex hulls as confidence regions. Ground Water 29 (6): 849-855.

[6] Bekins, B. A., I. M. Cozzarelli, E. M. Godsy, E. Warren, H. I. Essaid, and M. E. Tuccillo. 2001. Progression of natural attenuation processes at a crude oil spill site. II. Controls on spatial distribution of microbial populations. J. Contam. Hydrol. 53: 387-406.

[7] Bockelmann, A., T. Ptak, and G. Teutsch. 2001. An analytical quantification of mass fluxes and natural attenuation rate constants at a former gasworks site. J. Contaminant Hydrology 53: 429-453.

[8] Boonstra, J. 1999. Well hydraulics and aquifer tests. Pp. 8. 1-8. 34 In: The Handbook of Groundwater Engineering. J. W. Delleur (ed.). Boca Raton, FL: CRC Press.

[9] Borden, R. C., R. A. Daniel, L. E. LeBrun IV, and C. W. Davis. 1997. Intrinsic biodegradation of MTBE and BTEX in a gasoline-contaminated aquifer. Water Resources Research 33 (5): 1105-1115.

[10] Capilla, J. E., J. Rodrigo, and J. J. Gomez-Hernandez. 1998. Worth of secondary data compared to piezometric data for the probabilistic assessment of radionuclide migration. Stoch. Hydrol. Hydraul. 12 (3): 171-190.

[11] Carlin, B. P., and T. A. Louis. 2000. Bayes and empirical Bayes methods for data analysis. Boca Raton, FL: Chapman & Hall/CRC.

[12] Chapelle, F. H., P. B. McMahon, N. M. Dubrovsky, R. F. Fujii, E. T. Oaksford, and D. A. Vroblesky. 1995. Deducing the distribution of terminal electron accepting processes in hydrologically diverse groundwater systems. Water Res. Res. 31: 359-371.

[13] Chen, J., S. S. Hubbard, and J. Rubin. 2001. Estimating the hydraulic conductivity at the South Oyster site from geophysical tomographic data using Bayesian techniques based on the normal linear regression model. Water Resources Research 37 (6): 1603-1613.

[14] Christakos, G. 1990. A Bayesian/maximum-entropy view to the spatial estimation problem. Math-ematical Geology 22 (7): 763-777.

[15] Christakos, G., and B. R. Killam. 1993. Sampling design for classifying contaminant level using annealing search algorithms. Water Resources Research 29 (12): 4063-4076.

[16] Cohen, R. M., J. M Mercer, and J. Matthews. 1993. DNAPLs Site Evaluation. C. K. Smoley (ed.) Boca Raton, FL: CRC Press.

[17] Copty, N., Y. Rubin, and G. Mavko. 1993. Geophysical-hydrological identification of field permeabilities through Bayesian updating. Water Resources Research 29 (8): 2813-2825.

[18] Crockett, A. B., T. F. Jenkins, H. D. Craig, and W. E. Sisk. 1998. Overview of on-site analytical methods for explosives in soil. Special Report 98-4. Hanover, NH: U. S. Army Corps of Engineers, Cold Regions Research and Engineering Laboratory.

[19] Dagan, G., and S. P. Neuman. 1997. Subsurface Flow and Transport: A Stochastic Approach. Cambridge, UK: Cambridge Univ. Press.

[20] Dela Barre, B. K., T. C. Harmon, and C. V. Chrysikopoulos. 2002. Measuring and modeling

the dissolution of a nonideally shaped dense nonaqueous phase liquid (DNAPLs) Pool in a saturated porous medium. Water Resources Research. 38 (8): U143-U156.

[21] Einarson, M. D., and D. M. Mackay. 2001. Predicting impacts of groundwater contamination. Environmental Science and Technology 35 (3): 66A-73A.

[22] Environmental Protection Agency (EPA). 1992. Estimating potential for occurrence of DNAPLs at Superfund sites. Washington, DC: EPA of Solid Waste and Emergency Response.

[23] EPA. 1993. Handbook: Approaches for the remediation of federal facility sites contaminated with explosive or radioactive wastes. EPA/625/R-93/013. Washington, DC: EPA Office of Research and Development.

[24] EPA. 2001. Using the Triad approach to improve the cost-effectiveness of hazardous waste site cleanups. EPA-542-R-01-016. Washington, DC: EPA.

[25] EPA. 2003a. The DNAPLs Remediation Challenge: Is There a Case for Source Depletion? EPA 600/ R-03/143. Washington, DC: EPA Office of Research and Development.

[26] EPA. 2003b. Using dynamic field activities for on-site decision making: a guide for project managers. EPA 540/R-03/002. Washington, DC: EPA Office of Solid Waste and Emergency Response.

[27] EPA. 2004. Improving sampling, analysis, and data management for site investigation and cleanup. EPA 542-F-04-001a. Washington, DC: EPA Office of Solid Waste and Emergency Response.

[28] Environmental Security Technology Certification Program (ESTCP). 2001. Surfactant enhanced DNAPLs removal. ESTCP Cost and Performance Report CU-9714. Washington, DC: ESTCP.

[29] Feenstra, S. J., A. Cherry, and B. L. Parker. 1996. Conceptual models for the behavior or dense non-aqueous phase liquids DNAPLs) in the subsurface. In: Dense Chlorinated Solvents and Other DNAPLs in Groundwater. J. F. Pankow and J. A. Cherry (eds.). Portland, OR: Waterloo Press.

[30] Freeze, R. A., B. R. James, J. Massmann, T. Sperling, and L. Smith. 1992. Hydrogeological decision analysis: (4) the concept of data worth and its use in the development of site investigation strategies. Ground Water 30 (4): 574-588.

[31] Frind, E. O., J. W. Molson, M. Schirmer, and N. Guiguer. 1999. Dissolution and mass transfer of multiple organics under field conditions: the Borden emplaced source. Water Resources Research 35 (3): 683-694.

[32] Gelman, A., J. B. Carlin, H. S. Stern, and D. B. Rubin. 1995. Bayesian Data Analysis. Boca Raton, FL: CR Press.

[33] Ginn, T. R., and J. H. Cushman. 1990. Inverse methods for subsurface flow: a critical review of stochastic techniques. Stoch. Hydrol. Hydraul. 4: 1-26.

[34] Griffin, T. W., and K. W. Watson. 2002. A comparison of field techniques for confirming dense nonaqueous phase liquids. Ground Water Monitoring and Remediation 22: 48-59.

[35] Hatfield, K., M. D. Annable, S. Kuhn, P. S. C. Rao, and T. Campbell. 2002. A new method for quantifying contaminant flux at hazardous waste sites. Pp. 25-32 In: Groundwater Quality: Natural and Enhanced Restoration of Groundwater Protection. S. F. Thornton and S. E. Os-

wald (eds.). IAHS Publication No. 275. Oxfordshire, UK: IAHS Press.

[36] Hendrickson, E. R., J. A. Payne, R. M. Young, M. G. Starr, M. P. Perry, S. Fahnestock, D. E. Ellis, and R. C. Ebersole. 2002. Molecular analysis of Dehalococcoides 16S ribosomal DNA from chloroethene-contaminated sites throughout North America and Europe. Appl. Environ. Microbiol. 68 (2): 485-495.

[37] Hewitt, A. D., and T. F. Jenkins. 1999. On-site method for measuring nitroaromatic and nitramine explosives in soil and groundwater using GC-NPD. Special Report 99-9. Hanover, NH: U. S. Army Corps of Engineers, Cold Regions Research and Engineering Laboratory.

[38] Holling, C. S. (ed.). 1978. Adaptive environmental assessment and management. New York: John Wiley & Sons.

[39] Houlihan, M. F., and P. C. Lucia. 1999. Groundwater monitoring. Pp. 24.1-24.40 In: The Handbook of Groundwater Engineering. J. W. Delleur (ed.). Boca Raton, FL: CRC Press.

[40] Hubbard, S. S., J. Chen, J. Peterson, E. L. Majer, K. H. Williams, D. J. Swift, B. Mailloux, and J. Rubin. 2001. Hydrogeological characterization of the south oyster bacterial transport site using geophysical data. Water Resources Research 37 (10): 2431-2456.

[41] Hyndman, D. W. 1999. Geophysical and tracer characterization methods. Pp. 11.1-11.30 In: The Handbook of Groundwater Engineering. J. W. Delleur (ed.). Boca Raton, FL: CRC Press.

[42] Interstate Technology and Regulatory Council (ITRC). 2002. DNAPLs source reduction: facing the challenge. Regulatory overview. Washington, DC: Interstate Technology and Regulatory Coun-cil.

[43] ITRC. 2003. Technology overview: an introduction to characterizing sites contaminated with DNAPLs. Washington, DC: Interstate Technology and Regulatory Council.

[44] James, B. R., and R. A. Freeze. 1993. The worth of data in predicting aquitard continuity in hydrogeological design. Water Resources Research 29 (7): 2049-2065.

[45] James, B. R., and S. M. Gorelick. 1994. When enough is enough: the worth of monitoring data in aquifer remediation design. Water Resources Research 30 (12): 3499-3513.

[46] Jarvis, K. D., and R. J. Knight. 2002. Aquifer heterogeneity from SH-wave seismic impedance inversion. Geophysics 67 (5): 1548-1557.

[47] Jayanti, S. 2003. Modeling tracers and contaminant flux in heterogeneous aquifers. PhD dissertation, University of Texas at Austin, August 2003.

[48] Jayanti, S., and G. A. Pope. 2004. Modeling the benefits of partial mass reduction in DNAPLs source zones. Proceedings of the Fourth International Conference on Remediation of Chlorinated and Recalcitrant Compounds, Monterey, CA, May 24-27, 2004.

[49] Jin, M., R. E. Jackson, G. A. Pope, and S. Taffinder. 1997. Development of partitioning tracer tests for characterization of nonaqueous-phase liquid-contaminated aquifers. Pp. 919-930 In: The Proceedings of the SPE 72nd Annual Technical Conference and Exhibition, San Antonio, TX, October 5-8, 1997.

[50] Jury, W. A., W. R. Gardner, and W. H. Gardner. 1991. Soil Physics, Fifth Edition. New York: John Wiley and Sons, Inc.

[51] Kennedy, P. L., and A. D. Woodbury. 2002. Geostatistics and Bayesian updating for transmissivity estimation in a multiaquifer system in Manitoba, Canada. Ground Water 40 (3): 273-283.

[52] Kitanidis, P. K., and K. F. Shen. 1996. Geostatistical interpolation of chemical concentration. Adv. Water Resour. 19 (6): 369-378.

[53] Kitanidis, P. K. 1997. Introduction to Geostatistics. Cambridge, UK: Cambridge University Press. Pp. 249.

[54] Kitanidis, P. K. 1999. Geostatistics: interpolation and inverse problems. Pp. 12. 1-12. 20 In: The Handbook of Groundwater Engineering. J. W. Delleur (ed.). Boca Raton, FL: CRC Press.

[55] Kram, M. L., A. A. Keller, J. Rossabi, and L. G. Everett. 2001. DNAPLs characterization methods and approaches. I. Performance comparisons. Ground Water Monitoring and Remediation 21: 10-123.

[56] Kram, M. L., A. A. Keller, J. Rossabi, and L. G. Everett. 2002. DNAPLs characterization methods and approaches. II. Cost comparisons. Ground Water Monitoring and Remediation 22: 46-61.

[57] Kristoff, F. T., T. W. Ewing, and D. E. Johnson. 1987. Testing to determine relationship between explosive contaminated sludge components and reactivity. Final Report to U. S. Army Toxic and Hazardous Materials Agency, by Hercules Aerospace Company (Radford Army Ammuni- tion Plant) for Arthur D. Little, Inc.

[58] Lee, K. N. 1993. Compass and gyroscope: integrating science and politics for the environment. Covelo, CA: Island Press.

[59] Lee, K. N. 1999. Appraising adaptive management. Conservation Ecology 3 (2): 3.

[60] Lee, S. I., and P. K. Kitanidis. 1991. Optimal estimation and scheduling in aquifer remediation with incomplete information. Water Resources Research 27 (9): 2203-2217.

[61] Lendvay, J. M., F. E. Löffler, M. Dollhopf, M. R. Aiello, G. Daniels, B. Z. Fathepure, M. Gebhard, R. Heine, R. Helton, J. Shi, R. Krajmalnik-Brown, C. L. Major, Jr., M. J. Barcelona, E. Petrovskis, R. Hickey, J. M. Tiedje, and P. Adriaens. 2003. Bioreactive barriers: a comparison of bioaugmentation and biostimulation for chlorinated solvent remediation. Environ. Sci. Technol. 37 (7): 1422-1431.

[62] Londergan, J. T., M. Jin, J. A. K. Silva, and G. A. Pope. 2000. Determination of spatial distribution and volume of chlorinated solvent contamination. In: The Proceedings of the Second International Conference on Remediation of Chlorinated and Recalcitrant Compounds, Monterey, CA, May 22-25, 2000.

[63] Lovley, D. R. and R. T. Anderson. 2000. Influence of dissimilatory metal reduction on fate of organic and metal contaminants in the subsurface. Hydrogeol. J. 8 (1): 77-88.

[64] Mackay, D. M., W. Y. Shiu, A. Maijanen, and S. Feenstra. 1991. Dissolution of non-aqueous phase liquids in groundwater. J. Contam. Hydrol. 8 (1): 23-42.

[65] Mariner, P. E., M. Jin, J. E. Studer, and G. A. Pope. 1999. The first vadose zone partitioning interwell tracer test (PITT) for NAPL and water residual. Environ. Sci. Technol. 33 (16):

2825-2828.

[66] Massmann, J., R. A. Freeze, L. Smith, T. Sperling, and B. James. 1991. Hydrogeological decision analysis: 2. applications to groundwater contamination. Groundwater 29 (4): 536-548.

[67] McGuire, J. T., E. W. Smith, D. T. Long, D. W. Hyndman, S. K. Haack, M. J. Klug, and M. A. Velbel. 2000. Temporal variations in parameters reflecting terminal electron accepting processes in an aquifer contaminated with waste fuel and chlorinated solvents. Chem. Geol. 169: 471-485.

[68] McLaughlin, D., and L. R. Townley. 1996. A reassessment of the groundwater inverse problem. Water Resources Research 32 (5): 1131-1161.

[69] Meinardus, H. W., V. Dwarakanath, J. Ewing, G. J. Hirasaki, R. E. Jackson, M. Jin, J. S. Ginn, J. T. Londergan, C. A. Miller, and G. A. Pope. 2002. Performance assessment of NAPL remediation in heterogeneous alluvium. J. Contaminant Hydrology 54: 173-193.

[70] Moore, D. S., and G. P. McCabe. 1999. Introduction to the Practice of Statistics. New York: Freeman.

[71] Naval Facilities Engineering Service Center (NFESC). 2001. Cost and performance report of surfactant-enhanced DNAPLs removal at Site 88, Marine Corps Base Camp Lejeune, North Carolina. Environmental Security Technology Certification Program (ESTCP) Final Report.

[72] NFESC. 2002. Surfactant-enhanced aquifer remediation design manual. Naval Facilities Command Technical Report TR-2206-ENV.

[73] National Research Council (NRC). 1999. Environmental Cleanup at Navy Facilities: Risk-Based Methods. Washington, DC: National Academy Press.

[74] NRC. 2000. Natural Attenuation for Groundwater Remediation. Washington, DC: National Academy Press.

[75] NRC. 2003. Environmental Cleanup at Navy Facilities: Adaptive Site Management. Washington, DC: National Academies Press.

[76] Olea, R. 1999. Geostatistics for Engineers and Earth Scientists. Bingham, MA: Kluwer Academic Publishers.

[77] Paillet, F. L. 1998. Flow modeling and permeability estimation using borehole flow logs in heterogeneous fractured formation. Water Resources Research 34: 997-1010.

[78] Pannone, M., and P. K. Kitanidis. 2001. Large-time spatial covariance of concentration of conservative solute and application to the Cape Cod tracer test. Transport in Porous Media 42: 109-132.

[79] Peck, R. B. 1969. Advantages and limitations of the observational method in applied soil mechanics. Geotechnique. 44 (4): 619-636.

[80] Phelan, J., and J. L. Barnett. 2001. Phase partitioning of TNT and DNT in soils. Report SAND2001-0310. Albuquerque, NM: Sandia National Laboratories.

[81] Phelan, J. M., S. W. Webb, J. V. Romero, J. L. Barnett, F. Griffin, and M. Eliassi. 2003. Measurement and modeling of energetic material mass transfer to soil pore water-Project CP-1227 Annual Technical Report. Sandia National Laboratories Report SAND2003-0153. Albuquerque,

New Mexico：Sandia.

[82] Poeter，E. P.，and M. C. Hill. 1997. Inverse models：a necessary next step in groundwater modeling. Ground Water 35 (2)：250-260.

[83] Rao，P. S. C.，M. D. Annable，and H. Kim. 2000. NAPL source zone characterization and remediation technology performance assessment：recent developments and applications of tracer techniques. J. Contam. Hydrol. 45：63-78.

[84] Robert，C. P.，and G. Casella. 1999. Monte Carlo Statistical Methods. New York：Springer. 424 pp.

[85] Rouhani，S.，A. P. Georgakakos，P. K. Kitanidis，H. A. Loaiciga，R. A.，Olea，and S. R. Yates. 1990a. Geostatistics in geohydrology. I. Basic concepts. ASCE J. of Hydraulic Engineering 116 (5)：612-632.

[86] Rouhani，S.，A. P. Georgakakos，P. K. Kitanidis，H. A. Loaiciga，R. A.，Olea，and S. R. Yates. 1990b. Geostatistics in geohydrology. II. Applications. ASCE J. of Hydraulic Engineering 116 (5)：633-658.

[87] Rubin，Y. 2003. Applied Stochastic Hydrogeology. Oxford，UK：Oxford University Press.

[88] Rubin，Y.，S. S. Hubbard，A. Wilson，and M. A. Cushey. 1999. Aquifer characterization. Pp. 10. 1-10. 68 In：The Handbook of Groundwater Engineering. J. W. Delleur (ed.). Boca Raton，FL：CRC Press.

[89] Saito，H.，and P. Goovaerts. 2000. Geostatistical interpolation of positively skewed and sensored data in a dioxin-contaminated site. Environ. Sci. Technol. 34：4228-4235.

[90] Sciortino，A.，T. C. Harmon，and W. W-G. Yeh. 2000. Inverse modeling for locating dense non- aqueous pools in groundwater under steady flow conditions. Water Resources Research 36 (7)：1723-1736.

[91] Sciortino，A.，T. C. Harmon，and W. W-G. Yeh. 2002. Experimental design and model parameter estimation for locating a dissolving DNAPLs pool in groundwater. Water Resources Research 38 (5)：U290-U298.

[92] Shapiro，A. M. 2002. Cautions and suggestions for geochemical sampling in fractured rock. Ground Water Monitoring and Remediation 22：151-164.

[93] Sposito，G. (Ed.). 1998. Scale Dependence and Scale Invariance in Hydrology. New York：Cambridge University Press.

[94] Terzaghi，K.，R. B. and Peck. 1967. Soil Mechanics in Engineering Practice. New York：Wiley.

[95] Thiboutot，S.，G. Ampleman，S. Brochu，R. Martel，G. Sunahara，J. Hawari，S. Nicklin，A. Provatas，J. C. Pennington，T. F. Jenkins，and A. Hewitt. 2003. Protocol for Energetic Materials- Contaminated Sites Characterization. The Technical Cooperation Program，Wpn Group - Conventional Weapon Technology，Technical Panel 4，Energetic Materials and Propulsion Technology，Final Report Volume II.

[96] Tiedeman，C. R.，and P. A. Hsieh. 2001. Assessing an open-hole aquifer test in fractured crystalline rock. Ground Water 39：68-78.

[97] Walters, C. 1986. Adaptive management of renewable resources. New York: Macmillan.

[98] Walters, C. 1997. Challenges in adaptive management of riparian and coastal ecosystems. Conservation Ecology 1 (2): 1.

[99] Walters, C. J., and C. S. Holling. 1990. Large-scale management experiments and learning by doing. Ecology 71: 2060-2068.

[100] Williams, J. H., and F. L. Paillet. 2002. Using flowmeter pulse tests to define hydraulic connections in the subsurface: a fractured shale example. Journal of Hydrology 265: 100-117.

[101] Witt, M. E., G. M. Klecka, E. J. Lutz, T. A. Ei, N. R. Grasso, and F. H. Chapelle. 2002. Natural attenuation of chlorinated solvents at Area 6, Dover Air Force Base: groundwater biogeo- chemistry. J. Contam. Hydrol 57: 61-80.

[102] Yeh, W. W. G. 1986. Review of parameter identification procedures in groundwater hydrology: the inverse problem. Water Resources Research 22 (1): 95-108.

4 污染源治理的目标

陆军和其他潜在的责任方对治理目标的关注范畴包括地下水环境质量的恢复、污染羽流的缩减与遏制、污染物总量去除、风险降低以及成本最小化。对污染源治理行动方案的前景或是污染源成功治理的切实可行的预评估，需要对这些目标进行清晰与精确的详述。为了确认污染源治理方案能否实现场地治理目标，项目管理者和其他利益相关者必须要了解全部场地治理目标、它们的相对优先级别以及在详细的标准下如何从操作层面上定义它们。本章的主要目的是描述污染源修复可行的众多目标，其中许多目标已在场地修复法规、风险评估和经济框架中制度化。

无法明确陈述治理目标显然是成功治理污染源的一个重要障碍。对于污染源治理，治理目标的模糊性会阻碍有效决策的制订。经常会发生展示的关于污染源修复效果的数据与治理项目所陈述的目标不相关，所陈述的目标很不明确以至于不可能评价污染源治理是否有助于达到这些目标。

作者从大量的对国防部的设施场地和其他场地的污染源治理项目的审议过程中得到了支持上述结论的证据，并且这些治理工作的大量相关记录文件也支持了这一结论。作者还评审了其他有关文件，包括美国环境保护署技术创新办公室对污染源治理措施可行性研究的许多案例。在很多被评审的案例中，修复项目管理者（RPMs）无法清楚地阐明场地污染源治理方案采用的先验理由或无法量化治理措施对实现治理目标的贡献程度。这些相关问题在很大程度上反映出人们没能清晰地陈述这些场地治理目标或者缺乏对这些目标清晰有效的界定。例如，在一份关于试图使用蒸汽回收方法的简短报告中，从相对均匀的松散含水层中移除一个污染源区，项目管理者不仅从技术角度对治理工作表示出相当大的失望，而且认为从降低人体健康风险的角度看也没有任何成果：消耗了相当多的资源却没有降低健康风险。场地中一般没有完全暴露已污染的地下水的途径，并且在不久的将来也不会出现这种完全暴露途径的可能。这说明了一种情况，如果在尝试治理之前有明确的关于场地目标的操作说明（例如美国环境保护署超级风险评估指南明确规定要减少人体健康危险），那么可能会做出不治理污染源的决策。

一个普遍的问题是治理目标模糊表达与性能度量标准的关联性很弱，既不是针对污染源治理问题，也不反映特定项目管理者与某个委员会之间互动的任何异常失败。更确切地说，这种模棱两可存在于长期的国家政策表述（例如国家应急计划）和分析程序

（例如体现于超级基金风险评估指南中的程序）中。这是由于一个场地包括许多方面的利害关系，不同的人不仅可能会有很不同的目标，也可能使用非常相似的语言来描述那些非常不同的目标。此外，一个特定的性能度量指标可能潜在地对应多种不同目标，并且相应地，不同的利益相关者对此有着不同的认识。最后，DNAPLs 问题和污染源治理工作的效果可能带来暂时的问题，这些暂时性问题不能通过传统分析框架评估对人体健康和环境的危害而得到很好的解决。

本章描述了各种实质性的治理目标[1]。本章内容展示了如何通过几个不同的指标在操作上定义一个既定目标，以及一个特定指标如何代表几个不同目标的操作定义。最终的清除目标及其评价方法之间的复杂关系可能是评估选择治理方案产生相当大的不确定性的根源。这一复杂关系还会掩盖利益相关者非常不同的优先级别，这一缺点只有当看作“成功”的治理无法满足关键利益相关者诉求的时候才会表现出来。这并不意味着有更具体规范的治理目标与其治理指标的对应关系能确保利益相关者满意。然而，目标和衡量指标之间的一个明确阐述可以更加清晰地评估污染源治理的决策。污染源治理和不同利益相关者的目标之间的关联性是可以提前确定的，并且其进展也可以被衡量。

4.1 治理目标的制订

对一个污染场地而言，在治理过程中可能会有模棱两可的描述，各种各样的利益相关者可能使用类似的（或完全一样的）语言描述截然不同的目标。因此，这一节提供了一个清楚地描述利益相关者目标的方法。明确一个场地治理目标需要有 3 个关键的、相互依存的要素：a. 明确目标；b. 确定完成目标所需的合适衡量指标；c. 确定目标的种类。尽管在被评审的这些项目中明确这 3 个要素中的任何一个都是非常困难的，但还是需要明确首先需要解决的是状态要素，因为它通常被忽略，其次是讨论共同的目标以及针对其合适的衡量指标的选择。

4.1.1 治理目标的种类

治理目标的种类是指任何已确定的治理目标本身要么被视为重要的修复目标，要么被视为达到某种功能目的的措施目标。在前一种情况中目标被视为绝对的或者首要的[2]，而在后一种情况中目标是功能化的[3]（绝对目标和功能化目标之间的对比说明见 Udo de Haes 等，1996；Barnthouse 等，1997）。例如，考虑在某个时间和空间点上降低地下水污染物浓度到一个指定的标准。在一个特定的监管框架下，减少污染物浓度可

---

[1] 从场地的物理变化方面而言，实质性的目标与决策过程的结果有关。相反地，程序目标不强调治理作用的结果，而强调达成决策的过程（例如决策过程的透明度、公众参与的机会）。程序目标对利益相关者而言经常与实质性目标一样重要，但是在这里不考虑程序目标，因为它们不在本书的考虑范围之内。

[2] 绝对目标或首要目标，对应我国专业术语为修复目标。

[3] 功能化目标，对应我国专业术语为风险管控目标；污染修复也是一种风险管控手段。

作为一种必要的成功修复的标志，在这种情况下污染物浓度指标代表了一种绝对目标。没有实现这种浓度指标代表修复失败。然而，同一个标准也可以作为确保对人类健康的风险降低到可接受水平的一种手段。在这种情况下，目标是功能化的，因为可能还有其他目标可以达到相同水平的保护人类健康的目的，例如不使用污染的地下水。关于一个目标是绝对的还是功能化的这个问题，对范围很大的场地而言是常见的，尤其是关于最大可接受污染物浓度水平（MCLs）以及不同的利益相关者如何看待它们。最大污染物水平经常被引述为绝对监管目标。事实上，在《综合环境反应、赔偿与责任法案》中，最大可接受污染物浓度水平（或者非零最大污染物水平目标，MCLGs）可以被认为是一个“适用的”或者一个“相关的和适当的”需要。然而，它们也可以起到功能目标的作用，来支持绝对的法定目标。例如，一个州可以决定所有的地下水都可能作为潜在饮用水来源而将其保护起来。一个符合州法律的关于污染物浓度低于最大污染物水平的例子不仅表明地下水已经得到足够的保护，而且该州为达到保护资源的要求仍可能会设立其他指标❶。

明确治理目标的种类要更为复杂。例如，最大可接受的污染物浓度水平可以作为实现可接受的人类健康风险的更高级别功能目标的功能目标，进而服务于保护人类健康的绝对目标。在这种情况下，显然还有可替代的功能目标，既可以满足风险评估的功能目标也能满足保护健康的绝对目标。在第一种情况下，可能是使用的实际情况指示一个可接受的健康风险水平，甚至是过度设定的最大可接受污染物浓度水平。在第二种情况下，有很多方法来阻断有关的暴露途径（例如制度控制或提供公共用水代替使用地下水）。

绝对目标和功能目标之间的区别非常重要，因为在技术水平上无法完成对不同的绝对目标的权衡。当然，绝对目标代表了必须由利益相关者做出的社会价值判断❷。相反地，在技术水平上可以完成对不同功能目标的权衡，但其必须满足与相应的绝对目标等同的要求。因此，功能目标是可互换的❸。上述例子中，项目管理者可以通过避免使用已经污染的水或降低地下水污染物的浓度来达到保护健康的目的。相似地，在物理意义基础上详细规定的目标范围内，如果将绝对目标定义为满足应允的指定的浓度点（例如一个标准线），项目管理者可在从污染源防止污染物迁移和在污染物达到应允的地点之前截断迁移这两种方法之间做出权衡。

需要谨记的是，一个给定的功能目标可能有不止一个绝对目标，并且一个特定的目标可能对一个利益相关者来说是功能目标而对另一个利益相关者来说是绝对目标，这是很重要的。例如，限制地下水中污染物迁移到界线以外的地方，一方面可以作为绝对目

---

❶ 例如，较高的污染物浓度可能在原水源的常规消毒过程中被降低，这被认为是可以接受的。

❷ 在生命周期评估的背景下，已形成了大量关于环境质量不同的环境目标之间进行此类判断的文献（Udo de Haes 等，1996）。

❸ “可互换的”指货物或商品在履行职责义务的过程中可以自由互换或被其他具有相似属性或性质的货物或商品替代。

标以满足国家法令需要或防止“化学侵入”(Gregory，1993)的要求；另一方面，它可能提供了更高水平的功能目标，如将人类健康风险限制到一个可以接受的水平（通过减少潜在的暴露途径），以及避免为了在《资源保护和恢复法案》下申请一个可替代的浓度限值而做无用功。不同的利益相关者可能都同意限制地下水中污染物迁移出一个场地的边界是一个重要的目标，但是他们可能对选择一个可替代的目标产生非常不同的反应。

4.1.2 治理目标的量化

最终，只有当目标可以被量化时才可以评估治理目标的完成（或向着目标的进展）情况❶。因此，任何一个不能用指标量化表示的目标必须指定一个或多个可以用指标量化表示的辅助功能目标。下面的例子可以简单说明这一点。

绝对目标是保护人类健康。在那些没有记录与污染场地相关联的人群疾病的地方，大多数情况下保护人类健康的绝对目标是难以直接测量的。因此，指定了一个普遍的功能目标：在定量评估中可接受的危害商小于1.0以及患癌症的可接受风险水平低于10^{-4}。实际上，这需要更低水平的功能目标，即地下水中“暴露点”浓度要低于一个特定的值。有两个选择可以满足这个目标：改变确定的暴露点的污染物浓度，或例如通过提供替代性的水源以及禁止在污染源附近使用水。以上每一个功能目标都有一个与之相关的标准——不断改变的有关暴露点的地下水污染物浓度。

值得注意的是，不是所有的指标都与某时某地的特定化学物质浓度一样明确，因而在下文中将清晰明确地讨论污染源治理过程中的共同目标及其相关指标。

4.2 常用目标

不论被利益相关者定义为绝对目标还是功能目标，有一套目标已在场地治理领域中被广泛使用。在作者审阅的许多案例中，对于场地目标的界定一直不太清晰，因此适于某一目标的标准往往不适于另一不同的目标。下文将从4个方面区分可供选择的可能的目标（无论是绝对目标还是功能目标）。在场地治理中明显还存在着其他类型的目标，包括纲领性的和社会性的目标。此外，下面列出的每个方面中的目标仅具有指引性，还很不详细。这4个方面是：

① 与场地的物理变化有关的目标；

② 与人类健康和环境风险有关的目标；

③ 与生命周期和其他费用有关的目标；

④ 与达到特定成果所需时间相关的目标。

---

❶ 作者使用的“度量”与EPA（2003b）的不同，后者描述的是度量标准的类别，不是实测的，而是从测量数量中推断出来的。在作者的使用中，这样的“Ⅱ型和Ⅲ型”指标将被认为是功能目标。

4.2.1 物理目标

有很多可能会促进污染源区治理方法设计和性能评估的物理目标，包括去除污染物总量、降低浓度、降低质量通量、降低污染源潜在的迁移、减少羽流尺寸以及改变残留物的毒性或可移动性。通常，细化这些目标的性能评价度量标准是容易的，因为目标与物理性质和可测量的性质相关。然而，在某些情况下有必要在可用的标准和物理目标之间插入多个推断。下面简要介绍这些目标中的具体目标及其相关指标。

4.2.1.1 污染物总量的去除目标

从污染源区去除污染物是有毒废物场地的一种常见的目标，并且可能是绝对目标或是功能目标（取决于利益相关者、管理规范以及其他因素）。很多污染源区治理技术，尤其是那些基于污染源区的液体冲洗技术（包括表面活性剂/共溶剂冲洗、蒸汽冲洗、空气喷射曝气以及水冲洗）被用于从待清洗的区域去除污染物。对于这些技术，注入的流体作为一种载体介质将污染物运输到地表。被去除的污染物在地表通过收集和处理以完成回收。其他污染源区处理方法，例如化学氧化/还原技术、土壤加热处理技术及强化生物修复技术等，旨在原位破坏或转化污染物总量存在的力学状态与相态。

衡量污染物总量去除目标的常用指标是污染物的去除质量（回收或销毁的污染物质量）与去除百分比。第一个指标对冲洗技术来说很简单明了，因为污染物迁移量可以通过测量提取出的冲洗液体的某种成分回收的量来确定。然而，对于破坏或者改变污染物组成的方法而言，污染物迁移量难以量化，必须通过间接的标准量化。某些情况下，反应的副产物浓度的测量可以帮助推断污染物迁移量。然而，在这种情况下要达到精确的质量平衡是相当困难的，甚至不可能实现，这是由于破坏或转化污染物组成的方法并不是基于注入流体的回收。最后，测量地下经过回收或破坏的总污染物的百分比的能力取决于总污染物量的估算，这个估算则取决于污染场地的表征数据，而实际上有可能非常缺乏这样的数据。

4.2.1.2 污染物浓度的降低目标

相比采用污染物总量去除目标，更常用的目标是污染物浓度降低目标，受介质（例如土壤、沉积物与地下水等）影响的污染物浓度降低到期望的下限值。与之相关的明显的指标是污染物浓度。与污染物总量去除目标类似，降低污染物浓度可以作为一个绝对目标（例如满足最大污染物水平）或者作为一个功能目标以满足其他绝对目标（例如减少暴露和因此导致的健康风险）。经常使用污染物浓度的降低作为修复目标是因为相关规范往往会明确污染物浓度需要达到可接受的水平。

浓度是指受介质（孔隙水、矿样、固体样品）影响的单位体积（或质量）内目标化合物的质量。因此，样品浓度需要达到的标准或目标等级可以通过多种方法来定义，具体取决于所取样品的介质。例如，地下水浓度通常被定义为单位体积流体中污染物的质量，而固相物质浓度的定义通常是所取的单位质量的固相样品中污染物的质量。尽管浓度通常被认为是一个准确的度量指标，但是值得注意的是它实际上代表的是所取样品容量的一个平均值。如果污染源区中污染物的分布是高度不规律的，一个污染源区中的局部的浓度与另一个污染源区中的浓度有非常大的不同，并且与考虑了整个污染源容积的平均浓度相差也很大。在本书中，“局部”的意思是测量浓度的样品是在很小的空间中所取得的很小体积的孔隙流体，因此，这些浓度代表了在取样时污染区域中一个已知的物理位置的污染物浓度值。

修复技术力争通过污染物去除、转化或破坏的方式降低污染物浓度。因此，了解作为修复目标污染物总量去除和污染物浓度降低之间的联系是很重要的。最理想的情况是，如果污染物被完全从污染源区域去除，水相中污染物的浓度会降低到检测限以下。然而，实际上完全去除污染物几乎是不可能的，并且反而可能会被限制于更多的“可治理的”区域。可治理性取决于选择的修复方法，但是它也取决于渗透性（冲洗可能性）、含水层介质对污染物的吸附能力、体积以及存在的 NAPLs 的分布、污染物的成分。例如，含有高的有机成分的含水层介质可能具有更高的吸附污染物的能力，或者 NAPL 池的存在可能会限制污染物和注入的冲洗液体之间的接触。由于地下介质的异质性，可治理性往往会随着空间的变化而变化，其结果是导致在处理后污染源区中污染物的分布会随着位置的变化发生显著改变。尽管一些技术（例如蒸汽冲洗）可能在污染物去除方面具有更好的能力，但是在处理后其污染物分布也会随着位置的不同而产生很大变化。因此，很难对如何去除一定百分量的污染物以使污染物浓度减少某一百分比下结论。许多实地研究（例如 Londergan 等，2001；Abriola 等，2003，2005；EPA，2003a）记载了通过源区修复技术实现了局部污染物浓度减少。这种浓度的减少可达 1.5～2 个数量级。

尽管可治理区域的局部污染物浓度水平可能会通过污染物的去除实现本质性的降低，但是在难以治理的 DNAPLs 污染区域，局部污染物浓度在处理后仍将保持在较高的水平。难以治理的区域中还可能遗留大量有机物质在固体上（通过吸附作用）或在滞流的孔隙流体中（通过扩散作用）。此外，如果自然条件下局部地下水在污染源区的流动速率较低，难以治理的区域中污染物的扩散作用会导致一旦停止修复操作时，易治理的区域中污染物浓度水平会升高（通常称为污染物浓度反弹）。因此污染物去除对局部污染物浓度的潜在作用将是污染源区特性的一个复变函数，其自变量包括 DNAPLs 分布、自然地下水浓度梯度以及吸附的污染物的空间分布。基于这些考虑，污染源区中使用局部浓度作为修复成功与否的度量标准是有疑问的，尤其是在缺乏高密度采样的情况下。下面将讨论更多综合性的度量指标。

4.2.1.3 质量通量的减少目标

一旦局部污染物浓度的测量数据足以满足形成污染源区的孔隙水浓度的空间分布图，质量通量可以量化这些浓度对下游受体的潜在影响。质量通量被定义为选择的污染源区下游的横断面（平面）表面，并且大致与液体流动的方向垂直，横断面中的某个特定位置的质量通量可以定义为单位时间内单位面积流过该表面的污染物质量。通过各平面上的质量通量积分而得到总质量通量（或更准确地说质量流率）。平均质量通量可以通过用总质量通量除以流体流过的横断平面的面积得到（值得注意的是这些方法不一定能很好地转化应用到裂隙介质的流动系统中）。流体平均浓度是一个与之相关的度量指标，可以通过平均质量通量除以流经横断面的平均地下水流速得到。

质量通量的减少可以作为一个功能目标，例如，这个功能目标可能支持高阶目标减少对下游受体的暴露或防止污染源区下游羽流的增长。虽然质量通量的减少作为修复目标在概念上很吸引人，但是正如第3章中说的那样在实际中很难被量化。大多数现存的方法一般包括对选定的横断面上特定点的污染物浓度的测量。将这些测量转化为通量的评估需要对测量点的地下水流速做出假设。此外，从这些测量数据计算平均流量容易具有很大的不确定性。现在正在开发更一体化的估计平均质量通量的方法。这些方法包括通过下游抽水而引起的流动场的变化或者在选定的下游位置安装在线水流监测装置。

目前，仍然没有理解清楚污染物浓度降低或者污染物去除与质量通量降低之间的关系。人们正大力研究开发从污染源区污染物去除以及含水层和污染物特性的相关数据中预测和量化污染物质量通量减少的信息和方法学。工具箱4-1阐述了一些这方面的尝试方案。这方面的大量研究表明，在Ⅰ类介质中部分污染源区域污染物去除后可以实现两个数量级的质量通量的降低（Lemke等，2004）。

工具箱4-1

部分污染源污染物去除和质量通量减少之间的关系

最近的数据分析与模拟证实部分污染源区域污染物去除可能会导致治理后污染物的质量通量的显著减小（几个数量级）（Rao等，2002；Lemke和Abriola，2003；Rao和Jawitz，2003）。图4-1(a) 和图4-2(a) 考察了两种模拟DNAPLs的截面饱和度分布。此模型的形成是基于含有较多砂石的冰河时期沉积非承压含水层土壤，其取自密歇根州奥斯柯达（Oscoda），这片土地之前是干洗店。实施了含水层特性的表征工作，以支持含水层的表面活性剂增强修复技术（SEAR）中试试验（见第5章），设计这个试验是为了从污染场地Bachman Road中可疑的DNAPLs污染源区域溶解和回收残余的四氯乙烯（PCE）。作为基于表面活性剂增强的含水层修复技术的一部分，非承压含水层的可应用空间异性模型是根据地层岩芯数据开发的，并使用非混溶的流体流动模型MVALOR生成残存的四氯乙烯分布（Abriola等，1992；Rathfelder和Abriola，1998；Abriola等，2002）。可应用空间变异性模型和模拟条件的更多详细内容可以从Lemke和Abriola（2003）以及Lemke等（2004）的文章中查到。模拟的溢流包括模型顶部四个网状单元格以恒定的0.24L/d流速持续了400d，总共流出96L，随后经历了另外330d的有机物渗透和重新分配。

通过对图 4-1 和图 4-2 两幅图中的饱和度分布的检测揭示了当包含同样体积的四氯乙烯时，图 4-1 比图 4-2 中污染物分布更加均匀。图 4-2 中大部分物质被包含在一个浅池中，其饱和度达到了孔隙体积的 91%。另外，在图 4-1 中四氯乙烯的最大饱和度不超过 31%。

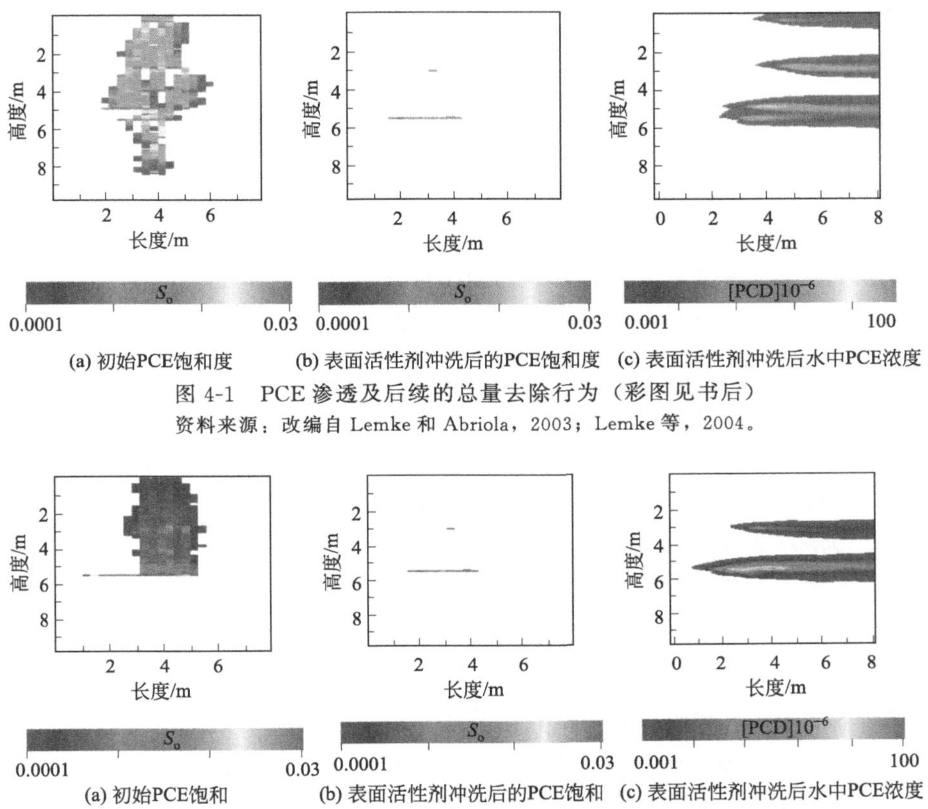

图 4-1 PCE 渗透及后续的总量去除行为（彩图见书后）

资料来源：改编自 Lemke 和 Abriola，2003；Lemke 等，2004。

图 4-2 具有大量 PCE 池情况下污染物的渗透及后续的总量去除行为（彩图见书后）

资料来源：改编自 Lemke 和 Abriola，2003；Lemke 等，2004。

图 4-1(b) 和图 4-2(b) 阐释了污染源质量去除对 DNAPLs 分布的潜在影响，其显示了饱和污染物总量去除残留的剖面资料。此处使用了实验室验证了的 MISER 版本来模拟四氯乙烯污染物去除（Taylor 等，2001；Rathfelder 等，2001）。图 4-1(a) 和图 4-2(a) 中显示的初始饱和度剖面分布被将近 1.5 倍孔隙体积的表面活性剂溶液和 10 倍于孔隙体积的水冲洗。关于模拟表面活性剂冲洗的更深入细节内容可以参看 Lemke (2003) 和 Lemke 等 (2004) 的文献。图 4-1(b) 和图 4-2(b) 揭示了即使在相同的冲洗条件下，不同的初始污染物分布将导致不同程度的污染物去除程度。图 4-1(b) 中冲洗的结果是 97.8%的四氯乙烯被去除，残留的四氯乙烯分布在短的水平方向范围的浅池中。图 4-2(b) 中，四氯乙烯溶解对其分布作用很小，只有 43.2%的污染物被去除。这里大部分最初的四氯乙烯残余饱和区仍然存在，最大浓度可以达到 86% [相比于图 4-1(b) 的 13%]。

图 4-1(c) 和图 4-2(c) 解释了图 4-1(b) 和图 4-2(b) 中显示出的污染源区域内四氯乙烯浓度随着饱和度分布而变化的事实。应该注意的是，尽管有了显著的污染物去除，四氯乙烯残余饱和区附近的浓度依然很高，可以达到 100mg/L（水溶性），略高于残余饱和区中的浓度。因此，如果在这些位置取地下水样，其分析的结果会得出不利于污染物去除的结论。

然而，如果要考虑污染源减少对质量通量的影响则会出现不同的情况。对整个污染区域交叉在一起的下游平面质量通量的计算表明，污染物去除的结果是四氯乙烯质量流率已经大幅度减小（在两种溢流情况下，大约都有 1.5 个数量级的减少）。事实上，尽管第二种情况下仍然存在更多的污染物，实际上质量流率已经降低了，因为剩下的污染区域为变小了的横断面。

这些方案中，基于通量平均的下游污染物浓度也可以计算出来。基于通量平均的浓度为流经平面的污染物总量除以同期流经平面的总地下水的体积。应该注意的是，初始（溶解之前）污染物平均浓度很高（接近四氯乙烯在水中的溶解度），与污染源区域的局部污染物浓度一致。然而，在污染物去除之后，基于通量平均的浓度减少了超过 1.5 个数量级。从概念上而言，可能会认为基于通量平均浓度代表了对下游接受者的风险，因为它们融合了稀释作用的影响，这些基于通量平均的浓度与从污染源区域下游的全范围井中所测得的浓度具有相似的代表性。

另一种展示这些分析结果的方法是找出污染物去除和质量通量减少之间的关系。图 4-3 显示了对图 4-1(a) 和图 4-2(a) 中的两种四氯乙烯分布对污染物质量去除方法的潜在优势。实心的方框表示的是图 4-1(a) 的结果，空心的方框表示的是图 4-2(a) 的结果。注意到这两个曲线的形状非常不同。前者中，质量通量稍微落后于污染物的去除，而后者中，初始污染物去除导致了显著的质量通量减少。图 4-2 中显示的质量通量减少的“顶峰”表示存在一个含有很多四氯乙烯污染物的残余饱和区。

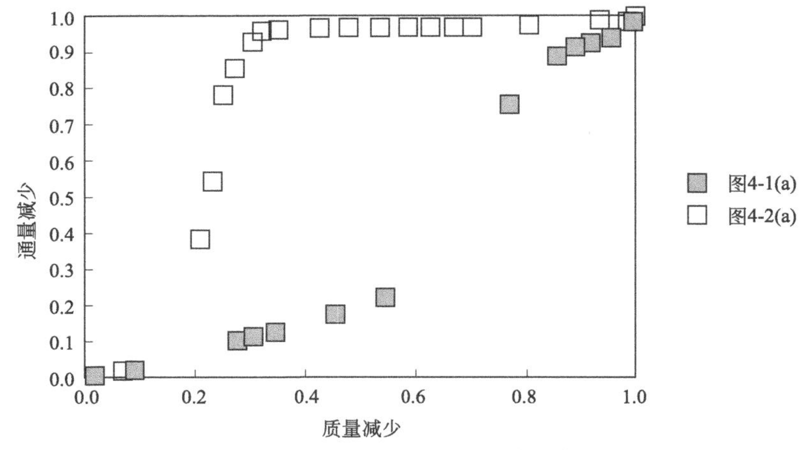

图 4-3 对图 4-1(a) 和图 4-2(a) 所示的两个四氯乙烯分布的潜在修复优势

资料来源：改编自 Lemke 和 Abriola，2003；Lemke 等，2004。

尽管有限的模拟可以推断出其他的含水层类型、释放情况和/或治理技术，但是上述实例表明如果将质量流率作为修复选项的衡量标准，则污染源去除可提供实质性的好处。在更异质性的介质形式下，可以预见的是有更多的污染物将分布在不同的残余饱和区中，并引起治理后质量流率相应降低。例如，图 4-4 显示了预测的分布在三种形态下的四氯乙烯具有完全一样的释放速率和平均渗透性。它们的形式的区别仅仅是渗透性方差（ln$k$）的数量级不同。应该注意的是，在方差最大的地层污染物具有最广泛的汇集。预计上述结果也将指导各种冲洗治理技术（包括抽出-处理、化学氧化和助溶剂冲洗）优先从高渗透性区域去除（或销毁）污染物。

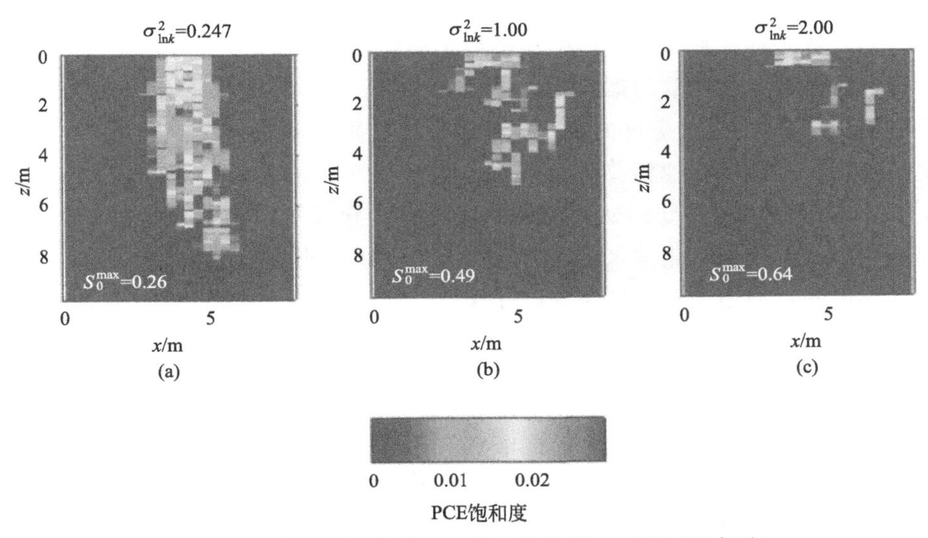

图 4-4 生成 ln$k$ 方差对 PCE 饱和度的影响（彩图见书后）

注：k＝渗透性。

资料来源：经 Phelan 等（2004）的允许转载。2004 爱思唯尔科学（Elsevier Science）。

正如上面所指出的，污染源区域的局部浓度在经过污染物去除处理后可能仍然会较高。因此，如果使用污染源区域的最大污染物水平作为衡量标准，这种治理方案能够实现的目标的可能性则较低。然而如果使用基于质量通量平均的浓度作为衡量标准，即使部分污染物去除也可以获得实质性的效益。质量通量的降低可以减少下游井的污染物浓度并且可以使下游污染物的平均浓度降低到微生物可以降解含氯物质的水平（Nielsen 和 Keasling，1999；Yang 和 McCarty，2000；Adamson 等，2003；Sung 等，2003）。

4.2.1.4 污染源迁移可能性的降低目标

降低污染源向未污染区迁移的可能性是作者评审的项目中一个经常被陈述的目标。许多污染源区表征显示其存在 DNAPLs 池，其经常是有机物液体向下迁移时被毛细管阻碍或被低渗透性层阻挡而形成。DNAPLs 将在这类对比界面上扩散直到重力、毛细管力以及压力之间达到局部动态平衡。尽管在这种动态平衡下这些污染池会保持稳定，但是不能认为 DNAPLs 中的物质是不动的。力的平衡的破坏会导致 DNAPLs 进一步迁移至以前没有被污染的区域，扩大污染源区的广度。例如，在对污染区域进行界定时采用的物理破坏或者由于污染物风化而导致控制毛细管力的界面特性发生改变，从而产生这种破坏。

正如第 2 章中讨论的，保持 DNAPLs 在一个孔隙中的毛细管力是由孔径、固体的润湿性以及水与 DNAPLs 之间的界面张力决定的。当毛细管力超过诱导迁移的重力和压力时，DNAPLs 是很稳定的。在更大些范围，平均毛细管力和 DNAPLs 饱和度之间有个量化的关系，在一个特定的材料中饱和度越高往往其毛细管力越小。因此，在一个给定的介质形式中，DNAPLs 的可移动性除了与渗透介质的孔隙有关还与它的饱和度相关。一个特定的 DNAPLs 的可移动性的度量标准是 DNAPLs 超出特定的局部饱和度的量。然而，这个标准在实际应用中几乎是无法量化的，由于这个饱和度的阈值取决于渗透介质的孔隙并且在局部污染源区的饱和度变化很大。其他可能指示这个目标达到与否的物理量包括 DNAPLs 黏度的改变或某些土壤性质的改变。

主要通过污染物聚集池污染物总量去除的污染源区修复活动可导致残留在原地的 DNAPLs 局部饱和度的降低。如上所述，这可能会导致污染物移动性的降低和进一步迁移风险的降低。化学氧化技术可能通过在污染物池的外围建立反应“外壳”来降低污染物池的移动性，但还没有透彻地探讨过这种影响。还应该注意的是，很多污染源区修复技术都是采用增加修复过程中 DNAPLs 的移动性去除原理（经常通过减小界面张力的方法）。

4.2.1.5 羽流尺寸的减小

污染源区治理的另外一个目标是降低下游污染物羽流的浓度水平和/或减少羽流的物理范围。理论上，已治理区域污染物总量的减少和此区域质量通量的减少（污染源强度的降低）会导致下游羽流尺寸的减小。每一个含水层都有天然地稀释或弱化污染物浓度的能力。稀释过程包括扩散和弥散，弱化过程包括吸附和化学/微生物反应。这些过程扮演着限制迁移速率和羽流增大的角色。例如，对于受反应常数（一个相当粗糙但具有说明性的简化假设）影响的污染物和一个连续的固定尺寸的污染源区来说，羽流的增长具有一个最大值。如果污染源强度降低，该最大值也会降低。因此，污染源强度的降低可能会消除羽流扩散至表层水体的问题或允许自然的微生物反应过程缩减羽流的尺寸到无法达到关注点的下游水体。

认识到发生在源区的污染强度降低和羽流中浓度的任何记录下来的变化（主要的度量标准）之间存在潜在的较大时间延迟是很重要的。最初污染源区域通量的降低会产生污染源区附近下游的羽流中较低的溶解污染物浓度，但是这个影响结果只会随溶解相中污染物的迁移速度而变化。因此，一个处在距离污染源区域数百米远的溶解的羽流可能在数月甚至数年中都不会受到影响。总体上，很少有现场数据记录污染源区修复对污染羽流尺寸大小控制的好处。

4.2.1.6 残留物毒性和/或可移动性的变化目标

在很多污染说明中，被拦截在污染源区的 NAPLs 以多组分混合物的形式存在。常见的NAPLs混合物包括煤焦油以及从清洗油脂操作中释放的组合的燃料、溶解物。通常，在混合物中含有某些具有更高关注度的化合物。因此，污染源区修复的另外一个目标可以是改变原位NAPLs的组成，其结果可能是总体污染物毒性或可移动性的降低。空气曝气、土壤加热、水冲洗和强化生物修复等技术被用来选择性地萃取或破坏被关注的NAPLs组分。这些技术利用了污染物成分的某些特性，例如溶解性、挥发性以及生物降解性来改变NAPLs的性质。有时即使没有大规模降低总污染物的质量也可以实现良好的改变。此外，NAPLs组分中目标成分浓度的降低可能还会同时降低下游污染物羽流的毒性和移动性。

4.2.1.7 后续治理行动障碍的消除目标

污染源区域治理的最终物理目标是创造一个有利于其他治理技术应用的地下环境。例如，很多情况下高浓度水平或污染源区中污染物总量过高可能会阻碍强化生物治理技术的应用。然而，如果从污染源区中抽取出了足够的污染物，污染物浓度和质量通量的降低可能会促进生物治理技术的成功应用。此外，一些污染源区修复技术（例如表面活性剂冲洗）可能会遗留一些化学物质，改变生物地球化学环境，从而使其更有利于微生物转化过程。类似地，污染物浓度的降低可能会使安置反应墙更可行。所需要的反应墙厚度是下游浓度水平的直接函数，并且污染区浓度的降低还可以降低反应墙设置失败的风险。在某些条件下，在已实现污染物总量去除的污染源区域，监测自然衰减法是后续治理管控措施的可行选项。与这个目标相关的度量指标有很多，通常包括污染物浓度、污染物总量和质量通量的降低。

4.2.2 与人类健康和环境风险相关的目标

对人类健康和/或环境的风险无法直接测量出来，至少没有在任何与污染源区和污染地下水有关的修复技术的选择和评估的文章中被提及。因此，这些目标自然包含了一些辅助功能目标和与之相关的度量指标，前面物理目标一节已经描述了许多这些辅助功能目标。

地下污染物对人类健康和环境的风险是持续暴露水平和暴露给个体的化学物质的毒性的函数。因此，风险的降低可以通过降低或消除暴露接触或降低现有化学品的毒性来实现。

4.2.2.1 降低暴露风险水平

降低个体对污染物的暴露接触水平是场地清理的一个常见的功能目标。人或生态受体对环境中化学物质的持续暴露水平或程度由以下因素决定：

① 污染物的空间分布范围（受污染物影响的范围）；

② 接触点的污染物浓度；

③ 受体与污染物接触的频率和持续时间（例如每天、每月、偶尔）；

④ 受体的行为特征（例如孩子吞下土壤、其他取食习性、洗手频率、皮肤接触程

度等）；

⑤ 化学物质从一个环境介质到另外一个介质的归宿和传输（例如气体从地下土壤或地下水迁移到建筑物中），从而形成从污染物到受体的暴露途径。

因此，有多条途径可以降低地下污染物的暴露水平。在场地治理过程中通常使用的方法是：

① 降低污染场地的化学物质的量（例如前文提到的物理目标如污染物去除或浓度降低）；

② 阻断暴露途径（例如通过构建围堵技术，或通过减少或消除污染物进入场地的通道）；

③ 移除或改变受体（例如疏散人群）。因此，衡量降低暴露风险的总体目标实现与否的标准可能是一个适宜的可量化的物理目标，如受体接触点处污染物浓度的降低目标，也可能是一个本质定性目标，如评估污染场地采用的制度控制是否可长期成功。

如在工具箱 4-2 中说明的一样，了解哪个物理的功能目标更合适于实现降低场地暴露风险是一个不可小视的工作。前面已经描述过污染物迁移、浓度降低和质量通量之间复杂的内在联系。工具箱 4-2 阐述了这些不同的物理功能目标是如何受水文地质环境和污染物性质的影响的。

工具箱 4-2
为取得减少暴露风险的物理目标的评估：环境的作用

这种方案旨在突出场地表征和具体的场地概念模型在选择合适的物理目标中的重要性。考虑含水层被氯化溶剂混合物（以 DNAPLs 的形式被排放）污染，污染物已经渗透进了一个非承压的含水层的污染源区域的地下深层，而此非承压含水层的下游即是饮用水水源地。在污染源区域内，污染物的分布是以独立相的残余饱和态和神经节状的形式分布的。含水层由具有明显不同的水力传导系数的砂层和淤泥层交替构成。污染区域岩芯和驱动点的水相样品显示出存在一些具有相当高浓度的含氯溶解质（100～1000mg/L）的区域。假设在这种情况下绝对目标是降低人类健康风险，并且最重要的暴露途径是通过供水井中水的使用。

在这个场地需要考虑修复的两个物理的功能目标：将 DNAPLs 从污染源区域污染物总量中去除和污染源区域水中污染物浓度的降低。选择功能目标是一个复杂的工作，在这个方案中还要考虑化学环境和水文地质环境的影响。事实上，这些目标中只有一个或两个甚至两个都不与想要的降低风险的绝对目标相关联。

例如，如果泄漏的氯化溶剂之前是用于干洗的，那么它有可能会含有降低其表面张力的添加剂。在降低了表面张力的条件下，泄漏的 DNAPLs 可能会渗透并且进入形成含水层中更细的淤泥层。在这种条件下，极低百分比的污染物去除（从高渗透性的区域去除出）可能会实现受体（水源井）质量通量的实质性降低，从而可能降低健康风险

（通过降低水源井的污染物浓度）。然而，这种污染物去除不太可能实质性地降低污染源区域内局部水溶液或固相中的最大污染物浓度。另外，由于 DNAPLs 主要存在于低渗透区，降低污染源区域水溶液中污染物浓度（尤其是在那些更致密的材料组成的层中）将会非常困难，并且对下游浓度来说是一个不太好的指标。

相反地，如果泄漏出的溶剂是试剂级别的（杂质较少），它可能会集聚在具有较高渗透性的区域形成残余饱和区。在这种条件下，对实现下游污染物浓度和风险的降低来说，实质性的（高百分比）污染物去除是必须的，因为大多数流过污染源区域的水流会暴露给 DNAPLs。然而，在这种情况下，与 DNAPLs 污染物去除相比，污染源区域浓度的降低对风险的降低来说是一个更好的指标。

另外一个可以预想的情况是源污染物是以前用于脱脂操作的溶剂。在这种情况下，很可能存在溶质与油脂和芳烃化合物的混合污染物。这种混合污染物可以作为微生物降解溶剂的基质。微生物降解可能会成为控制下游浓度的主要手段。在这种情况下，污染源区域污染物总量去除或浓度降低可能对受体（水源井）浓度没有影响。

4.2.2.2 降低化学物质的毒性目标

前面已经讨论过毒性的改变作为清理的物理目标，毒性与残留在污染源区的 DNAPLs 可能以多组分混合物的存在有关。降低 DNAPLs 成分中具有高毒性物质的浓度可以使下游污染区域总体毒性降低，并可以直接支持更高级别的降低风险的功能目标。因为污染物毒性的程度和类型是污染物和特定的生物系统之间相互作用的固有性质，为改变毒性，必须在物理上对 DNAPLs 组分进行改变。而对无机污染物可以通过改变污染物的化学组成以实现毒性的降低，或通过降低污染物的生物利用度，对 DNAPLs 而言这个是改变复杂组分中有毒化学物质的比例的问题。值得注意的是，一些转化（包括自然转化和人为转化）可能导致生成毒性更强的组分，例如三氯乙烯还原脱氯产生的氯乙烯。

4.2.3 经济目标

成本最小化是任何治理决策典型的绝对目标之一。换言之，大多数利益相关者都认为在其他一切条件均相同的情况下应该选择成本最低的方案，从而留下资金用于其他有益的用途。因此，挑战通常不是在陈述目标的过程中出现，而是在选择度量指标和估算候选方案成本时出现。

成本为如何使用不同的指标衡量一个给定的目标以及如何使用同样的专业术语提供了一个很好的例子，即成本可以模糊利益相关者价值观之间的明显不同。通常用于评估成本的不同类型指标包括年度成本、资本成本、生命周期成本、社区成本、州成本、项目成本和联邦政府成本。例如，年度成本有时候可能会在做决策时扮演一个很重要的角色，如果实施一个给定技术的年度成本很大，则很难募集资金，随后这个技术可能会被放弃，转而支持一个看起来成本更低的技术。地方政府的代表必定会关注成本支出对当地经济的影响，例如经济盛衰周期及其对区域资源、房地产价值以及区域长期活力的影响。利益相关者可能对于当前价值估算方法使用的适当贴现因子有着不同的观点——当分析涉及较长的时间时——这个问题可能会变得很重要。一些治理替代方案可能包括将责任从一个组织转移到另外一个组织（例如从联邦政府转到州政府进行一个场地长期监测，或从政府转到市民监管机构）（NRC，2000a）。在这种情况下，从成本估算的角度考虑可能会影响成本衡量标准以及成本估算结果。类似地，政府治理决策可能通过影响地方和区域劳动力市场、资产价值、社区危急准备成本和保险费用以及经济发展的方式，对地方和区域经济产生真正的影响（NRC，1996）。是否要加速或延缓一个场地的关闭决定可能会导致受影响区域的经济盛衰周期。在所有上述情况中，视角的选择可能会影响指标的选择和最终成本估算的结论。

尽管使用的成本指标有很多，但是从政府决策方面考虑，值得推荐的是生命周期成本指标。生命周期成本分析是一种试图建立一个综合计算方法，来计算在采取一系列措施时，该举措导致的所有直接和间接的成本和收益。因此，生命周期成本通常包括所有与选择有关的从开始经过长期管理的成本，它避免了其他指标出现的次优化的问题。即使当生命周期成本已经被确立为使用指标，由于在对分析的范围和界线假设方面以及对于技术、法规、人力和制度行为和其他下面要讨论的因素的未来的预测方面不同，其他的成本估算标准也会包含在估计方法中。

4.2.3.1 生命周期成本分析概述

生命周期成本分析的关键是一个完整的支出清单，包括所有直接的和间接的支出，范围从项目启动成本（例如设计、论证一种技术或取得许可证的研究）、资本和运营成本，到解除运作、场地关闭和长期管理成本。为确保完整的长期成本和债务都作为决策因素考虑进去，一个生命周期成本分析需要详细考虑分析的范围和分析的时间广度。例如，可能被其他单位承担的成本（例如与废物管理相关的成本或未来监控和维护费用）应该直接计入项目成本。分析时间的广度应该足够长以包含所有选项的影响。未来和长期成本如继续监测、报告、维护、其他管理规范以及相关的事项、监测井的替换或纠正性维护以及其他基础设施所需要的成本应该在分析中有所体现。如果项目时间跨度超过了配套设施或其他对项目成功有重要影响的物品的设计寿命，替代这些设施的成本必须考虑进去。经常地，从生命周期观点来看初始成本最低的方法不是真正成本最低的方法，例如对于长期操作成本高或对于将来需要进行设施替换的修复措施来说即是如此。

此外，应在生命周期中估计出所谓的“隐性成本”。隐性成本是指那些未计入实际负责项目的费用，而是对间接的或者上一层的账户或其他单位收取的费用。这些问题经常出现在联邦机构清理决策中，因为与一个给定的治理相关的成本可能需要在许多独立的政府账户中进行预算。与项目有关的、可能不会完整地从一个项目中收取的成本的例子包括公共事业、许可和监管、环境监测、安全、长期监测和维护以及废物处理的全部成本。长期债务是隐性成本的另一种形式，其有时会被忽略或低估，忽略这种债务可能会导致在支持永久维护替代品上的偏袒。最后，替代方案的经济效益也应该加以考虑，例如治理导致有益的建筑和/或土地的重新使用。

已经制订了大量的检查清单以帮助确定成本的要素，来建立一个完整的成本核算账目（NRC，1997；EPA，1995，2000；Department of the Army，2002）。表 4-1 提供了一个可能适用于联邦机构治理项目的成本详单的例子。一个生命周期成本分析应该包括所有的与表中所列的成本要素相联系的劳力、设备以及材料成本。事实上，分析师通常使用分级方法来进行生命周期成本分析，分析的详细程度与要做出的决策以及支持分析的可用信息水平相称。

表 4-1　生命周期成本分析的例子

WBS	成本项目名称
1.0	研究、开发、测试和评估
1.01	设计与工程
1.02	雏形
1.03	项目管理
1.04	系统测试和评估
1.05	培训
1.06	数据
1.07	设备
1.08	设施
1.09	其他研究、开发、测试和评估
2.0	准备/动员
2.01	规划/工程
2.02	现场准备
2.03	遵循法规或许可
2.04	动员
3.0	资本
3.01	设施(例如建筑物和构筑物,包括现场实验室、卫生和安全办公室、监测设施)
3.02	设备(如蒸汽生产锅炉、蒸汽抽提设备、冷凝器设备、泵、气液分离器、水和气体处理系统、废气处理设备、罐、泵、鼓风机、地上排水系统、安全壳结构、空气或水监测设备)
3.03	工程/制造/加工/质量控制
3.04	项目管理
3.05	系统测试和评估
3.06	其他建筑和安装(例如安装,隔墙施工)
3.07	培训
3.08	数据
3.09	启动
4.0	操作和维护

续表

WBS	成本项目名称
4.01	采样和分析
4.02	监督/遵从法规
4.03	材料/化学品/消耗品
4.04	操作
4.05	水/气处理
4.06	设备维修和保养
4.07	系统工程/项目管理/质量保证
4.08	安全与健康
4.09	培训
4.10	公用设施(电力、天然气、水、其他设施)
4.11	运输
4.12	废物管理/处置
5.0	现场修复
5.01	遣散
5.02	苫盖
5.03	解除/关闭
5.04	修复
6.0	长期管理
6.01	制度控制
6.02	采样/监控
6.03	修复失败/修理/更换
6.04	自然资源损害赔偿责任
6.05	其他长期责任

资料来源：改编自美国环境保护署（2000）和陆军（2002）。

4.2.3.2 对时间及其不确定性的考虑

修复行动项目通常包括建设成本，建设成本在项目一开始就会产生，并且随后为实现和维护修复，在初始建设以后数年中都将继续产生。当前用价值分析法来比较不同时期产生现金流的不同方案，将未来利益和成本流贴现成一个单独的数字，即当前价值。当前价值方法是基于：今天 1 美元的价值要远高于未来的 1 美元。因为如果在今天将其投资到一个可供选择的用途中，这个 1 美元可以挣回更多利润。

使用当前价值方法分析修复选择方案包括的关键步骤：

① 定义分析的范围和时间；

② 估算每年的成本和收益；

③ 在计算未来效益和成本的当前价值时选择一个贴现率[1]。

---

[1] 对于政府决策，贴现率是借款成本，即国库券和债券的利率。管理办公室和预算通告 A-94 提供了在联邦项目分析中使用贴现率的指导。2003 年以及 30 年以上的项目，通告 A-94 的附录 C 报告实际贴现率为 3.2%。

贴现率越高，未来现金流的当前价值越低。甚至对很高的成本的贴现价值而言，未来价值往往是很小的。例如，对一个每年花费500000美元、贴现率为3.2%的200年的项目，96%的当前价值成本集中在前100年，79%集中在前50年，61%集中在前30年。

贴现率的确定可以在修复行动决策的制订中起到重要作用，尤其是在选择治理措施以满足成本目标时，例如污染物去除与污染物隔离或长期管理措施对比。当考虑到场地时，例如特定的DNAPLs场地，关于合适的贴现率的权衡显得尤为重要，当把场地修复到可接受风险水平时花费可能很大，否则场地不治理就需要政府的无期限管理。贴现率在与关闭场地所需时间有关的决策中也很重要，因为未来的治理工作的当前价值要低于当前同样的成本。总的来说，不同的贴现率可能导致在从两个选项中做出最划算的选择方面存在实质性差异。

为说明这点，表4-2比较了五种治理候选方案的生命周期成本分析，它们具有不同的初始资本成本、年运行和维护成本以及项目运行时间。使用0%、3.2%（政府项目常用的贴现率）、7%和12%（后两者是私人企业评估候选投资项目时常用的贴现率）四种实际贴现率来计算生命周期成本。在不贴现基础上选择E的成本是最高的，但是在贴现率为3.2%、7%和12%时其当前价值是最低的。因为大多数成本发生在未来，所以那些未来成本的当前价值是较低的。抛开选项E，当贴现率为12%时选项D的当前价值最低，但是在贴现率为3.2%时选项A的当前价值最低。选项B的不贴现成本要低于选项目C，但是当贴现率为3.2%、7%和12%时，由于其大量的前期资本成本，其当前价值高于选项C。正如这些例子说明的，彼此竞争的几个选项之间相关的经济利益可能基于对贴现率的选择。低贴现率往往会使完全去除修复方案显得更有吸引力，而高贴现率往往使管控方案显得更有吸引力。公共机构和私人部门在贴现率以及其他金融考虑方面的差异可能会导致政府部门和私人部门在决策方面的不同。

表4-2 贴现率对生命周期成本计算的影响

治理措施	初始资本成本/1000美元	年运行和维护成本/1000美元	项目运行时间/a	生命周期成本/1000美元			
				实际贴现率			
				0%	3.2%	7%	12%
A	3650	583	15	12400	10500	8960	7620
B	10800	548	30	27200	21300	17600	15200
C	2850	696	50	37700	20100	12500	8630
D	5500	230	80	23900	12100	8770	7420
E	2000	200	220	46000	8240	4860	3670

长期的生命周期成本估算是很复杂的，不仅因为贴现率选择方面的困难，而更重要的是由于场地概念模型、未来技术、管理政策、社会道德规范、土地使用、人口密度等因素导致项目未来成本具有极大的不确定性。成本估算方面的不确定性主要来源于两个方面：关于场地特征模型和一个选定的技术在特定场地使用中的有效性。例如，污染物

的性质和范围后来可能被证实超过预期，或者技术可能缺乏足够的使用性能历史，无法进行可靠的成本估算。此外，技术性能可能对特定场地的地质条件和污染物条件很敏感，使得通过场地之间推断成本变得困难。

几个实例都是关于数十年前处理的废弃物，由于相关监管标准的改变现在需要重新处理。数十年前的成本估算无法预见现在的高修复成本。相反地，新技术的发展可能会导致不可预见的成本的降低。与长期制度控制相关的成本估算会引入额外的不确定性，因为其包含了：

① 预测与场地管理有关的未来成本；

② 预测潜在负债（例如污染物治理措施失败的风险和治理的成本）；

③ 预测政府或其他机构将来维持控制的能力；

④ 评估保持长时期的技术和记录的能力；

⑤ 预测未来某时制度控制失败的潜在成本。

治理费用估算也高度取决于场地治理计划和场地的未来用途。例如，基于场地是否要被修复到允许无限制的居住使用、工业使用，场地是否要被政府维持永久管理（例如野生动物保护区等），可能会导致成本估算结果大不相同。治理的时间表，例如场地的所有权转让的日期可能影响治理设计以及工作计划并因此对成本估算产生实质性影响。因此，如果场地的所有权转让有一个确切的日期，为了满足最后期限的要求，在特定年份里高年度成本也是可以接受的。相反地，预算压力和/或稳定发展的期望以及对当地经济干扰的最小化可能使投资减少。这两种情况都对治理工作计划的制订和由此带来的生命周期成本估算有着实质性影响。

因所列出的这些原因，为了表征风险（见工具箱 4-4），不确定性分析是成本估算的一个重要因素。多种分析技术可以用来表征成本估算的不确定性[1]。概率技术如蒙特卡洛分析法（EPA，1997a）可以更好地了解成本的可能范围和它们出现的可能性。当一个成本分析使用概率技术时，代表每一个固有不确定性的参数分布被用作成本估算的输入变量，而不是点估计。模拟输出的是可能的成本范围和它们出现的概率，可以让决策者了解得更全面的画面。这些工具被用来回答如“在现有预算下，这个项目完成的可能性有多高”或“修复成本超过 X 金额的可能性有多大”等问题。工具箱 4-3 提供了在一个假设的场地使用蒙特卡洛模拟法评估治理选项的例子。

工具箱 4-3
运用生命周期成本分析方法评估治理选项的案例

基于来自 Hill Air Force Base（Hill AFB）的 Kyle A. Gorder 开发的假设案例。

这个假定的例子是基于 Hill AFB 使用的经济模型。问题描述如下：一股溶解的挥

[1] NRC（1996）讨论了风险评估中的不确定性。这个讨论大部分也适用于成本估算。

发性有机污染物污染了一个居民区。地下水污染面积约 50acre（20hm^2）。地下水位一般位于地表以下 10ft（3m），污染物平均厚度是 50ft（15m）。为说明目的，（从多种可能性中）评估了两种情形。

情形 1：通过现场调查和检测表明污染区域是稳定的，这个场地的管理策略是监测自然衰减。

情形 2：在现场采取额外的修复措施，使地下水污染面积范围减小。

1. 情形 1

考虑这个场地的债务情况（表 4-3），包括长期监测成本、发现住宅室内污染的可能性以及由此带来的与之相关的缓解系统的运行、维护和检测成本、潜在的自然资源破坏索赔和潜在的修复附属物品的成本。

表 4-3 分析情形 1 使用的参数

描述	价值	符号
年度长期监测成本/美元	50000	C_{LTM}
长期监测年度/年	30	Y_{LTM}
平均房屋面积/acre	2.25	
室内空气污染的概率/%	1～20	
室内空气污染的家庭数/家	1～23	N
缓解系统安装和启动成本/(美元/家)	10500	C_{MS}
年缓解系统 OMM 成本/(美元/家)	1500	OC_{MS}
缓解系统 OMM 运行长度/年	30	Y_{MS}
地下水的价值/[美元/(acre·ft)]	919	
NRD 责任(地下水 x 污染体积)/m^3	689250	C_{GM}
NRD 沉降概率/%	10	P_{NRD}
NRD 结算年度/年	5～30	Y_{NRD}
住宅用地的价值/(美元/acre)	440000	
地役权(土地价值 x 污染区)/美元	22000000	C_L
地役权沉降概率/%	0～10	P_L
地役权结算年数/年	3～30	Y_L
折现率/%	4	I

注：1acre≈4046.86m^2，下同。

表 4-3 给出了系列范围的数值是蒙特卡洛模拟的变量。一些变量的分布在下面给出。

（1）室内空气受污染的家庭数

给定了污染的面积和每英亩的家庭数，污染大约会影响 113 个住宅的室内空气。假设 1%～20%的家庭将受到影响，并且 10%是最可能的数字，受污染的家庭数遵循图 4-5 显示的三角形分布。受影响的家庭数最小是 1，最大是 23，最有可能是 11。

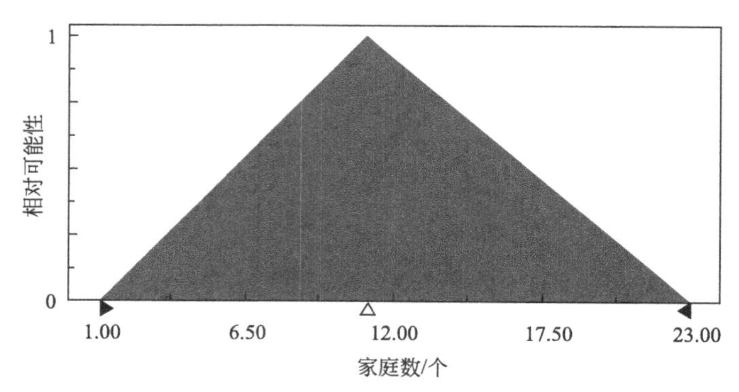

图 4-5 潜在的需要室内空气治理的家庭数分布

注：纵轴是相对可能性，此区域在曲线＝1 以下。

(2) 自然资源破坏

假定自然资源破坏清算年数（NRD）服从图 4-6 显示的均匀分布。这个分布表明，在 5～30 年里自然资源破坏的解决随时可能实现。在这个范围内的所有年份在蒙特卡洛模拟中具有相同的选择概率。

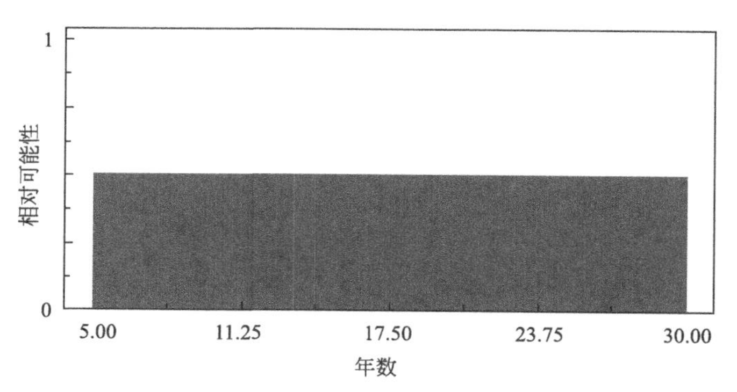

图 4-6 自然资源破坏问题解决的年数分布

(3) 治理附属物品

选择了与治理附属物相关的有两个变量（解决可能性和解决年数）包含在蒙特卡洛模拟中。附属物品问题解决的可能性假定服从图 4-7 显示的三角形分布。这个分布设定附属物品问题解决的最小可能性是 0%，最大是 10%，最可能的可能性是 5%。修复年数假定服从均匀分布，其基础是在 3～30 年之间，治理可能随时完成。这个范围内的每一年在蒙特卡洛模拟中均具有相同的选择可能性。

2. 情形 2

情形 2 检验潜在债务的减少，其可以通过实施积极的设计以减小污染区域尺寸的修复策略来实现。对于这个例子，假定可以在 30 年的时间内实现污染区域从 50acre ($20hm^2$) 减小到 12.5acre ($5hm^2$)，并且这个过程的实现是线性的。注意到所有污染面积减少曲线都可以应用到分析中去，并且这个假定是基于场地概念模型的一些理解。理想情况是，这个曲线可由详细的场地条件分析和/或数值模拟获得。

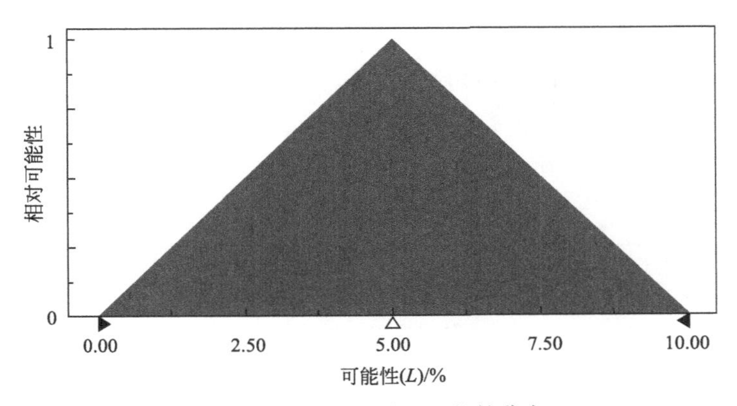

图 4-7 附属物品治理可能性分布

较小的污染区域的影响通过 3 种途径考虑进行分析：a. 使用室内蒸汽缓解系统运行、维护和监测的平均年数是降低的，并且服从图 4-8 显示的分布；b. 受污染的地下水体积是降低的，以解释污染区域面积的降低（体积数截至自然资源破坏问题解决的那一年）；c. 用于确定附属物债务的土地面积是降低的，与 b 相似的是依据附属物品问题解决的年份结算。

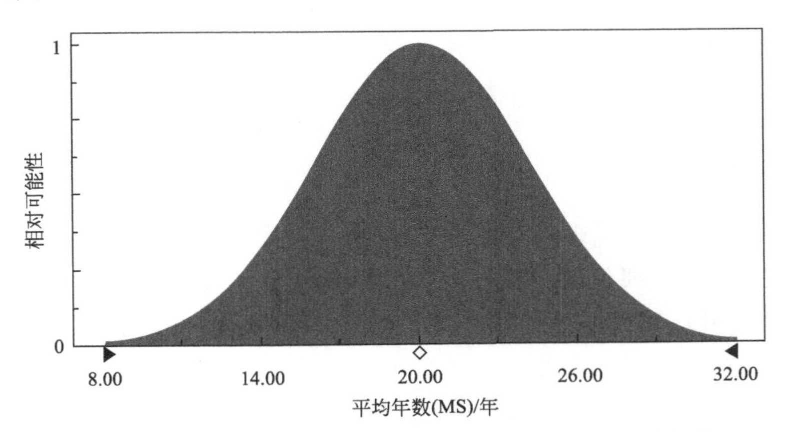

图 4-8 使用室内蒸汽缓解系统运行、维护和监测的平均年数

注：平均 20 年，标准差 4 年，范围从 5 年至 35 年，纵轴是相对可能性。

3. 总债务的计算

每一种情形的总债务以下面的公式计算：

$$债务=C_{LTM}Y_{LTM}+N(C_{MS}+\mathrm{OC}_{MS}Y_{MS})+P_{NRD}C_{GW}+P_{L}C_{L}$$

债务的当前价值计算公式：

$$债务当前价值=\mathrm{pa}(C_{LTM},Y_{LTM},I)+N[C_{MS}+\mathrm{pa}(O_{CMS},Y_{MS},I)]+P_{NRD}[\mathrm{pf}(C_{GW},Y_{NRD},I)]+P_{L}[\mathrm{pf}(C_{L},Y_{L},I)]$$

式中，pa（成本，时间，I）＝年成本在贴现率“I”下随着时间的当前价值；pf（成本，时间，I）＝在某年“时间”和贴现率“I”下未来成本的当前价值。

所有其他变量在表 4-3 中定义。

4. 结果

表 4-4 给出了两种情形下债务的计算结果。注意到这些结果并没有包含情形 2 中与实施积极的污染源修复措施相联系的成本（负债）。表格中给出的成本范围表示使用蒙特卡洛分析在可信度为 90%的条件下评估的结果。

表 4-4 评估的不同情形下债务

费用组成	当前费用价值/1000 美元			
	情形 1		情形 2	
	费用范围	费用平均值	费用范围	费用平均值
运行、维护以及模拟	865	865		
降低室内空气污染	22～54	36	6～46	23
自然资源损害	146～1210	597	68～1010	395
合计	1370～2570	1900	312～1420	760

表 4-4 中的结果解释如下（注意平均值是为了简化讨论。在实践中，从蒙特卡洛模拟得出的每一种情形的整个分布都会被进行对比）：情形 1 的平均总债务当前价值是 1900000 美元；情形 2 的平均总债务当前价值是 760000 美元。这两个债务的差值（1140000 美元）表示了积极的污染源修复治理投资的盈亏平衡点。当积极的污染源修复投资的当前价值低于或等于盈亏平衡点时可以认为是具有成本效益的投资。

4.2.4 进度目标

进度目标，例如完成治理任务的时间，可能对不同利益相关者定义不同，并且经常在决策制订过程中起重要作用，因为它们直接与利益相关者对场地未来的想法和目标相关。对一些利益相关者来说，尤其是军队，其目标可能是在一个特定的基地重组与关闭（BRAC）要求的时间内完成场地的治理和转移。对其他的利益相关者而言，其目标可能是避免繁荣—萧条周期和对当地经济干扰的最小化，这可能会导致人们希望随着时间的推移逐步开展污染场地的治理修复以及保持更高层次的投资资金配置。

进度目标经常会被利益相关者在未来土地的使用和未来土地的所有权方面的价值观弄得很复杂。例如，一个利益相关者可能会加快一个场地的修复治理工作，以转换所有权并且重新将场地用于商业用途；而另一个利益相关者可能会将场地长期维持在政府的管理下，例如一个野生动物保护区。进度目标可能是绝对目标也可能是功能目标。例如，当加速场地修复作为实现降低人类健康和环境风险这一绝对目标的一种手段时，进度目标是一种功能目标。

鉴于进度目标与很多不同问题相关，因此设计了很多不同的度量指标以衡量进度。例如，在给定的某一年里污染物去除的量（与“继续”或“开始”目标相关）、计划完成的年份或一个场地出现污染物减少的量都可以是相关的进度指标。事实上，军队使用一些暂时的指标作为治理国防设施场地成功的衡量指标。这些指标包括特定场地决策记录（RDDs）的签署、一个场地治理措施的布设、一个场地可以宣告“完成治理”的指标和场地的收尾。

4.2.5 其他目标

就如已在经济和进度目标中提到的，利益相关者经常有着不同的社会经济、制度和计划目标，其范围包括维持企业荣誉和商誉、维持其雇佣工人、保障治理行为的设计和施行与社区价值观和长期愿景相一致。代际公平和长期土地保护也是一些利益相关者声称的目标。经济和进度目标有时是功能目标，作为实现一些较大的关注如当社区明确年度基金要求或完成时间表等的途径。

此外，还有为满足管理承诺或避免强制制裁或负面后果而建立的目标。这种目标的一个例子就是预防任何由于不当操作或对污染物处理不当而导致的污染物从污染区域扩散出来。这种扩散污染物可能导致私人或公共部门受到邻近土地所有人的法律起诉，因为他们使用和享受自身土地的权力可能受到污染物的影响。这也可能导致监管部门的强制性制裁。

4.2.6 与利益相关者关于目标的沟通

场地治理的绝对目标可能相差很大，部分原因是它们体现了许多不同的利益相关者的价值判断。此外，它们还取决于需要治理的场地的自然和社会环境。为了评价污染源治理技术并达成污染源治理方面的协议，前面介绍的5个物理目标将在第5章和第6章进行介绍。这些污染治理物理目标可以并且经常服务于多个绝对目标（一些目标出现在与风险和时间相关的讨论中）。这些物理目标能否实现取决于使用的技术和这个报告的一个主题——水文地质环境。

总体而言，陆军、国防部以及其他负责有害废弃物治理的机构应该弄清选择的治理措施，尤其是污染源治理，这是利益相关者考虑的绝对目标和功能目标。在一个广泛的社会背景下，如何管理历史豁免，很多参与单位有着不同的动态驱动力。表4-5给出了一组假设的缔约方及其主要驱动力的例子，但是实际利益相关者的名单通常更大。除了

表4-5 不同利益相关者及其潜在驱动因素的假设例子

利益相关者	潜在驱动因素
责任政党	公司决策和协议。保护人类健康和环境，管理财务对任务或业务的影响，管理声誉
项目经理（通常是担责的员工）	公司决策和协议。履行计划和预算承诺，与各方保持积极的关系
联邦监管机构	遵守法规，由立法驱动的决策机制，满足公众的期望，满足计划的承诺，管理声誉
国家监管机构	遵守法规，由立法驱动的决策机制符合公众的期望，最小化在长期运营和维护过程中可能发生的经济负债，管理声誉
公众	保护健康，保护财产价值，对责任当事人进行损害赔偿，工作

表中列出的利益相关者，一大群其他的参与者可能正寻求通过治理决策来实现各种目标。这些人包括一个或多个利益相关者（顾问、供应商、研究人员等）表面上的代理人，但是他们有自己的个人目标，可能会深刻地影响着他们在制订决策过程中的贡献。

大多数与这些决策有关的集团在为决策制订标准的组织政策的背景下工作。不可能基于个人喜好做出决策，除非个人是很小的场地的唯一负责人。不同的利益集团之间可能会有冲突（见表 4-5）。事实上，作者也注意到了许多案例中计划目标可能会与可以实现的目标的技术发生冲突。但是，虽然决策取决于技术性和非技术性因素，一旦决策做出了，焦点必须放在技术目标上以确定治理技术是成功的。

本书不是再次讨论如何为利益相关者参与制订成功的项目，因为其中的困难和机会已经在前面其他的参考文献（NRC，1999a，b，2000a）中讨论过。尽管如此，让治理项目经理有效地捕捉利益相关者的决策过程对污染源治理来说是关键的。通过注意每一个利益相关者关注的特定治理目标是绝对目标还是功能目标，治理项目经理将可能做出更多关于污染源治理评估的清晰判断。因此，如果管理当局偏爱“降低污染物总量或毒性”，应更多考虑可以实现这个目标（并且具有判断是否能够实现这个目标的令人信服的指标）的技术。相反地，如果当地社区将污染物迁移视为“化学侵入”，污染物总量去除治理技术可能只有在它可有效地（并且通常快速地）降低该区域内的污染物浓度时才被视为可行。在这种情况下，污染物总量去除技术与投资相当的污染羽流捕集技术相比就没有优势了。

通过实际起草一系列的目标和指标并呈递给利益相关者，可以证实治理项目经理具有满足团体绝对目标范围的能力，并且需要把政策层面的权衡范围与对可行的选择进行技术评估的范围分离开来。

4.3 现有管理框架、其目标以及相关指标

在所有的危险废物场地，治理工作需要根据一个或多个决策框架而进行，从初始发现污染物到最终关闭场地，这些决策框架提供了周密的安排。此处讨论了两大类的框架，因为它们在大多数的场地中都会影响治理工作，并且还因为它们定义了目标以及相关的成功指标，因而对利益相关者形成目标具有积极影响。现有管理框架的主要类别大致可分为监管类和风险评估类，前者界定了治理行动的法律目标与治理目标，后者界定了对人类健康和环境的现有威胁，以及将这种风险降低到可接受水平所需的治理水平。

了解场地治理的现有框架，对于制订出一套明确的场地治理绝对目标和相应的功能目标至关重要，这些功能目标界定了这些绝对目标是否已经实现。即正如不同的利益相关者对相同的目标的看法可能不一样（例如宁可是绝对目标也不是功能目标，或宁愿服务不同的绝对目标），通常每一个利益相关者的治理框架也将反映他们对一个场地治理可选择目标的看法。这会反过来影响利益相关者们在治理目标上达成一致的可能性。

对这些传统/历史框架的了解还可以帮助分析利益相关者潜在目标的状态。一个框架中的一个目标可能也在另一个框架中却服务于不同的目的。例如，污染物总量去除修复的目标可以在多个监管框架中出现（并且可能因此被一些框架理解为绝对目标），也会出现在风险评估框架中（为了减少暴露可能性的目的）。事实上，在一个风险评估框架中，污染物总量去除修复是一个纯粹的功能目标，并且事实上一般通过几个推断步骤和相应的功能目标将该功能目标与降低或消除风险的绝对目标相分开。

下面介绍的历史框架倾向于内在地衡量一些特定的绝对目标，甚至特定的更重要的功能目标。这会导致利益相关者之间的冲突或治理项目经理之间的平衡问题，因为他们必须同时申请几个框架。因此，在早期的治理评估阶段就考虑所有相关的框架并且定义特定场地的目标是很重要的。尽早确定目标将有助于通过现场调查获得支持治理决策所需的信息、解决不同框架下目标之间的潜在冲突，以及最大限度地确定相互商定的治理目标的可能性。

4.3.1 法律标准下的监管框架

美国陆军设施场地的污染物治理工作是在一个高度结构化、复杂的监管环境中进行的。其核心是《综合环境应对、赔偿和责任法》(CERCLA)，是在 1986 年由《超级基金修改与再授权法案》(SARA)(P. L. 99—499) 修订而来，将所有的陆军设施场地纳入超级基金项目的监管。国防部在《超级基金修改与再授权法案》基础上建立了国防环境恢复计划 (DERP)，其中包括一个设施场地恢复计划 (IRP)，该计划旨在军事基地执行环境治理行动。污染最严重的军事设施场地的治理项目，即那些列入国家优先事项清单 (NPL) 中，这些治理工作直接接受美国环境保护署或他们在各州办公室的监管。

关于污染设施场地治理工作的一般程序和标准应遵从美国环境保护署制定的国家应急计划 (NCP) (40 CFR 300 et seq.)。这些广泛适用的环境保护署法规建立了一个基本框架，军方等污染责任方可以遵循该框架对他们污染的设施场地进行污染调查、评估以及治理危废问题。根据国家应急计划，场地管理者进行一个初步治理评估（并且在适当情况下进行场地调查），以决定一个特定的场地是否应该给予长期治理的优先权。这些评估的结果被用于环境保护署的灾害分级系统 (HRS) 模型对场地进行评分。如果场地的得分超过了灾害分级系统的上限阈值，整个设施场地将被转移给国家优先事项清单以采取可能的修复行动。

随后，场地管理者通常通过治理调查和可行性研究 (RI/FS) 以研究场地污染问题的性质和程度，并制订管控场地问题可选择（相当中国的详查）的方法。在准备这个可行性研究的过程中，修复项目管理者相关的监管机构一起对场地拟定一个初步的治理目标，并且他们将会列举一个广泛的足以实现场地治理目标的可选方法清单。该清单中的方法是经过筛选的，以排除明显不切实际的方法。其余的备选方法将根据以下所述的一套分为三类的 9 个标准进行研究、比较与评估。

4.3.1.1 国家应急计划阈值标准

国家应急计划的两个阈值标准是保护人类健康和环境及遵守适用或相关的适当要求（ARARs）。在实际项目中，“保护人类健康”的标准通常如果没有在定量风险评估中体现，那么就是在超级基金的风险评估指南（RAGS）中详细说明。“保护人类健康”被解释为计算癌症风险水平介于 10^{-6} ～ 10^{-4} 之间或危险系数＜1.0。正如前面讨论的，满足降低风险的绝对目标经常在更功能化的防止人类暴露于与场地有关的污染物的目标中体现出来。一个纯粹的制度管控（或可能是物理屏障）在理论上可以满足这个功能目标，与完全去除污染物一样。“保护环境”没有明确定义，并且即使环境保护署和责任集团使用的方法已经进行过风险评估，使用的方法总体上量化程度不高，并且更具可变性，反映出考虑的物理/生物系统的复杂性。

不同于“保护”标准，遵从 ARARs 标准看起来在哲学上和实践中都更明显地与绝对目标有关。这也许最清楚地反映在了与本委员会的职责相关的适当要求（ARARs）中。饮用水最大可接受污染物浓度水平（MCLs）和非零最大污染物水平目标（MCLGs）可以认为是地下水治理的 ARARs 标准❶。这个名称的使用与特定的地下水无关，只要特定的地下水能用作饮用水源，其都有效。表 4-6 显示了氯化溶剂和饮用水当量水平（DWEL）的最大污染物水平和最大污染物水平目标以及这个报告中关注的爆炸物的终身健康咨询水平。这些价值标准通常被设定为污染源治理的目标。

表 4-6 源区化学物质的毒理学和监管基准

化学物质	口服参考剂量/[mg/(kg·d)]	MRL/[mg/(kg·d)]	致癌物质类	10^{-6} 基数/(μg/L)	MCLGs/(μg/L)	MCLs/(μg/L)
氯化溶剂						
四氯乙烯(PCE)	0.01	0.02 急性	2A/—	—	0	5
三氯乙烯(TCE)	—	0.2 急性	2A/—	—	0	5
顺-1,2-二氯乙烯	—	—	—/D	—	70	70
1,1-二氯乙烯(1,1-DCE)	0.05	—	—/C	—	—	—
1,1,1-三氯乙烷(TCA)	—	—	3/D	—	200	200
1,2-二氯乙烷(DCA)	—	0.2 有时	2B/B2	0.4	0	5
四氯甲烷(四氯化碳)	0.0007	0.007 有时	2B/B2	0.3	0	5
三氯甲烷(氯仿)	0.01	—	2B/B2	—	0	80①
二氯甲烷	0.06	—	2B/B2	5.0	0	5
其他烃类化合物						
萘	0.02	—	2B/C	—	—	—

❶ 如果超过了 MCLs 或非零 MCLGs，行动通常是必要的（EPA OSWER 指令＃9355.0—30，1991 年 4 月 22 日）。在目前和未来的土地使用中，基于合理的最大暴露的个人累积致癌物的风险水平为＜10^{-4}，非致癌危险系数＜1.0，一般情况下，除非有不利的环境影响，否则一般不会采取行动。

续表

化学物质	口服参考剂量/[mg/(kg·d)]	MRL/[mg/(kg·d)]	致癌物质类	10^{-6}基数/(μg/L)	MCLGs/(μg/L)	MCLs/(μg/L)
苯并[a]芘	—	—	2A/B2	0.005	0	0.2
Aroclor1254(PCB混合物)	0.00002	(0.00002)	—/(B2)	(0.1)	(0)	(0.5)
Aroclor1260(PCB混合物)	—	(0.00002)	—/(B2)	(0.1)	(0)	(0.5)
TNT炸药	0.0005		—/C	1.0	0②	2②
2,4-DNT	0.002	—	③	0.05	100②	—
HMX	—	—	—/—	4.0	2000②	400②
RDX	—	—	—/—	0.3	100②	2②

① 总三卤甲烷的MCL，其中氯仿是其中之一。

② 炸药的最后两列分别是DWEL（g/L）和终生健康风险值（g/L）。

③ 没有推荐，潜在的人类致癌物（B2组）。

注：1.“—”表示没有特定来源的信息。括号用于讨论特定化学物质的位置，但在特定的化学类中指定了给定的值。

2.口服参考剂量：一种EPA估计的慢性暴露剂量，不会引起不良反应的剂量。

3. MR为最低风险水平：一种剂量的ATSDR估计值，在这种剂量下，长期暴露并不会引起不良反应。急性指的是间歇性和急性暴露，有时是指定而不是长期暴露。

4.致癌物质类：指物质对人体致癌的证据的权重排序。第一个是IARC（已知，2A为很可能，2B为可能）的分类，而第二个是EPA的（已知的，B1为可能的-人类的证据，B2为可能的-动物研究，C为可能，D为不属于致癌性）（EPA，1986）。多年来，环境保护署的系统经历了几次变化，而且环保局似乎没有一致的分类。

5. 10^{-6}基数为在水中的化学物质的浓度，从每天摄入2L的水来看，这将导致一百万分之一的癌症风险。

6. MCLGs为最大污染物水平目标。

7. MCLs为最大可接受污染物浓度水平。

资料来源：EPA（2002）。

地下水需要满足与其用途无关的特定浓度目标显然不是为了保护人类健康，至少就毒性危险而言不是这样，因为对实际的公共供水来说鲜有严格的规定设置。即在《安全饮用水法案》下，公共供水（例如公共事业有超过15个服务联系人，或为超过25个顾客服务）污染物浓度不得超过最大可接受污染物浓度水平（MCLs）。相反，当污染物超标时，只需要通知州政府及其顾客（40 CFR 141.31，141.32）。

虽然最大污染物水平具有可以量化的优势（例如水中污染物浓度可以很容易地精确测量），最大污染物水平在关于选择治理技术和评估源区域治理成果两个方面有着主要的限制。正如环境保护署（2003b）中记录的那样，最大污染物水平的使用可能会限制源区域治理技术的使用。这是因为在最普遍的水文地质条件下，滞留区中微量的DNAPLs、吸附的物质以及溶解物质在源区域治理后将继续存在，这样污染物从源区域解吸和反扩散进入溶解污染区域可能会在一段时间、一些点位维持高于最大污染物水平的浓度。因此，即使DNAPLs的移除已经很完全，整个源区治理在源区域治理后立刻全部达到最大污染物水平是不可能被实现的。结果是，没有办法立即达到最大污染物水平这个绝对目标，总的结论可能是没有技术可能实现这个目标，并且因此源区治理技术可能得不到使用。

此外，根据测定的地点，最大污染物水平可以组成一个令人困惑的绝对目标。例如，其中99.9%的DNAPLs被清除了，并且一些源区域的水井的污染物浓度也低于最大污染物水平。然而，从一个远离残余的DNAPLs并且是污染源区域下游的水井中取出的样品可能其中污染物在相当长的时间内仍然超过最大污染物水平，对源区域而言，治理效果显示污染物浓度已经下降所需要的时间周期很长。事实上，顺梯度浓度可能几乎不变，即使场地的质量通量和场地回到初期污染条件所需要的时间已经大大减少。监测剩余的污染物的水井位置也是一个因素。在这种情况下，与一个直接在部分水源是有效治理的水源顺梯度下游相比，一个直接在剩余污染物顺梯度的水井可能不会显示出污染物浓度的变化。此外，来自顺梯度井的地下水的污染物浓度高度取决于特定的水井设计（屏蔽间距）和位置，使得测定浓度意义难以解释。因此，在选取最大污染物水平为标准的时候应该牢记，监测井浓度和源区域治理之间的关系是复杂的。

4.3.1.2 国家应急计划平衡标准

从可以满足阈值标准的一些治理方案角度设计的、用来指导选择最合适的国家应急计划的5个平衡标准是：

① 长期效果和持久性；

② 流动性、毒性或体积的减少；

③ 短期效果；

④ 可实现性；

⑤ 成本。

总的来说，这些标准表述了多种类型的目标。成本看起来像是一个绝对目标并且显然与两个“阈值”标准无关。相反地，有效性解决了功能性的判断，可能相对于阈值标准。可实现性同时是功能性和程序目标的要求。

4.3.1.3 国家应急计划修改标准

根据阈值标准和平衡标准，修改标准帮助弄清案例不止一个方案是合适的。它们是州验收和社区验收。从一个机构的观点来看，环境保护署将它们放在其分类的最低价值里面，表明这些目标不是绝对目标。

应用上述列出的标准，环境保护署试图选择出利用“永久的方法与治理”达到“最大可行的程度”并且是“效益好”的方案，在这个意义上它所承担的成本与治理效果是相称的。在做这个决策时，环境保护署相当慎重和灵活。在与州官员商讨之后，为了让公众评论，环境保护署提出一个计划，其可以阐述机构推荐的治理方案。在公众审查和评论之后，环境保护署将做出最后治理选择，最后的治理选择将在正式的决策记录中记录备案。

一旦决策记录发布，环境保护署（或一个或更多的责任集团，有时候包括国防部）

将执行设计、建设以及落实选定的治理方案。如果在清理场地的关闭阶段剩余污染物仍然处在高于允许无限制使用的水平，那么长期的监测和偶尔的制度管控则是必要的。这样的监测和管控必须存在，直到场地不再表现出对人类健康或环境无法接受的危险。事实上，在一些场地，监测与管控可能需要永久存在。长期监测和制度管控的效果在其他地方也进行了讨论（EPA，1998，1999；NRC，1999b，2000a，b，2003）。

4.3.1.4 《资源保护与恢复法案》（RCRA）纠正行为计划

尽管上面说过的超级基金监管体制是影响军队设施清理的大多数管理需求的来源，但是其他政府需求还是需要对超级基金进行补充。1984 年，国会颁布了一个全面的《资源保护与恢复法案》（RCRA）修正案。在其他事务中，必须调查那些修正案所要求的治理、储存以及处理设施（TSDFs)(包括这个类型的军用设施）的所有者和实施者，必要时，要清理过去造成的污染，与治理现在他们的设施释放危险废物一样（RCRA 以此纠正行为计划）。

这个计划受环境保护署的管理并且受那些环境保护署授权管理州危险废物的管理。虽然 RCRA 没有明确要求资源处理，在 20 世纪 90 年代早期，环境保护署就提出了纠正行为规范，对于 RCRA 场地（这些法规尚未完成），实质上采用 CERCLA 治理选择因素。环境保护署的清理计划初始也拓宽了它的视野，以使一组规则可以应用于所有排除依法惩处的计划外类别的场地中。在 RCRA 下，州管理的危险废弃物计划应该与联邦危险废弃物计划“对等”[6926（b）节]。然而，这样的程序包含了大量的细节，并且它们的纠正行为内容包含了大量的差异，正如它们的其他特点一样。鉴于这样的实质性多样性，本书不去总结特定州需要的纠正行为。

环境保护署发展的两个“环境指标”提出 RCRA 的绝对目标是消除最直接的公共健康和环境风险。这两个指标分别是“控制当前的人群暴露方式”和“控制污染地下水的迁移”，它们衡量当前人类是否暴露于无法接受的环境污染水平和现在的地下水污染物是否在增多和/或是否影响附近的地表水体。经常要求特定场地的所有者和 TSDFs 的施行者之间达成协议的功能目标，监管部门通常是根据不动产的给定单位边界处特定污染物的浓度定义的。

4.3.2 人类健康和环境风险评估框架

《综合环境反应、赔偿与责任法案》和国家应急计划为界定场地污染物的危险水平和所需要清理的级别制定了一个规范过程。这个规范过程历来将关注的焦点放在风险的度量标准上（国家应急计划，1999b）。在场地调查过程中，收集来的信息用以界定污染源、污染程度、环境特征以及导致暴露和潜在危险的条件。根据环境保护署的超级基金的风险评估指导（RAGS）（EPA，1989，1991a）所提出的，这些信息用于在 RI/FS 过程中进行人类健康和生态风险评估。其他评估风险的方法例如 ASTM 基于风险的纠正行为方法（ASTM，1998)，类似于超级基金的风险评估指南（RAGS)，也可以采用。

应用于危险废弃物场地的环境清理方面的风险评估可确定场地化学物品造成的对人类和生态受体的危险水平。风险评估过程将综合来自场地物理条件、污染物的性质和污染程度、污染物的毒物学和物理化学性质、土地现在和未来用途以及场地暴露水平和潜在毒性作用之间的剂量依赖关系（见表 4-4）等的信息。人类健康和生态风险评估过程的最终结果是给出污染源的假设受体潜在额外风险数值。这个计算风险值与可接受的污染物风险水平或与国家应急计划或州管理结构规定的可接受风险范围相比较，如果估计的风险高于可接受的污染物风险水平，污染物清理水平目标将通过使用关于潜在暴露水平的风险评估发展起来的诸多假设来界定。

风险评估的总体目的是确保人类健康和环境的绝对目标。风险评估可以确定特定场地的风险是否高于可接受的限度以及污染场地的风险需要降低的程度是否达到绝对目标的要求。风险评估也可以提供支持功能目标发展的信息，例如确定地下水中哪一种氯化溶剂物质和暴露途径对提高风险贡献最大。它还可以帮助定义与修复相关联的成功标准。例如，如果地下水将作为可能的饮用水来源，风险评估可以确定地下水中可能会导致无法接受的风险的相应溶解氯水平。如果降低地下水污染物浓度的能力因为缺乏可行的技术而受到限制，则可以给居民提供一个备用的饮用水源以满足风险降低指标的要求。

超级基金的风险评估指南（RAGS）和其他风险评估方法通常用来评估场地的风险以及确定清理等级以提供一个规范化、系统化的评估场地风险的方法。标准化的方法允许在大量场地施行相对简单的方法以及允许场地优先清理。这些方法和它们在不同应用中的优缺点已经在其他的国家应急计划报告中提出（NRC，1983，1999b）。由于所有污染的军用设施在 RCRA 或《综合环境应对、赔偿和责任法》（CERCLA）（NRC，2003）下进行场地调查和清理，其可能的情况是在已经认定了的陆军场地已经进行了或将要进行风险评估，是否需要对污染源进行治理是下一个环节的事。

4.3.2.1 人类健康风险和生态风险评估的区别

很多人类健康评估中通常使用的方法都在超级基金的风险评估指南（RAGS）和类似的风险评估方法中进行了规定。超级基金的风险评估指南（RAGS）需要针对人类的风险评估可能保护个体并且要基于可能发生的最大暴露。这种风险评估趋于保守，即更可能高估风险，而不是低估风险。当特定场地的相关暴露信息被很好地记录时，可以用于风险评估的计算。然而更常见的是使用环境保护署基于实验室和测试数据开发的标准化风险评估方法和毒性度量标准确定的默认暴露假设。因为使用动物实验数据来预测对人类的毒性具有本质上的不确定性，环境保护署推荐使用的毒性度量标准已经考虑了修正因素，从而导致了更低的人体允许摄入的化学物质量。出于实践理性，管理者鼓励使用这些对人类健康风险暴露和毒性评估的标准化条件。这个方法的结果在说明特定场地条件和表示高于平均暴露条件下的风险评估时有一些相对限制。工具箱 4-4 进一步讨论了风险评估计算中不确定性的作用，以及在不使用上面讨论过的有缺陷的假设条件下如何更加定量化地评估不确定性。

高度发展的工业用地不太可能需要维持生态受体和栖息地。与人类健康评估只评估一个物种的风险不同，生态风险评估必须考虑所有环境介质中已有的或受到潜在影响的生态受体。此评估需要一个特定场地调查以确定当前所有环境介质（土壤、地表水、泥沙等）中受体的种类（植物、动物、无脊椎动物等）。最后，生态风险评价计算对当前每一个物种的数量的风险，只有当受体被州或联邦管理机构认定受到威胁的或濒危物种才关注对群体中的个体的危害。可供选择的风险评估方法针对生态风险评价提出了一个总体框架（EPA，1991b，1992c，1994，1997b），但是对一个特定的场地进行的评估的类型通常需要与对场地责任的管理机构协商。

4.3.2.2 陆军设施的暴露途径

陆军设施的炸药和DNAPLs污染物可成为长期的土壤、地下水和地表水的污染源。如果炸药或DNAPLs污染物在相对较浅的土壤中（地表以下4～6m）被挖掘出来而将污染土壤带到地表，会导致人体与污染物直接接触（摄取、真皮接触）。陆军设施居住者或附近居住者可能通过吸入已挥发或迁移到地表的DNAPLs污染物，间接接触浅层土壤中的污染物。

工具箱 4-4
对风险评价中可变性和不确定性的评估

暴露变量或人群反应的内在可变性和对用于估计风险的特定参数的缺乏了解，都可以影响一个风险评价的结果以及与结果相关的置信度。有必要评估这些不确定性的来源，以便于在合适的背景下考虑风险评价结果的准确性。“可变性”是指群体或样本中的非均质性或多样性。与可变性相关联的因素的例子包括介质（空气、水、土壤等）中的污染物浓度、暴露频率或持续时间的不同，或者在生态风险评价的情况中，物种间和物种内在剂量反应关系上的可变性。环境保护署风险评估指南（EPA，1989）指出超级基金场地的风险管理决策将普遍基于评估具有合理最大暴露风险（RME）的个体。合理的最大暴露风险评估法（RME）的目的是根据定量信息和专业判断，评估仍在可能暴露范围内的保守暴露案例（即远超出平均暴露水平）。此外，环境保护署建议实施一个中心趋势暴露风险评估法（CTE），其测量的是暴露中位值或平均值。中心趋势暴露风险评估法与合理的最大暴露风险评估法之间的差异初步反映了暴露人群中个体之间暴露和风险的可变性程度。

如果使用点估计方法进行风险评估，可以制订一系列的点评估值以表示风险暴露的可变性。为了使用这种方法计算合理的最大暴露风险评价，环境保护署制定了推荐的默认暴露风险值以作为风险方程的输入值使用（EPA，1992a，1996a，1997b，2001b）。一个中心趋势估计风险评价是使用每一个暴露变量的中心估计值来计算的，这些变量可以从环境保护署技术指南和其他来源获得。对RME和CTE风险评价两者来说，如果有特定场地数据可供使用则要使用。风险评价的点估计方法无法确定CTE或RME风险评估值在风险分布的位置，以及无法确定评估风险持续的可能性。这导致了不确定性，即什么水平的治理是必要的或者合理的。

如果使用概率技术进行风险评估，则参数分布将作为风险方程的输入项而不是单一的数值。这些分布描述了每个暴露假设中固有的个体间可变性，并与蒙特卡洛模拟等数学过程一起用于估计风险。模拟的结果是人群中可能发生的风险分布，这有助于更好地了解 CTE 和 RME 风险评估值在风险分布中的位置。可以使用一种称作一维蒙特卡洛分析的技术来估算与特定风险水平相关的发生概率（例如可接受的致癌风险 10^{-6}）（EPA，2001a）。

不确定性也是每一个人类健康和生态风险评估的固有属性，因为人们对实际暴露条件和受体对化学品暴露反应的了解是不精确的。不确定性的程度在很大程度上取决于可用的特定场地数据的数量和充分性。一般来说，与受体暴露相关的最重要的不确定性部分包括暴露途径识别、暴露假设、稳态条件假设、环境化学表征和建模程序。风险评价中使用的毒性值必须考虑到毒理学数据的不确定性和缺口。有关化学物质对人类的影响方面的信息通常是很有限的。毒性数据通常基于使用特殊饲养的同质动物群体进行化学品高剂量毒性研究得到的数据。这些数据被推测用于预测更可能经历一个低水平长期暴露的异质人群的风险（EPA，2001a）。

理想情况是，与风险评价中使用的每一个参数相关的不确定性将在评估过程中进行评估估算，以表征与最终风险估计相关的不确定性。然后，由于无法完全描述实际的暴露条件，有多种的建模策略可用于评估不确定性。如果使用点估计方法进行了风险评价，则对大多数变量通常采用定性的方式处理参数的不确定性（EPA，2001a）。例如，点估计法风险评价报告文件的不确定性可能会指出，进行的土壤采样无法代表污染物的总体浓度范围，因此，风险评价可能会低估或高估了实际风险。在点估计法中，利用风险估计中算术平均浓度的 95%置信上限（UCL），对环境浓度项的不确定性进行了有限程度的定量处理，该上限解释了与环境采样和场地表征相关的不确定性（EPA，1992b，1997c，2001a）。95%的 UCL 在同一风险计算中与其他暴露因素的各种中心趋势评估法估算和高端点估计法估算相结合使用。

如果使用概率方法进行风险评估，与最优暴露估计或风险分布有关的不确定性可以使用二维蒙特卡洛分析法进行量化估算。这种分析可以提供一种量化方法，来衡量风险超过特定水平的人口比例的可信度。此外，这种分析的输出结果可以提供特定比例人口的风险评估的可信度的量化衡量（EPA，2001a）。

与点估计风险评估相比，概率方法风险评估基于相同的知识状态可以更加完全地表征风险中的可变性和更好的量化的不确定性评价。在确定是否进行概率风险评估的时候，关键问题是这种类型的分析（与点估计风险评估相比）是否可以提供能帮助做出风险评估的决策信息。为协助现场项目经理决定哪一种风险评估对他们的场地最适合，可以使用决策工具，例如环境保护署开发的基于“科学管理决策点”的分层方法可以帮助确定可能会需要的分析的复杂性问题（EPA，2001a）。

如果被炸药或DNAPLs污染的地下水被陆军设施用作饮用水源，设施使用者可能通过摄取和通过真皮接触等途径直接接触水而暴露。通过吸入在使用地下水过程中或迁移到地表或地面建筑的DNAPLs挥发性有机化合物气体而间接接触暴露也是有可能的。当污染物迁移已经发生或可能发生，并且地下水被邻近居民用作饮用水源的情况下，同一类型的暴露可能发生在邻近区域。

当污染物通过地下水迁移和排放到地表水体中以后，生态受体是最可能接触来自炸药或DNAPLs的污染物。在这类情况下，考虑到排放到地表水体中可能出现的污染物稀释作用和许多DNAPLs污染物蒸发到空气中去等，污染物威胁可能会略小一点。生态受体不太可能接触地面以下数米的炸药或DNAPLs污染物，除非挖掘作用将地下污染的土壤带到地表。

污染物的物理分布范围和其浓度降低到可接受的风险所需要的时间影响到暴露评价和随后的一些风险表征的因素：

① 环境介质中污染物浓度越高，暴露的潜在强度越高；

② 污染源越广泛，可能接触污染物的潜在受体数量越大和/或潜在暴露频率越高；

③ 从环境中去除污染物所需要的时间越长，潜在暴露的时间越长。

在很多情况下，这些因素要求通过综合治理和长期场地管理行动来实现保护人类健康和环境的总体目标。

4.3.2.3 风险评价的时间尺度考量

通常在污染场地使用的风险评价方法评估了假设一个个体在其一生中的致癌和非致癌风险。这些方法没有将污染物源的寿命考虑进风险评估中。他们通常不评估潜在风险中人群的规模，也不考虑超出个体寿命的风险（例如不考虑暴露于污染源的整个生命周期的累积风险)。这些缺点是严重的，因为污染源区域清理可能会因为技术和资金原因而需要花费数十年才能完成，并且一定浓度的污染物将会在很长的一段时间内继续存在于污染区域[1]。

已知或被认为对人类是高毒性的某些类型的化学物质（例如氯化物）长期在地下水中造成问题。如果地下水是饮用水的来源，那么地下水中只允许含有极低浓度的这些污染物。无论是通过场地的自然恢复方法还是采用多种治理方法，去实现污染物低水平浓度所需要的时间都可能太长，且与风险评价方法中暗含的时间不相符。这会严重限制风险评估师区分判断未来某个时间可能发生的重大公共卫生健康影响的能力。

例如，RAGS模型是一个假设在合理最大暴露风险条件下对固定的人群、恒定条件持续30年不变（对一个家庭农场是40年）的静态风险考察模型。这个模型更保守的变量可以表示整个寿命的暴露量。也有一些更现实的模型，考察污染物浓度随着时间变

[1] 在本书中所使用的“残留污染”，与在该区域内残留的有害物质、污染物或污染物与允许无限使用和不受限制的暴露（空军/陆军/海军/EPA，1999）相一致。

化而变化，也考察居民的流动性、老化以及其他影响暴露的人口学因素（例如 Price et al.，1996；Wilson et al.，2001），但是这些模型无法考察跨越几个世纪的污染时间范畴。

因此，如果污染源修复工作的主要效果是为了减缓污染源导致地下水中污染物浓度升高的时间，那么现存的风险衡量指标可能无法证明出污染源修复方法的益处。假设，如果一个治理行动的目的是对几十年之后的污染物浓度产生影响，那么使用当前风险度量指标是无法预测到的。然而，对未来将居住在此区域的人，使用地下水的风险已经大幅度降低了。即在缺乏 30 年内有效的治理措施的情况下，现有的技术监管分析框架模糊了 100 年内有效和 500 年内有效的治理措施之间的重要区别。

对于长期风险评价来说，技术上是可行的；这些技术和相关的模型在能源部门的废弃物场地相关的风险评价中已经使用了很多年，这些场地非常长寿命的放射性元素将会在环境中存在几千年（Yu et al.，1993；EPA，1996b）。不幸的是，对于化学污染物，以前通常不予进行污染源生命周期内的人体健康风险评估，因为当时没有进行此类评价的监管要求，并且当时也没有考虑这种评价结果的规范。然而，需要注意的是，即使存在评价长期污染物的工具，它们在预测长时间的风险时也是不完善的，这是因为它们对于将来人和管理机构行为的预测是基于不能确定的假设（NRC，2000a）。如果要选择最好的治理方法，现存的风险评价框架迫切需要清楚明白的重新考虑，以更好地反映场地的真实情况。

4.4 结论和建议

如本章开头所述，作者审查的大多数污染治理报告（包括陆军和非陆军）都没有明确定义治理项目的绝对目标和功能目标及其成功的衡量指标。这使得在各方达成任何一致的所谓“治理目标”（非贴切本项目的治理目标）定义下都很难确定污染治理项目的“成功治理”。早期的项目报告（2000 年以前）很少包含足够的理由说明选择某些技术的方式与原因。最近更多的项目开始讨论目标，例如溶解相中污染物浓度的降低或污染源污染物总量的减少等，但是很少有证据表明选择的技术可以实现这些特定的目标。在军队中一些污染源修复技术已经进行了试点试验，在没有明确的治理目标情况下对选择的这些技术进行了扩大规模测试。需要说明的是，在试验性研究中尝试了对污染源区域的一小部分区域进行原位化学氧化，并且发现了有一定比例污染物的清除效果。作者发现这可能会导致全面实施该技术，而没有考虑污染物清除是否满足全面治理的目标（例如可能保护人类健康）或者在缺乏关于全面治理的任何目标的情况下。因此，在作者接触到的很多污染治理案例中，进行大规模治理的决策不是基于证明其具有实现清理目标的能力。相反，如果小试验显示明显的污染物浓度降低或污染物总量的去除，就简单地假设大规模实施的项目会带来更大程度的污染物浓度降低或污染物总量去除。

下面提出对污染源治理目标的建议。

① 在决定实行污染源治理和选择特定治理技术之前，应该制订治理的目标。作者注意到很多污染治理项目经常缺乏明确的治理目标，而这些目标是确保所有的利益相关者理解后续治理决策的基础。如果没有提前阐明清楚污染治理项目的治理目标，那么实际上治理结果一定会让利益相关者不满意，并且相应的可供治理技术方案可能会导致治理成本高昂且毫无成果的“新治理任务爬行”。这一步与准确确定场地的污染源是同样重要的。

② 评价治理方案时要明确区分功能目标和绝对目标。如果给定的目标仅是实现绝对目标的一种手段，则这个给定的目标是一个功能目标，应该让所有的利益相关者都清楚这一点。当考虑实现绝对目标的替代方法时与当已知或可能存在不同的利益相关者有着不同的意愿时，目标之间的彼此替代是很重要的。

③ 每一个目标应该引出一个度量指标，即每个特定污染治理场地都有可以衡量其治理目标实现情况的量化指标。缺少度量指标的目标应该根据其具有的附属功能目标进行进一步的细化。此外，尽管决策取决于技术的和非技术的因素，但是一旦做出了决策，工作重点应该放在在技术指标上，以确定其治理是否成功。

④ 治理目标应该力求涵盖许多涉及 DNAPLs 污染治理场地的长时间跨度特征。相对于 DNAPLs 的存在（几个世纪），一些现有的法律标准技术框架的时间跨度很短（很少超过 30 年），因此无法区分在场地修复的速度方面具有显著差异的替代技术方案。在生命周期成本分析中，选择的时间跨度和贴现率可以明显地影响不同治理方案的成本估算。在环境科学的其他领域（例如放射性材料的储存和处理），已开发出了具有更加现实的时间跨度展望的决策工具。陆军和场地修复相关企业需要从整体上考虑它们在 DNAPLs 治理问题中的应用。

参考文献

[1] Abriola, L. M., K. Rathfelder, M. Maiza, and S. Yadav. 1992. VALOR Code Version 1.0: APC code for simulating immiscible contaminant transport in subsurface systems. TR-101018. Palo Alto, CA: Electric Power Research Institute.

[2] Abriola L. M., C. D. Drummond, E. J. Hahn, K. F. Hayes, T. C. G. Kibbey, L. D. Lemke, K. D. Pennell, E. A. Petrovskis, C. A. Ramsburg, and K. M. Rathfelder. 2005. Pilot-scale demonstration of surfactant-enhanced PCE solubilization at the Bachman Road site: (1) site characterization and test design. Environ. Sci. Technol. (In press).

[3] Abriola, L. M., C. D. Drummond, L. M. Lemke, K. M. Rathfelder, K. D. Pennell, E. Petrovskis, and G. Daniels. 2002. Surfactant enhanced aquifer remediation: application of mathematical models in the design and evaluation of a pilot-scale test. Pp. 303-310 *In*: Groundwater Quality: Natural and Enhanced Restoration of Groundwater Pollution. S. F. Thornton and S. E. Oswald (eds.). IAHS Publication No. 275. Wallingford, Oxfordshire, UK: International Association of Hydro- logical Sciences.

[4] Abriola, L. M., C. A. Ramsburg, K. D. Pennell, F. E. Löffler, M. Gamache, and E. A. Petrovskis. 2003. Post-treatment monitoring and biological activity at the Bachman road surfactant- enhanced aquifer remediation site. ACS preprints of extended abstracts 43: 921-927.

[5] Adamson, D. T., J. M. McDade, and J. B. Hughes. 2003. Inoculation of a DNAPLs source zone to initiate reductive dechlorination of PCE. Environ. Sci. Technol. 37: 2525-2533.

[6] Air Force/Army/Navy/EPA. 1999. The Environmental Site Closeout Process Guide. Washington, DC: DoD and EPA.

[7] American Society for Testing and Materials. 1998. Standard Provisional Guide for Risk-BasedCorrective Action (PS 104-98). Annual Book of ASTM Standards. West Conshohocken, PA: ASTM.

[8] Barnthouse, L., J. Fava, K. Humphreys, R. Hunt, L. Laibson, S. Noesen, J. Owens, J. Todd, B. Vigon, K. Weitz, and J. Young. 1997. Life-Cycle Impact Assessment: The State-of-the-Art. Pensacola, FL: SETAC Press.

[9] Department of the Army. 2002. Cost Analysis Manual. U. S. Army Cost and Economic Analysis Center.

[10] Environmental Protection Agency (EPA). 1986. Guidelines for Carcinogen Risk Assessment. Federal Register 51: 33991.

[11] EPA. 1989. Risk Assessment Guidance for Superfund (RAGS): Volume I. Human Health Evaluation Manual (HHEM) (Part A, Baseline Risk Assessment). Interim Final. EPA/540/1-89/002. Washington, DC: Office of Emergency and Remedial Response.

[12] EPA. 1991a. Risk Assessment Guidance for Superfund (RAGS): Volume I-Human Health Evaluation Manual Supplemental Guidance: Standard Default Exposure Factors. Interim Final. OSWER Directive No. 9285. 6-03. Washington, DC: EPA Office of Solid Waste and Emergency Response.

[13] EPA. 1991b. Ecological Assessment of Superfund Sites: An Overview. Publication No. 9345. 0-051. Washington, DC: US EPA Office of Solid Waste and Emergency Response.

[14] EPA. 1992a. Final Guidelines for Exposure Assessment. EPA/600/Z-92/001. Washington, DC: EPA.

[15] EPA. 1992b. Supplemental Guidance to RAGS: Calculating the Concentration Term. OSWER Directive No. 9285. 7-081. Washington, DC: EPA Office of Solid Waste and Emergency Response.

[16] EPA. 1992c. Developing a Work Scope for Ecological Assessments. Publication No. 9345. 0-051. Washington, DC: EPA Office of Solid Waste and Emergency Response.

[17] EPA. 1994. Field Studies for Ecological Risk Assessment. Publication No. 9345. 0-051. Washington, DC: EPA Office of Solid Waste and Emergency Response.

[18] EPA. 1995. Federal facility pollution prevention project analysis: a primer for applying life cycle and total cost assessment concepts. EPA 300-B-95-008. Washington, DC: EPA Office of Enforcement and Compliance Assurance.

[19] EPA. 1996a. Final Soil Screening Guidance: User' s Guide. EPA 540/R-96/018. Washington, DC: EPA Office of Solid Waste and Emergency Response.

[20] EPA. 1996b. Fact Sheet: Environmental Pathway Models-Ground-Water Modeling in Support of Remedial Decision Making at Sites Contaminated with Radioactive Material. EPA/540/F-94-024. Washington, DC: EPA Office of Radiation and Indoor Air.

[21] EPA. 1997a. Guiding Principles for Monte Carlo Analysis. EPA/630/R-97/001. Washington,

DC: EPA.

[22] EPA. 1997b. Ecological Risk Assessment Guidance for Superfund: Process for Designing and Conducting Ecological Risk Assessments. Interim Final. EPA/540/R-97/006, OSWER Directive No. 9285. 7-25. Edison, NJ: EPA Environmental Response Team.

[23] EPA. 1997c. Lognormal Distribution in Environmental Applications. EPA/600/R-97/006. Washington, DC: EPA Office of Research and Development and Office of Solid Waste and Emergency Response.

[24] EPA. 1998. Institutional Controls: A Reference Manual (Working Group Draft).

[25] EPA. 1999. Department of Defense (DoD) Range Rule. Letter from Timothy Fields, Jr. , Acting Assistant Administrator, U. S. Environmental Protection Agency, to Ms. Sherri Goodman, Deputy Under Secretary of Defense, Department of Defense, April 22, 1999.

[26] EPA. 2000. A Guide to Developing and Documenting Cost Estimates During the Feasibility Study. EPA 540-R-00-002. Washington, DC: U. S. Army Corps of Engineers and EPA Office of Emergency and Remedial Response.

[27] EPA. 2001a. Risk Assessment Guidance for Superfund: Volume Ⅲ-Part A, Process for Conducting Probabilistic Risk Assessment. EPA 540-R-02-002, OSWER 9285. 7-45. Washington, DC: EPA Office of Emergency and Remedial Response.

[28] EPA. 2001b. The Role of Screening-Level Risk Assessments and Refining Contaminants of Concern Baseline Risk Assessments. 12th Intermittent Bulletin, ECO Update Series. EPA 540/F-01/014. Washington, DC: EPA Office of Solid Waste and Emergency Response.

[29] EPA. 2002. 2002 Edition of the Drinking Water Standards and Health Advisories. EPA 822-R-02-038. Washington, DC: EPA Office of Water.

[30] EPA. 2003a. Abstracts of Remediation Case Studies, Volume 7. Washington, DC: EPA Federal Remediation Technologies Roundtable.

[31] EPA. 2003b. The DNAPLs Remediation Challenge: Is There a Case for Source Depletion? EPA 600/ R-03/143. Washington, DC: EPA Office of Research and Development.

[32] Gregory, M. 1993. Health Effects of Hazardous Waste: An Environmentalist Perspective. Presented to ATSDR Hazardous Waste Conference in 1993. http: //www. atsdr. cdc. gov/cx2b. html.

[33] Lemke, L. D. 2003. Influence of alternative spatial variability models on solute transport, DNAPLs entrapment, and DNAPLs recovery in a homogeneous, nonuniform sand aquifer. Ph. D. dissertation, University of Michigan, Civil and Environmental Engineering.

[34] Lemke, L. D. , and L. M. Abriola. 2003. Predicting DNAPLs entrapment and recovery: the influence of hydraulic property correlation. Stochastic Environmental Research and Risk Assessment. 17: 408-418, doi 10. 1007/s00477-003-0162-4.

[35] Lemke, L. D. , L. M. Abriola, and J. R. Lang. 2004. DNAPLs source zone remediation: influence of hydraulic property correlation on predicted source zone architecture, DNAPLs recovery, and contaminant mass flux. Water Resources Research 40, W01511, doi: 10. 1029/2003WR 001980.

[36] Li, X. D. , and F. W. Schwartz. 2004. DNAPLs remediation with in situ chemical oxidation using potassium permanganate: part I—mineralogy of Mn oxide and its dissolution in organic acids. Journal of Contaminant Hydrology 68: 39-53.

[37] Londergan, J. T. , H. W. Meinardus, P. E. Mariner, R. E. Jackson, C. L. Brown, V.

Dwarakanath, G. A. Pope, J. S. Ginn, and S. Taffinder. 2001. DNAPLs removal from a heterogeneous alluvial aquifer by surfactant-enhanced aquifer remediation. Ground Water Monitoring and Remediation 21: 57-67.

[38] National Research Council (NRC). 1983. Risk Assessment in the Federal Government: Managing the Process. Washington, DC: National Academy Press.

[39] NRC. 1996. Understanding Risk. Washington, DC: National Academy Press.

[40] NRC. 1997. Innovations in Ground Water and Soil Cleanup. Washington, DC: National Academy Press.

[41] NRC. 1999a. Groundwater and Soil Cleanup: Improving Management of Persistent Contaminants. Washington, DC: National Academy Press.

[42] NRC. 1999b. Environmental Cleanup at Navy Facilities: Risk-Based Methods. Washington, DC: National Academy Press.

[43] NRC. 2000a. Long-Term Institutional Management of U. S. Department of Energy Legacy Waste Sites. Washington, DC: National Academy Press.

[44] NRC. 2000b. Natural Attenuation for Groundwater Remediation. Washington, DC: National Academy Press.

[45] NRC. 2003. Environmental Cleanup at Navy Facilities: Adaptive Site Management. Washington, DC: National Academies Press.

[46] Nielsen, R. B., and J. D. Keasling. 1999. Reductive dechlorination of chlorinated ethene DNAPLs by a culture enriched from contaminated groundwater. Biotechnology and Bioengineering 62: 160-165.

[47] Phelan, T. J., S. A. Bradford, D. M. O'Carroll, L. D. Lemke, and L. M. Abriola. 2004. Influence of textural and wettability variations on predictions of DNAPLs persistence and plume development in saturated porous media. Advances in Water Resources 27 (4): 411-427.

[48] Price, P. S., C. L. Curry, P. E. Goodrum, M. N. Gray, J. I. McCrodden, N. W. Harrington, H. Carlson-Lynch, and R. E. Keenan. 1996. Monte Carlo modeling of time-dependent exposures using a Microexposure event approach. Risk Anal. 16 (3): 339-348.

[49] Rao, P. S. C., and J. W. Jawitz. 2003. Comment on "Steady state mass transfer from single-component dense nonaqueous phase liquids in uniform flow fields" by T. C. Sale and D. B. McWhorter. Water Resources Research 39: 1068, doi: 10. 1029/2001WR000599.

[50] Rao, P. S., J. W. Jawitz, G. C. Enfield, R. W. Falta, M. D. Annable, and L. A. Wood. 2002. Technology integration for contaminated site remediation: clean-up goals and performance criteria. Pp. 571-578 In: Groundwater Quality: Natural and Enhanced Restoration of Groundwater Pollution. S. F. Thornton and S. E. Oswald (eds.). IAHS Publication No. 275. Wallingford, Oxfordshire, UK: International Association of Hydrological Sciences.

[51] Rathfelder, K., and L. M. Abriola. 1998. On the influence of capillarity in the modeling of organic redistribution in two-phase systems. Advances in Water Resources 21 (2): 159-170.

[52] Rathfelder, K. M., L. M. Abriola, T. P. Taylor, and K. D. Pennell. 2001. Surfactant enhanced recovery of tetrachloroethylene from a porous medium containing low permeability lenses. II. Numerical simulation. Journal of Contaminant Hydrology 48: 351-374.

[53] Sung, Y., K. M. Ritalahti, R. A. Sanford, J. W. Urbance, S. J. Flynn, J. M. Tiedje, and F. E. Löffler. 2003. Characterization of two tetrachloroethene-reducing, acetate-oxidizing anaerobic bacteria and their description as Desulfuromonas michignensis sp. nov. Applied and Envi-

ronmental Microbiology 69：2964-2974.

[54] Taylor，T. P.，K. D. Pennell，L. M. Abriola，and J. H. Dane. 2001. Surfactant enhanced recovery of tetrachloroethylene from a porous medium containing low permeability lenses. I. Experimental studies. Journal of Contaminant Hydrology 48：325-350

[55] Udo de Haes，H.，R. Heijungs，P. Hofstetter，G. Finnveden，O. Jolliet，P. Nichols，M. Hauschild，J. Potting，P. White，and E. Lindeijer. 1996. Towards a Methodology for Life Cycle Impact Assessment. Brussels：SETAC-Europe.

[56] Wilson，N.，P. Price，and D. J. Paustenbach. 2001. An event-by-event probabilistic methodology for assessing the health risks of persistent chemicals in fish：a case study at the Palos Verdes Shelf. J. Toxicol. Environ. Health 62：595-642.

[57] Yang，Y.，and P. L. McCarty. 2000. Biologically enhanced dissolution of tetrachloroethene DNAPLS. Environ. Sci. Technol. 34：2979-2984.

[58] Yu，C.，A. J. Zielen，J. J. Cheng，Y. C. Yuan，L. G. Jones，D. J. LePoire，Y. Y. Wang，C. O. Lourenro，E. K. Gnanapragasam，E. Faillace，A. Wallo III，W. A. Williams，and H. Peterson. 1993. Manual for Implementing Residual Radioactive Material Guidelines Using RESRAD Version 5.0. ANL/EAD/LD-2. Argonne，IL：Argonne National Laboratory.

5 污染源修复技术的选择

在过去的五年中，许多激进主动的污染源修复技术越来越流行，这些激进主动的技术正是陆军在此项研究（本书）中所提出的基础要求。本章介绍了几种主要的污染源修复候选技术，包括每一种技术介绍、优势和劣势以及技术特点。以下各节内容的详细程度不一定相同，因为每种技术的信息的完整程度不同。例如，已有许多关于表面活性剂冲洗、化学氧化以及蒸汽冲洗的案例研究，而几乎不存在采用化学还原的案例研究。因此，本章中创新性修复技术的描述程度在很大程度上反映了现有数据的数量。

由于污染源区修复是讨论的重点，针对溶解相羽流的修复技术在此不做讨论。因此，如主要用于治理羽流的渗透性反应墙技术，不包括在此项研究的讨论内。此外，对挖掘、阻隔以及监测自然衰减技术仅做了简要的说明。虽然这些技术可与污染源区域的修复活动很好地相互结合，但这些修复技术不是污染源区原位修复技术。

除了描述各种技术目前的工艺水平，本章提供了定性的技术比较，首先评估每种技术对污染物类型是否适合，并定性评估每种技术对污染物量的去除、浓度的减少、质量通量的减少、污染源的迁移以及毒性的改变——在第 4 章中广泛讨论的物理目标方面的潜能。应该指出的是，与这些目标以及在第 4 章中讨论的目标相关的有效性数据没有被频繁地收集。大多数的中试和场地规模研究的污染源修复测量了质量去除的有效性以及个别的浓度减少的有效性（虽然后者的数据可能非常难以解释）。质量通量和污染源迁移测量却很少被记录在案。事实上，几乎不存在与技术相关的生命周期成本的数据。此外，大多数案例研究的报告没有发表在同行评议的文献上。这一章应牢记这些事实，尤其当解释汇总表时需要牢记。对第 2 章中描述的每一类水文地质环境进行了定性比较。因为这些地质环境是概括性的，是否有特定的技术可以用于一个给定的场地取决于一个复杂广泛的场地和污染物特性的整合。

本书关注的两类污染物——重质非水相液体（DNAPLs）和化学炸药，具有不同的特点，并就污染源修复而言具有不同的处理方法。本章涵盖了更为详细的 DNAPLs 的信息，而没有特别详细的炸药方面的信息，因为至今大部分的研究专注于 DNAPLs 污染。然而，也有一些研究提及了已被用于或适用于化学炸药去除的技术。DNAPLs 处理的讨论重点是关注饱和区的污染，这种介质带来了现场清理方面最大的挑战。因此，这里不讨论针对非饱和区（如土壤真空抽提、生物通风、生物曝气等）的技术。

表5-1概述了本章中讨论的技术。虽然挖掘、阻隔以及抽出-处理技术被认为是处理DNAPLs的传统技术，这里仍然对其进行了讨论，并为新颖的技术提供了一条基线。多相抽提是一种方法，用于除去尽可能多的移动相的DNAPLs。其余的技术针对的目标是残留或捕获的DNAPLs，它们的方式被归类为抽提、转化或两者兼而有之。抽提技术旨在改善DNAPLs从地下回收的速度，而转化技术谋求原位改变DNAPLs的形式。许多技术都可以同时达到上述两个目的。在本章的最后一节讨论炸药污染物的治理技术。

表5-1 本章的源治理技术

技术	方法原理
挖掘	提取
阻隔	隔离
抽出-处理	提取/隔离
多相抽提	提取
表面活性剂/助溶剂	提取
化学氧化	转化
化学还原	转化
蒸汽驱	提取/转化
传导加热	提取/转化
电阻加热	提取/转化
空气喷射	提取
强化生物修复	转化
炸药/去除技术	提取/转化

5.1 常规技术

在场地管理中发挥了显著作用的常规技术包括挖掘、阻隔以及抽出-处理技术。某种程度上，挖掘（如果完全成功）和阻隔代表可能的污染源治理的两个方向，即挖掘完全去除了污染源而阻隔没有去除任何污染物的总量。随后讨论的抽出-处理以及所有的创新技术，在污染物去除方面均介于上述两个方向之间。

5.1.1 挖掘

挖掘是最常见的针对危险废物场地的污染源修复技术，因此对其进行简要介绍。挖掘需要用到可以挖掘出污染源并把它们放置于运输容器的重型建筑设备。运输容器被运往指定的地点并进行处理或处置。开挖回填时必须采用清洁的回填材料，并应安全仔细地放置回填材料以避免交叉污染。这些活动污染源区具有广阔的开挖与运输空间。

成功的挖掘案例，关键是要了解污染源区域范围、深度以及总体分布，这意味着挖掘前需要进行密集的污染源表征工作。事实上，如果挖掘前的调查是有缺陷的，那么污染源区的某些部分可能会无意中留在原地。这些相同的表征分析工具随后也用于验证源区所有污染物是否已清除完毕，并将挖掘过程中遇到的不明物质分类为污染的与未污染的。除了关于污染源区的大小和形状的信息，基本的地质信息对成功地预测挖掘同样重要。例如，应确定是否存在基岩，因为它难以被挖掘。挖掘地下水位以下的区域是困难的，因为地下水会涌入此区域，并与污染源物质接触而被污染，因此必须谨慎处理。饱和砂质土壤在挖掘过程中往往被液化（学名为涌砂），会显著提高挖掘的复杂性，在某些情况下，必须在污染源周围采用钢板桩或排水系统，以减少基坑水流量和稳定挖掘基坑的侧壁和底部。最后，完全挖掘污染源的能力取决于污染源区具有足够的开挖运输空间。如果开挖运输空间受附近的地基或建筑物限制，不损坏周围的建筑而达到彻底清除污染物是不可能的。如果计划在地基或建筑附近进行挖掘，在挖掘前进行高质量的调查就显得尤其重要。对在陡峭的山坡上有一层薄薄的污染土层进行挖掘也是很困难的，因为挖掘施工设备往往以危险的方式下滑。

挖掘更适合作为某些水文地质环境的修复措施。具有Ⅰ类、Ⅱ类和Ⅲ类水文地质环境的浅层污染源区可以很容易地使用标准设备挖掘。一些Ⅳ类沉积基岩，例如松软的砂岩或页岩也可以采用挖掘的修复方法。然而，挖掘属于Ⅳ类和Ⅴ类水文地质环境中的基岩污染源区通常都是困难的，特别是污染源区位于火成岩或变质岩中的情况。总体而言，经验表明，隔水层较浅的、土壤渗透性较低的、污染源物质体积少于 $5000m^3$ 的以及污染物不需要复杂的处理或处置的污染场地，挖掘工程是最好的修复选项并最具有成本竞争力。许多文献，包括 NRC（2003），都讨论了挖掘场地的创新和适应性方式，以确保更完整地清除治理整个污染源区。

如第 2 章中所建议，挖掘是修复近地表炸药污染源区的主要方式。当有引爆的危险时，遥控远程机器人挖掘设备可以增加现场团队和污染源区之间的安全距离。对于炸药浓度非常高的污染土，必须与干净的土壤混合作为预处理，然后进行焚烧或堆肥处理，其中后者已成为治理炸药高度污染土壤的主要技术。

挖掘的主要优点是可以非常迅速地从地下水系统中取出污染源物质。污染物从污染源区往外的迁移可以在挖掘完成后被快速切断。与原位治理相比，挖掘价格低廉，而且由于其简单性，往往是潜在的责任方（PRPs）和利益相关者的首选。挖掘也有许多缺点，主要有需要可以接收挖出物料的地方、操作重型挖掘设备的危险、工人暴露在潜在的挥发性有机化合物（VOCs）释放环境中以及无法预测污染源区体积。事实上，根据开挖经验，由于污染源表征，挖掘实际工程量往往是之前预测挖掘体积的 2 倍。深挖掘也可能需要放坡，这大大增加了土壤挖掘量。此外，当降低地下水位以便于挖掘时，DNAPLs 很可能重新流入挖掘区，将工人暴露于危险中。最后，如果挖方量较大，或者如果挖掘出的污染土壤受土地处置的限制，将导致高的异地治理费用（例如《资源保护和回收法案》《有毒物质控制法案》中的废物焚烧），则成本可能是不利因素。在适当的水文地质环境中制订适当的设计方案和实施的挖掘应当可以完全清除污染源区的污染物。在这些情况下，也可实现质量通量减少、浓度降低、污染源迁移潜力降低等目标。挖掘后不产生污染物毒性的变化，因为污染物被运往异地处理或处置，因此其在本章结尾的技术比较表中显示为“不适用”。

5.1.2 阻隔

污染阻隔技术分物理阻隔技术和水力控制阻隔技术两种，是一种常见的治理污染源区的方法。本节讨论物理阻隔污染源区，而下节关于抽出-处理技术内容阐述水力控制阻隔。污染阻隔治理的目标是通过阻隔污染源，大大减少污染物的迁移以致没有可以直接接触污染源的路径，以降低风险。物理阻隔是通过采用标准的重型施工方法和设备创建污染源区与四面八方的防渗屏障。因此，一个典型的物理阻隔系统是由污染源区底部的黏土隔水层、围绕污染源区四周设置渗透性非常低的垂直防渗层以及在污染源区顶部设置渗透性非常低的防渗层组成的。垂直屏障的建造材料包括膨润土毯、高密度聚合的防渗膜、密封接缝的钢板桩、加压注入的连续水泥桩或人为冻结的土水垂直层。有几种钻井方法可以构建底部阻隔，但这类底部阻隔是罕见的。

顶部阻隔是为了最大限度地减少雨水的渗入及其对污染物的淋溶迁移。顶部阻隔是多层系统，包括高密度聚合的防渗膜层和排水层。典型的运行阻隔系统是通过运行一个小型的地下水抽出-处理系统，从污染源区内部抽取地下水，从而使污染源区内部的地下水水位低于邻近含水层的水位。这就产生了一个向内的地下水水力梯度，有助于确保污染物不会向外迁移。在污染源区地面设置阻隔层则非常有利于保持源区内部的地下水水力梯度和降低地下水抽出-处理的成本。

5.1.2.1 技术的适用性

（1）污染物

阻隔系统广泛适用于有机污染物的阻隔控制。它们可用于阻隔容纳预计不会与阻隔系统材料发生反应或不能透过阻隔材料滤出的任何污染物。但是具有极端 pH 值的污染源物质最有可能腐蚀阻隔材料。

（2）水文地质

水文地质相关的两种类型的表征对建立阻隔是必不可少的：要包含污染源区的面积范围和深度，这些是必须知道的，以便于将所有的污染源物质阻隔在系统内。不需要了解污染源物质分子的内部结构或污染物存在的质量或浓度。然而，了解相关隔水层的深度和厚度是至关重要的，因为需要有足够深的垂直屏障插入隔水层顶板中。隔水层地形也必须是已知的，以便于在屏障的构建过程中满足垂直屏障任意深度的变化。屏障构建之前应提早仔细绘制地下障碍物图，以便屏障建设施工不被干扰，并且它们不会引起工人的安全问题。

地下水流场建模对设计阻隔系统是必要的，由于建设新的屏障障碍，地下水流动将有所改变。由于地下水绕开屏障分流转移，相邻场地的水文流场可能受到影响，在屏障的上游会聚积一些地下水。如果建模可以预测出地下积水，那么地下水将会溢出屏障顶部并涌进低洼区域，这将是一个重大问题，可能需要实施分流排水。

通常在松散的土壤地质环境中（Ⅰ类、Ⅱ类、Ⅲ类水文地质环境）建设阻隔系统是可行的，由于其土质相对便于施工。限制安全壳适用性的环境条件包括土壤中存在巨石或鹅卵石，这会使安装垂直阻隔屏障变得困难而且昂贵。在Ⅳ类和Ⅴ类基岩环境中建设阻隔系统是很难的，往往依赖于灌浆帷幕。灌浆帷幕很难安装，还不能保证具有与在松散土壤中挖沟建造垂直屏障完全相同的阻隔水平。建造质量的确认在Ⅳ类和Ⅴ类水文地质环境中也比较困难。在没有天然底部存在的场地，在构建底部障碍方面几乎没有任何经验。最后应该注意的是，阻隔系统可创建用于阻隔的壁垒并使其他结构增强，可以构造到的深度约达 30m，使用设备如螺旋推运器、吊斗铲、蛤壳以及特殊的挖掘机扩展的构架。本章所讨论的所有技术，随着地下深度的增加，阻隔成本上升。

（3）健康、安全和环境考量

阻隔主要的安全隐患来自建设所需的重型设备的操作。阻隔系统一旦到位，阻隔会持续维持有效以避免对周边地区造成潜在的健康问题或其他重要问题。这需要在修复建造过程中进行持续和严格的检查与随后长期的监测。即使有侵入性的活动使用地面积受损，可选的用地方式如在阻隔系统上建公园和高尔夫球场正变得越来越普遍，更新的建造技术，如喷射，也减小了土地使用受到的限制。如果污染源物质有可能产生气体，应该建立一个系统来控制气体运移，以避免未来的风险。

5.1.2.2 满足目标的可能性

与本章中讨论的大部分技术相比，阻隔是简单而坚固耐用的。阻隔系统构建时，几乎完全消除了污染物迁移到其他环境，从而防止直接和间接的接触风险。在Ⅰ类、Ⅱ类以及Ⅲ类水文地质环境中，阻隔系统几乎完全降低污染物总量通量和阻断污染源迁移潜力。尽管如此，监控阻隔系统还是必不可少，以确保没有污染物的迁移。阻隔系统不降低污染源区污染物的总量、浓度或毒性，除非与处理技术一起使用（在大多数情况下，只有有限的处理将提供控制地下水渗漏而安装的抽出-处理系统）。结合阻隔系统和其他原位修复技术是可能的，因为大多数能够清理自由辐射迁移性污染源的原位技术可以在阻隔区域内应用，例如特拉华砂石共代谢生物通风系统。在某些情况下，阻隔系统可允许使用其他治理方法，但不受控制的含水层将构成过大的风险（例如关于污染物或试剂的迁移），尽管需要有大量的驱动因素来促使在同一污染源区安装两种修复措施。

5.1.2.3 成本驱动

阻隔系统建设的成本来自必要的施工类型和数量。它们是弱透水层的深度、需要垂直屏障阻隔的总长度、不同阻挡墙类型施工的选择、不同类型的顶部阻隔罩，以及需要建造的底部阻隔（如有的话）。监测系统是必要的，但它们并不复杂或昂贵。特别是对于大污染源区而言阻隔系统通常是比较便宜的治理方法。

5.1.2.4 具体到技术的预测工具和模型

阻隔系统是可预测的，因为它们基本上都是标准的建设项目。目前模型可以预测其长期表现。已在建筑行业中使用的控水技术，也被用于阻隔系统中的控水并有良好的跟踪记录。实验研究通常用于确定阻隔泥浆混合物的最佳组成。

5.1.2.5 研究和示范需要

鉴于阻隔是传统技术，其研究需要是微乎其微的。然而，更好的监控技术将是有帮助的，而且确认垂直屏障和底部阻隔完整性的更好方法将提高阻隔性能可靠性。获得有关于与污染物接触的屏障材料寿命的更多信息将有助于设计更好的屏障材料。

5.1.3 水力控制阻隔技术

水力控制阻隔技术是最广泛使用的限制DNAPLs源区污染物运动的方法之一。通过使用抽提井，污染源区产生的污染地下水可以被捕获和异位处理，这种技术通常被称为抽出-处理（NRC，1994，1999）。为了减少异地治理费用，可以结合使用注水井和开采井以水力控制阻隔污染源区。普遍认为，在大多数情况下水力控制阻隔对污染源修复将不会有效，因为被关注的大多数污染物的溶解度有限并且在水相的传质有限（NRC，1994，1999；EPA，1996；Illangesekare和Reible，2001）。因此，目前的讨论只集中于水力控制阻隔污染源区，而不是它们的修复（水流流经水力控制的污染源区可能会导致小规模污染源的去除修复）。

5.1.3.1 案例研究

由于抽出-处理是使用最广泛的技术，适用于各种污染的场地，详细的案例研究有很多，最好的总结在别处［例如，1998年，NRC（1994）和EPA，1998a］。在大多数已经使用抽出-处理的场地，在泵送过程中观察到提取的水污染物浓度的降低，但没有实现清理目标。然而，几乎所有场地都实现了水力控制阻隔，表明该技术可以有效地阻断污染物从污染源区到地下水的传播。

5.1.3.2 技术的适用性

（1）污染物

水力控制阻隔技术的使用并不限定于某一特定的污染物类型。然而，具有较高溶解度的污染物更容易被抽出-处理操作去除。

（2）水文地质

水力控制阻隔系统的有效设计要求对现场水文地质有透彻的了解，以便选择最佳位置和水井的抽水率。不完整的水文地质表征可能导致系统没有实现完全水力控制阻隔，或抽出过量的地下水，导致抽出-处理费用增加。因此，水文地质环境越复杂，设计最优的水力控制阻隔系统就越具有挑战性。除了与钻井相关的限制外，没有与水力控制阻隔系统相关的深度限制，尽管成本预计会随着井深的增加而增加。

在具有较高的水力传导系数的水文地质环境（如砾石或粗砂）中，可能很难实现水力控制阻隔，因为可能需要从密集的抽水井中快速地抽水。在低渗透地层（如黏土、粉土），由于需要显著高的水力梯度以获得大的捕获区，所以也可能难以取得有效的水力控制阻隔效果。在高度异质性的系统中，由于存在低渗透区，因此缺乏水力连通性，从而限制了有效的水力控制。对于裂隙系统和岩溶来说，这可能是一个特别的问题，因为很难确定它们的连通性。

（3）健康、安全和环境考量

对于水力控制阻隔来说，主要的健康、安全以及环境方面的考虑涉及从地下取出的污染物的处理和处置。必须采取预防措施，以确保抽出的受污染的地下水不被暴露，特别是污染物蒸气。典型异地处理技术涉及活性炭、催化氧化以及生物处理。当污染物被转移到另一种介质中时，用活性炭处理，最终处理处置的污染物所涉及的其他步骤可能存在健康和安全风险。

5.1.3.3 满足目标的可能性

鉴于水力控制阻隔技术的广泛使用，以满足各种不同类型场地目标的水力控制阻隔技术的有效性是众所周知的。无论什么类型的水文地质环境，水力控制阻隔都不会达到显著的总量去除，因为被关注的大多数污染物在水相中的溶解度较低，因而，溶解了的污染物的量相比于存在于污染源中有机污染物的量以及被吸附到土壤上的污染物的量要小（Illangasekare 和 Reible，2001）。溶解度主要受控于缓慢的、从有机和土壤相向液相的质量转移。对于一些高度可溶性污染物，如 DCA（溶解度为 8600mg/L），最大限度地提高水流通过污染源区的水力控制阻隔，可能会在均质渗透性介质中产生大量的质量去除。非均质介质环境中，从渗透区去除污染物也可能有助于减少污染物通量，但由于水通过高渗透区的通道，局部平均浓度可能不会显著减少。

尽管维持上游梯度被认为是防止裂隙岩体向下迁移 DNAPLs 的方式（Chown 等，1997），但由于水力控制阻隔预期的总量去除低，减少污染源迁移的潜力并不显著。

5.1.3.4 成本驱动

水力控制阻隔的成本与操作和维泵系统以及被抽出的水的处理相关。

5.1.3.5 特定技术预测工具和模型

大多数情况下，水力控制阻隔系统的设计和相关的建模都集中在模拟水流，而不是在运输和去除污染方面。有大量的工具和模型可以用来设计水力控制阻隔系统。其范围从简单的解析均匀稳态系统（EPA，1996）到复杂的数值模型，可以将非均质性和短暂的边界条件耦合。

5.2 提取技术

多相抽提与表面活性剂和助溶剂冲洗是两种常用的污染源修复技术，主要通过物理方法从地下提取污染物。多相抽提采用真空或泵抽提 NAPLs、蒸气以及水相中的污染物，然后处置或处理。表面活性剂和助溶剂冲洗有点类似于抽出-处理（前面已讨论过），液体被引入污染区域的地下，然后将混合物从地下提取出来随后处理。

5.2.1 多相抽提

多相抽提涉及应用真空井从地下抽提水、气以及有可能的非水相流体。多相抽提的第一种形式被称为单动力两相抽提。两相抽提主要是把 18～26in（46～66cm）汞柱高的真空通过吸管（浆管）施加到抽提井中以抽提出土壤蒸气、地下水和可能的 NAPLs 混合物（见图 5-1）。多相流体在吸管中的湍流流动可能会加强 VOCs 蒸气向气相的转移。多相抽提的第二个形式被称为双动力双相抽提，使用潜水泵或气动泵从井中抽提液体。然而，吸入管可提高 VOCs 蒸气转移到气相，并使用真空［3～26in（8～66cm）汞柱］抽提鼓风机去除土壤气体（见图 5-2）。因为施加在多相抽提上的真空诱导了空气向地下渗透，因而能刺激好氧生物降解，它有时也被称为“生物啜食”。

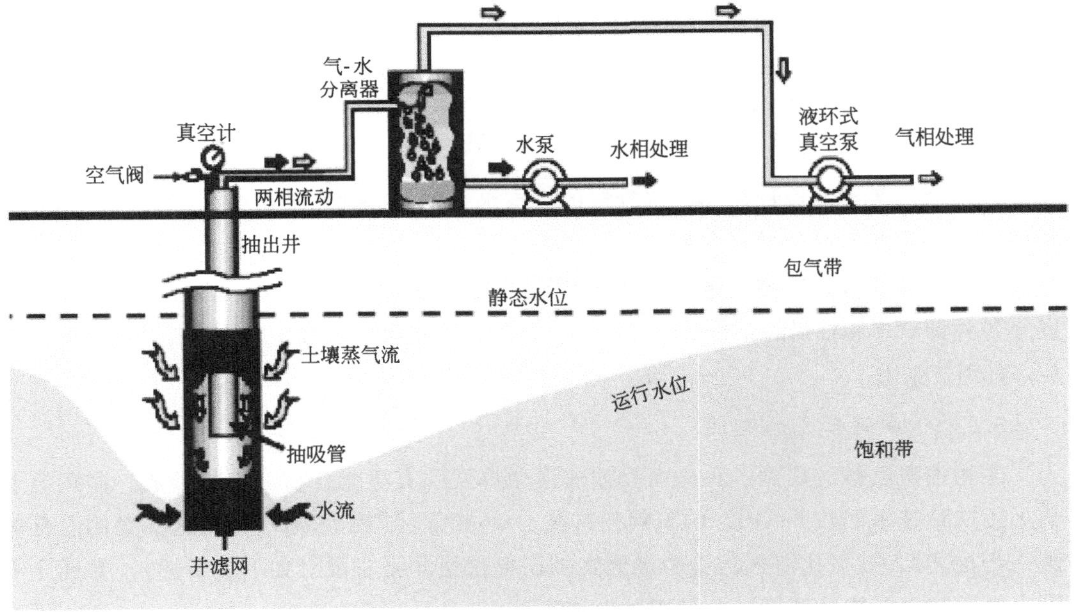

图 5-1 单动力两相抽提系统

注：也可以在饱和区上方安装抽提井的筛管段，以处理包气带污染物。

资料来源：EPA（1997）。

多相抽提井的筛管通常至少有一部分处于包气带中。因此，施加的真空负压力会产生蒸气流，使气流通过包气带流向抽提井，从而除去土壤气体中的挥发性有机蒸气。地下水的抽提降低了地下水的水位，因而使得地下的更大部分暴露于蒸气剥离中。地下水的抽提还从地下去除了溶解的污染物。使用在抽提井的高真空加强了地下水向抽提井的流动而不会有很强的水位下降，因为高真空增加了抽提井周围的压力梯度。如果场地中存在 LNAPLs，上述情况（井周围发生严重的地下水水位降低）会减少 LNAPLs 在抽提井周围土壤中的沾染。多相抽提井影响区域中的 NAPLs 也可能被捕获，特别是对于 LNAPLs 池存在于地下水水位以上的情况。

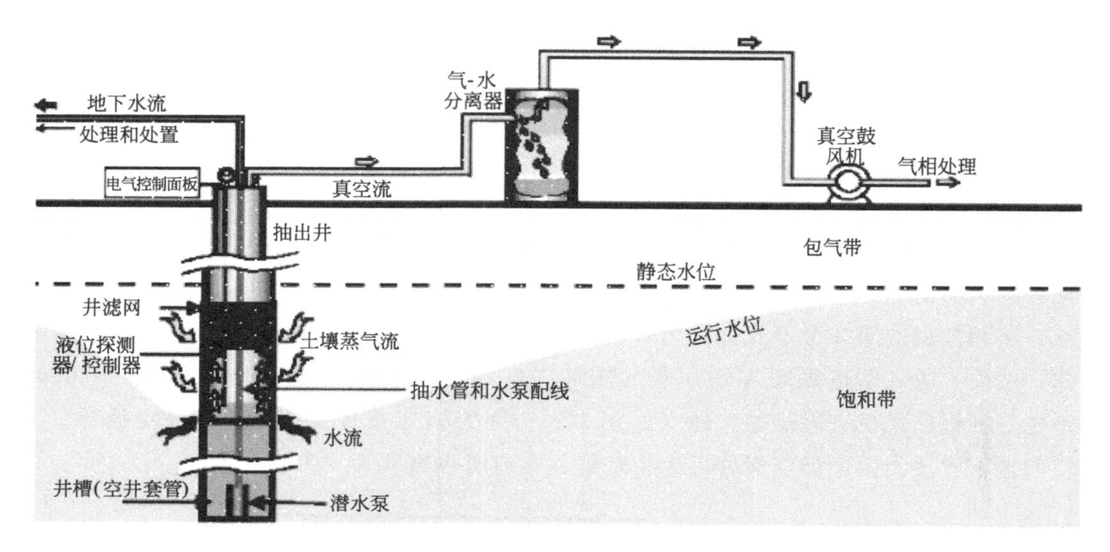

图 5-2　双动力双相抽提系统

注：也可以在饱和区上方安装抽提井的筛管段，以处理包气带污染物。

资料来源：EPA（1997）。

多相抽提系统的设计需要确定给定的真空水平的抽提井影响范围，确定气体和液体抽提速率，并确定最佳抽提井间距。初步设计可以根据气体和水流的水力模型制订，但建议进行先导试验。所需的地上设备包括泵、气-液分离器以及气液处理装置。已经开发了各种针对多相抽提的专有设计（EPA，1999），这些设计通常涉及从抽提井中抽提流体的多种细节变化。

5.2.1.1　案例研究的概述

多相抽提已被应用到各种被卤化或非卤化挥发性有机化合物污染的场地。存在记录的采用这种技术回收 NAPLs 的案例仅有被 LNAPLs 污染的场地（并且这些案例没有被进一步描述）。被氯化溶剂污染的场地案例研究数量非常有限（如下文所述），并且几乎没有对治理后污染物浓度反弹情况的监控。

美国弗吉尼亚州 Richmond 的国防部供应中心于 1997～1998 年期间执行了一个为期一年的多相抽提处理研究。污染物主要是四氯乙烯（地下水中浓度为 3.3mg/L）和三氯乙烯（地下水中浓度为 0.9mg/L），并延伸到地面以下 25ft（7.6m）深。土壤层包括粉质黏土、细砂、粗粒砂和层间砾石。地下水位在地面以下 10～15ft（3～4.6m）。

在场地的矩形网格点上安装了12个双相抽提井和6个空气注入井，深度为地下22～28ft（6.7～8.5m）。用潜水回收泵从抽提井中去除水。采用的真空压力约为11kPa。由地下水水位下降所指示出的该区域的影响区域为上游600～800ft（183～244m）和下游1800～2500ft（549～762m）的区域，地下水的平均抽提速率为37gal/min。从蒸气中去除的VOCs共有117lb（53kg），从抽提的水中去除的VOCs为28lb（13kg）。研究结束时，尽管处理区域的部分外边缘上仍然高于这个水平，但是部分治理区域四氯乙烯和三氯乙烯浓度均低于5mg/L的修复目标。治理被认为是成功的，并继续运营，以满足修复目标的建议。

1996年在美国加利福尼亚州的Santa Clara，多相抽取被用在某制造工厂深度为20ft（6m）的淤泥和黏土中来修复TCE污染（土壤中浓度为46mg/kg，地下水中浓度为37mg/L）。进行气动压裂，以增加空气流速。在现场安装了20个双相单泵提取井。由于在修复区域存在高渗透性透镜体，地下水的提取速率为35gal/min，这远高于预期。在抽取的地下水和提取的785lb（356kg）蒸汽中去除挥发性有机化合物总量是382lb（173kg）。修复项目持续运行了2年，经过约2个月的运营，提取速率明显下降。6个月后停机，通过观察提取的水和蒸气的浓度发现了小的反弹，在修复区，水中的污染物被有效去除了。VOCs浓度在修复结束时从4mg/L下降到0.7mg/L。

在新罕布什尔州伦敦德里的Tinkham汽车修理厂的超级基金场地也实施了多相抽提修复技术用来修复6881m^3被四氯乙烯、三氯乙烯、苯、甲苯、乙苯和二甲苯（苯系物）（最大总VOCs含量在污染土壤中为652mg/kg，地下水中为42mg/L）污染的土壤。该场地地质包括覆盖在地下14ft（4.3m）的风化变质的基岩上的有机和无机粉质黏土以及砂。抽提系统由安装在覆土层被屏障了的25个浅井、在基岩和覆土层被屏障了的8个深井组成。使用双泵配置。在68in（173cm）真空水柱（WC）作用下，气相抽提速率平均为500ft^3/min（standard cubic foot per minute，SCFM）（14m^3/min）。而水抽提速率平均为2.5gal/min。在10个月的治理期结束时，所有的土壤钻孔区域已经修复到低于1mg/L总VOCs的目标。治理结束时，地下水中的VOCs浓度总额平均为82μg/L。气相中共有48lb（22kg）VOCs被去除，水相中共有5lb（2.3kg）VOCs被去除。修复工作被认为已经成功地将土壤中的总VOCs浓度降低到1mg/kg以下，涉及抽出-处理的长期的迁移控制的治理措施现在依然在运行。

列举的3个案例研究表明，多相抽提可以实现浅源区部分VOCs的去除。特别是，多相抽提被认为比单独采用土壤气相抽提或抽出-处理技术要更有效。在所有情况下，治理结束后污染仍然存在，建议继续修复或采用控制的治理措施。

5.2.1.2 技术的应用

(1) 污染物

多相抽提对挥发性有机化合物（即在20℃时的蒸汽压＞1mm汞柱的有机化合物）最有效，因为污染物的蒸气汽提是污染物的主要去除机制之一。高黏度的非水相液体，如杂酚油和煤焦油，不能被多相抽提技术有效地去除。对于半挥发性有机化合物(SVOCs)，使用多相抽提技术修复时，可以给受污染的区域增加氧气供给以提高生物降解性，但其他提高生物修复的方法可能更有效。

(2) 水文地质

多相抽提最适合中度渗透（10^{-5}～10^{-3}cm/s）的土壤（EPA，1996）。渗透性过低时，很难去除土壤中的水，因为空气进入压力高（Baker 等，1999），同时流速以及影响区域范围均会过低。渗透性过高时，抽提水和相应的水处理成本亦会很高。这些在 3 个《综合环境应对、赔偿和责任法》（CERCLA）场地的中试测试中都有体现，这 3 个中试都涉及单泵抽提井并附带有抽汲管以去除气体和水（Baker 等，1999）。在高渗透性场地，附带有抽汲管的单泵被掩埋在水里，降低了它们的有效性。

该技术的有效性也因土壤的高度异质性而降低。因气体和液体通过真空泵除去，多相抽提中的两相抽提结构只可处理有限的深度：大约为 50ft（15m）（EPA，1997）。理论上讲，采用单独的液体回收泵的多相抽提配置可以在任意深度工作。但是，如果被污染的区域过深，恢复真空的影响范围可能会受到限制，系统实际上会是抽出-处理。因此，该技术只适用于地下水水位附近的污染源区域。

采用优化多相抽提技术去除 DNAPLs 的井的布置是极具挑战的。井必须靠近或就在移动的 DNAPLs 污染源区域中，必须表征场地地层特征以确定适当的抽水率和收集区域。

(3) 健康、安全和环境考量

使用多相抽提主要关注的问题是稳妥地处理抽提出的气体和液体。抽提出的蒸气可由活性炭吸附、催化氧化或其他气相处理技术处理。水相可由空气气提、活性炭吸附或生物法处理。气-液分离设施是必需的，用来分离气体和液体流。如果预期会有非水相液体的去除，那么还将需要分离非水相液体和水。

5.2.1.3 满足目标的潜力

虽然上面 3 个案例描述了多相抽提的治理目标，但是这些目标通常仅去除部分污染物的总量以降低污染源迁移的潜力，并降低水相和气相中污染物的浓度。所有案例中，例如抽出-处理和自然衰减作为后续处理是必须的。其中一个案例中，采用了气动压裂以增加空气流速和 VOCs 的去除，而在另一个案例中，则遇到了难以预测地下水抽提率的困难。至于减少 DNAPLs 流动的潜力，这样的污染物总量的减少可能很难确定，特别是污染源区域没有得到很好表征的地方。通常，人们只能推断 DNAPLs 进流入井的流速会随着时间的推移而减少，以及随着 DNAPLs 在监测井中厚度的减少，DNAPLs 在收集区的流动性会减小。

这种技术的有效性取决于井间距、流速、由土壤的非均质性所形成的侧流以及传质的限制。与大多数冲洗技术一样，失败风险随场地土壤异质性的增加而增加。地下水位的降低可能使 NAPLs 污染向下扩散，且 LNAPLs 的向下扩散会比 DNAPLs 的向下扩散带来更多负面影响（其可能在应用多相抽提前就存在于地下水位以下）。增加地下曝气所造成的铁沉淀也作为一个问题被报道（Rice 和 Weston，2000）。最后，可能会出现平衡真空和液体抽提率的难题，液气混合物的乳化可能会给地面处理带来困难。

虽然很少报道在裂隙介质中使用多相抽提技术的经验，由于裂隙介质中存在着高渗透侧流，这种技术不可能非常有效地实现在本章最后给出的比较表（表 5-8）中列出的任何目标。

5.2.1.4 成本驱动

多相抽提相关的经济成本包括井安装、泵设备、气液分离器、水和气体处理系统。成本也与泵运行和处理系统的能源运行相关。

5.2.1.5 具体到技术的预测工具和模型

多相抽提过程涉及水、气以及可能的有机相的多相流和传递（伴随相间传质），也可能发生生物降解。所产生的流速可能会相当高，非平衡传质效果可能很显著。可用数值模型用来模拟多相流和传递平衡（Sleep 等，2000）或动力学传质以及生物降解（McClure 和 Sleep 等，1996）。然而，这些过程是高度非线性的，并且难以模型化，特别是在高流速的条件下。多相流模型还需要许多土壤参数，为获得这些参数，需测量场地中存在的不同土壤，这是非常困难并昂贵的，例如毛细管压力-饱和度的曲线关系参数。这些多相流模型主要应用在研究领域中，而不适于对非专业工作者进行推广，这是非常普遍的。由于忽略流动系统中的多相特性，尽管这些模型的准确度有限，但是用于模拟气体或水的流动的简化模型亦可用于预测抽提井的影响范围。

5.2.1.6 研究和示范需要

对于多相抽提在从地下去除 DNAPLs 中的应用了解很有限。在许多场地中，DNAPLs 疑似存在，但从来没有在抽提井中被发现，所以从抽提井中回收 DNAPLs 是不可能的。一般情况下，DNAPLs 分布、土壤的渗透性、非均质性以及速率限制的相间传质对多相抽提效率的影响尚不清楚。

5.2.2 表面活性剂/助溶剂冲洗系统

表面活性剂（通常已知的有肥皂或洗涤剂）和醇类（助溶剂）是两亲分子，具有亲水和亲油功能，积聚在多相系统的界面上，分子的亲水部分在极性的水相中，分子的亲油部分在非极性的油或极性较小的空气相中。以这种方式，分子中的两个部分均处于一个优选相，并使系统的自由能最小化（Rosen，1989；Myers，1999）。

虽然表面活性剂和醇类在某些方面相似，但可通过一个特点区分它们。当水相中表面活性剂的浓度超过所谓的临界胶束浓度（CMC）时，表面活性剂分子自聚成团，称为胶束，其中包含 50 个或更多的表面活性剂分子（Rosen，1989；Myers，1999；Holmberg 等，2003）。胶束的形成是表面活性剂的独特特性，醇类不会形成这种聚集体。表面活性剂胶束的外部是极性的，而内部是非极性的，通过提供疏水性的有机化合物分配槽，可以提高低溶解度有机化合物在水相中的溶解度。因此，通过添加表面活性剂使其浓度超过 CMC 时，胶束浓度增加，污染物的表观溶解度也将增加。因此，表面活性剂浓度最好远高于 CMC（例如，10 倍甚至 100 倍 CMC，或更高），以最大限度地提高污染物的溶解度以及抽提效率。

醇类也可以以不同的方式增加有机化合物的溶解度。与表面活性剂形成具有非极性内部的聚集体不同，水-醇混合溶液使水相的极性更小，从而增加了难溶于水相的有机化合物的溶解浓度。微溶性有机化合物在醇类中的溶解度比在水中要高得多，因此水-醇混合溶液可以增强有机化合物的溶解度是可以理解的。因而，随着越来越多的醇类加入水中，混合溶液将更多地显示醇类的属性，并使污染物的溶解度上升到高于仅在水相中的溶解度，这个过程被称为助溶（Rao 等，1985）。醇类溶液中溶解度增强效果没有表面活性剂的增强效果显著，因此要求更高浓度的醇类以实现高的污染物的溶解度（通常需要的醇类的浓度比所需的表面活性剂的浓度高出 1 个数量级或更高）。与此同时，每单位质量的醇类的成本往往远低于表面活性剂的成本，这有助于平衡这两种方法的经济性。

使用单一的表面活性剂或醇溶液以实现更高的有机污染物的溶解度，被称为增溶作用。虽然这是一个相当简单的方法，但不一定是最高效的。使用的表面活性剂、醇和/或其他助溶剂的混合物能够进一步提高溶解度，同时也进一步降低了非水相液体-水的界面张力（Martel 和 Gelinas，1996；Jawitz 等，1998；Dwarakanath 等，1999；Falta 等，1999；Sabatini 等，1999；Knox 等，1999；Dwarakanath 和 Pope，2000；Jayanti 等，2002）。前者肯定是可取的，但后者可能是不希望发生的，尤其是对 DNAPLs，如果 DNAPLs 因界面张力变小而被释放的话，可能会下沉或渗透到更深的、以前没有污染的区域。其中有意降低界面张力以转移非水相液体的方法被称为活化作用。活化轻非水相液体的修复措施是特别有效的，因为活化后 LNAPLs 将趋于垂直向上迁移。实验室研究了在使用表面活性剂冲洗前，使用乙醇分散 DNAPLs 并将之变成 LNAPLs，从而减轻对垂直迁移的担忧（Ramsburg 和 Pennell，2002）。但是，这个概念还没有在场地工程规模得到论证。更高效的活化过程已在那些源区下方具有足够的流动屏障（以防止 DNAPLs 向下迁移）的场地得到了成功验证（Hirasaki 等，1997；Delshad 等，2000；Holzmer 等，2000；Londergan 等，2001；Meinardus 等，2002）。然而，在这种情况下需要一个更大程度的场地表征，以满足技术和管理要求。

虽然通常认为表面活性剂/助溶剂的冲洗作用的主要机制是溶解或活化，另一种方法叫超溶，存在于这两个方法之间。这种方法可以使溶解度被最大化地增强，同时仍保持足够高的界面张力，从而减低潜在的活化和垂直迁移（Jawitz 等，1998；Sabatini 等，2000）。对于一块给定场地，由具体场地情况来确定最好的方法。

设计表面活性剂/醇体系时应考虑添加剂与地下环境的相容性，包括多孔介质、地下水以及非水相液体本身。若不考虑这些相互作用可能导致过多地损失添加剂（如表面活性剂吸附或沉淀、相分离或甚至分配到 NAPL 相中），使系统的效率非常低。在设计这些系统时还必须考虑其他因素，例如在冲洗区域以及可能受到冲洗影响的区域范围内，冲洗溶液的黏度和密度、与非水相液体接触之前和之后、系统的温度和盐度/硬度的影响、添加剂的可生物降解性及其代谢物以及添加剂的潜在影响（Fountain 等，

1996；Jawitz 等，1998；Falta 等，1999；Holzmer 等，2000；Sabatini 等，2000)。添加剂也必须以有效地与被捕获的 NAPLs 接触的方式被引入。在高度异质系统（如Ⅲ类水文地质环境）中，可能需要特殊的设计功能（例如使用聚合物、泡沫或独特的液压方案，如垂直环流井)。最后，当进行多个孔隙体积冲洗时出于经济上的考虑会要求表面活性剂/醇体系从地上回灌前需先被净化（Sabatini 等，1998)。无论使用哪种方法，在修复后都需用水冲洗场地以冲洗掉表面活性剂/助溶剂和相关污染物。目前已出版的两本手册上收集了表面活性剂/助溶剂系统的最佳实践和设计（AATDF，1997；NFESC，2002)。

5.2.2.1 案例研究的概述

根据美国环境保护署（EPA）的调查，至少已有 46 个场地示范工程采用了表面活性剂/助溶剂冲洗技术，这些场地中大约 3/4 是基于表面活性剂方面的研究（www. cluin. org)。在这些场地中，大约有 1/3 是 LNAPLs、1/3 是 DNAPLs、1/6 是的 LNAPLs 和 DNAPLs 的混合物，其余为非液态有机污染物。大约有 2/3 的场地由联邦政府资助，其余在很大程度上由州政府资助。大部分场地（大约 1/2）的污染深度为 25～50ft（7. 6～15m)，污染体积小于 $3000ft^3$（$85m^3$)。

表 5-2 总结了来自 12 个采用不同表面活性剂和助溶剂项目的结果。这些研究囊括了一系列案例（包括美国犹他州、加利福尼亚州、北卡罗来纳州，夏威夷和加拿大各地)，因此，囊括了一系列的水文地质条件和污染物基体。涉及的孔体积范围从 $5m^3$ 到几百立方米。按照前后岩芯以及井间示踪剂测试所估计，去除的污染物质量在 70%（中间数值）到高达 90%的范围内。20 世纪 90 年代进行的实地研究所取得的较高的去除效率与 20 世纪 80 年代早期进行的实地研究的结果形成对比，因在后者案例中，极少量的表面活性剂或污染物在修复完后被回收（Nash，1987)。这些早期的研究结果可部分归因于不良的表面活性剂选择，例如没有考虑表面活性剂在现场条件下的行为。这些早期的研究没有被包括在表 5-2 中，因为不足的表征不具备与表中所列的完全表征测试进行比较的条件。因此，表 5-2 中列出的成功案例不应该使读者误认为这种技术很容易设计和实现。表 5-2 中的研究的成功源于全面的场地表征、经验丰富的设计以及精心的实施，弥补了早期案例工作的不足。尽管如此，表 5-2 中所报告出的相对较高的系统效率是非常令人鼓舞的，特别是这些案例是由一系列的调查人员进行的、涉及一系列水文地质条件下的多种污染物种类的研究。工具箱 5-1 和工具箱 5-2 分别展示了表面活性剂和助溶剂冲洗的案例研究，工具箱 3-4 也对此进行了展示。

表 5-2 表面活性剂和助溶剂驱除设计良好的现场试验总结

年份	位置/添加剂	地质	NAPLs	触及孔隙体积/m^3	NAPLs 质量的减少/%	混合驱后 NAPLs 饱和度/%	参考文献
1991	Borden，Ontario 14 PV，2% Surf.	砂	PCE	9.1	77	0.2	Fountain 等，1996

续表

年份	位置/添加剂	地质	NAPLs	触及孔隙体积/m^3	NAPLs质量的减少/%	混合驱后NAPLs饱和度/%	参考文献
1994	L'Assomption, Quebec 0.9 PV, Surf. /Alcohol/Solvent	砂质砾石	DNAPLs	6.1	86	0.45	Martel 等, 1998
1995	Hill AFB, UT, OU19 PV, 82% Alcohol	砂质砾石	LNAPLs①	4.5	85	0.9	Rao 等, 1997
1996	Hill AFB, UT, OU19.5 PV, 3% Surf. / 2.5% Alcohol	砂质砾石	LNAPLs①	4.5	78	0.8	Jawitz 等, 1998
1996	Hill AFB, UT, OU16.5 PV, 4.3% Surf.	砂质砾石	LNAPLs	4.5	86	0.4	Knox 等, 1999
1996	Hill AFB, UT, OU22.4 PV, 8% Surf.	砂	DNAPLs	57	99	0.03	Brown 等, 1999
1996	Hill AFB, UT, OU14 PV, 95% Alcohol	砂质砾石	LNAPLs	4.5	80	0.4	Falta 等, 1999
1997	Hill AFB, UT, OU24% Surf. & Foam	砂	DNAPLs	31	90	0.03	Szafranski 等, 1998
1999	Camp Lejeune, NC5 PV, 4% Surf.	粉土	PCE	18	72	0.5	Holzmer 等, 2000
1999	Alameda Point, CA6 PV, 7% Surf.	砂	DNAPLs	32	98	0.03	Hasegawa 等, 2000
1999	Pearl Harbor, HI10 PV, 8% Surf.	火山凝灰岩	燃料油	7.5	86	0.35	Dwarakanath 等, 2000
2000	Hill AFB, UT, OU22.4 PV, 4% Surf.	砂	DNAPLs	188	94	0.07	Meinardus 等, 2002

① LNAPLs是指存在DNAPLs成分的LNAPLs，这样，在没有LNAPLs的情况下废物将是一种DNAPLs。

注：PV为孔隙体积；Surf.为表面活性剂；Alcohol为醇类助溶剂。

工具箱5-1
表面活性剂案例研究

1996年，在Hill Air Force Base的2号操作区测试了表面活性剂对DNAPLs污染的修复。DNAPLs主要包括三氯乙烯、1,1,1-三氯乙烷、四氯乙烯。处理区板桩隔离安装钢，横截面为6.1m×5.4m，厚度为6.2m。地下地质包括冲积砂含水层，在其两侧和下面都有厚的黏土沉积层，形成了毛细管屏障限制DNAPLs的移动。冲积层的水力传导系数在10^{-3}～10^{-2}cm/s的范围内。基于丰富的现场表征、实验室测试和采用UTCHEM仿真模拟设计和实施了修复系统。设计要求NaCl冲洗污染场地（7/10孔隙体积），其次由2.4倍孔隙体积的表面活性剂冲洗场地并随后用水冲洗。通过在治理前和治理后井间示踪测试评估修复效果。表面活性剂体系包括7.55%的二己基磺基琥珀酸酯钠、4.47%的异丙醇和7000mg/L的NaCl。表面活性剂除去了触及区域约99%的DNAPLs，残余DNAPLs饱和度约为0.0003。溶解的污染物浓度在中间的监测井中从1100mg/L降至8mg/L（Londergan等，2001；Brown等，1999）。总体而言，该模型模拟能够预测该场地结果中观察到的趋势，虽然实际浓度有所不同，如图5-3所示。使用该模型设计场地实施会获得卓越的系统表现。

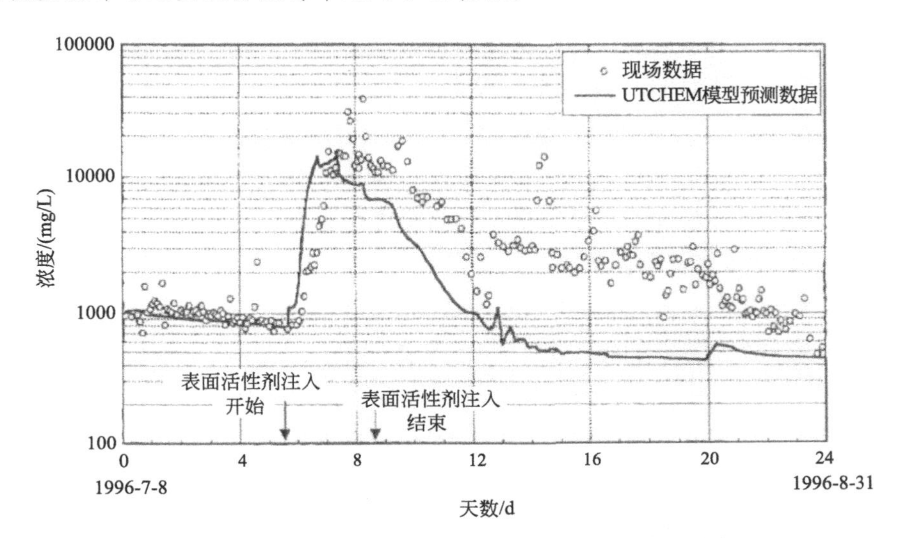

图5-3 在第二期试验中，提取井b-1处的污染物浓度

注：UTCHEM预测与现场数据比较。资料来源：经Brown等（1999）的许可转载。© 1999美国化学学会。

工具箱5-2

助溶剂案例研究

1997年，在Hill Air Force Base的1号操作区测试助溶剂对LNAPLs污染的修复。LNAPLs泄漏是由石油烃类化合物（例如喷气燃料）的处置和化学处理坑中的废溶剂（例如氯化烃）的处置造成的。老化的LNAPLs主要是一个复杂的芳香族和脂肪族烃类化合物以及氯化溶剂的混合物。

用钢板桩隔离出处理区，横截面为3m×5m，厚度为2m。地下地质是一个砂砾层，在其底部是黏土层。这种材料的水力传导系数高达10^{-1}cm/s。注入了4个孔隙体积的助溶剂（一个孔体积等于7000L），助溶剂中的80%为叔丁醇，15%为正己醇。治理前后分别通过岩芯取样和井间示踪测试评估修复效果。助溶剂除去了90%以上的易溶化合物（三氯乙烷、甲苯、乙苯、二甲苯、三甲苯、富马酸二甲酯）和80%以上的水溶性较差的成分（癸烷、十一烷），整体去除了80%的非水相液体。未提取的NAPLs均是高度不溶物，修复工作后污染物浓度极低（Falta等，1999）。这些结果与先前研究中进行的相同地层的不同部分的结果是相似的。以前的研究使用了70%的乙醇、12%的戊醇和18%的水冲洗液，除去了85%的非水相液体（Rao等，1997）。

5.2.2.2 技术的应用

(1) 污染物

表面活性剂和助溶剂冲洗已被成功地应用到广泛的污染物中。表 5-2 中所列的 NAPLs 包括四氯乙烯、三氯乙烯、氯化溶剂以及某些情况下多种污染物的混合物（DNAPLs 和 LNAPLs 的混合物）。如表 5-2 中引用的，尽管以往的研究储备了关于该技术的见解，但如果要获得最大限度性能的提高，则需针对具体场地的污染物制订表面活性剂或醇类系统的设计。NAPLs 的风化和蚀变将影响这种优化。因此，设计表面活性剂或醇类系统应根据实际 NAPLs 和从场地上取得的地质材料在实验室经过批次研究和柱研究（Sabatini 等，2000；Dwarakanath 和 Pope，2000；Rao 等，2001）。

如果没有根据具体场地的污染物来设计修复可能会导致修复性能不佳（溶解度增强程度较低），甚至导致修复系统故障（添加剂严重地损失于被捕获的油相中，或者和油类污染物一起形成凝胶相）。疏水性更强的油类（例如煤焦油或木馏油），可能需要表面活性剂、醇类或其它溶剂的混合物，甚至需要使用表面活性剂/醇类混合物并升温（Dwarakanath 等，2000），以最大限度地提高修复系统的性能。

这种技术的设计和实施需要详细的场地表征，以评估污染物垂直迁移的潜在影响。污染物分布的分辨率越高，表面活性剂/助溶剂越能被有效地输送到目标污染物区域，并可设计出更经济的治理方案。

(2) 水文地质

场地的水文可能至少在两方面影响实施表面活性剂和助溶剂的冲洗——低流速和侧流旁路。在致密地层，如细黏土或黏土（Ⅱ类水文地质环境），任何溶液冲洗，甚至水冲洗，都具有挑战性。与此同时，表面活性剂和助溶剂已被成功地应用于粉质地层中，虽然明显延长了时间尺度。当地质的异质特性引起侧流路径时（例如在Ⅲ类水文地质环境中的分层），会发生侧流。修复工作进展期间，侧流可能会被进一步放大，因为一些前期被清理了的区域会吸引更多的冲洗液通过。可以通过增加冲洗溶液的黏度（例如使用聚合物）或通过间歇地注入空气以在优先流通路中形成泡沫，暂时阻断这些侧流路径，迫使溶液流过不具有侧流路径的区域（Hirasaki 等，1997；Dickson 等，2002；Meinardus 等，2002；Jackson 等，2003）。由于醇类具有消泡行为，在需要使用泡沫增强表面活性剂系统的设计中，应避免使用醇类。如果没有合理设计需要泡沫作用的表面活性剂系统，活化系统会显著增加黏度，这可能使溶液冲洗难以通过多孔介质中的污染物。而与此同时，正确地设计和实施系统可以有效解决该问题。与多相抽取技术（不是那些需要打井的修复技术）一样，表面活性剂冲洗系统没有使用深度的限制。

(3) 健康、安全和环境考量

虽然低浓度的表面活性剂和醇是相对无毒的，但在较高浓度下它们可能对健康、安全和环境构成威胁。例如，非常高浓度的表面活性剂，特别是表面活性剂可能会以被传输的形式存在，会刺激皮肤。醇类会带来易燃性风险，必须对其加以考虑。被意外地释放到地表水中的表面活性剂可导致鱼类死亡。如上所述，活化（降低界面张力）导致DNAPLs垂直迁移到先前未受污染的区域，这显然是一个环境问题。与此相反，最小限度地降低界面张力的增溶方法可以降低这种危险性。正如上述总结的成功研究案例所展示的，如果系统适当地设计和实施这个技术，所有这些风险都是可以避免的。

5.2.2.3 满足目标的潜力

如在表5-2中总结的，适当的设计表面活性剂和助溶剂系统实现了＞85％甚至90％的污染物质量去除（相对均匀的水文地质环境中），甚至一些案例中，取得了超过97％的去除率。浓度和质量通量减少一般没有被记录在案，即使在此介质中质量去除率较低，且预计非均质系统中有更高的质量通量减少。这是因为在非均质系统中，污染物的一部分残留在扩散受限的滞流区域。工具箱5-3中的建模工作验证了这些概念。最近也尝试了验证这些模型的场地工作。由于表面活性剂/助溶剂技术是抽提或质量去除技术，它们不改变污染物以降低毒性。最后，应该指出的是，尽管表面活性剂/助溶剂技术在多孔介质系统中得到了广泛的评估，但是关于这个技术在裂隙介质系统中的性能所知还甚少。

假设适当的设计注意事项已得到解决，如确保表面活性剂不会相分离或醇类浓度不会超过污染物（出于密度的考虑），表面活性剂和助溶剂系统的冲洗污染物的性能就会极佳。即使目标是要实现活化系统，这比增溶化的实施条件更敏感，即使没有达到最佳条件，仍然可以实现良好的性能。

我们还必须考虑表面活性剂和醇类在其他方面（例如影响地上的后续处理过程）对总体治理策略的影响。尽管由表面活性剂/醇实现的污染物溶解度增强非常有希望从地下去除污染物，同样的现象会降低常用的空气汽提过程的效率。此外，某些表面活性剂的存在将导致空气中的汽提器发泡显著。这些问题已通过合理设计表面活性剂系统（或修改现有系统）和操作得到了解决（Brown 等，1999；Hasegawa 等，2000）。例如，可以修改空气汽提器的设计公式，以降低系统中表面活性剂的性能，如场地研究中所描述的（Sabatini 等，1998）。此外，改进的空气汽提器、空气汽提器中的除沫剂的使用或使用中空纤维膜的空气汽提器可以减轻空气中汽提器的泡沫的形成（Sabatini 等，1998；O'Haver 等，2004）。

重要的是要考虑这些添加剂的存在如何影响场地的后续处理（例如天然或强化生物修复）。该影响将主要取决于表面活性剂/醇的浓度。而修复期间高浓度表面活性剂的存在可能会抑制微生物生长，而修复后的已被水冲洗的表面活性剂以较低浓度存在，可能不会抑制微生物生长，甚至可能刺激生长。事实上，最近几次的场地修复工作已成功地应用较低浓度的表面活性剂或酒精作为碳源以刺激后续修复的生物活性（Rao 等，2001；Abriola 等，2003）。

工具箱 5-3
表面活性剂冲洗的去除修复曲线图

工具箱 4-1 首次介绍了去除修复曲线图，作为一种评估和设计污染物修复系统的手段越来越受到重视。去除修复曲线图寻求展示一个场地中质量通量（单位面积单位时间内离开污染源的污染物质量）和污染物的总量去除之间的关系。质量通量被选作关注的参数，是因为它对下游受体所受的风险有一个显著的影响。更高的质量通量更有可能超过任何自然衰减过程，因而更有可能导致不良污染物暴露。从污染源区去除污染物可能会降低质量通量以及从污染源区传播出的风险。然而，直到最近，关于总量去除和质量通量减少之间关系的信息还很少。

图 5-4 展示了几种表面活性剂冲洗中污染物去除与质量通量减少之间关系的可能性。

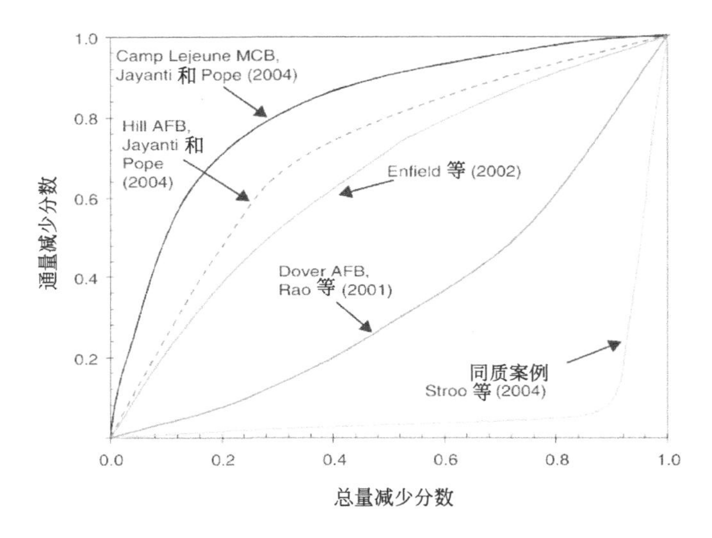

图 5-4　不同案例的表面活性剂冲洗的建模模拟的修复曲线

这些可能性是通过不同的建模研究确定的。可以看出，其关系对不同场地是特定的并且显然是高度依赖于污染物的分布以及给定场地的非匀质性的水平和类型。最上面的曲线可适用于高度异质性场地。在这种情况下，污染物从更易渗透和移动的区域初步除去，在扩散受限的区域留下剩余的污染物，这些区域对整体质量通量的贡献不大。因此，在这样的系统中会经历一个显著的质量通量的降低，即使污染物去除不那么明显。在另一种极端的情况下，场地较匀质并且所有污染物均可被所选择的技术影响。在这种情况下，几乎所有的污染物总量都必须在观察到质量通量水平有明显变化之前被去除。这两条修复曲线定义了两种极端情况，给定场地的实际情况可能介于两者之间。使用这种方法的挑战之一是定义适用于特定场地的特定曲线。用额外的场地数据以证实这些模拟结果，可以在场地的非匀质性和近似修复曲线或曲线范围之间建立一般关系。正在进行的研究正在评估用于几个场地的这种方法，这些场地已经通过采用表面活性剂/助溶剂技术得到修复（Jayanti和Pope，2004）。对于其他污染源区修复曲线尚待了解。

另一个使用修复曲线相关的挑战是必须知道在修复活动之前到底存在多少污染物，以及在修复过程中多少污染物已经被去除，或者有多少污染物将被去除，这是非常困难的。

此外，随着新的表征技术的发展，以及随着修复活动获得的额外数据和经验，作者确定质量通量减少的能力将得到提升。这类工具和数据的可用性使修复曲线能更有效地评估一个给定修复活动在特定场地上可降低风险的程度。

如表5-2所列，去除的质量百分比是评估表面活性剂/助溶剂技术是否成功的一个共同的指标，虽然其他指标，如浓度的降低或质量通量的减少，可能会更合适。事实上，在第4章中第一次提到质量去除和质量通量的减少之间的关系，其在表面活性剂冲洗技术中得到了最好的探讨（见工具箱5-3）。表面活性剂冲洗应考虑的另外两个指标是：

① 验证没有发生不受控制的垂直迁移；

② 核实表面活性剂/助溶剂不会对其他水资源产生负面影响。

5.2.2.4 成本驱动

表面活性剂和助溶剂系统的成本随着这些技术的进步一直在稳步下降，并且其成本较长期抽出-处理系统已具有竞争力（尽管经济折现可能有利于这些长期项目）。虽然增溶方法不一定是高效或经济的，但是其比活化方法在设计和实施上要少了些复杂性。表面活性剂的成本是总成本的一个重要组成部分，特别是使用4%～8%（质量百分比）的表面活性剂时。然而，由于表面活性剂浓度降低到1%或更低，并且表面活性剂可被回收与再利用（Sabatini等，1998；Hasegawa等，2000），成本会变得更经济。

5.2.2.5 具体到技术的预测工具和模型

经验表明，实验室处理性研究和建模工作可以成功地用于设计场地规模表面活性剂/助溶剂系统。本章提供了一些关于这些模拟的简要概述，但不进行详细介绍。

Abriola等（1993）讨论了开发模拟器来表述非水相液体的表面活性剂的增溶作用。该模型结合了有机物和表面活性剂成分的传递方程以及有机相的质量平衡方程。速率受限的表面活性剂增溶过程由一个线性驱动力表达式描述。表面活性剂吸附由Langmuir吸附等温线描述。该模型是在Galerkin有限元仿真器上实施，被捕获的油被理想化为具有球面结构的小液滴的集合。此代码后来被扩展到非均质地质环境中（如低渗透性的透镜体），如在Rathfelder等（2001）的研究中所述。

Delshad等（1996）描述了三维、多组分、多相组成有限差分模拟器，用于评估表面活性剂增溶的含水层修复。这个模拟器的重要特征是能够描述可能混有表面活性剂、水和NAPLs的胶束/微乳液相，并捕捉这些相如何依赖于系统属性，例如温度和盐度/硬度。其他被纳入这个模拟器的表面活性剂性能还包括吸附、界面张力、毛细管压力、毛细管数量以及微乳液的黏度。除了被广泛应用在地下修复，这个模拟器首次被开发并广泛用于表面活性剂增溶的油类采收率。Brown 等（1999）和 Londergan 等（2001）在工具箱 5-1 中描述了这个模拟器的案例研究。Delshad 等（2000）使用相同的模拟器设计并解释了基于表面活性剂增强的含水层修复（SEAR）技术以去除 Camp Lejeune 场地的 PCE DNAPLs。至今，这个模拟器被最大化使用的案例是用于设计在 Hill 空军基地（AFB）DNAPLs 污染源区全尺度的 SEAR 应用（Meinardus 等，2002）。

Mason 和 Kueper（1996）开发了一维数值模型来模拟 DNAPLs 的表面活性剂增溶。两个非平衡表达式用于捕捉传质过程。非润湿相饱和度分布作为水力梯度的函数进行计算，从而确定局部速度。该模拟器采用向上流动的方式，试图克服因界面张力降低而导致污染物池向下迁移的可能性。模型预测与实验结果一致。

因此，有几种模拟器可以预测表面活性剂/助溶剂冲洗技术的效率。这些工具已经被验证并已用于实验室和现场数据的预测。在熟练用户的手中，这些模拟器可用于设计和评估表面活性剂/助溶剂技术的场地实施。

5.2.2.6 研究和示范需要

表面活性剂/醇类系统面临的巨大挑战之一是实现良好的驱除效率，即确保注入的修复剂溶液均匀地通过介质流动。水文和污染物成分越具有异质性，有效的驱除效率变得越困难。一些方法（例如泡沫、聚合物、垂直循环井）被提出以应对这一挑战，并取得有限的示范研究。进一步的研究是必要的，需进一步表明这些方法的可行性并提高这些方法的效率。

此外，还需要更多的研究以优化表面活性剂/助溶剂技术在岩溶和基岩裂隙地层的实施，评估这些技术与其他污染源区域和/或羽流修复技术的结合使用，并评估污染物总量去除对冲洗后续注水和自然衰减这类活动的长期影响。这些研究需要与大部分污染源修复技术有密切关系。

5.3 化学转化技术

试图将地下污染物转化的修复技术有两种，即化学氧化法和化学还原法。在这两种情况下，被注入地下的化学品与所关注的化合物反应，从而导致其转化或降解成毒性较低的分解产物。

5.3.1 原位化学氧化

地下水污染原位化学氧化（ISCO）涉及添加强氧化剂如过氧化氢、臭氧、高锰酸钾或过硫酸铵到地下（GWRTAC，1999；ITRC，2001）。这些化合物可以氧化各种各样溶解的污染物，包括卤化、非卤化的脂肪族和芳香族化合物并生成具有相对较小毒性的化合物，从而促进污染物从被吸附或 NAPL 相转化到水相中从而减少了污染源质量。

在添加或天然的二价铁的存在下，加入过氧化氢会生成芬顿试剂（Glaze 和 Kang，

1988；Ravikumar 和 Gurol，1994；Gates 和 Siegrist，1995；Watts 等，1999；Tarr 等，2000)。二价铁可以催化断裂过氧化氢的化学键生成铁的氢氧化合物和羟基自由基（·OH)，被称为芬顿反应：

$$H_2O_2 + Fe^{2+} \longrightarrow Fe^{3+} + OH^- + \cdot OH$$

羟基自由基对有机化合物具有很强的反应活性，在最终将化合物分解为二氧化碳、水的同时，在氯化溶剂的存在下，生成盐酸。例如，芬顿试剂与三氯乙烯的反应为：

$$C_2HCl_3 + 3H_2O_2 \longrightarrow 2CO_2 + 2H_2O + 3HCl$$

通常情况下，将加入过氧化氢的硫酸亚铁的水溶液［10%～50%（质量分数）过氧化氢］添加到地下。最大的反应活性发生在 pH 值为 2～4，因此 pH 值的调节通常包含在应用芬顿试剂的原位修复技术中。

臭氧（O_3）气体是另一种典型的氧化剂，通过喷射井将它添加到地下。臭氧非常活泼，可以直接氧化污染物或通过形成活性羟基自由基（Liang 等，1999，2001）氧化污染物。例如臭氧与三氯乙烯的反应为：

$$C_2HCl_3 + O_3 + H_2O \longrightarrow 2CO_2 + 3HCl$$

与过氧化氢一样，臭氧在酸性条件下最有效。臭氧是常见的氧化剂，需要最复杂的综合设施，需要现场生成臭氧以及操作喷射井，其中的一些技术涉及专门的设备。

高锰酸根（MnO_4^-）通常以钾盐或钠盐水溶液的形式被使用。高锰酸根离子可以氧化各种有机化合物，例如高锰酸钾与三氯乙烯的反应为：

$$2KMnO_4 + C_2HCl_3 \longrightarrow 2CO_2 + 2MnO_2 + 2KCl + HCl$$

该反应所产生的二氧化锰析出物沉积在土壤中。高锰酸钾与有机物的反应速率慢于臭氧和芬顿试剂的反应速率（见 Yan 和 Schwartz 的动力学研究，1999；Hood 等，1999；Huang 等，1999，2002）。高锰酸钾是一种在 pH 值为 4～8 范围内都有效的氧化剂（Yan 和 Schwartz，1999）。

过硫酸根（$S_2O_8^{2-}$）已被建议作为适于修复氯化溶剂的氧化剂（Liang 等，2003)，但对过硫酸盐的研究以及现场实施相比过氧化氢、臭氧和高锰酸盐都是相当有限的。在环境温度下，通过过硫酸盐氧化氯化有机物如三氯乙烯，预期结果是不显著的（Liang 等，2003)。然而，一旦温度超过 40℃，过硫酸根离子可能会转化为高活性的硫酸根自由基：

$$S_2O_8^{2-} + 热 \longrightarrow 2SO_4^- \cdot$$

硫酸根自由基氧化氯化有机物如三氯乙烯，并生成二氧化碳、水、氯离子和硫酸根离子。Liang 等（2003）发现，三氯乙烯的半衰期从 20℃ 时的 385h 下降至 40℃ 的 1.44h 以及 60℃的 0.15h。

5.3.1.1 案例研究的概述

近年来，化学氧化技术已经有很多场地应用（请参阅表 5-3 中所摘选的案例以及 EPA，1998)，因此关于这个技术有一些概括。对于表 5-3 总结的研究案例，被处理的污

表 5-3 化学氧化的现场应用案例

地点	氧化剂	介质和污染物	应用方法	结果
Anniston Army Depot	H_2O_2	TCE(1760mg/kg)在浅层黏土回填区(1997)和在土壤、岩溶和基岩中(1999)	浅层项目(1997)涉及109000gal(413000L)的50% H_2O_2 注入255个注射井中[8～26ft(2.4～8m)深度]超过120d,用于潟湖下面的修复(EPA,1998b)。更深入的全面项目(1999)需要20d的注射,然后在2个月后再注射7d(Abston,2002)	1997年的全面项目被认为是成功的,土壤中TCE的浓度降低到低于检测水平(EPA,1998b)。1999年的全面实施并不成功,42口井中的11个[31～81ft(9.4～24.7m)]仍然高于28000μg/L TCE(Abston,2002)的目标
Swift Cleaners,Jacksonville,FL	H_2O_2	四氯乙烯、TCE、DNAPLs被报道。溶解浓度PCE为4400～10000μg/L,TCE为24～382μg/L	400～600gal(1514～2271L)14%～15%的过氧化氢(加催化剂)在2个单独的区域内注射(一个区域有12口井,第二区域有13口,每口注入2次)。其影响半径为7.5ft(2.3m),在第三次注射中,在11口井中注入了15%的过氧化氢(2271L)。处理面积4500ft^2(418m^2)。治理疗深度为35～45ft(10.6～13.7m)	在第一季度,PCE的浓度降到了200g/L。在第二季度,PCE浓度上升到1050g/L。第三季度污染物的反弹仍在继续
Former News Publisher, Framingham,MA	H_2O_2	在地下水及细粒粉质砂中的1,1,1-TCA、1,1-DCE和VC	将 H_2O_2、铁催化剂和酸的溶液通过2个直径4in的PVC井注入	在3周的时间里,TCA从40600g/L降至440g/L和DCE从4800g/L降至2300g/L。VC下降到低于85μg/L
Active Industrial Facility, Clifton, NJ	H_2O_2	在地下水中TCA,填充物	H_2O_2、铁催化剂和酸通过直径为12～4in的聚氯乙烯井施加到断裂的基岩中	TCA在污染最严重的井中,从101mg/L降至2mg/L。平均总VOC从44mg/L降至15mg/L
Westinghouse Savannah River Site,Aiken,SC	H_2O_2	砂、黏土中600lb(272kg) DNAPLs(TCE,PCE)	H_2O_2、硫酸亚铁在27ft(8.2m)半径范围内添加6d。每天注射一次(500～1000gal或1893～3785L)	94%的DNAPLs在治理区被摧毁。平均终值[PCE]=0.65mg/L,[TCE]=0.07mg/L
Cape Canaveral Air Force Station,Launch Complex 34	$KMnO_4$	测试区有6.122kg的TCE,5039kg的DNAPLs。试验区域尺寸为长75ft,宽45ft(23m×15m,13.7m深),砂质土,异质	842985gal(320万升)高锰酸钾溶液(1.4%～2%)在8个月内分3个阶段注入。在第一次注射后,监测显示当地的异质体在某些区域有有限的氧化作用。第二和第三次注射阶段主要集中在监测显示氧化性不足的区域	TCE和DNAPLs的质量分别降低了77%和76%。氧化剂的最佳分布是在上部砂质土壤中。在细粒土中,氧化剂的分布更加困难。局部地质异源性和原生有机质含量在某些地区可能具有有限的氧化性分布
U.S. Army Cold Regions Research and Engineering Lab, Hanover, NH	$KMnO_4$	不同地块土壤中(砂土、粉土)的TCE浓度范围为170～60000mg/kg	1.5% $KMnO_4$ 溶液(15g/L)通过两个直流井注入。地块1:53d内200gal(757L);地块2:21d内358gal(1355L)	氯化物浓度从20mg/L增加到6420mg/L需要更多的氧化剂来彻底清除

续表

地点	氧化剂	介质和污染物	应用方法	结果
Canadian Force Base Border Ontario	$KMnO_4$	DNAPLs在砂中，TCE(1200mg/kg)，PCE(6700mg/kg)	6个注入井和5个氧化剂回收井，用8g/L $KMnO_4$溶液冲洗DNAPLs源区500d	PCE和TCE的峰值浓度降低99%。溶解的污染物的质量通量减少4～5个数量级
Kansas City Plant	$KMnO_4$	TCE（81mg/kg），1,2-DCE(15mg/kg)、VC、TPH(7000mg/kg)、PCBs(10mg/kg)存在于黏土中	使用8～10ft(3m)直径叶片和4%～5%的$KMnO_4$溶液在15个土壤柱上进行土壤混合，将其处理为25～47ft(7.6～14.3m)深度	结果表明，从非饱和土中去除83%的TCE，从饱和土中去除69%的TCE
Portsmouth Gaseous Diffusion Plant，Piketon，OH	$KMnO_4$	在砂子和砾石中的TCE(土壤中最大300mg/kg，地下水中800mg/L)	平行水平井，90ft(27m)，200ft(61m)的筛分区域。高梯度井的水，以1.5%～2.5%的$KMnO_4$进行了修正，再注入下梯度井中	在处理区域，TCE降低至低于检测范围；异质层影响了处理覆盖率
Edwards Air Force Base	$KMnO_4$	断裂的岩石中存在TCE	在4d内从8口井中注入了7500gal(28391L)1.8%的$KMnO_4$。使用了40∶1的$KMnO_4$和VOCs的比例	在处理区，DCE降至低于检测水平。丙酮、高价金属被检测到
Former Service Station，Commerce City，CO	O_3	在砂/砾石中TPH(90～2380mg/kg)，BTEX(7800～36550μg/kg)	50ft(15m)深的C-喷射井[14～20psi(96～138kPa)喷射压力]	在一口井中，TPH从游离产物降至37mg/L。TPH和BTEX在所有其他监测井均低于检测值
Dry Cleaning，Hutchinson，KS	O_3	PCE(在地下水中，30～600μg/L)在砂、淤泥、黏土中	深度为35ft(11m)的C-喷射井	PCE从34μg/L减少到3μg/L。仅空气注射减少71%，在井内的排放减少了87%，空气喷射/SVE减少了66%。存在许多C-喷射井操作问题
Former Industrial Fa cility，Sonoma，CA	O_3	在砂、黏土中PAHs(1800mg/kg)，PCE(3300mg/kg)	在包气带有4个多级臭氧注入井，在处理区外使用SVE井来控制在逃的臭氧排放	PAHs减少了67%～99.5%，PCE减少了39%～98%。臭氧利用率达到90%
Park，Utrecht，Netherlands	O_3	在细砂中，卤化的VOCs(HVOCs)1450～14500μg/L；BTEX 62～95μg/L	C-喷射井	在为期10d的实地测试中，HVOC从14500μg/L减少到1000μg/L。意味着BTEX水平从54μg/L下降到17μg/L

注：1ft≈304.8mm，1in≈25.4mm，下同。

资料来源：EPA，1998b，2003。

染物包括氯化乙烯、苯系物、多环芳香烃（PAHs）和甲基叔丁基醚（MTBE）以及由高浓度的溶解污染物推断的DNAPLs。场地包括高渗透性水文环境以及一些淤泥/黏土和裂隙岩体。大多数场地取得了减少污染物浓度的目的，但没有在任何场地取得完全清理污染物目标。在表5-3中所列的很多案例研究，表明完成治理后不久，在治理区域内或附近所测得的污染物浓度降低。在大多案例中，都没有测量最初和最后的污染物总量。

在异质土壤和低渗透性土壤中实施化学氧化技术非常困难。表5-3中的Kansas城的例子可以说明这点，土壤被混合以克服低渗透的黏土所带来的相关局限。Siegrist等(1999）研究了通过水压注射高锰酸钾到低渗透粉质黏土土壤以探索高锰酸钾的氧化效果。10个月后，他们展示了反应区仅仅从裂隙口扩展了约40cm。因TCE负荷增加，去除效率下降。只有极少数在裂隙岩体中应用原位高锰酸钾氧化技术，尽管在Edwards空军基地（Morgan等，2002）的裂隙岩体中使用高锰酸钾氧化技术取得了在治理区域内TCE和DCE浓度降低并低于检测限的结果。

工具箱5-4和工具箱5-5展示了两个案例研究。第一个案例研究是在NAS Pensacola，涉及在相当均质的土壤中使用Fenton试剂以修复TCE。在这个案例中，观察到第一轮治理后TCE有反弹。在治理区的一些地方，TCE浓度仍高于最大可接受的污染物水平，但治理被视为已达到修复目标。第二项研究中，在Portsmouth气体扩散厂，涉及添加高锰酸钾以去除三氯乙烯。这项研究表明，在异质土壤中使用化学氧化遇到了困难，因高锰酸钾不能有效地修复一些需要治理的区域。

工具箱5-4
在NAS Pensacola采用芬顿试剂原位氧化TCE DNAPLs

该场地是NAS Pensacola，Florida的污水处理厂的污泥干化床场地。估计为50ft×50ft（15m×15m），相当均质的砂层区。TCE浓度为3600μg/L，估计有5000lb（2268kg）氯代烃存在于污染源区。在修复的第一阶段，14个注射井［10～40ft（3～12m）的深度］被用来注入4000gal（15141L）H_2O_2和4000gal（15141L）浓度为100mg/L的硫酸亚铁，注射周期超过1周。在其中的一个井中，TCE浓度从3000μg/L降低到130μg/L；而在另一个井中，TCE的浓度从1700μg/L降到低于检测限。1个月后，在低于检测限的井中的几个地点，三氯乙烯浓度反弹到修复前水平。Fenton试剂注射的第二周［6000gal（22712L）的过氧化氢］，注射深度为35～40ft（10.6～12m），达到最大的三氯乙烯浓度的降低，其浓度降低到90μg/L。30d后，最大的三氯乙烯浓度反弹为180μg/L，修复8个月后，最大浓度为198μg/L。得出的结论是符合治理目标，通过自然衰减足以控制TCE污染水平。治理的成本为25万美元。

资料来源：enviro. nfesc. navy. mil/erb/erb _ a/support/wrk _ grp/raoltm/case _ studies/rao _ pensacola. pdf和NAVFAC，1999。

工具箱 5-5

采用高锰酸盐原位氧化 TCE DNAPLs

1997 年，在 Portsmouth 气体扩散厂曾采用高锰酸钾氧化以 DNAPLs 和溶解羽流（土壤中 54mg/kg，地下水中高达 820mg/L）形式存在的 TCE，该案例是一个很好的示范（DOE，1999 年）。通过 2 个平行的水平井 [筛网部分 200ft（61m）] 将 2%的高锰酸钾溶液注入地下 1 个月。水平井安装在羽流的中心，其位于一个 5ft（1.5m）厚的粉质砂石含水层中。场地地层包括 25～30ft（7.6～9.1m）厚的淤泥和黏土层，基岩上覆 2～10ft（0.6～3m）厚的砂子和砾石层。砂石含水层是修复的目标区域 [体积为 90ft×220ft×6ft（27m×67m×1.8m）（其中 1.8m 为深度）]。后来发现，含水层的垂直异质性引起了含水层的窜流，降低了修复的有效性。也有人怀疑发生的井筛网孔眼中部堵塞会造成额外的传输问题。一个额外的垂直井被用于注射额外的高锰酸盐。总共 206000gal（780000L）的氧化剂溶液（12700kg 的高锰酸钾）被注射到修复区域。在修复区域达到了良好的修复效果（$<5\mu g/L$ 的 TCE），而没有被氧化剂触及的区域 TCE 浓度变化不大。修复前，治理区域内地下水中 TCE 的平均浓度为 176mg/L，修复完成后，浓度降低为 110mg/L，而再循环修复 2 个星期后，浓度为 41mg/L。之后再循环修复后 8 周和 12 周后，TCE 的浓度分别增加至 65mg/L 和 103mg/L。TCE 浓度的逐步增加，归因于 TCE 随后的溶解以及从更细粒度的及渗透性低的区域的扩散。

5.3.1.2 技术的应用

（1）污染物

过氧化氢和臭氧适于氧化苯系物、多环芳烃、酚类和烯烃，而高锰酸盐适于氧化苯系物、多环芳烃和烯烃。这些氧化剂都适于治理非水相液体。如烷烃和多氯联苯（PCBs）一类的污染物难以被化学氧化。高反应性化学物质，如炸药也不适于氧化技术，因为可能引起爆炸和火灾以及生成危险副产品。

具有高饱和 NAPLs 的污染源区可能也不是很适合原位化学氧化，因为其需要大量的氧化剂。在使用芬顿试剂或臭氧情况下，氧化试剂氧化非水相液体的反应可能会产生过量的热；在使用高锰酸盐的情况下会生成过多的二氧化锰。在氧化氯化溶剂的情况下，也可能会产生高的酸度水平。产生的大量二氧化碳、化学沉淀物以及其他地球化学和物理变化，可能会减少污染物转移从 NAPLs 相到水相的，减弱化学氧化的效果（Schroth 等，2001；Mackinnon，Thomson 等，2002；Lee 等，2003）。

（2）水文地质

水文地质被认为是原位化学氧化处理系统设计中最重要的因素之一。过氧化氢和高锰酸盐通过水平或垂直井或垂直注入井内（控制在原位化学氧化发生的深度）并以水溶液的方式释放。因此，注射的速率受限于土壤的渗透性。在如黏土等低渗透性土壤中，可能需要进行土壤混合，如 Kansas City 就是一例（表 5-3）。水力压裂也用于在低渗透性土壤注射氧化剂（Siegrist 等，1999）。

处理效果还受到由突然分层或压裂造成的非均质性的高度影响。由于过氧化氢的反应非常迅速，过氧化氢处理的有效性对流通通道特别敏感。高锰酸盐相对更稳定，反应更慢，允许反应物扩散到低渗透区。臭氧以气体的形式通过在包气带或饱和带的喷射井被注入。在饱和带，喷射的臭氧通道由于黏度的不稳定性和土壤的非均质性可能会显著降低治理的有效性。

地下的天然有机物、矿物、碳酸盐和其他自由基清除剂都会消耗氧化剂，从而降低了可被降解的目标化合物的量。因此，当需要确定氧化剂的用量时必须考虑背景氧化剂的需求。背景所需氧化剂需通过实验室测试场地土壤来确定。

（3）健康、安全和环境考量

过氧化氢、高锰酸盐、过硫酸盐和臭氧都是危险化学品，必须妥善处理。臭氧或芬顿试剂的应用会产生过量的热和大量的气体（Nyer 和 Vance，1999）。特别是作为气体的臭氧，需要特殊的预防措施。土壤有机质和污染物的氧化产生酸度，因此如果没有足够的自然缓冲能力或是添加缓冲剂，则会降低地下水的 pH 值。也有可能活化氧化还原敏感和可交换吸附的金属离子活动。这些都在 Pueblo，Colorado 的案例研究中被观察到，芬顿试剂修复 TNT、1,3,5-三硝基苯（TNB）和 RDX 会引起铬、硒、锰、砷和汞离子浓度的增加（May，2003）。

这些氧化反应的许多副产物可能对环境有不利影响。如果污染源修复后，需要自然衰减作为后续治理步骤，氧化技术可能不是最好的选择，因为它们可能会破坏土著微生物种群，特别是与氯化溶剂生物修复相关的氧化还原敏感的厌氧微生物群落。Kastner 等（2000）发现，芬顿试剂的应用减少了地下水和土壤中的微生物种群，特别是甲烷营养生物。很少有针对氧化技术对地下土著微生物活动的影响的额外研究。

由原位化学氧化造成的渗透性的降低可能是由所形成的胶体材料引起的。高锰酸盐与有机物反应，导致二氧化锰的沉淀，这会降低土壤的渗透性，留在土壤中的锰作为长期的二氧化锰来源会导致一些敏感的环境问题。

5.3.1.3 满足目标的潜力

表 5-3 总结了氧化技术在不同水文地质条件下的可能有效性。氧化技术可显著减少地下有机物总量。然而，如表 5-3 中列出的应用领域以及通过各种实验室规模的研究（Schnarr 等，1998；Gates-Anderson 等，2001；MacKinnon 和 Thomson，2002；Lee 等，2003）所表明的，即使在最佳条件下，通过氧化技术彻底清除污染物是不可能实现的。

一旦确定了地下条件，确定注入井的位置，估算氧化剂的需求，原位化学氧化技术的安装和操作是相对简单的。在所采用的各种技术中，由于臭氧的快速剧烈反应和喷射井操作的困难，臭氧喷射是最难操作的。建议使用批实验和中试规模的试验以评估氧化剂对将要处理的土壤和污染物的潜在效力。

化学氧化效力的评估应包括监测地下水地球化学参数（pH 值、氧化还原和溶解的金属）、氧化剂的浓度、反应产物如氯化物和温度。此外，氧化后应进行监测，以评估可能反弹的污染物浓度以及金属释放、氧化剂的消耗、微生物种群的反弹。

化学氧化技术通常都以失败告终，因为地下介质的不均匀性或地下污染物分布的不清晰性导致氧化剂的无效输送。在异质土壤中，转移氧化剂到污染物所在的低渗透区可能会有问题，导致污染物降解效率很低。只有很少的研究探索了裂隙黏土和石块中化学氧化剂的使用，而在这些环境中，预计这些技术不会有效，因为黏土和石块基质中的氧化剂扩散限制了传质速率，特别是在使用不稳定的臭氧和过氧化氢氧化剂情况下，(Struse 等，2002)。在使用高锰酸钾的情况下，氧化侵位技术可能达到一定效果（Siegrist 等，1999），但治理时间预计是漫长的，同时会遇到准确侵位氧化剂的难题。由于气体或胶体物质的形成，或高锰酸盐中的二氧化锰沉淀引起地下渗透性的改变，可能会进一步降低原位化学氧化的效率。

5.3.1.4 成本驱动

氧化技术的主要成本与注入井的安装、化学品（氧化剂）的费用以及处理后样品的取样和监测相关。因此，成本很大程度上受制于井的深度、处理区的大小、背景氧化剂的需求、需要被氧化的污染物的量以及释放氧化剂到污染物区域的有效性。成本以及失败的可能性随地下介质异质性的增加而增加。如果没有对地下进行很好的调查或清楚地描述污染物分布，治理成本也可能会更高。

5.3.1.5 特定技术预测工具和模型

原位化学氧化系统的设计需要对注入井间距和注射速率进行选择并对目标污染物去除率进行预测。对于过氧化氢和高锰酸盐，注射系统可以与传统的地下水模型设计一致，因为这些氧化剂以水溶液的形式被注入。对于注射到包气带的臭氧，可以使用蒸气流模型。然而，对于进入饱和带的臭氧喷射，不存在可靠准确的预测喷射气体的移动模型。构建预测污染物氧化速率模型需要污染物分布、注入的氧化剂的运动以及氧化剂和污染物接触及其之间的动力学反应等因素。几个已出版的会议论文集记录了这些过程模型（Hood 和 Thomson，2000；Reitsma 和 Dai，2000；Zhang 和 Schwartz，2000）。在污染物溶解的情况下，尽管考虑了小范围的土壤异质性对地下氧化剂和目标污染物的迁移的负面影响，过程的建模在数学上很简单。在氧化非水相液体的情况下，考虑到非水相液体量的有效动力学改变导致接触面积减少，可能需要建立复杂的模型进行解释。由于氧化剂反应如由高锰酸盐生成二氧化锰，其引起的土壤渗透性的变化也是一个尚未解决的重大建模挑战。

5.3.1.6 研究和示范需要

针对氧化技术的有效性的持续研究是必需的。特别是需要持续研究氧化剂与地下介质（土壤、岩石）的相互作用以及氧化剂对土壤渗透性和从 NAPLs 相的传质的影响

（例如二氧化锰沉淀对土壤渗透性以及对 NAPLs 溶解和反应的影响）。在各种水文地质环境（特别裂隙介质）中，各种氧化剂最终可能引起的污染物的去除水平还没有被很好地研究清楚。此外，很少有人研究氧化剂对金属释放的影响以及氧化剂冲洗后对微生物活性和相关内在生物修复的影响。

5.3.2 化学还原

用化学还原法进行污染源区的修复是将颗粒状铁（也被称为零价铁或 ZVI）和黏土混合物送入污染源区和氯化溶剂反应并达到处理氯化溶剂的目的。通常，黏土和零价铁的质量比为 95∶5。处理的机理是用于渗透性反应墙的还原脱卤过程。混合黏土到污染源区的目的是创造一个停滞的水文环境以防止污染物在污染源区域内与零价铁发生反应时从污染源区转移到地下水。至目前为止，仅有很少的场地使用了这项技术，而且没有被同行评审的文献报道。DuPont 完成了一个利用高压喷射浆液方法输送零价铁的项目，以及一个利用螺旋钻混合土壤的项目。工具箱 5-6 中展示了化学还原案例研究。

工具箱 5-6

采用注射零价铁和黏土泥浆原位修复包气带 TCE 污染源区域

联合化学还原/阻隔技术使用颗粒状铁通过还原和脱氯反应来降解氯化溶剂，黏土用以降低土壤的渗透性。该组合既治理了污染源区域又减少了流经污染源区域的地下水流量。在 DuPont 公司位于 Martinsville，Virginia 的一个场地上试验了采用化学还原/阻隔技术（图 5-5）。DuPont 公司也获得了关于这个技术的几个专利授权。DuPont 公司在 2003 年 8 月将这项技术的所有权都捐赠给了科罗拉多州立大学。

这项测试是在以前一个被称为为Ⅰ单元的酸中和场地上实施的，该场地接收了多种实验室废物，包括用过的硝酸和甲酸、酚和四氯化碳（CT）。实验室废物坑使用的年限为 1958～1974 年。这些坑在 1974 年被用土壤填覆了。这些坑具有水泥墙和水泥盖以及两个表面开口：一个用于倾倒用过的酸；另一个用于倾倒溶剂。这些坑有 12ft（3.7m）深，底部敞开，内衬石灰岩卵石。

详细的场地评估表明坑区域是一个地下水中 CT 的连续污染源。污染源区域被仔细地描绘了出来。污染源区域的表面印记约为 70ft（21m）×100ft（30m）的区域，同时不饱和污染土壤的深度大约在地面下 30ft（9m）。污染源区域的体积约为 88000yd^3（67281m^3）。土壤中 CT 的最高浓度高达 30000mg/L。同时发现了较低浓度的 PCE、TCE 和二氯甲烷。基于这些场地调查数据，DuPont 评估了污染源区域内含有大约 22000kg 的 CT。最高 CT 浓度一般出现在地下 15～20ft（4.6～6m）的冲积层和腐泥土接触面的附近。

这些区域的最终修复目标是提高地下水下游的水的质量。地下水不作为饮用水水源，但最终排入 Smith 河。

图 5-5 杜邦公司马丁斯维尔场地

图片来源：David Ellis，DuPont。

最后确定修复坑而不是保留坑。考虑了多种修复技术，实验室研究实施了化学还原，场地中试评价了土壤气相抽提技术和化学还原阻隔技术。最后决定采用化学还原/阻隔技术，因为实验室结果是极好的，同时还因为需要一个关于这个技术的场地试验。

实验室研究实施的污染土壤中 CT 的浓度高达 30000mg/L。实验室研究表明铁可以很快和四氯化碳反应并将其降解为浓度为 1500mg/L 的二氯甲烷。二氯甲烷持续出现在实验室研究中。出乎意料的是实验室研究中出现了 1500mg/L 的四氯乙烯，以及微量的六氯丁二烯。由于二氯甲烷在土壤中的微生物降解很快（NRC，2000），预测场地实施中会出现过渡产物。四氯乙烯可以很好地与铁反应，因此可以预测四氯乙烯在场地中可以被降解。

评估了几种将铁和黏土混合到污染源区域土壤中的方法。竞标之后，选择使用大型螺旋钻机进行深层土壤搅拌。基于场地评估信息和实验室研究，设计了三个处理区域。污染最严重的区域将每立方英尺的土壤中混合 6lb 铁（96kg/m^3），污染浓度稍低的区域将每立方英尺混合 4lb 铁（64kg/m^3），第三个区域将每立方英尺混合 2lb 铁（32kg/m^3）。

污染源区域的治理从 2002 年的 10 月开始实施。在污染源治理开始之前，挖掘并移除了坑的水泥墙和水泥盖，定位、废弃并拆除掩埋的公共设施。通过使用带有直径为 8ft（2.4m）螺旋钻的 Casagrande 搅拌混合装置的一台带式起重机将反应试剂注射到土壤中并混合。需要一个 8～10 人的团队来完成此操作。配套设备包括一台挖土机，一个搅拌站和一辆叉车。土壤被混合在76根直径为8ft（2.4m）的土柱中并用于35ft（11m）深的治理。生产率随着时间而提高，最后可达到每天混合并处理4个土柱的土壤。在混合过程中大量的颗粒状铁被加入。预测治理反应可以持续到没有溶剂残留在混合材料中。

质量控制是通过使用直推采样管在每一个混合土柱的不同深度处取样来进行的。测定每个深度处黏土和铁的浓度。如果没有发现足够的铁，需要向土柱中加入更多的铁并再次混合。遇到的唯一的操作问题是打孔钻不能穿透和混合在污染源区域南面的一个出现薄漂石层的小区域。在治理前，必须挖出大卵石。项目期间，增加了一些额外的土壤体积，因此，在项目结束时遗留下了一个小土堆。

注射的添加剂的量为225t颗粒状铁，340t高岭土和250000gal（946353L）的水。在每个土柱的顶部5ft（1.5m）以上位置加入了水泥以提高土柱的承载性能。修复需要10周时间并花费大约700000美元。这个花费包括场地准备、设施定位和拆除、动员、启动、材料、监督、质量控制、空气监测、退场、铺路和报告编制。

在治理完成一年后，从被处理区域进行了一系列的土壤岩芯取样以监测治理的进展。分析了44个处理前的岩芯样品，收集并分析了18个处理后的岩芯样品。表5-4总结了观察到的平均浓度和治理前后的污染物总量。由于对于所有的DNAPLs场地，这些评估是基于最大的可以获得的信息量。处理后的评估值被认为比处理前的评估值更严格，因为经过混合实现了场地匀质化。

表5-4 处理区域内污染物处理前后的平均浓度及总量

项目	处理前		处理后	
	浓度/(mg/L)	总量/kg	浓度/(mg/L)	总量/kg
四氯化碳	1250	22000	0.7	2.5
氯仿	11	184	1.1	18
二氯甲烷	2	33	29	502
氯甲烷	ND	ND	1.7	3.8
四氯乙烯	0.4	6	5.4	87
三氯乙烯	0.4	6	0.15	2.3

注：ND表示未检出。

5.3.2.1 技术的应用

(1) 污染物

在柱实验和实地的研究中已证明ZVI可以还原去除多种氯化物和氟化物中的卤素（EPA，1998c）。与ZVI反应后四氯化碳被还原为氯仿和二氯甲烷，其他一些污染物会被完全降解为一些未知的无毒产品。在Martinsville VA，经长时间暴露，二氯甲烷会降解为氯甲烷，然后降解为甲烷。ZVI也可以还原脱氯使四氯乙烯和三氯乙烯生成二氯乙烯和氯乙烯，然后生成乙烯和乙炔的混合物。虽然ZVI被认为可以和高氯化乙烷化合物（例如六氯乙烷、1,1,1-三氯乙烷）反应，但ZVI/黏土处理不太可能有效地治理含有二氯乙烷的污染源区。

必要的场地表征参数是污染源区在水平和垂直方向的范围。因为化学还原会被用于地下水水位以上或水位以下，在这两种环境中均需界定污染源区域。没有必要深入了解关于DNAPLs或吸附态溶剂分布的详细知识，因为整个污染源区在治理过程中将被混匀。但是，如果存在潜在的可流动的DNAPLs池，应该考虑治理期间可能发生的任何隔水层的破坏。污染物总量的粗略估计对选择ZVI的用量是非常有用的，尽管工程师们对ZVI量的选择是保守的并会注入过量的ZVI。

（2）水文地质

化学还原法对任何土壤混合经济可行的水文地质环境都是实用的。但化学还原没有被使用于任何基岩环境，因为可以预期，基岩环境中达到经济、充分地混合土壤将是非常困难的。应该了解治理前后的土壤的承载性能。治理后，如果承载能力过低，需要在治理过程中向土壤中混入少量的水泥，以恢复承载性能。对于化学还原治理，没有面积或体积等的物理限制，但有可能受限于经济性和其他竞争技术如阻隔的相对成本。土壤混合的难易程度随深度的减少而减小，因此，土壤混合很少使用于深度大于35m的土层。

应该指出的是土壤混合机械过程首先会增加局部的渗透性，添加黏土后会减小渗透性。因此，混合过程中由于消除毛细管障碍而存在DNAPLs被活化的可能性。混合过程还可能诱发局部的压力梯度，无形中增加DNAPLs流动。几乎没有任何关于饱和条件下混合过程的力学数据，由此带来的风险在很大程度上是未知的，因此必须评估特定场地的风险。

（3）健康、安全和环境考量

健康和安全主要考虑的是化学还原治理技术必需的土壤混合所用的重型建筑设备作业所带来的危险。混合之前，应确定所有地下公用设施，要么停用，要么先移开。土壤混合过程中，必须监测工人暴露在VOCs排放区域的可能性。混合完成后，VOCs释放的可能性是很低的。无论是零价铁还是在这个过程中使用的黏土都被认为不会对工人的健康造成危害。

5.3.2.2 满足目标的潜力

应用在适当的场地上时，化学还原法对于多种修复目标都具有较高的潜力。影响化学还原技术的污染物降解反应以及土壤混合都已被大量记录并建立。在松散性介质Ⅰ类～Ⅲ类水文地质环境中，该技术在实现污染物总量的去除、浓度的降低、质量通量的减少、污染源迁移的减少以及大幅度减小毒性方面的潜力是很高的。然而，针对该技术的评估基于极少数实地研究，并没有同行评审的文档。

该技术应该只适用于在那些有理由相信可以成功地混合土壤的场地。当地下没有大型对象（例如大卵石或砾石）时，土壤混合最容易实现。混合基岩（Ⅳ类和Ⅴ类水文地质环境）是非常困难的，因此这种技术不适于这些水文地质类型。

最后，化学还原的简单性使之成为一个非常强大的技术。然而，必须指出，它不容易与阻隔或挖掘之外的其他技术相结合，因为化学还原反应会造成土壤渗透性的损失。

5.3.2.3 成本驱动

污染源区域的体积越大，深度越深，化学还原技术治理成本就越高。必须混合的深度是关键，浅层的混合可以很快速地实现，因此混合仪器在浅层场地中的生产率（每小时可以混合的土壤体积）会相当高。在混合过程中必须添加的零价铁量也影响修复成本。

5.3.2.4 特定技术预测工具和模型

目前还没有任何特别适于预测使用零价铁和黏土进行化学还原的成功与否的建模工具，虽然处理的部分工作可以被模拟。如果假设实现了均匀混合，可以很容易地预测水在处理区域内的停留时间。零价铁简单的动力学模型可以大致预测治理速率。实验室可处理性研究是设计治理混合物以及预测特定场地中该技术是否可以成功治理污染物的好工具。

5.3.2.5 研究和示范需要

尚不清楚土壤类型和成分对化学还原的影响。污染混合物是否存在问题尚未被测试，特别是烃类化合物作为共同污染物的情况。已通过渗透性反应墙验证了零价铁降解反应的催化作用，但对催化作用对零价铁/黏土处理能力的影响知之甚少。反应动力学的详细知识和传质动力学的影响对预测化学还原修复是有益的。最后，由混合过程诱发的压力梯度造成的水力置换或机械破坏隔水层情况下对迁移 DNAPLs 的可能性影响是未来研究的课题。

5.4 土壤加热技术

用于污染源治理的三种最广泛的土壤加热方法是蒸汽驱、传导加热和电阻加热。所有这些技术的目的都在于增加污染物在蒸汽相或气相中的分配，进而在真空条件下被抽提出地表，这是增强的土壤气相抽提（SVE）的一种形式。此外，有证据表明一些有机污染物在足够高的温度下可以就地销毁。

三个加热方法描绘了能量在土壤中运送的不同物理过程，结果表明每种方法都只特别合适某些特定场地。蒸汽驱使用热流体传热到地下。经过地下时，蒸汽会在高渗透性的路径中顺流。因此，蒸汽优先加热这些顺流路径，使得热传导性较差的土壤的温度较低。传导加热可以制造的最高温度对土壤性质相对不敏感。电阻加热是利用土壤和水作为天然电阻的属性，非常强大的电流通过土壤，使土壤加热。比起砂土，电流可以更容易地流经黏土和粉砂，所以电阻加热优先利用于加热的是蒸汽驱不能吹扫到的或吹扫很不充分的黏土层部分。

所有加热的方法取决于污染物在气相中的流动和运输。气相控制在地下水水位之上通常没有问题，低于地下水水位的气流可能会被强烈的浮力束缚。在需要蒸发DNAPLs（100℃以上）的高温情况下，地下水流进热处理区是一个潜在的问题。这可能是在高渗透性含水层中使用加热方法的一个限制因素，除非用阻隔墙或其他手段来防止高温时其他低温地下水流入。

5.4.1 蒸汽驱

蒸汽驱首先在1993年被用于三级石油开采（White和Moss，1983），该方法如今仍然被广泛使用，特别是从焦油砂中回收重油。蒸汽驱有助于稠油的开采，主要通过降低原油黏度更有效地驱油与采油。此外，通过油的热膨胀、油组分中的轻组分的蒸汽蒸馏、由蒸汽驱以及在蒸汽区域前端后的轻油冷凝（Butler，1991）引起的气体驱动可以提高回收产率。近年来，蒸汽驱被确定为一个有前途的技术，用于从地下除去非水相液体污染物（Hunt等，1988），但还没有被广泛地用于工业规模场地的修复。

地下水修复过程在多个方面不同于石油开采过程。地下水修复要求基本上完全去除污染物，而石油开采则是逐步提高石油采收率。因修复而造成NAPLs的再活化导致地下水污染的增加是不可接受的。此外，大多数非水相液体的黏度接近水且具有相对较低的沸点。确定是否采用蒸汽驱来修复NAPLs时必须考虑这些因素。

5.4.1.1 蒸汽驱的机理

蒸汽驱的执行机制包括水和有机液体的挥发、蒸汽区域的形成以及蒸汽区域前端有机化合物的水力驱除。这些机制的相对重要性取决于有机化合物的性质以及化合物在土壤中的分布。

（1）有机化合物的挥发

当蒸汽被注入土壤时，最初的蒸汽会凝结并释放出潜热以升高土壤和孔隙流体的温度（后面将要讨论的射频加热或电阻加热，可以产生一个类似的原位温度升高）。随着土壤温度的提升，孔隙流体的蒸汽压也将升高。在包气带，气相形成于那些液相的总蒸汽压超过了原位液体压力的特定区域。因此，通过挥发机制使特定有机化合物移动的热修复技术的有效性受控于化合物的蒸汽压。

（2）蒸汽区域的形成

当蒸汽被连续注入地下时，蒸汽会使水和有机化合物挥发（蒸馏），并形成带有传播凝结前端的蒸汽区域。在蒸汽区，残留在土壤孔隙中水的量取决于注入的蒸汽质量、温度和压力。在凝结前端，形成一团凝结了的有机污染物并向抽提井方向移动的水流（见图5-6）。虽然有机化合物可能最初分布在残余饱和度水平

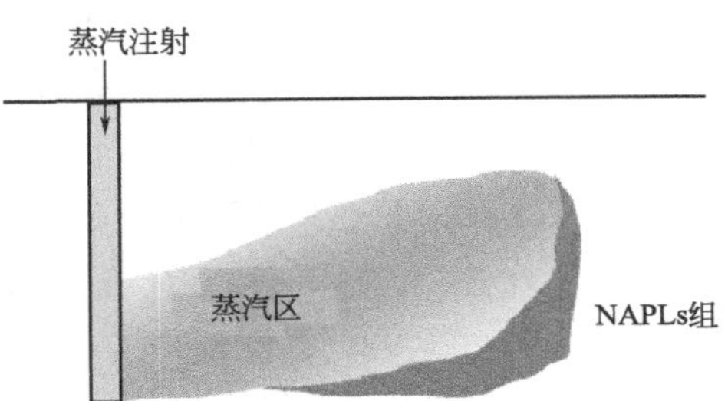

图5-6 蒸汽区和NAPLs组的形成
（彩图见书后）

并因此不动，但有机团是可以移动的。

随着蒸汽区域扩大以及冷凝前端移向抽提井，热通过土壤与流体流动（对流）以及传导而传输，结果形成温度梯度。热传导在相对于流动方向的纵向和横向上同时产生。由于蒸汽比水轻得多，蒸汽在水平传播时往往会上升。这种蒸汽超控或重力分离成为蒸气注入项目设计的一个重大问题。除了低密度，蒸汽的黏度比水的黏度低得多，如此，形成沟流会是一个重大问题。横向热传导是异质土壤中抑制蒸汽沟流的一个重要机制。

在具有低挥发性以及高挥发性 NAPLs 混合物的情况下，蒸汽注入将导致更多的挥发性有机化合物优先被蒸馏。这些化合物将在有机流体团的蒸汽区的前端被冷凝。这将形成可移动的有机流体团，并向蒸汽区的前端移动。这个移动团将团聚滞留的 NAPLs 滴和 NAPLs 节剥离并将产生溶剂带动效应。例如，对三氯乙烯和四氯乙烯混合物的情况，三氯乙烯将会被优先从被捕获的 NAPLs 滴和 NAPLs 节中被剥离并在蒸汽区的前端冷凝形成团。这将形成溶剂驱动形式，使四氯乙烯和三氯乙烯的去除率提高。

（3）有机液体的水力驱除

由于所形成的水相压力梯度，热水或蒸汽的注入会导致水力驱除 DNAPLs。在蒸汽驱或热水驱期间，水力驱除作为一个重要机制，其程度取决于被置换的 DNAPLs 和 DNAPLs 所处的多孔介质或裂隙的性质。在低渗透性的细粒层或裂隙以水坑形式被捕获的有机液体可能以高于残余水平的饱和态连续存在。在有机流体的蒸汽压较低并且沸点相对于注入的蒸汽温度较高的情况下，通过蒸馏达到的去除率将非常低。对于这些流体，如重油和多氯联苯，水力驱除可能是蒸汽注入治理过程中的主要去除机理。如果存在于土壤中的有机液体含量高于残余浓度水平的饱和度，那么在有机流体随注入的蒸汽冷凝为水滴之前，蒸汽就会导致有机物的水力驱除。该水力驱除的效率取决于有机相的黏度（随温度而变）、界面张力、湿度和残余饱和度。已经发现，温度升高导致固结的砂岩（Sinnokrot 等，1971）和疏松砂岩（波斯顿等，1970）中残余饱和度的下降。因此，在环境含水层温度下蒸汽（或热水）驱将比水驱能驱除更多的有机流体。

通过低黏度液体转移高黏度液体的主要问题是黏度沟流。黏度较低的驱除流体趋向于在极少数沟流中突破更黏稠的流体，导致后续污染物去除效果微小。由蒸汽或热水注入或电加热所引起的有机流体黏度的降低可能会降低发生在环境温度下水力驱除过程中的指状节的程度。蒸汽注入可引起黏度和界面张力降低，该情况下的剩余饱和度可能比水冲洗后预期的剩余饱和度更低（Poston 等，1970；Sinnokrot 等，1971）。

蒸汽注入一般不会被期望给有机液体渗入或蒸汽或水驱过后留下的液滴或结节提供更多的水力置换。这是因为有机物和水的黏度均随着温度的升高而降低。当温度由10℃增加至 90℃时，有机物-水的界面张力降低 10%左右（Ma 和 Sleep，1997）。黏性力与毛细管力的比率被称为毛细管数。如果超过了临界毛细管数（流体和土壤结构的函数），通过毛细管力被捕获的非水相液体可以被水力驱除。降低界面张力会增加毛细管数，同时降低水的黏度会降低毛细管数。在把蒸汽注射进可以预期水会替代 NAPLs 的区域的过程中，温度的升高可能会以比界面张力减少更快的速率降低水的黏度。总体而言，提高温度会降低毛细管数。因此，蒸汽注入不会直接增强残余 NAPLs 的水力驱除。加热时，DNAPLs 发生膨胀，但这不会导致更强的 DNAPLs 移动。

（4）水热解/氧化

在伴随蒸汽驱的高温（100～140℃）条件下，水热解和污染物的氧化可看作一个重大的破坏机制。Knauss 等（1999）研究了在 20～100℃温度范围内 TCE 的水氧化，并确定了阿累尼乌斯活化能。从这个分析中他们得出结论，即温度升高 20～100℃将使 TCE 氧化率增加 3000 倍。但是，氧化率仍然低于预期的厌氧菌的还原脱卤速率。在 Visalia 场地现场，据估计，从地下去除的木馏油中有 17%的比例是由水热解和氧化得到的，这个估计基于对从地下抽提出的二氧化碳的监测（U. S. DOE，2000）。

不管运行机制如何，都需要抽提井来回收蒸汽吹扫过程中的流体和水汽。在包气带也可使用蒸汽抽提井。在饱和带中，抽提井最初回收水，然后回收水和非水相液体的混合物，最后抽提蒸汽和有机蒸气。注入井和抽提井的间距必须仔细选择以确保捕获被驱除的水、非水相液体、蒸汽和有机蒸气。

5.4.1.2 案例研究的概述

表 5-5 总结了多个场规模的蒸汽注入实施案例。这些项目中的许多案例涉及烃类化合物，据推测存在 LNAPLs。一些项目涉及烃类化合物和氯化溶剂的混合物，但目前尚不清楚是否存在 LNAPLs 或 DNAPLs 的混合物。只有一个案例报道了氯化溶剂的蒸汽吹扫，是在萨凡纳河场地，但没有给出任何性能数据。工具箱 5-7 和工具箱 5-8 展示了蒸汽吹扫的两个场地规模的案例。本场地例子表明，在相对均匀的渗透土壤中，蒸汽吹扫可以非常有效地去除挥发性有机化合物。随着污染物越来越不易挥发以及土壤变得更加异质或渗透性变得更差，蒸汽吹扫的有效性降低。这些使用蒸汽吹扫去除位于地下水水位以下的 DNAPLs 以及裂隙介质中 LNAPLs 的场地经验是有限的。此外，许多案例研究报告的性能指标是基于质量去除，而非剩余质量、溶解污染物浓度的降低或污染物通量，这些指标相比质量去除是更好的治理效率的指标。

5.4.1.3 技术的应用

（1）污染物

相比于其他修复技术，蒸汽吹扫是去除分离相 NAPLs 而不是去除溶解在水相中的有机污染物的最有效的技术。蒸汽吹扫同样适用于修复石油和氯代烃污染的土壤。需要确定的最重要的化合物特征是它在通常注入的蒸汽温度范围内的蒸汽压。沸点低于水的化合物很容易被注入的蒸汽汽化。随化合物的蒸汽压的降低，在蒸汽相中的污染物的摩尔比将会降低，从蒸发过程中去除化合物的速率也将成比例降低。对于具有非常高沸点的化合物，例如杂酚油和多氯联苯，黏度降低和水力驱除可能是操作蒸汽吹扫过程中最显著的去除模式。

表 5-5 蒸汽吹扫的现场应用

地点	污染物	水文地质	处理量	结果
原固废处理场地，Muehlacker，Germany	TCE，BTEX，挥发性卤代化合物，挥发性非卤代化合物	高异质、风化的砂质，在不饱和带	3000m^3，至 49ft(15 m)深	蒸气喷射 10 个月；去除 2500kg 的 TCE，约 95%的气体处于气态，其余的溶解在水里
Lawrence Livermore 国家实验室汽油泄漏场地，Livermore，CA	BTEX，石油烃类，挥发性非卤代化合物，汽油(可能是游离状)	分层的系统，砂砾和砾石，粉质黏土，砂质黏土，砾石砂到粉砂等	100000yd^3($76455m^3$)	超过 7600gal(28769L)汽油被除去，大部分是超过 10 周的蒸气，在 1 年的阶段中进行
Lemoore NAS，Lemoore，CA	JP-5，石油烃类化合物；挥发性非卤代化合物	砂和淤泥，渗透系数为 $3.9\times10^{-3}\sim1.4\times10^{-2}$cm/s。水位 4.9m		修复 190000gal(719228L)；总石油烃(TPH)最后包气带的浓度为 20～50mg/kg
North Island 海军航空基地，San Diego，CA	TCE，石油烃类，挥发性卤代化合物，挥发性非卤代化合物，JP-5，半挥发性非卤代化合物；地下水中漂浮的 LNAPLs	土壤	1100yd^3($920m^3$)	移除 28600lb(12973kg)，包括 14600lb(6622kg)的燃料烃和液相中的 TCE，以及 14000lb(6350kg)蒸气相的 TCE
Rainbow 处理厂，Hunting on Beach，CA	柴油，石油烃类化合物，挥发性非卤代化合物	水的深度为 40ft(12m)，砂径在 35～40ft(10.6～12m)处	15000yd^3($12542m^3$)	修复 45000gal(170343L)；平均浓度从 17000mg/kg 开始减少到 1500mg/kg
Savannah River 场地，Aiken，SC	PCE，TCE(混合污染物，DNAPLs 占主导地位)，挥发性卤代化合物	层间黏土、淤泥、砂；以黏土层为界的目标区域	表面 100ft(30m)×100ft(30m)；深度 165ft(50m)；PCE 位于深度为 20～165ft(6～50m)的黏土弱透水层之上	31000kg 的污染物被去除[30000kgPCE(26%)和 1000kgTCE(62%)]。一些去除归因于含水热解，但没有量化
场地 5，Alameda Point，Alameda，CA	挥发性卤代化合物，TCE，可提取的石油烃类化合物(TEPH)；挥发性非卤代化合物	砂到粉砂，粉砂黏土夹层和粉砂	180yd^3($138m^3$)土壤；100～200gal(379～757L)NAPLs；发现在深度 3～10ft(0.9～3m)LNAPLs	除去了 600gal(2271L)的 NAPL(TCE 为 242kg 时 84%为分离相)。处理过程中浓度降低“很多数量级”；TCE 在土壤中处理后从低于检测限(ND)到 20mg/kg。TCE 在地下水中处理后从 ND 到 295mg/L
A. G. 通信系统，Northlake，IL	TCE，顺-1，2-DCE，二甲苯，苯，溶解的浓度为 45000mg/L 的 TCE	不饱和和饱和带，330000yd^3($252303m^3$)	65 口蒸汽注入井[39 口在 35ft(11m)的深度筛选，26 口在 46ft(14m)处筛选]，186 口浅 SVE 井和 76 口结合地下水/蒸汽抽提井(15～30gal/min)	平均溶解的 TCE 浓度从 20000mg/L 下降到 1000mg/L，在 2 年内 TCE 和 DCE 减少了 90%。33000lb(14969kg)的烃类化合物被移除
Visalia Pole Yard 国家优先清除场地，Visalia，CA	半挥发非卤代化合的；半挥发卤代化合物，多环芳香烃(PAHs)，杀虫剂/除草剂，杂酚油，五氯苯酚(PCP)	3 个不同的含水区	75～105ft(23～32m)深	1997 年 6 月～1999 年 6 月，大约 1130000lb(512559kg)的杂酚被除去或破坏(作为 NAPL 形态为 50%，作为蒸气为 16%，水相为 16%，水溶性热解/氧化而被破坏为 17%)

资料来源：http：//www.clu-in.org/products/thermal. EPA，2003。

(2) 水文地质

污染场地的渗透性和异质性的程度将是影响热处理技术有效性的重要因素。与大多数吹扫技术相比，其必须达到非常高的压力梯度以达到合理蒸汽流的速率以及随后的从低渗透性土壤中去除污染物的速率。Butler (1991) 建议，蒸汽注入不能用于渗透性低于 $10^{-13}m^2$ 的底层中的石油开采。水力和气动压裂技术的使用被认为可以增强低渗透性土壤如大块的黏土的渗透性。某些情况下，形成水平裂隙的平行平面。将蒸汽注入一些裂隙，并从邻近裂隙中抽提出被加热的流体和气体。

若土壤层间具有显著的渗透性差异，那么沿着高渗透性土层会形成明显的蒸汽窜流通道。这会导致蒸汽流绕过滞留在低渗透性层的污染物。最终，通过横向热传导，蒸汽区域将扩大到低渗透层。因此，在分层系统中蒸汽注入的相对效率取决于非水相液体的位置、系统的相对渗透性、层的相对厚度以及热的横向传导率。

如果在建筑底下蒸汽不会有什么危险，而且有机蒸气不会进入建筑物，蒸汽注入可用于建筑物的污染治理。建筑物底下需要被清理的土壤处于足够深的深度，这种情况可以考虑采用蒸汽注入。深污染源区的治理遇到的问题比较少，因通常放置于建筑地基下面的蒸汽短程绕行通过渗透土层。除非使用有斜钻井技术，该建筑必须足够小，以便有足够的注射井和抽提井的间距。路面不会对蒸汽注入造成任何特殊问题，实际上可以帮助避免蒸汽和有机蒸汽在地表穿透。

理论上，蒸汽注入通过井可以到达任何深度的区域，可用于 900m 深的三次石油开采中。

工具箱 5-7
Visalia Pole 储藏院

在 Visalia Pole 储藏院，使用了蒸汽吹扫修复木焦油和四氯酚污染的土壤。在 25 个月的操作期间，共有 130000lb (141000gal 或 533743L) 的木焦油被去除或治理 (10400lb/周或 4717kg/周)。大约 50%的自有态污染物被去除，其中，16%在蒸汽中去除、16%在水相中被去除、17%是被原位水解破坏 (U. S. DOE，2000)。然而，没有治理前条件的准确评估，因此，不能确定去除效率。此外，没有可获得的关于这个场地的报告以讨论修复对污染物浓度、质量通量或其他可能被关注的指标的影响。

工具箱 5-8
Alameda Point，场地 5

在 Alameda，California 的 Alameda Point 的场地 5 使用了蒸汽吹扫技术修复浅层填充土壤层中的 NAPLs 污染源。非水相液体污染源包括石油烃类化合物 (柴油和车用机油) 和三氯乙烯的混合物，并且密度小于水。该场地地层的表面密封覆盖有沥青和混凝土砖、1.5m 的砂质淤泥填充层、2.5m 的粉细砂、0.2m 的黏土，以及 2～3m 的河湾泥。地下水位为 1.7m 深。

蒸汽吹扫实施包括污染源区域外围的 6 个注射井和 1 个污染源区内的抽提井。为了防止 NAPLs 在盖子底下冷凝，蒸汽首先在 10d 内被注入包气带直到热蒸汽从抽提井中被回收。蒸汽随后在 40d 内被注入包气带和饱和带。

在蒸汽吹扫的 40d 内从抽提井中共回收 1950kg 的有机液体（83%以 NAPLs 形式存在，其余部分以从水和蒸汽中的吸附材料中被回收）。TCE 主要以气相形态最后离开蒸气/液体分离器（192kg），额外的 22kg 被从水相中分离，而仅有 18kg 以 NAPLs 形式被回收。污染源区的 VOCs 浓度降低了 2 个数量级，可以被抽提的烃类化合物在土壤中的浓度降低了一个数量级，而残余的化合物主要为低挥发性化合物。在仅低于表面盖子的浅层土壤中发现了痕量的氯化物。在场地冷却后，处理后的土壤中的微生物种群得到反弹。

(3) 健康、安全和环境考量

蒸汽注入过程产生加热的有机蒸气，某些情况下，这些加热的有机蒸气可能会导致火灾或爆炸的危险。修复近地表非水相液体期间，重要的是控制蒸汽和有机蒸气的迁移，以避免蒸汽意外地穿透地表。

当试图采用加热技术从地下去除 DNAPLs 时，必须特别注意增加 DNAPLs 污染程度的可能性（She 和 Sleep，1999）。蒸汽区域可移动的 DNAPLs 前端的冷凝团的形成可能会导致 DNAPLs 垂直移动。另外，也可能发生固定在细颗粒土壤透镜体中的 DNAPLs 在蒸汽作用下的横向移位，并可能下沉到蒸汽带下方，最终导致在含水层更深的深度产生污染。温度的升高降低了界面张力，并成比例地降低向细颗粒土壤透镜体中输入蒸汽所需的压力。蒸汽注入设计方案必须确保不会发生 DNAPLs 在垂直方向上的迁移。通常把蒸汽区域伸展到污染源区域底下，以确保上述担忧不会发生。当污染源区域的底下存在低渗透层时，可能需要使用电加热技术。

5.4.1.4 满足目标的潜力

表 5-5 中总结了蒸汽加热在满足各种不同类型场地的各种目标的预期效果。本表中的条目是基于可获得的案例研究，以及目前对蒸汽吹扫机理理解的基础上。报告案例研究常用的蒸汽吹扫性能指标是总量的去除，因为这是最简单的衡量方法。去除大量的污染物有望减少污染源迁移的潜力。污染物质量的减少也可预期达到减少局部区域中污染物的水相浓度和污染物质量通量的效果，但这些减少的量将在很大程度上取决于水文地质、初始的污染物的质量（在很多情况下是未知）以及污染物质量的分布。局部地区水相污染物浓度的降低或污染物质量通量的减少似乎在蒸汽吹扫案例中没有经常被报道。尽管有报道称，水热解是一种可能在蒸汽加热的高温条件下原位毁灭某些污染物的过程，但是还没有研究从污染物的质量平衡中严格量化该过程的程度。

尽管有这些技术指标，对于在低异质性的可渗透性土壤中由可挥发性有机污染物组成的并被很好界定的污染源区域，蒸汽吹扫具有达到充分地去除污染物质量的潜力。预计这将产生污染治理区域内污染物浓度的大幅降低以及污染物通量的大幅降低。当土壤的渗透性减小时，需要更高的蒸汽注入压力以便获得相同的通过土壤的蒸汽传播速度。当异质性程度增加时，蒸汽吹扫的效率会降低，因蒸汽会优先通过高渗透区内的沟流。在这种情况下，从蒸汽沟流到低渗透区的热传导将最终实现从这些区域内去除污染物，但需要更多的蒸汽、生产更多的蒸汽所需的能量以及更长的时间。

在高异质性、低渗透性或裂隙介质中使用蒸汽吹扫的实验室或现场经验很少。然而，很显然，随着地下异质性的增加，污染物不完全去除的风险也会增加，在裂隙介质中的这种风险最大。此外，当异质性增加，预测和控制蒸汽在地下移动的能力会降低。控制蒸汽移动对避免不希望的 DNAPLs 向下移动是很重要的。

蒸汽吹扫成功的评估通常包括原位温度的监测，以确保在整个污染源都达到了温度升高的目的。由于地下温度降低到常温时可能需要相当长的时间（几周），蒸汽加热停止后，应在一段时间内监测温度和污染物浓度。

5.4.1.5 成本驱动

蒸汽注入方案的成本可能包括生产蒸汽的蒸汽锅炉、注射井、抽提井、真空抽提设备、冷凝器设备，以及用于尾气和冷凝水处理的处理系统。需要用于产生蒸汽的给水来源，可能需要处理系统用于预处理进入锅炉的水以除去溶解性固体并防止锅炉管结垢。大多数情况下，锅炉以天然气为燃料。污染物所处位置越深，需要注入的蒸汽就需要越高的蒸汽压和温度，导致将会需要更多的能量用于蒸汽生产以及更高的设备成本。在包气带中的蒸汽注入情况下，需要真空抽气以除去蒸汽，其必须使用蒸汽抽提设备。通常从蒸汽注入回收的蒸汽和冷凝系统用冷凝器来冷凝水和有机蒸气。剩余的非冷凝的气体部分需要用活性炭治理。冷凝物中的水和有机成分可以过重力分离，处置之前以去除待处理的水中溶解的有机物组分。

在与蒸汽注入关联的回收井中，在蒸汽穿透之前，有机液体和水会被加热，而在蒸气穿透后会产生水和有机蒸气。所产生的流体和冷凝蒸汽可以被分离成有机相和水相。有机相纯度可能会很高，可以被回收。水相将混有饱和有机化合物，需要进一步处理才可以处置。水的生产量要比常规的泵抽出-处理技术低得多，因为使用蒸汽注入，凭借注入的蒸汽蒸馏去除机理，会使 DNAPLs 的回收速率高得多。

蒸汽注入越深，越需要高的蒸汽压力和温度，生产这种蒸汽以及所需的设备成本越高。

5.4.1.6 特定技术预测工具和模型

已经开发了几个用于石油开采的蒸汽注入的模型。但是，这些模型并非普遍适用于模拟蒸汽注入治理 DNAPLs，因为大多数的模型忽略了水相中有机物的溶解，同时也忽略了毛细管压力。Falta 等（1992）描述的一维模型模拟了 NAPLs 修复中的蒸汽注入。这个模型包括了三相流体以及一个单一有机相的迁移，与 Hunt 等（1988）的室内蒸汽注入实验相比具有良好的性能。Sleep（1993）提出三维三相多组分蒸汽注入模型。

模拟蒸汽注入是非常困难的，并需要大量计算，因为多相流动和迁移的非等温方程的高度非线性性质，需要大量的建模和计算经验。模拟涉及这些模型中的各种本构关系参数的确定，例如毛细管压、饱和度以及渗透性如何作用确定温度，非常困难并需要高昂的成本。

5.4.1.7 研究和示范需要

关于蒸汽加热在异质性多孔介质包括裂隙岩石和黏土中的有效性的研究很少。未来，该领域需要进一步研究，包括在由热水或蒸汽吹扫驱动NAPLs、温度对吸附过程的影响、异质性系统中的传质速率、水热解对多种污染物的作用、在复杂地下环境中DNAPLs被再活化的可能性，以及高温对土壤性质和微生物活性的影响等方面做研究（Richardson等，2002）。

5.4.2 传导加热

传导加热有时也被称为热传导加热或原位热脱附（ISTD），指的是由电加热元件的热传导加热地下介质。两种用于热传导的加热元件配置即热毯和热井（Stegemeier和Vinegar，2001）。热毯通常是由金属丝网织成的陶瓷布，尺寸可以达到2.4m×6m。通常覆盖着5～30cm的绝缘层以减少热损失到大气中。不渗透层放置在绝缘层上起表面密封作用，允许在热毯下面使用真空来捕获挥发的污染物。通过电流加热热毯可以使热毯的温度高达800℃或900℃。地下介质的加热通过热毯向下的热辐射和热传导完成。因为热毯安置的原因，热毯仅限于浅层加热的应用（<1m）。

热井被用于深度大于1m的地下污染加热治理。垂直定向的热井包含由陶瓷绝缘子中的镍铬合金线组成的加热元件。如热毯一样，加热元件施加电流加热热井使其温度接近900℃，从而通过热传导加热附近地下区域。根据傅立叶热传导定律，热传导期间，传热或热通量的速率与土壤中的温度梯度呈正比。加热器附近的水可能被蒸发，所产生的蒸汽会造成一定的热对流把热传递到地层中，直到所有的土壤变得干燥。热井可能仅配置加热元件，或者它们可能配置真空，以便从地下抽提蒸汽和液体（Stegemeier和Vinegar，2001）。

热井附近的温度取决于加热元件的功率、热元件与土壤间的辐射传导、土壤热导率、土壤的热容量以及到相邻加热井间的距离。加热速率会随着热导率的增加而增加，但会随着被加热材料的热容量的增加而降低。这些量都取决于水分含量，但它们对晶粒尺寸或矿物含量都相对不敏感。结果是，在不同的被加热的土壤或岩石中，传导加热产生的温度变化将是相对独立的。此外，温度的变化将是相对均匀的，即使是异构介质构造中如夹层砂和黏土或裂隙。在高温下实现导电加热，加热器附近的土壤可能会变得干燥，甚至使得黏土都会变得对蒸汽抽提有足够的渗透性。

当接近热井或热毯的地下土壤的温度通过导电加热而升高，水和污染物的蒸汽压也会增加，直到发生水和污染物沸腾。沸腾发生时，因为由液体到气体的相变所引起的膨胀，有可能会出现显著的压力上升。这可能会产生汽体和液体远离热源的流动，从而产生对流热传递。热毯情况下，通常通过在热毯下面使用真空来控制气体和液体的运动。使用热井修复的情况下，真空通常用于捕获蒸汽和液体。因此，传导加热的有效性尤其取决于抽提由加热产生的汽化的水和污染物的能力。

因传导加热会在加热元件附近产生非常高的温度，即使高沸点化合物如多氯联苯也能够被挥发。高温也将加速污染物从土壤中解吸。此外，在高温条件下有机污染物可能被氧化或热解（Stegemeier 和 Vinegar，2001）。为了达到足够高的温度以便有效地去除多氯联苯（约 500℃），土壤中的所有水必须被汽化损耗完。在某些情况下，可能会有大量的水流入加热区，不能把温度提高到 100℃以上，严重地限制了低挥发性污染物去除的有效性。此外，需要非常近的井间距（1.5～2m）以达到充分加热。对于更多的挥发性有机化合物，如四氯乙烯和三氯乙烯，没有必要达到 100℃以上的温度，较少的能量输入和更远的井间距就已经足够。

5.4.2.1 案例研究的概述

表 5-6 中总结的实验室可处理性研究和 7 个 ISTD 场地项目经验已证实了在一段时间内施加的高温导致了高沸点污染物如多氯联苯、农药、多环芳烃以及重烃类化合物的有效降解和去除。

表 5-6 ISTD 现场试验结果总结

地点	处理区	处理方法	污染物	初始浓度	最终浓度
Cape Girardeau, MO	包气带，处理深度 12ft(3.7m)，风化和未风化的黄土	热毯的高度为 1.5ft(0.5m)，12 个热井[在 5ft(1.5m)的中心，12ft(3.7m)深]，10～45d 的加热	PCB1260	20000mg/L	<0.033mg/L
Vallejo, CA	包气带，面积为 500ft^2(46m^2)，处理深度为 12ft(3.7m)	1ft(0.3m)高的热毯、14 个热井[深度 14ft(4.3m)]、10～45d 的加热	PCB1254/1260	2200mg/L	<0.033mg/L
Portland, IN	包气带，粉质黏土	130 个热井在 7.5ft(2.3m)的中心，深度为 19ft(5.8m)，9 周的处理	1,1-DCE	0.65mg/L	0.053mg/L
			PCE	3500mg/L	<0.5mg/L
			TCE	79mg/L	0.02mg/L
Eugene, OR	包气带，砂石[1～4ft(0.3～1.2m)深]，粉砂[11～16ft(3.4～4.9m)深]，砾石/砂/黏土(粉砂)	277 个真空/热井和 484 个热井[7ft(2.1m)的中心，深度为 10～12ft(3～3.7m)]在建筑物内部和外部的住宅附近	苯	33mg/L	<0.044mg/L
			汽油	3500mg/L	250000lb
			柴油	9300mg/L	(113398kg)
				浮油	浮油的去除
Ferndale, CA	包气带 40ft×30ft×15ft(12m×9.1m×4.6m)，粉砂和黏土质塌积土壤	以 6ft(1.8m)的间隔，呈六角形布置的加热和真空/加热井	PCB1254	800mg/L	<0.17mg/L

资料来源：Stegemeier 和 Vinegar，2001。

ISTD项目的加热形式实例可以用来阐述传导加热的效果，在这个项目中使用了12个热井，加热密里苏州Cape Giradeau场地土壤中的多氯联苯（Vinegar等，1998）。通过热电偶深度方向上间隔为0.3m的14个温度监测井陈列，确定加热的效率。这个项目加热运行了42d，并分为3个不同的加热期：在第一个9d加热期，土壤和水被加热，温度从室温升至100℃；紧接着的第12～16天的第二阶段，孔隙水沸腾，温度维持在100℃；液态的水被完全去除后，在第22～26天之间的第三次加热期温度再次升高，在整个修复区留下干燥的土壤。在项目的最后2个星期，温度上升至超过400℃。

5.4.2.2 技术的应用

（1）污染物

传导加热可用于范围广泛的有机污染物，从挥发性有机化合物如氯化乙烯到低挥发性有机化合物如多氯联苯。与其他热修复方法相比，传导加热的优点之一是产生有利于去除低挥发性有机化合物的地下高温。由于污染物挥发性的降低，需要达到更高的地下温度，需要更紧密的井间距、有限的进水量投入以及更大的能源投入。

（2）水文地质

导电加热对多种地质条件包括饱和带都是有潜力的。与那些典型的钻井深度限制不同，热井没有深度限制。然而至今大多数传导加热技术都应用于包气带。在治理饱和带的污染时，如果必须阻隔降水、干燥土壤以实现高温，水的灌注是一个问题，因为需要更多的热量以汽化大量的水。需要更多的经验以更好地评估饱和带中传导加热的潜力，如有必要则停止或减少水的灌注。此外，需要进一步探索地下介质异质性对捕获蒸汽和控制污染物迁移能力的影响程度。然而，此方法在一些场地上是不可行的，因为地面敏感构筑物就直接排除了安装热井或热毯的可能性。

（3）健康、安全和环境考量

传导加热涉及使用大量的电能并产生高温，需要非常严格的安全措施。地下火灾的可能性不大。研究表明，土壤中二噁英和呋喃的形成不明显（Stegemeier和Vinegar，2001）。需要烟道气测试以确保不发生有害气体的排放。在收集气体流的大多数场地，需要进一步用热氧化和活性炭吸附处理。在污染源区附近存在埋有罐式容器的场地将有问题，因为高温可能会造成这些罐式容器爆炸，应采取措施以确保密封钢罐不出现在治理区域内。

由于加热和液体挥发使污染物迁移远离修复区域，可以通过在热井附近使用真空加以控制。如果没有捕获全部的污染物，会出现污染物蒸气和被污染的水向外蔓延以及DNAPLs向下移动的可能性。随着土壤异质性的增加，要实现全部捕捉可能遇到更多问题。

5.4.2.3 满足目标的可能性

传导加热是一个非常激进主动的技术，通常涉及密集的井间距、高能量输入以及高的地下温度。大多数应用于包气带场地中以去除低挥发性污染物。在几乎所有类型的地质条件下，可以实现非常有效的总量去除以及污染物浓度、通量和污染物迁移可能性的降低。

在地下水水位下采用传导加热的场地经验非常有限。如果可以限制水流入，可以预期在所有的颗粒介质中，传导加热都是有效的。然而，捕获足够蒸汽和液体并限制水流入可能会随异质性的增加而变得更加难以实现。没有在饱和裂隙或岩溶介质中使用传导加热技术的经验。因为在裂隙介质和溶岩中控制水流入可能是有问题的，而且难以捕捉污染物，可以预期在这些环境中传导加热技术的有效性会很有限。

成功评估传导加热通常是通过现场原位温度监测，以确保整个污染源区达到了设计的温度。因可能需要大量时间（数周）以使地下的温度下降到修复前水平，应在停止加热后的一段时间内监控温度和污染物浓度。

5.4.2.4 成本驱动

传导加热的成本包括热毯或热井、温度监控、抽真空设备、尾气和凝结水处理系统组件以及电力加热。由于井间距非常小，通常井的安装成本将随着污染源深度的增加而增加。因污染物的挥发性降低，必须产生更高的温度，同时要求增加电能输入加热区。类似地，如果有明显的水流入加热区，能耗会增加。

5.4.2.5 特定技术预测工具和模型

当相变和流体流动没有严重影响地下加热时，由传导加热引起的地下加热可以用简单模型来模拟。传导加热的全面模拟包括多相系统（气-水-非水相液体）的相变，这是一个复杂的非线性过程并需要使用复杂的数学模型，如 Falta 等（1992）所描述的模型。Elliott 等（2004）采用了多相流和传递模拟器研究了在饱和带的传导加热的设计。

5.4.2.6 研究和示范需要

与许多其他修复技术相比，传导加热的经验是非常有限的，已发表的科学和工程文献更少。尤其是，几乎没有在地下水位以下应用传导加热的案例。对发生在低渗透性土壤因加热被干燥的土壤渗透性升高所知的信息较少，一直没有对由于应用传导加热而引起的污染物扩散的可能性进行评估。

5.4.3 电阻加热

电阻加热（ERH）最初作为提高石油采收率的技术应用（Harvey 等，1979；Wattenbarger 和 McDougal，1988）。最近几年，其被用于修复地下污染（Buettner 等，1992；Gauglitz 等，1994；McGee 等，1994）。ERH 在场地中的应用涉及插入地表的六角形或三角形阵列电极的安装。通常情况下，在电极上施加三相或六相电源。产生的电场设置会加热地下介质。加热速率相当于在地下消耗的功率，所以最大电流的地方加热最大（McGee 等，1994）。可以在场地上调整电压，以产生所需的可以满足任何需要的加热速率的电阻加热的电流，而电流无法直接调整。电阻加热可以将地下介质升温到水的沸点，这产生了从地下剥离污染物的原位蒸气源。由于污染物转化为蒸气，通过在包气带的抽提井将它们捕获与去除。

原位电极间产生蒸气的能力，可以比蒸汽吹扫与热传导产生更均匀的温度分布，在后两者中热量从热井向外移动。电极的结构对建立均匀分布热量至关重要。六相电极结构由围绕中心中性电极的六个金属电极组成（Gauglitz 等，1994）。以空间连续的模式连接六个电极，使每个电极与阵列中其余电极导电，这种结构可以产生相当均匀的加热模式。电阻加热也可以通过使用三相电极加热或单相电极加热。最常用的电阻加热是三相电极加热，每个重复的三角形模式的电极与三相电源中任一相连接（McGee 等，2000）。

因为土壤的导电性变化远小于土壤的渗透性变化，在异质土壤中，相比于蒸汽吹扫，ERH 可以产生更均匀的加热。尤其是，由于黏土中存在的离子可以增加电流流动，从而增加热在黏土层的积累，因此低渗透性的黏土层可能被优先加热。然而，随着液态水转化为蒸汽，土壤被干燥，导电率降低。因此，在土壤中保留一些液体水是必要的，以保持电流传导和加热（McGee 等，2000）。出于这个原因，与传导加热相反，ERH 的温度限制在 100℃的范围内（取决于深度）。电极周围的土壤过干以及电极过热会造成问题，通常需要在电极上滴水解决这个问题。

5.4.3.1 案例研究的概述

表 5-7 总结了 ERH 应用于污染源区修复的一系列案例研究。这些应用大多数是用于从砂土到黏土土壤类型中的可挥发性含氯化合物的浅层污染处理。六相加热比三相加热更为常见，最有可能是由于供应商的专门化而不是技术上的考虑。在两个场地上，从污染物总量的去除（Cape Canaveral，Portland）到土壤和地下水中污染物浓度水平的降低，都没有达到修复目标。在所有的场地，目前尚不清楚是否发生修复后的污染物浓度反弹。许多应用都受到了电极问题和加热不足的困扰。

5.4.3.2 技术的应用

（1）污染物

ERH 技术中污染物去除的主要方式是通过挥发和土壤蒸汽抽提回收。因为必须在土壤中保留水以保证电流传导，ERH 温度受限于水的沸点（McGee 等，2000），类似于蒸汽吹扫，这限制了 ERH 挥发污染物（沸点低于 150℃）的有效性。由于污染物挥发性的降低，相应地去除率会降低，DNAPLs 活化的风险也将增加。

（2）水文地质

大多数技术都应用在不饱和带和浅层饱和带，虽然技术上没有任何电极放置深度的限制。ERH 可从低渗透性黏土中去除污染物，但由于其会优先加热可以传导热的土壤，所以在这些土壤中应用 ERH 的案例还非常有限，而且低渗透性土壤中污染物蒸气回收的困难以及后续 SVE 井的布置都还没有被全面地调查研究。由于中等异质土壤可以被更均匀地加热，ERH 比蒸汽吹扫更有效。此外，通过控制电极供给电能，能实现集中加热以便有效利用输入的能量。目前还没有在裂隙或喀斯特系统中应用 ERH 的案例。由于低孔隙度岩石的传导率低以及难以维持控制流体迁移，ERH 可能对这些地质环境无效。

表 5-7 使用电阻加热的案例研究

地点	介质和污染物	应用方法	结果
Savannah River,GA	溶解的 PCE 和 TCE(100～200mg/L)在深度为 40ft(12m)的 10ft(3m)厚的黏土层中	六相 ERH。电极放置在 30ft(9.1m)直径的圆内,加热 25d	10d 内达到 100℃。经过 25d,99.99%的污染物在处理区中被去除(EPA,1995)
Avery Dennison Site,Waukegan,IL	亚甲基氯化物(MeCl)源(16000yd^3/12233m^3)在包气带	六相 ERH。20 个带有周边电极的处理单元,深度为 24ft(7.3m)。共有 95 个铜电极,其中 6 个安装在活动街道下,16 个安装在现有建筑物内。修复目标:土壤中 MeCl 的浓度降为 24mg/kg	运行 4 周后,由于电极老化,加热不足。每根电极周围安装 1in(2.5cm)镀锌钢管。5 个月后,除 4 个处理点外,MeCl 的浓度降低到治理目标(24mg/kg)以下。增加了额外的镀锌钢管电极和 1 个月的操作,达到了补救的目的。土壤中的平均 MeCl 浓度降低到 2.51mg/kg(EPA,2003)
Skokie,IL,Site	TCE(最大 130mg/L;平均 54.4mg/L),TCA(最大 150mg/L;平均 52.3mg/L),DCE(最大 160mg/L;平均 37.6mg/L)。DNAPLs 存在。具有黏土透镜体的异质粉砂,18ft(5.5m)深(10^{-5}～10^{-4}cm/s);底部致密黏土直到弱透水层(可达 10^{-8}cm/s)。水深 7ft(2.1m)	六相 ERH。ERH(在 1250kW 中 13.8kV 本地运营)与土壤蒸汽萃取结合。第Ⅲ级修复目标是 TCE 17.5mg/L、柠檬酸 8.85mg/L 和 DCE 35.5mg/L。在 6 个月内处理了 23100yd^3(17661m^3)。额外处理了 11500yd^3(8792m^3)	在 5～6 个月的运行中,在最初的污染区域所有井中,TCE、TCA 和 DCE 都达到了Ⅲ级清除目标。TCE(54.4～0.4mg/L)的平均地下水浓度降低了 99%以上;TCA 超过 99%(52.3～0.2mg/L),DCE 超过 97%(37.6～0.8mg/L)(EPA,2000)
ICN Pharmaceuticals Incorporated Site,Portland,OR	TCE,顺-1,2-DCE 和 VC。DNAPLs 可能是基于在地下水中存在的污染物,其溶解度>1%。在 40ft(12m)的深度中,有 48000～65000yd^3(3669696～49696m^3)的原始区域(饱和与不饱和)	六相 ERH。60 个电极(6 个电极呈六边形排列,每个阵列中有 7 个中性电极)将能量导向 3 个区域:深度 20～30ft(6～9m)、深度 34～44ft(10～13m)以及 48～58ft(15～18m)。初始加热限于底部间隔,以产生热底板,以防止向下污染物迁移。在受热区域(5～10ft 或者 1.5～3m 深)以上不饱和带域安装了 53 个蒸汽抽提井。治理目标:在治理过程中预防和控制分离阶段的 DNAPLs 的迁移,并将污染物浓度降低到表明 DNAPLs 已被移除或治理的水平	系统经蒸汽和热水处理后扩大。截至 2001 年 12 月,最高一层地下水污染物浓度 TCE 减少到 100μg/L,DCE 减少到 1300μg/L,以及 VC(50μg/L)减至 2002 年 6 月 Oregon 的 MCLs 浓度以上。在另一个较低的层中,VC 浓度降低,但由于在井口中可能存在的妥协因素,DCE 和苯的浓度增加;这些井在 2002 年 4 月被放弃,因为溶解的阶段 VOCs 仍然高于环境质量部门在该地方不同地点的一般风险筛查水平(EPA,2003)
Poleline Road Disposa Area,Arrays 4,5,and 6,Fort Richardson,AK	土壤:PCE 120mg/kg;TCE 640mg/kg;五氯乙烷(PCA)12000mg/kg。地下水:PCE 0.30mg/L;TCE 7.8mg/L;PCA 18mg/L。DNAPLs 存在。7300yd^3(5581m^3)的处理区域 36ft(11m)深	六相 ERH。电极阵列(安装在深度 38ft/11.6m 的 7 个电极),每 3 个阶段安装 3 个 SVE 井。治理目标:PCE,地下水中含量 0.005mg/L,土壤中含量 4mg/kg;TCE,地下水中含量 0.005mg/L,土壤中含量 0.015mg/kg;PCA,地下水中含量 0.052mg/L 和土壤中含量 0.1mg/kg	在废气中去除的 PCE、TCE 和 PCA 的质量为 1385lb(628kg) (1)ERH 系统处理后 PCA、PCE 和 TCE 在地下水中的浓度分别降低 49%、75%和 56%;然而,在现场示范结束时,PCA、PCE、TCE 和顺-1,2-DCE 的浓度,都超过了治理行动的目标。 (2)ERH 系统降低了 PCA 和 PCE 的土壤浓度,低于治理行动目标;然而,TCE 浓度仍然高于治理行动目标(EPA,2003)

续表

地点	介质和污染物	应用方法	结果
Launch Complex 34, Cape Canaveral Air Force Station,FL	TCE 估计有 11313kg 的试验区域,有 10490kg 的 DNAPLs。源区试验区为 75ft×50ft×45ft(23m×15m×14m)	六相 ERH。13 个电极,每个电极有 2 个导电间隔[深度为 25～30ft(7.6～9m)和 38～45ft(11.6～13.7m)]。较低的加热间隔配置为提供热地板。12 个 SVE 井安装直径 2ft(0.6m)井眼,深度为 4～6ft(1.2～1.8m)。治理目标:清除 90%的 TCE	由于飓风造成的过度降雨导致水位上升,导致了测试地块的部分温度不够高。在电极附近安装接地棒,以加热深度为 5～10ft(1.5～3m)的间隔。试验小区土壤中 TCE 和 DNAPLs 分别降低了 90%和 97%。在深层的含水层中,加热的效率更高。对土壤(90℃)的热核进行取样,可能会导致一些氯的损失(EPA,2003)
Navy Base in Charleston,SC	在粉砂中有大约 10ft(3m)高的薄黏土层,其中地下水中的总 VOC 浓度(PCE,TCE,反-DCE)为 70000mg/L	90 个电极和共存的蒸汽回收(VR)井。清理目标是将地下水中总氯化 VOCs(CVOCs)平均减少 95%。加热间隔为深度 2～11ft(0.6～3.4m),厚 1ft(0.3m)的黏土层	经过 9 个月的 ERH 操作,地下水平均总 CVOCs 浓度降低了约 86%(来源:热修复服务)
Lowry Landfill, Aurora,CO	PCE 的 DNAPLs 和二甲苯的 LNAPLs 在垃圾填埋场。大量金属碎片被埋在 55gal 的桶里,金属包括汽车车身和床垫弹簧。此外,垃圾填埋场还包括木头碎片、汽车轮胎和城市垃圾。在表面上有一层由黏土覆盖的砾石层。土壤岩性由黏土、淤泥、砂和基岩组成,地下水深度约为 20ft(6m)	ERH 结合多相萃取。107 个电极,7 个多相萃取井。性能标准:热处理区为 120d 平均温度为 90℃,保持空气中气体排放的蒸汽捕捉和控制,并将二甲苯浓度降低 90%。加热间隔为 9ft(2.7m)深和 24ft(7.3m)深,在较低的加热时间间隔内加热地板,在两个阶段将热量向上扫到间隔的顶部,在表面捕捉气体、蒸汽和液体	经过 4 个月的二相和多相抽取操作,治理区域温度>75℃。恢复 15000kg 的总 VOCs(平均减少 70%)。回收了 4000kg 的二甲苯(平均减少 80%)。250 万千瓦的电力输入(来源:Thermal Ambient Air Emissions, and Reduce Services)
Air Force Plant 4 Fort Worth, TX	TCE 在地下水中浓度 95mg/L,在建筑下的异质夹层淤泥、黏土、碎石中浓度 91mg/kg	ERH 和 SVE。60 个电极和位于建筑物下大约 0.5acre(0.2hm^2)的区域内的蒸汽回收井。修复目标:地下水和土壤中 TCE 减少 90%	土壤温度在 60～90℃的范围。最终的土壤中 TCE 平均浓度是 391μg/kg。地下水中 TCE 浓度平均降低 93%
Chicago,IL	在建筑下的淤泥和黏土中,PCE 浓度最高可达 13600mg/kg,平均浓度 5424mg/kg	ERH 和 SVE。17 个电极,垂直和水平的蒸汽回收井。清除目标:土壤中 PCE 含量 529mg/kg	土壤中 PCE 减少 77%～99.6%,均低于清理目标

(3) 健康、安全和环境考量

ERH过程涉及高电压电气系统，需要广泛的安全防范措施以及设计和操作的专业知识。加热过程产生有机蒸气，一些污染物可能会导致火灾或爆炸的危险。重要的是要控制蒸汽和有机蒸气在非水相液体表面附近的迁移，以避免蒸汽在地表以外的地方穿透。与蒸汽吹扫一样，必须注意DNAPLs污染程度增加的可能性（She和Sleep，1999）。由于ERH加热比较集中，污染源区域下形成的热板会挥发和捕捉所有垂直移动的DNAPLs。还没有广泛地调查这个策略对一些污染物和场地条件的有效性。

5.4.3.3 满足目标的可能性

在ERH场地中，修复措施的有效性通常用污染物质量去除或治理区域中地下水或土壤污染物浓度来评价。ERH应用中，不经常报道水相中污染物浓度降低的监测以及污染物质量通量降低的监测。对于挥发性DNAPLs，ERH可从疏松介质中去除大量污染物质量。在地下，相比于土壤渗透性的变化，电导率的变化相对较小，可以产生比蒸汽吹扫更加均匀的加热，因此ERH从非均质性土壤中去除污染物的效果更好。由于土壤渗透性的降低，蒸汽区域膨胀和汽化的污染物回收将变得越来越困难，增加修复时间的同时可能降低有效性。在高渗透性土壤中，水的涌入可能会导致不能达到目标温度的问题，从而限制了污染物质量去除的有效性。

必须表征地下和DNAPLs分布以有效地在一个场地上设计并实施ERH。通常由于电极腐蚀或ERH设计不良导致ERH发生问题，产生不充分的或不均匀的加热。埋下的金属物体也会扭曲加热模式。虽然已报道在ERH达到的高温下，水热解作为可以原位降解一些污染物的过程，还没有任何研究从严格的污染物质量平衡的角度量化这个过程对污染物去除的贡献程度。

在裂隙介质中使用ERH，尤其是固结介质中使用ERH的经验很有限。在很多固结介质中难以安装电极、低水含量以及低电传导率可能都是有问题的。还没有ERH应用于溶岩介质中的案例。鉴于表征溶岩以及在溶岩中安装ERH的难题，ERH在此类水文地质环境中几乎没有应用的可能性。

ERH成功与否通常通过监测判定，包括为确保整个污染源区的蒸汽温度达标的原位温度监测和SVE系统中蒸汽成分的监测。监测应包括地下气压或水压，以确保捕获足够的污染物。需要在电极周围提供足够的滴水以及监测电极温度以避免土壤没有被过度加热。地下温度下降到预修复前的水平可能会需要很长时间（几周），所以ERH停止一段时间后应该检测温度和污染物浓度。

5.4.3.4 成本驱动

ERH的成本与电气系统（电极、电网、电源控制）、SVE系统、电极和SVE井安装、电源提供以及废气处理等要素相关。

5.4.3.5 特定技术预测工具和模型

ERH过程的预测需要模拟电流的流动以及原位热生成。这需要了解土壤的电学和水力学性质，以及这些属性随着蒸汽形成以及湿度含量的改变而改变。石油工业中已经有一些基于电学和水力学性质恒定假设的简化模型出版物，用于模拟 ERH 应用中的电流（Vermuelen 等，1979；Vinsome 等，1994）。还没有 ERH 应用于 DNAPLs 修复的模型出版物。为进行全面的模拟，这些 ERH 模型应该与 Falta 等（1992）提出的热模型耦合。

5.4.3.6 研究和示范需要

关于 ERH 过程的参考期刊很少。有必要研究由于土壤类型和水含量的多样性导致的土壤加热的变异性。有低渗透性物质加热过程中形成微裂缝的可能性的传闻报道，但该报道没有充分分析。也应研究 ERH 在异质土壤中的蒸汽和液体回收的有效性。有必要在实验室和场地规模研究裂隙岩体中 ERH，以评估其可能的有效性。还需要改进建模能力，特别是预测水分含量变化所引起的加热变化的能力。

5.5 生物技术

最后两个污染源治理技术是直接和间接利用生物过程以原位降解污染物。空气喷射主要从地下剥离挥发性污染物的同时维持原位生物降解污染物。强化生物修复是指所有向地下引进化学物质以增加那些能够降解或转化目标污染物微生物活性的原位治理技术。

5.5.1 空气喷射

空气喷射是一种挥发性溶剂污染的原位修复技术，其使用注射井向地下水位以下打气，通过挥发将污染物从溶解相、吸附相和非水相中剥离出来。通常，同时从非饱和带抽提负载有污染物的空气，相当于土壤气相抽提过程。虽然这项技术的主要去除机理是物理过程，但随同空气注入的氧气经常可以通过在含水层饱和带和非饱和带的生物降解，去除大量的污染物（EPA，1995b）。这项技术有时也被称为原位空气汽提或原位挥发。随后还必须捕获并处理废气。相比于化学转化或热处理技术，空气喷射是不太激进主动的处理方案，并可能特别适合与生物修复技术组合使用。当用于处理溶解的污染物时，空气喷射被认为是成熟技术，但当用于处理污染源区域时，空气喷射被认为是一个创新性的技术。

空气喷射是注射的空气在迁移通过饱和多孔介质时，使非水相液体、水相中溶解的污染物以及吸附到固体上的污染物挥发的过程（图 5-7）。将污染物分配到气相的过程是蒸汽压、亨利定律常数以及吸附平衡常数的复杂函数（NRC，1999）。了解喷射的空气在含水层中的分布及其对污染物分配的影响，对该技术的成功应用至关重要。已经进行了大量关于流动可视化和表征的研究以提升对饱和多孔介质中空气分布的理解。已经在实验室和场地规模研究了流速、注射压和脉冲方式注射的影响（Johnson 等，2001）。达成的共识有：a. 空气流在形状上是不规则的，且对土壤结构非常微妙的变化很敏感

（图 5-8）；b. 增强气流速度通常会产生更密集的流场模式；c. 一般均质土壤中垂直井造成的气流分布半径小于 3m；d. 异质土壤对空气分布可能有正面或负面影响。空气喷射过程中污染物最初的去除机制主要是通过挥发进入注入井空气喷射产生的离散空气通道（在数月的时间范围内）。随后，污染物去除主要受控于通过空气通道周围的液相传质（Leeson 等，2002）。生物降解可能对随后的去除也发挥作用，然而，对于大多数氯化溶剂，好氧生物降解并不是一个重要的去除过程。

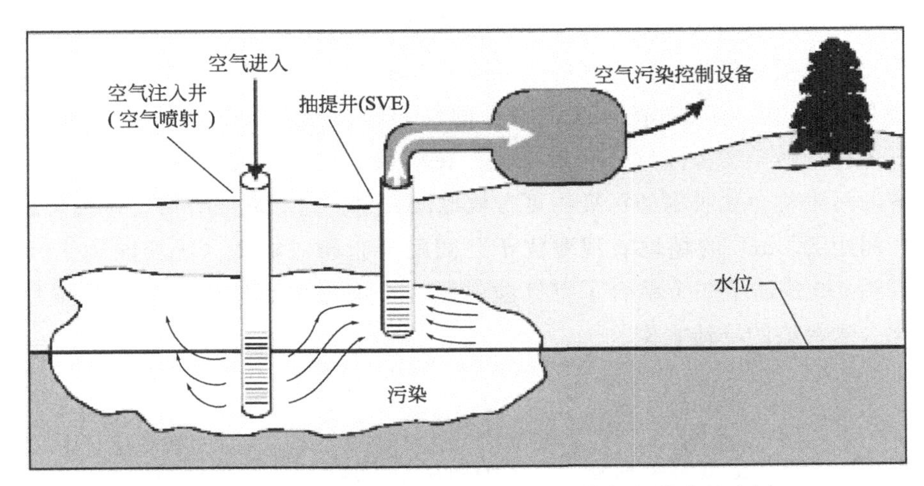

图 5-7 典型的原位空气喷射与土壤气相抽提相结合的应用

资料来源：EPA，2001。

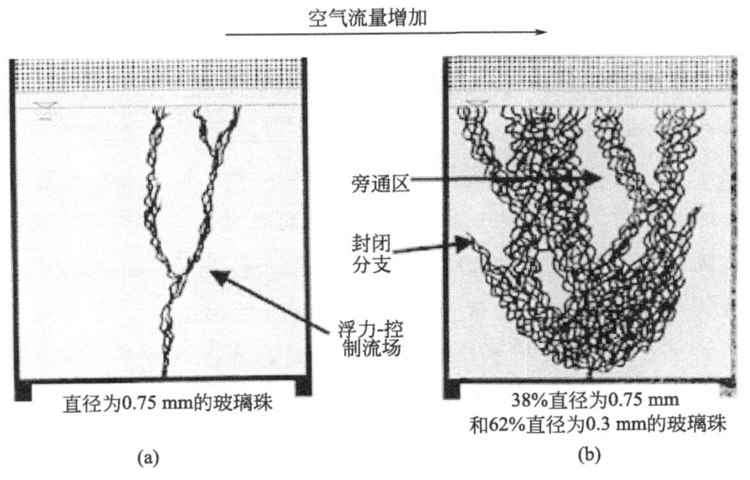

图 5-8 气流速率和颗粒尺寸对空气注入饱和多孔介质的影响

注：图 5-8（a）和（b）显示了填充不同粒度并经历不同空气流量的土柱。

资料来源：转载经授权，Ji 等，1993。© 1993 国家地下水协会。

5.5.1.1 案例研究的概述

至今，空气喷射已用于 48 个超级基金场地的修复方案（EPA，2001）。Fluor Daniel GTI 汇编了空气喷射对于 32 个含有氯化溶剂或石油烃类化合物的场地的应用信息（Brown，1998）。这 32 个场地中，有 4 个场地空气喷射被设计用于处理溶解的污染物，而其余旨在解决污染源区。有 7 个场地含有氯化溶剂，而 25 个场地含有烃类化合物。对于溶剂污染场地，没有任何场地包含可移动的 DNAPLs。场地分布在 13 个州，包含了广泛的水文地质条件。注入井间距为 3.6～24m，流速范围为 85～1000L/min，井的数量为 1～16 个。水平井和垂直井都有使用，一部分为连续喷射系统，其余为脉冲注入式系统。喷射持续时间从几个月至 4 年以上不等。衡量修复成功的指标是污染物质量减少的百分比。由喷射停止后几个月内取得地下水样品中的反弹浓度估算了质量减少。28 个污染源区场地中，有 20 个达到了 80% 的预期污染物去除率，而有 12 个甚至达到了≥95% 的预期污染物去除率。一般来说，在溶剂场地实施的喷射比在烃类场地更成功，溶解的污染物会比吸附的污染物更有效地被去除。毫不奇怪的是，具有紧密相邻的井（平均间距为 8m）的场地表现要优于井间距分布相对较大（平均间距 13m）的场地。工具箱 5-9 描述了一个结合了空气喷射源与土壤气相抽提技术以治理被 DNAPLs 和其他化合物污染的场地案例。

工具箱 5-9
耦合土壤气相抽提的空气喷射用于 DNAPLs 污染源治理

在 Burlington County，New Jersey 的氯化溶剂场地实施了大规模应用耦合土壤蒸汽抽提的空气喷射技术（AS/SVE）（Gordon，1998）。污染覆盖 1.7acre（0.7hm^2）的沿海平原，此场地由中、粗砂和非承压含水层组成，并且其地下水水位在地面下 1～9ft（0.3～2.7m）。污染物的下面有一层黏土层。场地中出现了各种污染物，包括以 DNAPLs 和溶解相存在的三氯乙烯、1,1,1-三氯乙烷、1,1-DCA。经过广泛的场地表征和场地概念模型的开发，实施了 AS/SVE 中试试验以估计空气喷射和气相抽提井的影响半径。中试测试结果被用于设计整个系统，包括井的数量和井间距以及最佳的气流和真空速率。整个系统包括分布在 1.7acre（0.7hm^2）场地上的 134 个空气喷射井和 58 个 SVE 井，旨在实现全覆盖假定的污染源区并拦截下游羽流区。为了避免水力成团以及减少气泡的窜流，系统以 15 个单独部分实施序列脉冲注入空气，每次脉冲持续 30min 操作和 60min 停息。在整个场地协调脉冲循环。在运行的第一个 2 年期间，超过 500kg 的气相挥发性有机化合物被去除，并且对于大多数有机溶剂，挥发性有机化合物在下游井中的浓度下降到低于检测限。TCE 在下游井中的浓度下降了 30～500 倍。然而，在污染源区域的井中，运行的第一个 2 年期间，溶剂浓度仍然很高，表明 AS/SVE 不断挥发 DNAPLs 物质。在第一个 7 个月内，通过 AS/SVE 过程提高了污染源区域泵抽直接回收 DNAPLs 的效果，随后该效果减弱。此外，在第一个 8 个月期间，气相溶剂去除率下降并伴随拖尾效应特征。AS/SVE 系统停止，随后的潜在污染反弹未见报道。

5.5.1.2 技术的应用

(1) 污染物

20 世纪 80 年代后期开发了空气喷射，用于原位修复挥发性污染。它通常被用于治理石油烃和氯化溶剂。事实上，它可用于治理任何可以充分挥发的污染物，对于无量纲的亨利常数远远大于 0.01 的污染物最有效。

(2) 水文地质

含水层的非均质性可以通过堵塞和优先通道形成，显著阻碍污染物的传输和空气喷射的有效影响范围。很难预测或监测这些条件，使得该技术的操作在本质上高度依赖于经验（Leeson 等，2002)。然而，由于均质含水层具有很高的水力传导系数，可以预测空气喷射将在 3～5 年的时间内可以有效去除大量污染物质量，成功实施该技术所需的场地表征水平及该技术的深度限制，与液相抽出-处理技术所需的条件（即水力驱除）是相似的。

(3) 健康、安全和环境考量

由于空气喷射不涉及主动抽出地下水，由污染物造成的人类健康的风险仅限于暴露于喷射蒸汽的可能性。此外，由于空气喷射应用不涉及额外的化学物质，化学品暴露不是问题。如果使用压缩空气进行空气喷射，压缩气瓶可能会造成轻微的危险。然而，主要的暴露途径是抽提中含有污染物的蒸汽，它们将通过地上处理系统进行处理。

5.5.1.3 满足目标的可能性

以整个污染源区域的容积为目标，设计影响区域以达到清理目的是极其重要的。空气流动注入井的数量与安装、注入井流以及场地水文地质条件将综合影响区域污染物的去除。沉积或生物污染可导致注入井堵塞，引起气流速率下降和影响区域缩小。可以通过增加注射压和重建井的操作来抵消堵塞。这项技术所产生的喷射空气可能会带有较高浓度的污染物，因此有必要抽提气体并处理。此外，可能有必要用喷射空气限制污染物在地下的进一步迁移。地下水文条件的异质性会导致喷射空气的短路，从而降低了技术的效力（Leeson 等，2002)。因此，由于地下应用空气喷射技术涉及大量潜在变量，要获得原位地下空气喷射的成功需要大量的工程判断和专业知识经验。因此，即使在各向同性具有高渗透性的介质中，预测这项技术与表 5-8 中所反映的有效性一致依然是有问题的。事实上，在最近一次关于空气喷射进展的回顾中，Johnson 等（2001）认为，许多喷射系统的操作效率低下，用于评估成效的传统监测技术也是不够的。他们更进一步指出“简单地说，由于明显缺乏对这项技术复杂性以及对涉及和操作敏感性的理解，原位空气喷射系统的设计在很大程度上仍然依赖于经验”。因为几乎没有关于应用空气喷射技术治理裂隙、异质性以及不可渗透性的介质中 DNAPLs 污染源区的纪录，几乎不了解这项技术在这些水文地质条件中的有效性，因此在表 5-8 中对其有效性的评级为低。

5.5.1.4 成本驱动

空气喷射的主要成本与地下水位下的空气喷射相关，可能要加上地下气相的抽提及处理。输送氧的成本将主要受污染物区域深度（钻井成本和能源成本）、污染物面积分布、水力传导率、地下介质的异质性（控制所需井的数目以保证覆盖范围）以及污染物质量和挥发性（控制场地关闭所需的时间）的影响。污染物的质量和挥发性（控制抽提流量和持续时间）以及水力传导率（控制抽提井的数量）驱动土壤气相抽提的成本。水蒸气处理成本取决于污染物性质和质量（控制处理方法、加载速率和持续时间）。产生的蒸汽通常会被稀释，从而导致单位质量的处理成本高。

5.5.1.5 特定技术预测工具和模型

已开发了大量数值模型来预测空气喷射的成效并协助设计空气喷射系统（Marley等，1992；van Dijke 等，1995；Lundegard 和 Andersen，1996；McCray 和 Falta，1997；Philip，1998；Rabideau 和 Blayden，1998；van Dijke 等，1998；Elder 等，1999）。尽管这样，过程的高度复杂性仍然强烈地依赖中试规模以及有效应用的可行性测试（Johnson 等，2001）。因此，该技术是高度不可预测的，必须实施现场测试以评估技术成功的可能性。

5.5.1.6 研究和发展需要

最近对空气喷射的回顾总结了与该项技术相关联的关键研究需求（Johnson 等，2001）：

① 更好地了解气流分布以及地质和注射流率的影响；

② 在中试和现场应用规模中开发更好的表征方法；

③ 改进预测瞬态工况如脉冲式喷射如何影响性能以及如何降低设备成本；

④ 可以准确评估新系统性能监测方法的开发。

5.5.2 强化生物修复

许多污染物在地下被微生物消化转化。事实上，这些过程发生在自然衰减过程中，在自然衰减过程中引起的污染物消失的速率比污染物迁移的速率快并可产生稳定的或萎缩的羽流时，自然衰减被认为是一个合适的治理技术。当自然衰减发生的过慢或因营养缺乏或因其他一些条件自然衰减被阻碍时，强化生物修复是合适的技术。强化强生物修复涉及提供化学改良物到污染源区以刺激地下含水层或包气带中的可降解污染物的微生物。通过地下注入或表面渗透的方式传输基质、电子供体、电子受体和/或营养成分（图 5-9）刺激地下微生物。原位生物修复的主要优点是污染物被原位破坏，最大限度地减少污染物输送到地面，并防止污染物转移到新的介质中并需要后续处理或处置。应当指出的是，使用生物过程完全修复源区所需的时间，可能会超过激进的修复技术所需的时间，例如热或（较小的程度上）化学处理。

通过污染物作为电子供体或受体以产生能量的代谢反应，或通过其他替代物的存在

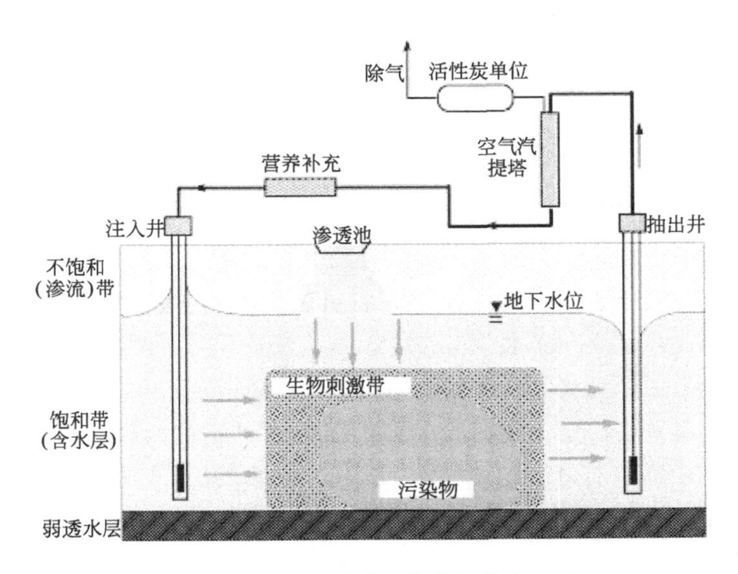

图 5-9 强化生物修复技术

注：利用注入井和渗透池进行养分输送和空气吹脱，用活性炭处理抽提的水。

污染物被偶然降解的共代谢反应，增加生物修复可以实现对于氯化溶剂的修复。在严格厌氧条件以及被还原的电子供体的存在条件下，氯化溶剂会经历一个称为还原脱氯的代谢反应（McCarty，1997）。还原脱氯，通常会发生一系列的反应步骤，其中会有低氯体的短暂生成。例如，还原脱氯 PCE 会产生 TCE，然后再完全脱氯产生乙烯前会按顺序产生 DCE 和 VC。在某些情况下，脱氯不会进行完全，而是产生中间体如 DCE。

适于促进还原脱氯的基质包括氢气、各种有机化合物，如乳酸、甲醇、丁酸酯、糖以及复杂有机物如糖蜜和植物油（Lee 等，1998；Yang 和 McCarty，1998）。缓慢释放聚合物可以长期产生乳酸，商业上可获得这样的聚合物。在地下引入这些还原基质首先会在几天之内微生物消耗所有电子供体。随后，还原的有机物被发酵，产生包括氢的发酵产物。然后，通过还原脱氯生物使用氢气以降解氯化溶剂。需要数月时间才能观测到还原脱氯的发生（例如工具箱 5-10 中描述的案例研究）。

相反，降解氯化溶剂的共代谢反应通常是好氧反应，包括将甲烷、丙烷、甲苯或丁烷等共基质与氧源一起输送到地下（Alvarez-Cohen 和 Speitel，2001）。针对氯化溶剂的应用，相比于代谢反应，共代谢反应有许多缺点，包括很难实现基质、氧气和污染物的适当混合，基质与污染物之间对于活性酶的竞争以及产物可能的毒性。然而，数月内即可观察到降解发生，同时加以小心控制注射方案可实现长期有效的降解（McCarty 等，1998）。在某些情况下，在好氧区域共代谢反应后可能有利于产生一个厌氧区域以确保更完全地去除污染物及其代谢产物。

为微生物生长提供能量的污染物的生物修复可以是很有效的，因为它涉及一种内在的终止机制：当污染物被耗尽时，微生物种群生长停止。此外，对不向微生物提供生长或能量的污染物（例如需被共代谢的化合物）的生物修复需要添加生长基质以刺激微生物的活性。此外，实现污染物和微生物恰当的混合和传输基质到污染源以促进共代谢是极具挑战性的，其相对于可以产生能量的基质的生物修复，一般需要更多的水力控制。

5.5.2.1 案例研究的概述

虽然强化生物修复技术主要用于溶解在羽流中的污染物的治理，而不是污染源区中污染物的修复，最近已经有一些实验室研究表明该技术用于修复污染源区具有可能性（Isalou 等，1998；Nielsen 和 Keasling，1999；Carr 等，2000；Cope 和 Hughes，2001；Yang 和 McCarty，2000）。例如，Nielse 和 Keasling（1999）报道，用三氯乙烯培养出的混合微生物能够降解序批实验中 DNAPLs 存在下的四氯乙烯和三氯乙烯，并且，在高浓度溶剂中降解动力学有所增加。Isalou 等（1998）表明在连续流动的柱实验中可以获得高浓度 PCE 的快速降解。示范已表明，活跃的微生物群落可能增强 DNAPLs PCE 在连续流动的液体反应器（Carr 等，2000）和柱实验（Cope 和 Hughes，2001）中的溶解。事实上，Seagren 等（1994）采用建模的方法来证明生物降解反应可能会增加在 NAPLs 来源附近的浓度梯度，造成溶出率增加。此外，Yang 和 McCarty（2000）的研究表明，饱和浓度的四氯乙烯抑制竞争氢的脱氯菌落的活性，从而提高交付的电子体的利用效率（如乳酸）。这些实验室的研究表明，作为一个整体，强化生物修复是一个很有前途的适用于氯化溶剂源区的技术。然而，需要充分演示场地表征并充分理解 DNAPLs 溶解和生物降解之间的具体关系，以便利用这一技术。工具箱 5-10 和工具箱 5-11 展示了 2 个场地的案例研究。

5.5.2.2 技术的应用

在特定场地应用原位生物修复的可行性取决于多项因素，包括含水层水文地球化学特性、土著微生物种群以及污染物的性质和分布。生物修复的基本要求是污染物、微生物以及所需的其他反应物相互接触从而使得生物降解反应可以持续进行。对于在高浓度时对微生物具有毒性的污染物，原位生物修复技术在污染源区的应用将面对额外的挑战。

（1）污染物

生物修复适用于各种各样的污染物，包括氯化溶剂、烃类化合物、木馏油、多氯代酚、硝基甲苯以及多氯联苯。然而，在含有这些化合物的污染源区应用强化生物修复也有一些潜在的局限性。污染源区高浓度的溶剂可能会抑制微生物生长。然而，正如在氯乙烯的案例中，有一些证据表明，还原脱氯菌落在污染源区也可能存活并生长兴旺。如在第 2 章（对于 Badger AP）以及随后的讨论中所阐明的，化学炸药也是强化生物修复的目标污染物。限制原位生物修复可行性的一个重要因素是可供微生物攻击的污染物的可利用性，即具有极低溶解度的污染物（如多氯联苯）存在于 NAPLs 相中（例如四氯乙烯和三氯乙烯），或者无法实际接触到因而比溶解相的污染物更难以被降解，最终它们将倾向于坚持存留在环境中。有趣的是，最近的关于氯化溶剂的非水相液体的研究已经表明，微生物能够促进污染物溶解到水相中。另外，由于随着氯乙烯变得更易还原，其水溶性增加，产物更易被分配到水相中，进而有可能增加去除率（Carr 等，2000）。目前正在研究通过采用表面活性剂或升高温度增加溶解度的方法提高污染物的生物利用率。

（2）水文地质

含水层的非均质性会严重阻碍污染物和反应物的传递，严重限制了修复速率。一般情况下，含水层的水力传导系数极低（$\leqslant 10^{-6}$cm/s），不适合这种技术。成功实施这项技术所需的场地表征的水平类似于抽出-处理技术的应用要求，但生物修复还需要地下水的物理化学性质（例如离子、有机物、潜在电子供体和受体、氧化还原电位以及 pH 值）方面的信息。与在本章中讨论的许多其他技术一样，强化生物修复除了与钻井相关的技术之外，没有深度限制。

（3）健康、安全和环境考量

增强原位生物修复的优点之一是大部分反应发生在地下，所以人体暴露于污染物的危险被最小化。事实上，仅在需要实现水力控制羽流或传输基质而需要抽取地下水时，才有污染物运送至地面。还原脱氯反应中使用的化学品一般都是良性的，而一些用于共代谢的化学品可能会有些毒性（如甲苯、苯酚）。最后，强化生物修复的应用是在温和的环境中利用自然产生的微生物和生物反应。像由抽出-处理操作产生的额外地下水污染，不会发生在强化生物修复技术中。

工具箱 5-10
在爱达荷国家环境与工程实验室（INEEL）的强化生物修复的案例研究

1999 年，在 INEEL 的北测试区（TAN）进行了场地中试研究以评估潜在原位强化生物修复治理 TCE 污染源区域（Song 等，2002）。20 世纪 50～70 年代，废弃混合物，其中包括低水平放射性的同位素、污泥和氯化溶剂被注入含水层，造成 2km 羽流内三氯乙烯浓度高达 2.3mmol/L（300mg/L）。中试研究之前，观察到了少量的顺-1,2-DCE 和反-1,2-DCE。含水层由 64m 厚的包气带（图 5-10）及其上的 61m 厚的饱和带渗透性玄武岩组成。

中试研究开始时以 76L/min 的速率向 TSF-05 注入干净水（第 0～第 25 天）。通过 TSF-05 向含水层注入乳酸盐，通过脉冲注射将溶解在 1140L 水中的 907kg 的乳酸钠以 38L/min 的速率注射入场地（第 52～第 77 天），随后（第 78～第 105 天），将溶解在 2270L 水的 907kg 乳酸钠以 95L/min 的速率注入，再之后（第 106～第 204 天），将溶解在 11400L 水中的 907kg 乳酸钠以 95L/min 的速率注入，最后（第 205～第 296 天），将溶解在 22700L 水的 907kg 乳酸钠注入地下。第 296～第 449 天之间不注射乳酸，第 450 天恢复。在研究期间，监控氯化溶剂、有机酸和铁离子。此外，测定氯化有机物中稳定的碳同位素，以追踪处理过程。

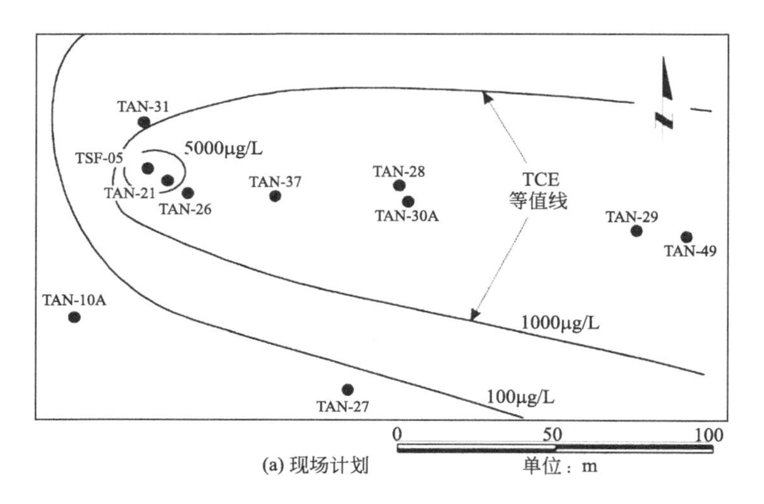

(a) 现场计划

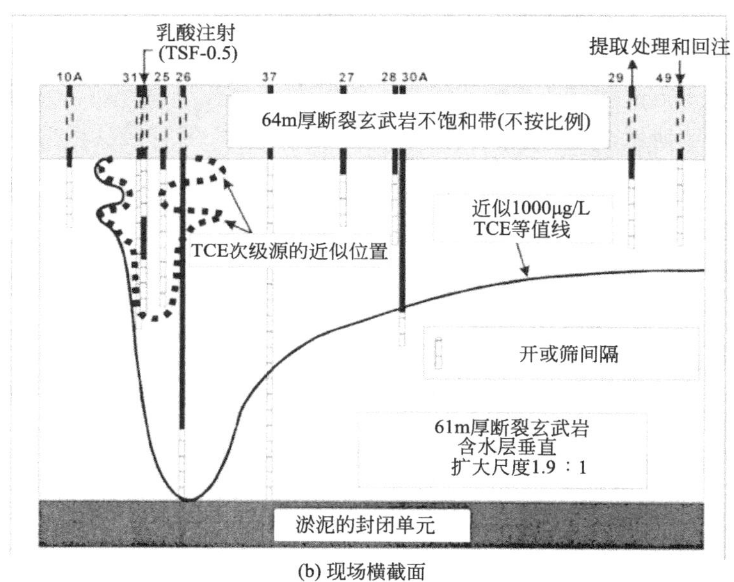

(b) 现场横截面

图 5-10 含有 TCE 源带的裂隙玄武岩含水层的场地计划和横截面

注：在该区域内进行了一场用乳酸注射进行生物刺激的场级示范。

资料来源：转载经许可，来自 Song 等，2002。© 2002 美国化学学会。

浓度数据表明，乳酸注射促进了三氯乙烯降解为乙烯并且伴生了瞬态顺式 DCE 和 VC。溶剂的特定化合物的稳定同位素的监测被用于区分地下水传递、污染源区域的 DNAPLs 的溶解以及强化生物修复的影响。在乳酸影响的区域内，研究结束时，乙烯的碳同位素比率与初始溶解的三氯乙烯的比例相匹配，证实了溶解的 TCE 完全转为乙烯（参见图 5-11）。由观察到的 TCE 在污染源区的同位素比值的变化在发现，注射乳酸期间 DNAPLs 的溶解得到增强。

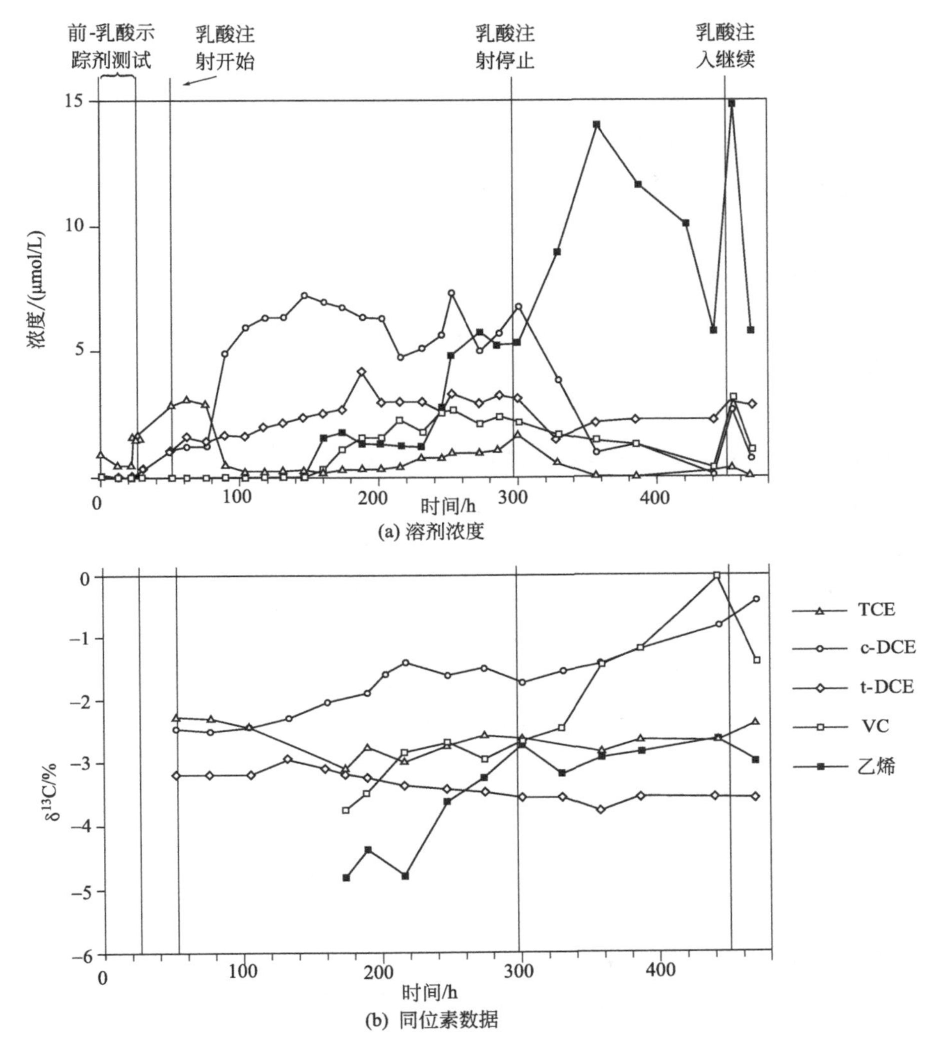

图 5-11 位于高乳酸暴露区内低梯度浅井（Tan-25）内溶剂浓度和同位素数据

资料来源：转载经许可，来自 Song 等，2002。© 2002 美国化学学会。

工具箱 5-11

原位强化生物修复技术修复氯化溶剂污染土壤

Caldwell 货运项目超级基金场地占地 11acre（4.5hm^2），该场地地处 Fairfield，Essex County，New Jersey，之前是一家污泥脱水公司。从 20 世纪 50 年代到 1973 年业主对工业废物进行脱水并倾倒形成没有加衬的塘。污泥塘里除其他物质外，还含有三氯乙烯、氯、铅。在污染源下游 1200m 处的地下水污染物包括氯化乙烯、乙烷、甲烷。地下水流经冰川砂和砾石含水层，含水层下是一个裂隙玄武岩含水层。因为污染，区域内超过 50 口井已被关闭。

污染源修复开始之前的活动包括地下储藏罐的拆除以及高污染土壤的去除，对含挥发性有机化合物的土壤进行气相抽提以及重金属污染土壤的固化/稳定化。SVE 系统运行了半年，约 12000kg 的挥发性有机化合物被移除。由于污泥的气味，虽有大量的污染物被去除，SVE 也被停止。

针对污染源区域最近的分析显示，TCE 的最高水平可达 700mg/L（约 60%的三氯乙烯溶解度），由于残余 DNAPLs 存在于玄武岩基岩中。自然生物降解 TCE 的水平较低，并且在很多场地中均已被报道。在 2001 年开始了全规模的污染源区域的生物还原脱氯的测试（Finn 等，2004）。测试的目标是加快污染源区域物质的溶解和治理并缩短整个生命周期并降低污染源的影响，而不是获得具体的地下水中原污染物的浓度和产物化合物的浓度。

试验设计包括对冰川沉积物和基岩隔离的 6 个营养物注入井和 7 个监测井。初始底物进料是乳酸乙酸和甲醇的混合物，随后改为乳酸、甲醇、乙醇。注射井被一个包括产乙烯脱卤拟球菌（*Dehalococcoides ethenogenes*）的强化微生物。基因探针被用来验证初始和继续生存繁殖的产乙烯脱卤拟球菌。图 5-12 显示了在选定井中氯化乙烯的浓度与时间的关系。MW-B23 井是一个过渡监测井，表明 PCE 和 TCE 的完全消失伴随着乙烯生成。MW-C22 井是一个基岩井，此井表现出最高的初始污染物浓度。分析表明，基岩中的 PCE 和 TCE 被降解为顺-1,2-DCE、VC 和乙烯的混合物。

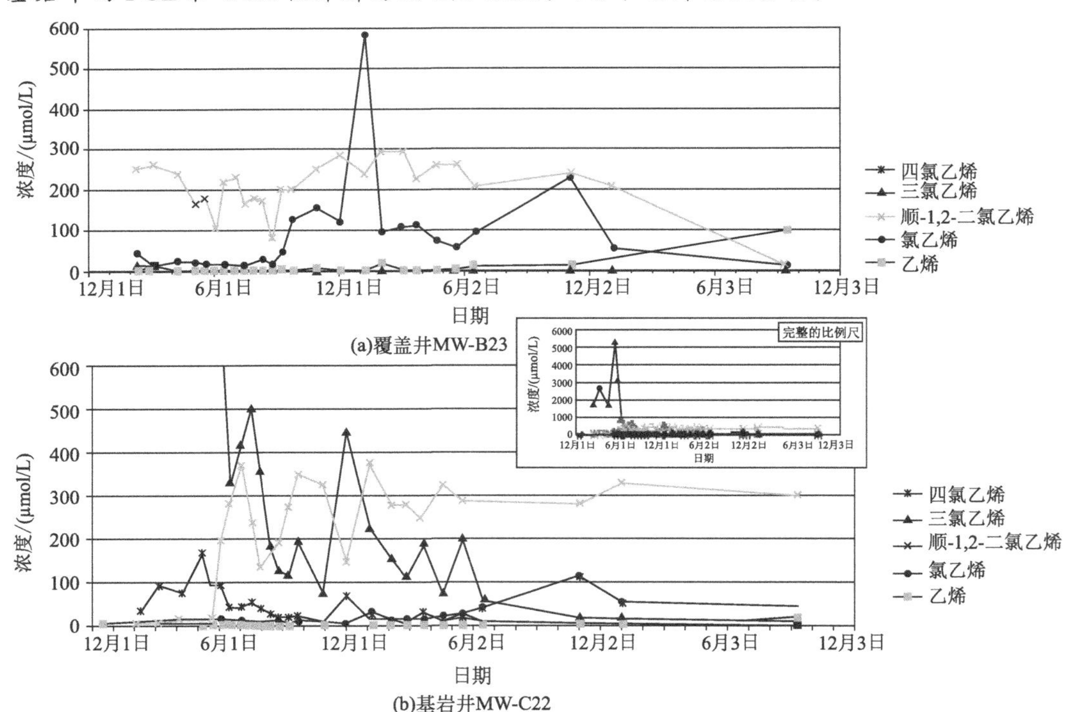

图 5-12　在全面研究强化生物修复的过程中，使用有机混合物和生物强化相结合的方法在覆盖井（a）和基岩井（b）中筛选出的溶剂浓度

资料来源：转载经允许，来自 Finn 等，2004。© 2004 巴特尔出版社。

整体测试结果包括在30个月内的观察期中整个处理区中的PCE和TCE平均净减少浓度为95%和93%。30个月后，两个监测井不含有PCE，一个井没有检出三氯乙烯。注入井和监测井中同时出现的溶剂减少，并且乙烯浓度显著增加，表明在整个试验区域存在着一个连续的处理区。观察到乙烯的平均浓度为723μg/L，这超过了PCE的平均浓度（131μg/L），而与TCE的平均浓度（790μg/L）类似。

Caldwell货运项目测试结果表明，原位生物修复技术对Caldwell货运污染场地的污染源的治理及控制是可行的技术。从抽出-处理变为原位生物修复的正式的决策记录（ROD）是目前EPA正在考虑的事情。

5.5.2.3 满足目标的潜力

由于微生物很难进入地下、含水层的异质性、区分生物与非生物进程的复杂性以及广泛的潜在污染物的归趋，证明微生物降解污染物具有挑战性，需要从一系列现场监测技术的重叠证据线来指示原位生物修复的成功（NRC，1993）。可以提供原位生物修复证据的观测例子包括污染物消失在生物活性区、生物活性的提高、降解作用中间体的产生、电子受体的耗尽以及降解产物稳定同位素比值的变化。

在一些案例中，地下的物理化学和生物条件可能不利于提高生物修复。可能抑制生物生长速率的条件包括低渗透性、低温，高金属浓度也可能抑制修复速率。由于大部分含水层中土著微生物种群可降解多种污染物，包括氯化溶剂，一般生物修复的应用没有必要引入外源微生物。然而，在适当的土著菌株不存在的情况下，注射实验室富集的微生物种群来生物强化场地是可能的。已经有大量成功的强化生物修复氯化溶剂的案例记录在案（Ellis等，2000；Major等，2002）。

微生物代谢受到温度的显著影响，随地下温度降低，微生物反应倾向于减速。虽然地下最上面10m范围内的温度会出现季节性汲动，低至地下100m的年平均表面温度通常保持1～2℃温度波动（Freeze和Cherry，1979），表明在温带气候会更迅速地发生地下生物修复。可能抑制微生物活性的其他因素包括酸性或碱性的pH（pH＜6时或pH＞8时）、干湿条件以及极端的氧化还原电位。

使用强化生物修复治理含有DNAPLs的污染源区的经验极其有限。更多时候，强化生物修复作为渗透性反应墙的一部分以拦截和治理污染物运移。虽然近来有研究表明DNAPLs附近的生物修复是可能的（Isalou等，1998；Nielsen和Keasling，1999；Carr等，2000；Cope和Hughes，2001；Yang和McCarty，2000），只有有限的场地研究的证据证明这一点。对于已公布的为数不多的示范，普遍报道了浓度减少，而不是污染物去除或质量通量减少。此外，污染源区的生物修复在异构或低渗透性介质中的长期有效性没有被验证。因此，表5-8中在低渗透性和异质地质环境中可能的效率值为“低”或“低～中”。表中的毒性变化条目反映了氯化溶剂的生物降解为具有显著毒性变化的中间产物（如致癌的氯乙烯与相对无害的乙烷）的极大可能性。最后，源迁移可能性的降低的条目有一个特定的标记，反映了微生物可以产生表面活性剂以增加DNA-

PLs在地下流动性的事实（Carr等，2000；Cope和Hughes，2001）。

5.5.2.4 成本驱动

由于强化生物修复涉及使用注射和/或开采地下流体，相比于自然衰减，它需要较高的成本。然而，相比于自然衰减，强化生物修复较少地依赖自然衰减和生物生长因子，因此适用的场地和污染物特性更广泛。此外，当修复时间受限或修复应达到某一水平时，或当有必要向社区周围或监管机构展示出通过工程措施解决问题的良好信心时，强化生物修复可能是更合适的选择。

强化生物修复的成本主要取决于传输刺激剂到地下、刺激剂本身以及需要的监测以表明治理有效性的成本。刺激剂投送的成本主要受污染物的深度（钻井成本和能源成本）、污染物的区域分布以及水力传导率（影响所需的井的数目以提供足够的覆盖范围）的影响。污染物（决定了刺激的种类）的性质和污染物质量（控制所需的刺激剂的量）将影响刺激剂的成本。最后，监控的成本也取决于污染物质量以及上面列出的用于传输刺激剂所有的因素。

应该指出的是，生物修复过程中没有污染物被带到地表处理，避免了常见的如泵抽取大量的水并在地表处理的相关费用。

5.5.2.5 特定技术预测工具和模型

已经开发了大量的反应传递模型模拟DNAPLs污染源地下下游羽流的原位生物修复。Semprini和McCarty开发了单相二维反应传输模型模拟在加利福尼亚州Moffett场地由甲烷刺激的细菌降解TCE，模型纳入了微生物的生长、共代谢转化以及竞争性抑制（Semprini和McCarty，1991，1992）。随后，开发了TRAMPP模型以模拟在田纳西州的萨凡纳河的同样过程，该二维模型建立在Semprini和McCarty模型基础上，并纳入了气相传递以及甲烷氧化菌的捕食（Travis和Rosenberg，1997）。Gandhi等（2002）模拟了通过在加利福尼亚州的爱德华兹空军基地使用两个循环井刺激甲苯氧化剂以共代谢TCE。这种反应运输模式纳入了氧气释放以及过氧化氢抑制微生物的生长动力学中。Cirpka和Kitanidis（2001）使用了简化的一元行程-时间方法来评估有效的基质脉冲以模拟甲苯氧化剂共代谢TCE系统。Hossain和Corapcioglu（1996）开发了反应传输模型模拟在过量刺激基质存在下四氯乙烯的还原脱氯并预测脉冲方法将比连续注射更有效。对于被氯化溶液污染的场地，将生物修复获得的数据代入校准后的模型计算是可行的。

已开发了几个反应传递模型，可明确地将含有NAPLs的污染源区纳入生物修复的模拟中。例如，Gallo和Manzini（2001）开发了一个一维的结合双相传递和单一污染物（其降解产物作为生长基质）的生物修复。这个单底物模型尚未被场地数据校准和验证。针对通过高传质势和低传质势来区分的LNAPLs，Malone等（1993）还开发出了适用于该情况的一维双相好氧生物修复模型。SEAM3D是一个三维的反应传递模型，结合了随着NAPLs溶解的多个基质和电子受体的生物修复（Brauner和Widdowson，

2001)。至今，这个模型一直只适用于烃类混合物并已证明对非水相液体的溶解速率非常敏感。

RT3D是一个能够整合DNAPLs溶解与污染物传递以及一级连续溶剂降解的三维多基质模型（http：//bioprocess. pnl. gov/rt3d. htm)，其已明确纳入了DNAPLs来源的反应性传递模型。这一模型已在特拉华州的多佛空军基地的6号场地得到校准和验证(Clement等，2000)。这个模型的敏感性分析表明，溶剂的羽流形状对含水层的渗透性最敏感，在所形成的羽流中的TCE质量对生物降解预估最敏感。

虽然已开发出的多种全面的反应传递模型可在一维和多维预测原位生物修复，几乎没有模型将DNAPLs的存在和溶解考虑在内，所有的模型都受到不精确的水文信息和原位生物降解率难以估计的困扰。关于地下的微生物动力学，特别是脱卤素菌落的资料很有限，这阻碍了模型的预测能力，即使是对于最全面的模型。此外，关于DNAPLs对地下微生物生态影响信息的有限也妨碍了适当的微生物动力学表达的开发。

5.5.2.6 研究和示范需要

与强化生物修复治理污染源区相关且极为重要的研究任务有两个。第一个研究任务是更好地理解DNAPLs溶解和生物降解之间的具体关系，即更好地理解DNAPLs对微生物菌落可能的毒性影响、生物表面活性剂或微生物吸收增强DNAPLs溶解的可能性以及细胞群落动态与DNAPLs存在之间的相互作用是重要的。第二个研究任务是评估与场地中DNAPLs和溶解的溶剂浓度相关的微生物动力学。强化对与现场相关微生物动力学的理解将能够更好地设计反应传递模型并更好地预测原位强化生物修复过程的性能。主要示范需要直接从研究需求出发，在含有DNAPLs的具有良好场地表征的及现场规模的污染源区域可开展强化生物修复示范。

5.6 组合技术

各种技术组合起来可以有效地处理多种污染物（例如有机物和重金属)、多个层中的污染物（例如用气带和饱和带)，并在一个单一层中优化处理给定的污染物。这里的讨论集中在技术组合以优化修复给定的污染源区，以及优化污染源区和溶解羽流的整体治理。当一个技术的弱点由另一个技术的效力弥补时，组合技术是最有效的，从而产生一个更加高效和具有成本效益的解决方案。这里只简要地讨论了这个话题，更多信息可在NRC报告中获得（2003)。

优化污染源区修复的一个例子包括耦合热和表面活性剂/助溶剂技术来解决一个非常具有挑战性的NAPLs（如煤焦油）场地污染。Dwarakanath等（2000）评估了使用表面活性剂强化生物修复处理高黏度（1Pa·s）热油，并确定表面活性剂和热技术的组合产生是更有效的作用。在50℃进行的实地研究表明，这种方法能够实现88% NAPLs的去除率。

研究还评估了表面活性剂和化学氧化过程的组合技术。其概念是，表面活性剂可用于除去大部分残留污染物，随后是作为“抛光”阶段的低浓度污染物的化学氧化。通过使用表面活性剂除去大部分污染物，较低浓度的污染物仍然可以被化学氧化去除（Shiau 等，2003）。使用较低浓度的化学氧化剂具有更安全、产生较低水平的热量和气体以及更经济的优势。

在一个有趣的创新空气喷射项目中，Jeong 等（2002）提出注射空气和助溶剂以修复氯化溶剂 DNAPLs。他们提出的策略是利用空气喷射产生的优先流路径，以提高助溶剂和 DNAPLs 之间的接触，从而增强污染物在助溶剂中的溶解。虽然他们展示了这个技术在实验室研究中的结果，但这种组合技术尚未经过场地测试。同样，Kim 等（2004）研究了利用空气吹扫低浓度（低于 CMC）表面活性剂以减小污染源区面积。他们发现在实验室匀质砂的实验中，使用十二烷基苯磺酸钠情况下，空气喷射产生更大的扫掠区域，该区域面积是没有使用十二烷基苯磺酸钠情况下的 5.2 倍。

原位热过程，如蒸汽吹扫或土壤加热通常促进了大批污染物的去除。因此，组合一个具有成本效益的可以修复残余污染物的后续技术是非常有用的。例如，一个合理的组合将在热处理后使用原位生物修复。已经进行了针对杂酚油和溶剂污染土壤的一系列实验室规模和场地规模的研究以评估蒸汽强化抽提对土壤微生物活性的影响（Richardson 等，2002）。结果表明，地下微生物可以在原位蒸汽处理后生存，幸存的菌落具有蒸汽处理后生物修复的潜力。

Abriola 等（2003）也将“生物抛光”耦合到污染源区修复中，在这个案例中，表面活性剂增强了含水层修复。这项研究是在密歇根州的奥斯科达的一个先前的干洗服务店上实施的，目标污染物为氯化溶剂和苯系物。乙酸盐酯的形成与表面活性剂 Tween 80（被认为可以刺激含水层中的还原脱氯微生物）的发酵一致。这也与大量表面活性修复工作后残留下的低浓度四氯乙烯的大量降解一致。正在进行的工作致力于在现场分离出还原脱氯的微生物种群。

上述讨论集中在污染源区的耦合技术。同样重要的是，确保污染源区实施技术的过程不对下游溶解的羽流产生负面影响。与此同时，下游污染治理过程可能被污染源区的活动所增强。后者的例子是在污染源区内添加改良剂，可能增强下游的生物降解过程。例如，当使用醇类冲洗污染源区时，污染源区治理后剩余残留的醇类可作为电子供体，以促进羽流内的自然衰减（Rao 等，2001）。这类似于 Abriola 等（2003）和 Richardson 等（2002）关于污染源区域内的报告。与此同时，存在着污染源区域修复工艺可能在实际中阻碍随之而来的自然衰减的危险（例如由于化学氧化而改变氧化还原条件）。因此，必须精心挑选组合技术以使协同作用最大化，同时避免不希望发生的副作用。

作者还被问及并且要求解决在更激进主动的污染源修复工作后是否应当以及如何使用监控自然衰减技术（MNA）的问题。事实上，通常作者熟悉的场地目标表述是降低污染源区域污染物浓度以“允许采用 MNA 技术来接管”。很少有科学的证据来解决这个问题。

对采用MNA技术来处理含氯化合物的科学认识和经验是不断增长并且变化非常迅速的（NRC，2000；更多的最新总结见Major等，2002）。MNA技术的使用取决于在地下转化或降低污染物浓度的多种过程，虽然与MNA技术最密切相关的是微生物降解。如果污染源区的治理在降低污染物质量和浓度方面是成功的，使用MNA技术作为后续处理需要满足几个条件：存在必要的细菌、电子供体和受体以及必要的常量和微量营养素。

因为没有记录在案的使用MNA技术作为后续污染源修复的案例，人们只能猜测它的潜力，这里使用还原脱氯的一个例子加以说明。细菌还原脱氯需要一个还原性的含水层环境，这可由降解烃类化合物并释放出氢的发酵细菌维持。治理后主要有三种可能性。第一种可能性是如果污染源治理后没有剩余的碳源以支持发酵和维护还原性含水层条件，渗入的地下水将把氧气携带到污染源区和羽流中。这样氧气将杀死脱氯细菌并阻碍主要的自然衰减过程。第二种可能性是污染源治理后有足够的生物降解碳源剩余，可以保持厌氧条件，但所需的细菌可能不存在（因为前期修复减少了它们的数量）。目前还不清楚脱氯细菌是否正常存活于污染源区域中。它们最不可能在强烈的氧化作用环境中存活（见工具箱5-12关于这方面的工作的描述）。引入空气、热或表面活性剂的治理也可能杀死细菌。如果存活的细菌数量不足以大到支持MNA技术，或者它们不在治理前自然存在，如果需要可以考虑使用生物强化技术（将细菌培养物添加到地下，参考工具箱5-12）以保障生物降解污染物的能力（Ellis等，2000；Major等，2002；He等，2003）。在这种情况下，MNA技术将会事倍功半，含有部分脱氯化合物的羽流将继续迁移。第三种可能性是MNA技术是最好的方案，即在污染源治理后存在所需的微生物和可生物降解的碳源。在这种情况下，关键的问题是在治理后是否有足够的电子供体存在以支持细菌直到目标污染物被完全降解。精确的治理后场地评估以及碳源和DNAPLs质量估算是至关重要的，也是必需要解决的问题。

工具箱5-12
连续进行化学氧化和生物强化的实验室研究

即将发表的论文描述了使用高锰酸盐原位化学氧化以从污染源区域快速去除DNAPLs。由于治理后VOCs可能反弹，需要考虑二次去除技术如强化生物修复技术。生物修复对含有残余DNAPLs的地下水羽流可能是一种非常有效的技术，虽然它会受限于微生物介入的还原脱氯的速度、由高浓度氯乙烯引起的微生物抑制以及更有毒的降解产物的积累（即顺-1,2-二氯乙烯和氯乙烯）。另外，事先加入的氧化剂对土著微生物种群具有严重影响，可能会导致环境的氧化还原电位抑制还原脱氯。至目前为止，尽管一些工作评估了采用芬顿试剂的原位化学氧化和好氧降解的应用，没有关于评估耦合高锰酸钾和厌氧脱氯的研究发表。

在美国，一个中试场地在按化学氧化/生物降解顺序处理污染之前，实验室对这些技术的潜在后果进行了评估。三氯乙烯（TCE）被放置在6个填充了土壤样品的土柱中（从羽流中含有VOCs的场地中取得的），采用蒸馏水冲洗土柱。随后，这个研究评估了短期添加高锰酸盐对土著微生物活性以及地下水的地质化学的影响。随后，在4个土柱中，冲洗掉高锰酸钾并采用生物刺激，然后，对这4个生物刺激的土柱中的2个通过添加PCE/TCE脱氯菌株进行生物强化。

在高锰酸盐冲洗后，冲洗土柱中剩余的TCE浓度约为1mg/L。初始的生物刺激是添加含有乙酸乙酯和乙醇的蒸馏水。对其中2个进行生物刺激的土柱进行了生物强化。在生物刺激或生物强化土柱中没有检测到乙酸乙酯或乙醇等生物可降解物，也没有检测到TCE的反式产物。从蒸馏水切换到场地地下水3周后，土柱中TCE开始逐渐减少，由于乙酸乙酯和乙醇降解，随后TCE被降解为反-1,2-DCE和甲烷。在还原条件下，通过视觉观察到了显著的二氧化锰的溶解。在一个重新生物强化的土柱中发生了脱氯并生成乙烯。因此，这个研究说明了连续应用原位化学氧化和生物强化的可行性。

此时，由于个别释放物在特定场地的物理和化学性质存在不确定性，以及细菌存在的不确定性，因此目前无法对MNA技术大规模清除污染羽进行一般性说明。由具有资质和经验的专家对具有自然衰减潜力的场地进行具体分析评定，这在所有案例中都有所要求。

迄今为止，污染源修复技术彼此组合以及与MNA技术组合方面所做的有序工作表明，组合技术具有显著提高整体污染源系统修复的潜力。最明显的挑战是要找到一个最佳的既可最大限度提高修复效率，又能最大限度减少修复成本的组合技术。技术的集成可能需要对一种或两种技术进行调整。例如，热和生物修复技术的耦合可能需要使用较低温度的热过程，以防止微生物种群的失活。然而，可修复污染源区的组合技术尚未发明，正在进行的研究应该继续探索整合。

5.7 技术比较

表5-8总结了本章涵盖的DNAPLs污染源修复技术。由于技术的详细比较取决于广泛的场地和污染物性质的复杂综合性，该表仅提供了一个定性比较。它列出了每个技术适用的各类污染物。然后，该表提供“高”“中”“低”或“不适用”来对应每一个技术实现：a.污染源区总量去除；b.污染源区域局部水相浓度降低；c.污染源区质量通量降低；d.减弱污染源迁移能力；e.改变在污染源区污染物毒性的目标能力级别。“高”“中”和“低”用于定性描述给定技术对达到所列目标的可能性。而得分高表明一个给定的技术极有可能实现的源区修复目标，得分中等表明可能实现，视具体情况而定。低分表明，该技术不太可能有效地满足特定目标。“不适用”表明技术不可能通过设计完成特定目标的情况，例如，阻隔明显没有总量去除的效果。同样，挖掘修复技术无法对毒性产生任何影响。应该牢记，一个给定的技术具有极端的场地特定性，正如与任何治

理策略相关联的目标。因此，高、中、低的分数是主观的，出于指导目的，而不是作为绝对的排名。

要尽量捕捉一些场地相关的技术性能，对第 2 章中给出的五类水文地质环境进行排名。虽然介绍这五类水文地质环境的目的是提供讨论的构架，它们是有局限性的。有时一个单一的场地可能包含几类介质环境，或者它可能无法清楚地归为五类环境中的任何一类。此外，现场表征的不足可能将场地环境置于其中一类，而实际上，该场地更适于另一类水文地质环境。所有这一切都表明了，在治理过程的每个阶段由经验丰富的专业人士进行连续污染源表征的重要性。

表 5-8 中列出的五个物理目标（质量去除、局部水相浓度降低、质量通量降低、减少污染源迁移的能力以及毒性的改变）与第 4 章中详细讨论的目标相对应，在这里对每个目标进行简要回顾。紧跟在污染源区的修复工作停止后的工作是朝着满足目标的时间尺度的评估进展。唯一的例外是抽出-处理，其被认为是一个连续的过程，因为它在去除污染源区的污染物方面效率很低。

第一物理目标是质量去除，这是指从污染源区销毁或提取污染物的质量。例如，阻隔将污染物与地下水隔离，它没有从地下提取任何污染物，因此，针对质量去除，阻隔被认为是“不适用”的。

第二个物理目标是局部水相浓度降低。此参数指的是关注区域中的局部污染物浓度的加权平均值，因此，可以偏离从一个井中所取样品的测定浓度，特别是在非均相体系中（Ⅲ类水文地质环境）。在异构系统中，井清除过程期间去除的水将优先流经高渗透区，导致样品浓度偏向于高渗透性区域中样品的浓度。因此，由此产生的样品浓度受井本身（井筛的长度和间距）以及从井中取样的方式（清除的量以及清除速率等）影响。此外，由于高渗透性区域在基于冲洗修复的活动中被冲洗干净，所得样品浓度比预期残留在系统中的污染物浓度低。出于这些原因，我们选择定义“局部水相浓度”衡量降低目标，即可以在孔隙水平进行点采样并可以作为关注区域平均的浓度。虽然这个参数不能在场地规模被测定，但它避开了井筛的长度和间距及采样方式等的模糊性。此外，如本书所定义的，这一目标反映了各技术效率，因为它可以明确区别于反映地下水流平均浓度的第三个物理目标（质量通量降低）。在存在明显的非均质性以及污染的很大一部分存在于低渗透地层的污染源区，质量通量的降低和基于体积的平均浓度的降低将有所不同。这两个参数的不同评估得分的案例多为修复后污染物浓度会反弹的案例。

第三个物理目标是质量通量的降低，这是指污染物流经污染源区下游方向假想截面的平均质量。此参数可以由沿着这条假想截面上的几个井中的组合浓度确定，如第 4 章的深入讨论。因此，虽然类似于下游检测井中通常测定的浓度，但是质量通量通过考虑污染和流场的空间变异性提供了一个更完整的理解情景。

第四个物理目标是减少污染源迁移的能力。这个参数指的是实际减少的 DNAPLs 迁移潜力，这主要由污染源区总量去除导致。从 NAPLs 组分中选择性去除也改变 NAPLs 的特性（例如黏度），从而影响其迁移潜力。然而，一些技术具有无意中提高了 DNAPLs

表 5-8 DNAPLs 污染源修复技术的比较

技术	适用的污染物类型	介质类型[①]	在适当的地点可能有效性					局限性	注释
			质量去除	局部水相浓度降低	质量通量降低	减少污染源迁移的能力	毒性的改变		
物理控制	所有化合物	Ⅰ	不适用	不适用	高	高	不适用	通常用于深度小于 200ft(61m)的源。在喀斯特溶岩中难以使用	对于含有 DNAPLs 的污染源区域是最常见的补救办法。在正确构造系统的失败率很低，但是所有项目都应该长期监控
		Ⅱ	不适用	不适用	高	高	不适用		
		Ⅲ	不适用	不适用	高	高	不适用		
		Ⅳ	不适用	不适用	低～高[②]	低～高[②]	不适用		
		Ⅴ	不适用	不适用	低～高[②]	低～高[②]	不适用		
挖掘	所有化合物	Ⅰ	高	高	高	高	不适用	场地评估必须清楚地定义深度和面积。污染物质量和浓度并不是一个因素。当污染源在基岩(Ⅳ类、Ⅴ类)里时，实施技术很困难，但请参考有关豁免情况的讨论	所有污染源修复方法中最激进的。源材料挖掘后必须处理或处置
		Ⅱ	高	高	高	高	不适用		
		Ⅲ	高	高	高	高	不适用		
		Ⅳ	不适用	不适用	不适用	不适用	不适用		
		Ⅴ	不适用	不适用	不适用	不适用	不适用		
水力驱除（抽出-处理）	所有有机物	Ⅰ	低	低	高	低	低	水力驱除对管理羽流有效，但它必须假定为连续运转	经常使用，设计要求良好的地点特性，不适合高渗透性或低渗透的地点
		Ⅱ	低	低	低	低	低		
		Ⅲ	低	低	中～高	低	低		
		Ⅳ	低	低	低	低	低		
		Ⅴ	低	低	低	低	低		
多相抽提	低至中等黏度的有机物	Ⅰ	低～中	低	低～中	低	低～中	很难找到适合提取的 DNAPLs 池。残留的 NAPLs 将不会被回收。这种技术只适用于浅层的源区	通常用于 LNAPLs 的恢复，在 DNAPLs 上没有成功修复的案例
		Ⅱ	低	低	低	低	低		
		Ⅲ	低	低	低～中	低	低		

续表

技术	适用的污染物类型	介质类型①	在适当的地点可能有效性					局限性	注释
			质量去除	局部水相浓度降低	质量通量降低	减少污染源迁移的能力	毒性的改变		
多相抽提	低至中等黏度的有机物	Ⅳ	低	低	低	低	低	很难找到适合提取的DNAPLs池。残留的NAPLs将不会被回收。这种技术只适用于浅层的源区	通常用于LNAPLs的恢复，在DNAPLs上没有成功的案例
		Ⅴ	低	低	低	低	低		
表面活性剂/助溶剂冲洗	所有有机物	Ⅰ	高	高	高	高	低～中	必须避免造成DNAPLs的向下迁移	在破裂介质方面的经验有限。如果异质性高，可能需要泡沫
		Ⅱ	低	低	低	低	低～中		
		Ⅲ	低～中	低～中	中～高	高	低～中		
		Ⅳ	低～中	低～中	低～中	低～中	低～中		
		Ⅴ	低～中	低～中	中	低～中	低～中		
化学氧化	卤代乙烯和乙烷	Ⅰ	中～高	中	中	低	中～高	可能释放大量热量，因土壤污垢（来自$KMnO_4$的MnO_2）或pH值变化而释放的金属。除了高渗透性介质，化学氧化剂的输送也会很差。重要的天然有机物会限制功效	只适用于固定化的源（低NAPLs饱和度或吸收度）。在破裂介质中经验有限，大多数失败是由于非均质介质通道，可能需要多次注射
		Ⅱ	低	低	低	低	低		
		Ⅲ	低～中	低～中	中～高	低	低～中		
		Ⅳ	低	低～中	低～中	低～中	低		
		Ⅴ	低	低	低	低	低		
土壤混合/化学还原	氯化物和氟化物，主要是氯化乙烷	Ⅰ	高	高	高	高	中～高	源区域必须被限定，并位于适于混合的土壤中。在基岩中没有使用过	快速清理和场地再利用，对于小的污染源，只需要一天的时间，对于更大的场地，需要几周。迄今为止，开发技术的经验非常有限
		Ⅱ	高	高	高	高	中～高		
		Ⅲ	高	高	高	高	中～高		
		Ⅳ	不适用	不适用	不适用	不适用	不适用		
		Ⅴ	不适用	不适用	不适用	不适用	不适用		

续表

技术	适用的污染物类型	介质类型[①]	在适当的地点可能有效性					局限性	注释
			质量去除	局部水相浓度降低	质量通量降低	减少污染源迁移的能力	毒性的改变		
蒸汽吹扫	挥发性有机化合物和挥发性较强的半挥发性有机化合物	Ⅰ	高	高	高	高	中～高	蒸汽过度、垂直再调集可能是问题。蒸汽产生、蒸汽液体的捕获和处理需要大量的基础设施	断裂的岩石/黏土中很少有例子。没有关于速率限制的研究。一些证据表明，由于水合热解，可能会发生有限的污染物转化
		Ⅱ	低	低	低	低	低		
		Ⅲ	中	中	中～高	中	中～高		
		Ⅳ	低	低	低	低	低		
		Ⅴ	低	低	低	低	低		
电导加热（ISTD）	所有有机物和某些金属	Ⅰ	高	高	高	高	中～高	地下水位高增加能源需求。在加热时间间隔内迁移是一个问题。要求井距小	在饱和介质或破裂介质上演示的文件很少
		Ⅱ	中～高	中～高	高	高	中～高		
		Ⅲ	中～高	中～高	高	高	中～高		
		Ⅳ	低～中	中	中	中	低～中		
		Ⅴ	低～中	中	中	中	低～中		
电阻加热	沸点小于水的化合物	Ⅰ	中～高	中～高	高	中～高	中～高	低温环境下会增加能源需求。此外，其局限性与 ISTD 相同	在饱和介质或破裂介质上实践的记录很少
		Ⅱ	低～中	低～中	中	低～中	低～中		
		Ⅲ	中	中	中～高	中	中～高		
		Ⅳ	低	低	低	低	低		
		Ⅴ	低～中	低～中	低～中	低～中	低～中		

续表

技术	适用的污染物类型	介质类型①	在适当的地点可能有效性					局限性	注释
			质量去除	局部水相浓度降低	质量通量降低	减少污染源迁移的能力	毒性的改变		
空气喷射（有时用SVE）	挥发性有机化合物如有机溶剂和汽油芳香化合物	Ⅰ	低～中	低～中	低～中	低	低～中	在停止泵送后的反弹潜力很大。异构性问题导致沟道效应和效率降低	同步促进好氧生物修复有良好的潜力。只适用于固定化的源（低NAPLs饱和度或吸收度）
		Ⅱ	低	低	低	低	低		
		Ⅲ	低	低	低～中	低	低～中		
		Ⅳ	低	低	低	低	低		
		Ⅴ	低	低	低	低	低		
强化生物修复	大多数挥发性，半挥发性和非挥发性有机化合物，一些金属，一些无机离子，一些炸药	Ⅰ	低～中	高	高	低③	中～高	对污染物的破坏有很好的潜力。难以完全预测或控制。可能需要很长时间才能看到效果。可能需要多次治理	性能将受到溶解速率的限制，可能是地球化学条件和原生微生物种群的功能。在DNAPLs附近或在破裂介质方面的经验有限
		Ⅱ	低	低	低	低③	低		
		Ⅲ	低～中	低～中	中	低③	中～高		
		Ⅳ	低～中	低～中	低～中	低③	中～高		
		Ⅴ	低	低～中	低～中	低③	中～高		

① 介质类型设置如下：
Ⅰ类为具有低异质性和中度到高度渗透性的颗粒介质；
Ⅱ类为具有低异质性和低渗透性的颗粒介质；
Ⅲ类为具有中度至高度异质性的颗粒介质；
Ⅳ类为具有低岩石基质孔隙度的裂隙介质；
Ⅴ类为具有高岩石基质孔隙度的裂隙介质。
② 有效性取决于断裂层面。
③ 在微生物产生生物表面活性剂的情况下，可提高DNAPLs的流动性。

向下流动的可能性（例如通过降低油水界面张力），这些影响在“局限性”一栏中体现。

第五个物理目标是毒性的改变，来自超级基金标准。由于本书侧重于源区污染，毒性这里指的是在污染源区域的水相污染物（而不是污染的下游受体）。对于常见的DNAPLs，化合物本身的变化或在化合物中的DNAPLs组成的变化导致毒性的变化。例如，强化生物降解氯化乙烯，通常会发生一个渐进的系列脱氯过程，四氯乙烯、三氯乙烯、1,1-DCE、氯乙烯、乙烯，尽管这些化合物的毒性顺序不同。当污染源区存在复杂的混合物，混合物的各组分受到治理的影响不同，将导致混合物有效毒性的变化。这些变化可能会增加或降低整体毒性。没有关于治理期间地下条件的详细信息，很难预测这种影响。由于这个固有的不确定性，这些条目是作为毒性变化（增加或减少）的潜在范围（例如低～中）而提供的，不应被视为修复后毒性的绝对指示。

表5-8最后两列记录了局限性并提供了每项技术的注释。应注意的是，表5-8中未将污染羽流尺寸减小列为目标，尽管在第4章中已将其与其他5个物理目标一起讨论。这里省略了羽流尺寸缩小，因为在污染源区修复过程中，污染物浓度和羽流尺寸可能在长期减小之前先增大，在表5-8这样简单的表中没有体现这个微妙性。

污染源区修复一个通用的绝对目标是降低风险，表5-8中没有明确列出这一项。相反，表5-8中的总量去除、浓度降低、质量通量减少的目标是为了尝试获得污染物暴露的时空特性。这三个目标与降低修复风险的相关性取决于场地类型和其他因素。例如，尽管达到了显著的总量去除，非匀质性仍可能导致局部的高浓度。然而，这可以通过考虑质量通量而不是离散的浓度加以解释。最终，风险评估需要整合这些参数以及模型模拟的归属和传递，以确定下游的暴露水平。风险评估也容许考虑暴露的时间性质。例如，在某些情况下相比于近期暴露，长期暴露可能会显著影响风险程度，总量去除不会引起显著的浓度降低，但大大减少了暴露的持续时间。

表5-8的目的是帮助指导专业人员治理一个给定场地的污染源。在任何情况下，都不可以使用此表做出最终的技术选择（如第5章中讨论）。相反，这个表可以帮助确定列出最可行的技术，并应在场地特定的条件下彻底评估列出的可行技术。最终，应该更多地综合比较表5-8中各技术的得分（一个技术相比另一个技术），而不是考虑技术的绝对分数。

表5-8中的条目是基于呈报案例的研究结果，以及作者团队的最好的专业判断（在缺乏全面全规模治理的示范项目中）。表5-8中的宗旨在场地治理技术领域中很少被衡量。在进行了全规模治理示范的情况下，最常见报道的成功是污染物总量大量去除，因此本章许多条目能反映现场数据。然而，作者团队的专业判断对确定此列的条目也很关键，因为在修复过程中去除的污染物的质量百分比取决于场地中原始污染物质量，而这个原始质量具有相当大的不确定性。关于浓度，偶尔有使用井中浓度数据评估修复成功的报道，但这些都非常难解释，并可能不代表局部的地下水浓度。表5-8列出的第三、第四和第五目标几乎没有现场数据，需要作者团队基于已知的质量去除机制和水文地质环境的特征来判断技术的有效性。缺乏对于所有的五类水文地质环境的现场研究，这导

致了很难概述污染源治理技术。尽管如此，比较表5-8中所列出的技术以及在前面章节中对它们的描述，某些场地显然限制了大多数技术的应用。例如，低渗透性材料几乎给所有的技术应用都带来了严峻的挑战。大多数（就算所有的）技术很难在某些水文环境中实施，如岩溶（Ⅴ类水文地质环境的一个变体）。岩溶地层的特点是大裂缝和溶洞，这样表征和治理岩溶污染源区是非常有挑战性的，获得错误结论的风险较大。

通过特定技术的数学模型、实验室小试试验和现场中试试验项目来预测污染源修复的效率以代替现场示范项目。数学模型的成功使用高度取决于现场评估的质量、模型复杂性和模型使用者。包含地下水的运动及其携带修复的活性剂的流动模型得到了很好的发展和经常的使用。当现场评估和水文信息可充分利用，这些模型的预测可相当准确（Brown等，1999）。建模的一个典型应用是发现可能会最大限度地影响修复效果的地下特性，然后对这些特性进行充分实地调查来了解所提出的修复措施是否能成功。其中一个重大挑战是，许多污染源修复的重要过程是高度非线性的，因此很难建模。非专业人士通常很难成功使用包含此类行为的可用模型。目前，表面活性剂冲洗技术似乎拥有最成功的预测模型。

对于缺少足够数学模型的技术，可以采用实验室小试研究和现场中试研究以评估它们成功的可能性并获得关键设计参数。小试规模测试对评估化学氧化、化学还原、热技术和强化生物修复是有帮助的。在这些情况下，必须选择污染源区中具有代表性的并保留其基本特征的部分样品进行试验评估，注意在采集运输预处理过程中保持样品特征。

现场规模的中试研究被定义为大到足够涵盖污染源区域可能的水文地质变化以及化学性质变化的研究。基于经验以及ITRC（1998）和Morse等（1998）研究，作者判断，对大多数场地而言有效的中试研究的规模应该为污染源区域体积的5%～10%。对于具有较高复杂性的场地，此经验法可能不适用，并可能需要更大的中试试验或多个中试试验。在一个场地规模的中试研究期间，应充分记录修复前和修复后的污染物总量，治理或去除了的污染物的质量以及归宿，做到有据可查。一个成功的中试测试也必须运行足够长的时间，以解决一些可能的地下或不可预料的反应所导致的问题，例如，要清楚地观察到较低的反应速率、污损或污染物反弹。对大多数中试研究而言，3～6个月的时间足够长了，虽然具有特殊体积量或污染物质量的污染源区可能需要更长的时间进行中试研究。由于某些细菌的相对生长速度缓慢，强化生物修复研究可能需要更长的时间。即使是已获取的中试试验结果，也应严谨地确保修复系统在扩大应用规模时能达到中试的效果，既实用又适合相关个体场地。

即使执行了数学模型和小试试验的场地，在启动全范围污染源修复项目前进行场地规模的中试研究还是非常有用的。它们可以帮助完善全规模应用，进而节省时间和金钱。

5.8 炸药去除技术

从历史经验来看，炸药污染场地的污染源区域修复都集中在近地表土壤，因为这些化合物被处置后容易从溶液中沉淀（见第 2 章）。最常见的是挖掘并异位处理高污染的土壤。最初，焚烧是首选的异位治理方法，不过，堆肥法已经成为大量炸药污染土壤的标准修复方法。已在中试测试中评估了堆肥法替代技术（如生物泥浆），但其还没有表现出竞争优势（Craig 等，1999）。多个在陆军场地，路易斯安那州的陆军弹药厂（AAP）、康恩哈斯克的 AAP、Savanna 的陆军军械库（AD）和阿拉巴马的 AAP 污染场地选择了焚烧作为异地处理的方法，而在艾奥瓦州霍桑 AAP 的新港 AD、Hawthorne 的 AAP、米兰的 AAP、营纳瓦霍的 AD、乔利埃特的 AAP、尤马蒂拉的 AD 则同时进行堆肥法修复。较少使用的技术包括在包气带污染土壤深度超过常规挖掘深度的地方采用封顶阻隔技术，原位淋洗技术（例如水驱技术）和强化生物修复技术。

在大多数情况下针对炸药污染，尚未评估其他污染源区治理方案。大多数针对 DNAPLs 使用的激进技术（如化学氧化和电阻加热）必须避免用于炸药污染场地的修复，因为担心局部温度升高会引发爆炸。助溶剂或蒸汽驱是值得考虑采用的，因为炸药在用于 DNAPLs 的典型助溶剂（醇）以及热水中是高度可溶的，但是这些技术还没有被考虑。

表 5-9 展示了有限数量的已经完成或正在进行的被炸药污染的陆军场地的污染源区的修复措施。在 Umatilla 的原位冲洗已显示出良好的进展：在区域内地下水中 RDX 和 HMX 的浓度有所降低。场地上的修复项目管理者（RPM）已经考虑了通过使用离子交换（氯化钙注射）来提高对结合在土壤上的残留硝基芳族的解吸，但是，尚未资助场地测试。Badger 不断优化了通过强化生物修复治理 DNT 污染源的在场地测试。修复项目管理者发现控制土壤水分（在原位冲洗中含量很低）、营养物质（磷酸盐）以及废弃产品（亚硝酸盐）对优化治理动力学是很重要的（Fortner 等，2003；Rubingh，2003）。

表 5-9 用于在军队设施中被污染的地点的治理措施

地点	治理对象	污染物	源区域治理措施	污染羽流治理
Umatilla，OR	冲刷的潟湖	TNT，RDX	挖掘、堆肥、原位冲洗	抽出-处理
Badger，WI	推进剂燃烧地面产生的垃圾坑	DNT	挖掘，焚化，现场冲洗/强化生物修复	抽出-处理
Volunteer，TN	北部 TNT 制造谷	TNT，DNT	监测自然衰减	监测自然衰减
Louisiana	池塘	TNT，RDX	挖掘、焚烧、限制	抽出-处理
Milan，CO	沟渠 E/沃尔夫河	TNT，RDX，HMX	源区域不确定	ISCO-芬顿法
Pueblo，CO	TNT 冲洗设备和排放系统区	TNT，RDX，TNB	挖掘、堆肥	ISCO-芬顿法

Volunteer 的 AAP 是独一无二的，它坐落在一个水文地质条件复杂的环境中（带有裂隙残积层的基岩岩溶，V 类地质环境）。已经完成了广泛的场地特征描述，但对于

释放的爆炸物的性质以及污染源区域内残积层或基岩的分布仍然缺乏了解。场地环境管理者们正在考虑进一步的场地表征和大量挖掘的好处。已经尝试了抽出-处理技术，但其目前不是一个可行的替代控制污染源区或污染羽的技术。由于这个场地上的极端水文地质环境的复杂性，MNA 被视为一个有吸引力的修复技术。残积层中的生物降解以及在基岩中的稀释和质量通量将用于测定衰减的程度。美国陆军工程师研究与发展中心（Pennington 等，1999）已经制订了一个特定 MNA 技术的炸药治理协议。

修复炸药污染羽技术的开发和部署比针对污染源区的行动更广泛。生物修复、化学氧化以及化学还原一直比抽出-处理效果好，是管理羽流的主要选择。对本书研究中的主要炸药化合物（TNT、DNT、RDX 和 HMX），有几个关键因素影响这些污染羽治理不同类型技术的效率。例如，亲电子的 TNT 硝基易在氧化和还原条件下受微生物的影响（Rieger 和 Knackmuss，1995）。但 RDX 的环状结构在强还原条件下比在有氧条件下更易被生物降解（McCormick 等，1981，1985；Speitel 等，2001）。HMX 遵循与 RDX 类似的模式，但速率却低得多。与 TNT 和 RDX 的共代谢相反，DNT 更趋于氧化代谢，并作为碳、氮和能量源（Fortner 等，2003）。

在实验室研究中（Li 等，1997；Bill 等，1999），关于使用芬顿试剂原位化学氧化 TNT 和 RDX 的研究已显示出良好的效果，但对 HMX 的研究工作少得多（Zoh 和 Stenstrom，2002）。在一项研究中，使用^{14}C标记的 RDX 来确定降解和矿化动力学以系统评价高锰酸钾氧化（Comfort，2003），结果显示了高锰酸盐产生缓慢但 RDX 可被持续破坏且存在于水相中的固体被矿化。

通过使用零价铁和原位地质化学还原已经探明 RDX 的非生物还原。零价铁（ZVI）已被证明能有效地破坏水溶液中和泥浆中的 RDX（Hundal 等，1997），最近的工作已表明，零价铁可用于挖出的污染土堆堆肥技术（Comfort 等，2003）。原位地球化学还原使用一种化学还原剂（如连二亚硫酸钠）以还原含水层固体中存在的铁（Fruchter 等，2000）。在还原区域中的二价铁可以与 RDX、溶解氧和其他电子受体反应。实验室测试表明，在连二亚硫酸盐还原沉积物存在的条件下，可以迅速发生 RDX 的转化，但是矿化率小。进一步的研究表明，二级生物处理渗透性反应墙中出现的残余物可以显著提高总矿化率（Comfort，2003）。

由于对炸药材料的表征以及它们与地质介质的相互作用的理解远远落后于关于 DNAPLs 的基础知识，所以开发了针对炸药污染物的新污染源治理技术较少。炸药污染源区域治理期间出现爆炸危险的可能性是一个主要障碍。事实上，是否必须进行表征或开发治理技术，必须通过在专门设施内极其小心地对爆炸物源区污染土壤进行实验室小试和现场中试来评估。

5.9 技术成本考量

虽然对于一些污染源区域修复技术（特别是表面活性剂和热技术）所谓的成本数据

是现有的，但实际成本高度取决于特定场地的水文地质、地球化学和污染物条件（NRC，1997），对不同技术的相对成本的绝对陈述的实效性有限。例如，一些技术的成本与深度无关，而另一些技术成本（如土壤混合）随深度呈指数上升。原位化学氧化的成本与表面活性剂冲洗不同，主要受地下污染物的总量影响，几乎不受场地尺寸的影响。此外，不同的分析师经常使用不同的假设来估算成本，这可能会导致不同的关于竞争技术的相对财务业绩的结论。例如，从技术供应商获得的评估可能包括供应商的成本，但不包括利用该技术所必须产生的额外费用。

文献报道中成本估量多种多样，其中最推荐生命周期的成本度量，因为它代表了整个修复活动期间造成的总成本，因此它避免了由其他成本指标呈现的局部优化的问题。建议在单个场地进行生命周期成本分析，同时考虑随特定场地部署特定技术发展的总成本。例如，生命周期成本估算应该包括研究、开发、测试和评估费用，制备和调动的成本，资本成本，运行和维护费用，场地恢复成本和包括与未来责任相关可能成本的长期管理成本。最后，成本估算应该是对概率的估算，以反映估算本身固有的不确定性。第4章介绍的一般生命周期成本分析的方法可用于比较在一个特定场地不同竞争技术的成本。

就作者所知，希尔空军基地（Hill Air Force Base）是唯一正在进行全面生命周期成本分析的污染源修复场地（见工具箱4-3）。希尔空军基地的决策框架和相应的生命周期成本估算包括一个更新的OU2DNAPLs源区的地球系统模型和数值模型，鉴于可能的管理策略变化，这些模型可以帮助定量评价污染物的归宿。我们的目标是使用本场地的概念模型、定量工具和预测污染物运移的建模为生命周期成本分析提供技术基础，生命周期成本分析测量激进主动的DNAPLs去除操作对溶解相羽流的影响，并预测未来溶解相羽流的动态。此外，这些工具将用于分析各种当前修复策略的改进，包括作为污染源区进一步处理（例如生物抛光）的可能性和/或现有的修复系统退役，并帮助确定与生命周期成本相关的每个场景。生命周期成本估算最可能是基于概率的估算，并纳入了某些外部的资本和运营成本。这些外部资本可能包括减轻室内空气污染、自然资源损害赔偿以及监管标准的变化等带来的潜在成本。

5.10 结论和建议

作者审查污染源修复技术的案例既包括陆军场地又包括其他场地，主要是基于对中试规模的测试，因为全国各地全规模的示范工程项目的数量是相当小的［不同于其他已建立的技术，例如抽出-处理，这项技术的77个全规模场地被NRC（1994）总结］。只有热技术和表面活性剂冲洗技术经历了多次全面测试并被仔细记录在案。中试试验规模修复项目的结果通常不能提供关于各种修复技术满足各项修复目标能力的定量信息。例如，尽管在中试期间测试污染物质量去除率相对容易，但此类测试很少。当在大规模修复项目时设计测试衡量各项修复目标很重要，例如在合规下游点测试衡量污染物浓度的降低、质量通量的降低或风险的降低。此外，对于有限的可用性能数据，通常只报告积极的测试结果。

这种数据和信息的缺乏，并据此做出明确声明的污染源修复在最近海军完成的53个污染源区域修复项目的调查（GeoSyntec，2004）中有所体现。RPM在36个场地（68%）中报道其是“成功的”，即使在这36个场地的33个中没有涉及质量去除（63%），在超过1/2的场地中质量通量是未知的，而60%的场地没有评估污染物浓度反弹。因此，对于大多数案例，这一信息是缺失的。事实上，这是由于缺乏足够的、全规模的性能数据，而表5-8中的大多数条目是基于作者关于某些治理技术的基本物理过程而非记录在案的案例研究的最好的专业判断。

就目前的污染源修复技术作者给出以下结论和建议。

① 从场地研究得到的可用数据不表明污染源修复可能对水质产生什么样的影响。经过一系列的场地和污染物研究，一些污染源修复技术已被证明可以获得实质性的质量去除。一些研究也证明了污染物浓度的降低（只有一个或几个井），但这些测量的意义是非常有争议的，少数案例包括修复后长期浓度数据。质量通量的减少、污染源迁移的减少及毒性变化尚未在任何污染源修复案例研究中被证明。这部分是因为实施这样测量具有难度。此外，极少数的场地数据既支持假设又支持现有的表明部分质量去除会影响局部浓度和下游质量通量（工具箱4-1）的实验室数据。

虽然目前有研究正开发用于评估质量通量减少的耗尽特征测验图，到目前为止这些特征测验图只用于表面活性剂/助溶剂技术。理论工作有实质性的证明表明质量去除可能导致质量通量的减少，但用于支持或反驳这个结论的场地数据非常稀少。在将来的研究中应进一步开发这种方法以及与之相关的方法。

② 大多数技术的性能高度取决于场地的异质性。所有修复技术的有效性都会受到特定场地的异质性的影响，但有些技术对异质性更敏感。一般情况下，冲洗技术的效率会随着异质性的增加而降低，尽管影响的程度取决于特定的场地表征和操作过程。在表面活性剂冲洗的案例中出现的空气喷射产生的泡沫已成为一个减轻异质性的可行方法。蒸汽冲洗受蒸汽优先流的影响，但传导在一定程度上减轻了这种影响。土壤传导加热对异质性最不敏感，因为热传导随着介质性质的变化而变化的程度非常小。化学氧化和强化生物修复比热技术对异质性更加敏感，空气喷射是对异质性最敏感的技术，因为没有减轻阻碍空气优先流和通往目标DNAPLs的侧流的因素。相较于污染源区的质量通量，异质性更可能影响某一技术对污染物质量的去除和降低水相污染物浓度的能力。

③ 大多数技术并不适用于低渗透性或有裂隙的材料，或会受其负面影响，或在低渗透性或有裂隙的材料中的使用没有充分证明。由于冲洗液（表面活性剂、氧化剂、还原剂、蒸汽）移动通过低渗透性地层的难度，冲洗技术在低渗透性地质环境（Ⅱ类）的有效性是有限的。不以流体流动作为传递机制的技术，如传导加热和电阻加热，在Ⅱ类水文地质环境中具有更大的潜力。由于表征裂隙网络及描绘污染源区的困难和成本，在

裂隙介质（Ⅳ类和Ⅴ类）中污染源修复技术的应用受到了限制。在难以表征的系统中设计和控制大多数污染源修复技术是十分困难的。此外，对大多数技术，沿着高渗透性裂隙形成的通道会导致低渗透性基质区的污染物质量去除效果差，传导加热可能是个例外，因为热量可以有效地通过岩石基质。

④ 每种技术都有可能产生负面影响，设计和实施该技术时需要对这些可能的负面影响加以考虑。潜在副作用的例子包括表面活性剂/助溶剂/蒸汽引起的DNAPLs垂直迁移、用化学氧化剂或还原剂（释放先前结合的非目标化合物到地下水中）的氧化还原电位的改变及由化学或热处理引起的土著微生物种群的变化。有时可以在设计/实施过程中避免这些副作用。在无法避免时，在设计/实施过程中应考虑副作用带来的影响。

⑤ 需要更多的研究来确定如何组合不同的污染源修复技术以实现更大的整体有效性。增效的实例包括表面活性剂和低级别的热过程的组合以溶解高黏度的油，随后抽提出的污染物被作为修正步骤低水平的化学氧化，考虑采用表面活性剂或醇类对污染物进一步处理以提高剩余污染物的生物转化，并考虑采用热处理以提高剩余污染物的生物降解速率。

⑥ 几乎所有的污染源修复技术的评估需要更系统的场地规模的测试，以更好地了解场地的技术性能和经济性能。在创新的技术审查中只有表面活性剂溢流积累了相当数量的场地规模的研究。由于污染源修复技术的全面应用案例稀缺，没有足够的信息来彻底评估大多数技术，尤其是考虑到在污染源区大规模削减的长期影响。此外，由于经济数据不足、特定场地的性能和成本的性质，一般性地预测源修复技术的生命周期成本的影响是不可能的。

⑦ 由设计、实施和监督所要求的污染源区表征的水平和类型取决于选定的修复目标和修复技术。例如，原位化学氧化需要准确地估计污染源区污染物的质量和组成以及基质的需氧量，否则，修复措施会受化学计量限制或未知污染物消耗氧化剂的影响。应确定场地风化样品的污染源材料的特性（如成分、黏度、密度、界面张力）以评估如表面活性剂-增强冲洗的修复措施。应该在一定的准确性程度上了解污染源区材料的位置和几何结构以设计阻隔系统。例如，如果设计将最有效的泥浆反应墙放在通过污染源区域而不是污染源区的周围，将对下游的质量通量产生较小影响。关于性能监控，通过监控矿化产物或监控氧化剂的消耗判断原位化学氧化的成效，在替代污染物存在的案例中可能会高估治理效果。

⑧ 炸药污染源区处理技术的开发正处于起步阶段，因为炸药污染物的表征以及它们与地质媒介之间的相互作用远远落后于已有的DNAPLs的基础知识。在理解炸药污染治理技术的使用或性能特点之前，需要理解炸药污染源区的化学和物理特性。此外，含有高浓度炸药的污染源区具有在修复期间爆炸的可能性，这将需要在特定设施里进行实验室规模和场的规模的评估。

[1] Abriola, L. M., T. J. Dekker, and K. D. Pennell. 1993. Surfactant-enhanced solubilization of residual dodecane in soil columns: 2-mathematical modeling. Environ. Sci. Technol. 27 (12): 2341-2351.

[2] Abriola, L. M., C. A. Ramsburg, K. D. Pennell, F. E. Loeffler, M. Gamache, and E. A. Petrovskis. 2003. Post-treatment monitoring and Biological Activity at the Bachman Road Surfactant enhanced Aquifer Remediation Site. 43 (1) Extended Abstract, American Chemical Society Meeting, New Orleans, LA, March 23-27, 2003.

[3] Abston, S. 2002. U. S. Army. Presentation to the NRC Committee on Source Removal of Contaminants in the Subsurface. August 22, 2002.

[4] Alvarez-Cohen, L., and G. E. Speitel. 2001. Kinetics of aerobic cometabolism of chlorinated solvents. Biodegradation 12 (2): 105-126.

[5] AATDF. 1997. Technology Practices Manual for Surfactants and Cosolvents. CH2MHILL. http://clu-in.org/PRODUCTS/AATDF/Toc.htm.

[6] Baker, R., D. Groher, and D. Becker. 1999. Minimal desaturation found during multi-phase extraction of low permeability soils. Ground Water Currents, 33, EPA 542-N-99-006.

[7] Bier, E. L., J. Singh, Z. Li, S. D. Comfort, and P. J. Shea. 1999. Remediating RDX-contaminated water and soil by Fenton Oxidation. Environ. Toxicol. Chem. 18: 1078-1084.

[8] Brauner, J. S., and M. A. Widdowson. 2001. Numerical Simulation of a Natural Attenuation Experiment with a Petroleum Hydrocarbon NAPL Source. Groundwater 39: 939-952.

[9] Brown, C. L., M. Delshad, V. Dwarakanath, R. E. Jackson, J. T. Londergan, H. W. Meinardus, D. C. McKinney, T. Oolman, G. A. Pope, and W. H. Wade. 1999. Demonstration of surfactant flooding of an alluvial aquifer contaminated with dense nonaqueous phase liquid. Pp. 64-85 In: Innovative Subsurface Remediation: Field Testing of Physical, Chemical and Characterization Technologies. M. L. Brusseau, D. A. Sabatini, J. S. Gierke, and M. D. Annable (eds.). American Chemical Society Symposium Series 725. Washington, DC: ACS.

[10] Brown, R. A. 1998. An analysis of air sparging for chlorinated solvent sites. Pp. C1. 5: 285-291 In: Physical, Chemical and Thermal Technologies. G. B. Wickramanayake and R. E. Hinchee (eds.). Columbus, OH: Battelle Press.

[11] Buettner, H. M., W. D. Daily, and A. L. Ramirez. 1992. Enhancing cyclic steam injection and vapor extraction of volatile organic compounds in soils with electrical heating. Proc., Nuclear and Hazardous Waste Mgmt., Spectrum 1992: 1321-1324.

[12] Butler, R. M. 1991. Thermal Recovery of Oil and Bitumen. Englewood Cliffs, NJ: Prentice Hall.

[13] Carr, C. S., S. Garg, and J. B. Hughes. 2000. Effect of dechlorinating bacteria on the longevity and composition of PCE-containing nonaqueous phase liquids under equilibrium dissolution conditions. Environ. Sci. Technol. 34: 1088-1094.

[14] Chown, J. C., B. H. Kueper, and D. B. McWhorter. 1997. The use of upward hydraulic gradients to arrest downward DNAPLs migration in rock fractures. Journal of Ground Water 35 (3): 483-491.

[15] Cirpka, O. A., and P. K. Kitanidis. 2001. Travel-time based model of bioremediation using circulation wells. Groundwater 39 (3): 422-432.

[16] Clement, T. B., C. D. Johnson, Y. Sun, G. M. Klecka, and C. Bartlett. 2000. Natural attenuation of chlorinated ethene compounds: model development and field-scale application at the Dover site. Journal of Contaminant Hydrology 42: 113-140.

[17] Comfort, S. D. 2003. Evaluating in-situ permanganate oxidation and biodegradation of RDX in a perched aquifer. Project Report, University of Nebraska, October 2003.

[18] Comfort, S. D., P. J. Shea, T . A. Machacek, and T. Satapanajaru. 2003. Pilot-scale treatment of RDX-contaminated soil with zerovalent iron. J. Environ. Qual. 32: 1717-1725.

[19] Cope, N., and J. B. Hughes. 2001. Biologically-enhanced removal of PCE from NAPL source zones. Environ. Sci. Technol. 35: 2014-2021.

[20] Craig, H. D., W. E. Sisk, M. D. Nelson, and W. H. Dana. 1999. Bioremediation of explosives- contaminated soils: a status review. Proceedings of the 10th Annual Conference on Hazardous Waste Research. Great Plains-Rocky Mountain Hazardous Substance Research Center, Kansas State University, Manhattan, Kansas. May 23-24, 1995.

[21] Delshad, M., G. A. Pope, and K. Sepehrnoori. 1996. A compositional simulator for modeling surfactant enhanced aquifer remediation: 1—formulation. Journal of Contaminant Hydrology 23 (4): 303-327.

[22] Delshad, M., G. A. Pope, L. Yeh, and F. J. Holzmer. 2000. Design of the surfactant flood at Camp Lejeune. The Second International Conference on Remediation of Chlorinated and Recalcitrant Compounds, Monterey, CA, May 22-25, 2000.

[23] Dicksen, T., G. J. Hirasaki, and C. A. Miller. 2002. Mobility of foam in heterogeneous media: flow parallel and perpendicular to stratification. SPE Journal, June 2002.

[24] Dwarakanath, V., and G. A. Pope. 2000. Surfactant phase behavior with field degreasing solvent. Environ. Sci. Technol. 34 (22): 4842.

[25] Dwarakanath, V., K. Kostarelos, G. A. Pope, D. Shotts, and W. H. Wade. 1999. Anionic surfactant remediation of soil columns contaminated by nonaqueous phase liquids. J. Contaminant Hydrology 38 (4): 465-488.

[26] Dwarakanath, V., L. Britton, S. Jayanti, G. A. Pope, and V. Weerasooriya. 2000. Thermally enhanced surfactant remediation. In: Proceedings of the Seventh Annual International Petroleum Environmental Conference. Albuquerque, NM, November 7-10, 2000.

[27] Elder, C. R., C. H. Benson, and G. R. Eykholt. 1999. Modeling mass removal during in situ air sparging. J. Geotech. Geoenviron. Eng. 125 (11): 947-958.

[28] Elliott, L. J., G. A. Pope, and R. T. Johns. 2004. Multidimensional numerical reservoir simulation of thermal remediation of contaminants below the water table. In: Proceedings of the Fourth International Conference on Remediation of Chlorinated and Recalcitrant Compounds,

Monterey, CA, May 24-27, 2004.

[29] Ellis, D. E., E. J. Lutz, J. M. Odom, R. J. Buchanan, C. L. Bartlett, M. D. Lee, M. R. Harkness, and K. A. Deweerd. 2000. Bioaugmentation for accelerated in situ anaerobic bioremediation. Environ. Sci. Technol. 34: 2254-2260.

[30] Enfield, C. G., A. L. Wood, M. C. Brooks, and M. D. and Annable. 2002. Interpreting tracer data to forecast remedial performance. Pp. 11-16 In: Groundwater Quality: Natural and Enhanced Restoration of Groundwater Pollution. S. Thornton and S. Oswald (eds.). Sheffield, UK: IAHS.

[31] Environmental Protection Agency (EPA). 1995a. In Situ Remediation Technology Status Report: Thermal Enhancements. EPA/542-K-94-009. Washington, DC: EPA Office of Solid Waste and Emergency Response and Technology Innovation Office.

[32] EPA. 1995b. How to Evaluate Alternative Cleanup Technologies for Underground Storage Tank Sites: A Guide for Corrective Action Plan Reviewers. EPA 510-B-95-007. Washington, DC: EPA.

[33] EPA. 1996. Pump-and-Treat Ground-Water Remediation, A Guide for Decision Makers and Practitioners. EPA/625/R-95/005. Washington, DC: EPA Office of Research and Development.

[34] EPA. 1997. Presumptive Remedy: Supplemental Bulletin Multi-Phase Extraction Technology for VOCs in Soil and Groundwater. Directive No. 9355. 0-68FS, EPA 540-F-97-004 PB97-963501. Washington, DC: EPA.

[35] EPA. 1998a. Abstracts of Remediation Case Studies, Volume 3. EPA 542-98-010. Washington, DC: EPA Federal Remediation Technologies Roundtable.

[36] EPA. 1998b. Field Applications of In Situ Remediation Technologies: Chemical Oxidation. EPA 542-R-98-008. Washington, DC: EPA.

[37] EPA. 1998c. Permeable Reactive Barrier Technologies for Contaminant Remediation. EPA/600/R98/125. Washington, DC: EPA Office of Research and Development and Office of Solid Waste and Emergency Response.

[38] EPA. 1999. Multi-Phase Extraction: State-of-the-Practice. EPA 542-R-99-004. Washington, DC: EPA.

[39] EPA. 2000. Abstracts of Remediation Case Studies, Volume 4. EPA 542-R00-006. Washington, DC: EPA Federal Remediation Technologies Roundtable.

[40] EPA. 2001. A Citizen's Guide to Soil Vapor Extraction and Air Sparging. EPA 542-F-01-006. Washington, DC: EPA.

[41] EPA. 2003. Abstracts of Remediation Case Studies, Volume 7. Washington, DC: EPA Federal Remediation Technologies Roundtable.

[42] Falta, R. W., K. Pruess, I. Javandel, and P. A. Witherspoon. 1992. Numerical modelling of steam injection for the removal of nonaqueous phase liquids from the subsurface. I. Numerical formulation. Water Resources Research 28 (2): 433-449.

[43] Falta, R. W., C. M. Lee, S. E. Brame, E. Roeder, J. T. Coates, C. Wright, A. L.

Wood, and C. G. Enfield. 1999. Field test of high molecular weight alcohol flushing for subsurface nonaqueous phase liquid remediation. Water Resources Research 35 (7): 2095-2108.

[44] Finn, P. S., A. Kane, J. Vidumsky, D. W. Major, and N. Bauer. 2004. In-situ bioremediation of chlorinated solvents in overburden and bedrock using bioaugmentation. In: Bioremediation of Halogenated Compounds. V. S. Magar and M. E. Kelley (eds.). Columbus, OH: Battelle Press.

[45] Fortner, J. D, C. Zhang, J. C. Spain, and J. B. Hughes. 2003. Soil column evaluation of factors controlling biodegradation of DNT in the vadose zone. Environ. Sci. Technol. 37 (15): 3382-3391.

[46] Fountain, J. C., R. C. Starr, T. Middleton, M. Beikirch, C. Taylor, and D. Hodge. 1996. A controlled field test of surfactant-enhanced aquifer remediation. Ground Water 34 (5): 910-916.

[47] Freeze, R. A., and J. A. Cherry. 1979. Groundwater. Englewood Cliffs, NJ: Prentice Hall.

[48] Fruchter, J., C. Cole, M. Williams, V. Vermeul, J. Amonette, J. Szecsody, J. Istok, and M. Humphrey. 2000. Creation of a subsurface permeable treatment barrier using in situ redox manipulation. Ground Water Monitor. Rev. 66-77.

[49] Gallo, C., and G. Manzini. 2001. A fully coupled numerical model for two-phase flow with contaminant transport and biodegradation kinetics. Communications in Numerical Methods in Engineering 17: 325-336.

[50] Gandhi, R. K., G. D. Hopkins, M. N. Goltz, S. M. Gorelick, and P. L. McCarty. 2002. Full-Scale demonstration of in situ cometabolic biodegradation of trichloroethylene in groundwater. II. Comprehensive analysis of field data using reactive transport modeling. Water Resources Research 38: 1040.

[51] Gates, D. D., and R. L. Siegrist. 1995. In-situ chemical oxidation of trichloroethylene using hydrogen peroxide. J. Environ. Eng. September: 639-644.

[52] Gates-Anderson, D. D., R. L. Siegrist, and R. L. Cline. 2001. Comparison of potassium permanganate and hydrogen peroxide as chemical oxidants for organically contaminated soils. ASCE Journal of Environmental Engineering 127 (4): 337-347.

[53] Gauglitz, R. A., J. S. Roberts, T. M. Bergsman, R. Schalla, S. M. Caley, M. H. Schlender, W. O. Heath, T. R. Jarosch, M. C. Miller, C. A. Eddy Dilek, R. W. Moss, and B. B. Looney. 1994. Six-phase soil heating for enhanced removal of contaminants: volatile organic compounds in non-arid soils integrated demonstration, Savannah River Site, PNL-101 84. Battelle Pacific Northwest Laboratory.

[54] GeoSyntec Consultants. 2004. Assessing the Feasibility of DNAPLs Source Zone Remediation: Review of Case Studies. Port Hueneme, CA: Naval Facilities Engineering Service Center.

[55] Glaze, W. H., and J. W. Kang. 1988. Advanced oxidation processes for treating groundwater contaminated with TCE and PCE: laboratory studies. J. Amer. Water Works 80 (5): 57-63.

[56] Gordon, M. J. 1998. Case history of a large-scale air sparging soil vapor extraction system for

remediation of chlorinated volatile organic compounds in ground water. Ground Water Monitoring and Remediation 18 (2): 137-149.

[57] Ground-Water Remediation Technology Analysis Center (GWRTAC). 1999. In-situ chemical oxidation. Technology Evaluation Report TE-99-01. http: //www. gwrtac. org.

[58] Harvey, A. H., M. D. Arnold, and S. A. El-Feky. 1979. Selective electric reservoir heating. J. Cdn. Pet. Tech. (July-Sept. 1979): 45-47.

[59] Hasegawa, M. H., B. J. Shiau, D. A. Sabatini, R. C. Knox, J. H. Harwell, R. Lago, and L. Yeh. 2000. Surfactant-enhanced subsurface remediation of DNAPLs at the former Naval Air Station Alameda, California. Pp. 219-226 In: Treating Dense Nonaqueous-Phase Liquids (DNAPLs). G. B. Wickramanayake, A. R. Gavaskar, and N. Gupta (eds.). Columbus, OH: Battelle Press.

[60] He, J., K. M. Ritalahti, M. R. Aiello, and F. E. Loeffler. 2003. Complete detoxification of vinyl chloride by an anaerobic enrichment culture and identification of the reductively dechlorinating population as a Dehalococcoides species. Appl. Environ. Microbiol. 69 (2): 996-1003.

[61] Hirasaki, G. J., C. A. Miller, R. Szafranski, D. Tanzil, J. B. Lawson, H. Meinardus, M. Jin, R. E. Jackson, G. Pope, and W. H. Wade. 1997. Field demonstration of the surfactant/foam process for aquifer remediation. In: Proceedings - SPE Annual Technical Conference, San Antonio, TX, SPE 39292.

[62] Holmberg, K., B. Jonsson, B. Kronberg, and B. Lindman. 2003. Surfactants and Polymers in Aqueous Solution. 2nd ed. New York: Wiley.

[63] Holzmer, F. J., G. A. Pope, and L. Yeh. 2000. Surfactant-enhanced aquifer remediation of PCE- DNAPLs in low permeability sands. Pp. 187-193 In Treating Dense Nonaqueous-Phase Liquids (DNAPLs). G. B. Wickramanayake, A. R. Gavaskar, and N. Gupta (eds.). Columbus, OH: Battelle Press.

[64] Hood, E. D., and N. R. Thomson. 2000. Numerical simulation of in situ chemical oxidation. In: Proceedings from the Second International Conference on Remediation of Chlorinated and Recalcitrant Compounds, Monterey, CA, May 22-25, 2000.

[65] Hood, E. D., N. R. Thomson, D. Grossi, and G. J. Farquhar. 1999. Experimental determination of the kinetic rate law for oxidation of perchloroethylene by potassium permanganate. Chemosphere 40 (12): 1383-1388.

[66] Hossain, M. A., and M. Y. Corapcioglu. 1996. Modeling primary substrate controlled biotransformation and transport of halogenated aliphatics in porous media. Transport in Porous Media 24 (2): 203-220.

[67] Huang, K. C., G. E. Hoag, P. Chheda, B. A. Woody, and G. M. Dobbs. 1999. Kinetic study of oxidation of trichloroethylene by potassium permanganate. Environ. Eng. Sci. 16 (4): 265-274.

[68] Huang, K. C., G. E. Hoag, P. Chheda, B. A. Woody, and G. M. Dobbs. 2002. Kinetics and mechanism of oxidation of tetrachloroethylene with permanganate. Chemosphere 46 (6): 815-825.

[69] Hundal L., J. Singh, E. L. Bier, P. J. Shea, S. D. Comfort, and W. L. Powers. 1997. Removal of TNT and RDX from water and soil using iron metal. Environ. Pollut. 97: 55-64.

[70] Hunt, J. R., N. Sitar, and K. S. Udell. 1988. Nonaqueous phase liquid transport and cleanup. I. Analysis of mechanisms. Water Resources Research 24 (8): 1247.

[71] Illangasekare, T. H., and D. D. Reible. 2001. Pump-and-treat remediation and plume containment: applications, limitations, and relevant processes. Pp. 79-119 In: Groundwater Contamination by Organic Pollutants: Analysis and Remediation. Reston, VA: American Society of Civil Engineers.

[72] Interstate Technology and Regulatory Council (ITRC). 2001. Technical and regulatory guidance for in situ chemical oxidation of contaminated soil and groundwater. Washington, DC: ITRC In Situ Chemical Oxidation Work Team.

[73] ITRC. 1998. Technical and regulatory requirements for enhanced in situ bioremediation of chlorinated solvents. Washington, DC: ITRC In Situ Bioremediation Subgroup.

[74] Isalou, M., B. E. Sleep, and S. N. Liss. 1998. Biodegradation of high concentrations of tetra- chloroethene in a continuous column system. Environ. Sci. Technol. 32 (22): 3579-3585.

[75] Jackson, R. E., V. Dwarakanath, H. W. Meinardus, C. M. Young. 2003. Mobility control: how injected surfactants and biostiumulants may be forced into low-permeability units. Remediation, Summer: 59-66.

[76] Jawitz, J. W., M. D. Annable, P. S. C. Rao, and R. D. Rhue. 1998. Field implementation of a Winsor Type I surfactant/alcohol mixture for in situ solubilization of a complex LNAPL as a singlephase microemulsion. Environ. Sci. Technol. 32 (4): 523-530.

[77] Jayanti, S., and G. A. Pope. 2004. Modeling the benefits of partial mass reduction in DNAPLs source zones. In: Proceedings of the Fourth International Conference on Remediation of Chlorinated and Recalcitrant Compounds, Monterey, CA, May 24-27, 2004.

[78] Jayanti, S., L. N. Britton, V. Dwarakanath, and G. A. Pope. 2002. Laboratory evaluation of custom designed surfactants to remediate NAPL source zones. Environ. Sci. Technol. 36 (24): 5491-5497.

[79] Jeong, S. W., A. L. Wood, and T. R. Lee. 2002. Enhanced contact of cosolvent and DNAPLs in porous media by concurrent injection of cosolvent and air. Environ. Sci. Technol. 36: 5238-5244.

[80] Ji, W. A., A. Dahmani, D. Ahlfeld, J. D. Lin, and E. Hill. 1993. Laboratory study of air sparging: air flow visualization. Ground Water Monitor. Remed., Fall: 115-126.

[81] Johnson, P. C., R. L. Johnson, C. L. Bruce, and A. Leeson. 2001. Advances in in situ air sparging/ biosparging. Bioremediation Journal 5 (4): 251-266.

[82] Kastner, J. R., J. A. Domingo, M. Denham, M. Molina, and R. Brigmon. 2000. Effect of chemical oxidation on subsurface microbiology and trichloroethene (TCE) biodegradation. Bioremediation Journal 4 (3): 219-236.

[83] Kim, H., H. E. Soh, M. D. Annable, D. J. Kim. 2004. Surfactant-enhanced air sparging in saturated sand. Environ. Sci. Technol. 38 (4): 1170-1175.

[84] Knauss, K. G., M. J. Dibley, R. N. Leif, D. A. Mew, and R. D. Aines. 1999. Aqueous oxidation of trichloroethene (TCE): a kinetic analysis. Applied Geochemistry 14: 531-541.

[85] Knox, R. C., B. J. Shiau, D. A. Sabatini, and J. H. Harwell. 1999. Field Demonstration of Surfactant Enhanced Solubilization and Mobilization at Hill Air Force Base, UT. Pp. 49-63 In: Innovative Subsurface Remediation: Field Testing of Physical, Chemical and Characterization Technologies. M. L. Brusseau, D. A. Sabatini, J. S. Gierke and M. D. Annable (eds.). American Chemical Society Symposium Series 725. Washington, D. C.: ACS.

[86] Lee, E. S., Y. Seol, Y. C. Fang, and F. W. Schwartz. 2003. Destruction efficiencies and dynamics of reaction fronts associated with the permanganate oxidation of trichloroethylene. Environ. Sci. Technol. 37: 2540-2546.

[87] Lee, M. D., J. M. Odom, and R. J. Buchanan Jr. 1998. New perspectives on microbial dehalogenation of chlorinated solvents. Annu. Rev. Microbiol. 52: 423-425.

[88] Leeson, A., P. C. Johnson, R. L. Johnson, C. M. Vogel, R. E. Hinchee, M. Marley, T. Peargin, C. L. Bruce, I. L. Amerson, C. T. Coonfare, R. D. Gillespie, and D. B. McWhorter. 2002. Air sparging design paradigm. ESTCP technical document CU-9808. Washington, DC: ESTCP.

[89] Li, Z. M., S. D. Comfort, and P. J. Shea. 1997. Destruction of 2,4,6-Trinitrotoluene (TNT) by Fenton Oxidation. J. Environ. Qual. 26: 480-487.

[90] Liang, S., L. S. Palencia, R. S. Yates, M. K. Davis, J. M. Bruno, and R. L. Wolfe. 1999. Oxidation of MTBE by ozone and peroxone processes. J. Amer. Water Works Assoc. 91 (6): 104-114.

[91] Liang, S., R. S. Yates, D. V. Davis, S. J. Pastor, L. S. Palencia, and J. M. Bruno. 2001. Treatability of MTBE contaminated groundwater by ozone and peroxone. J. Amer. Water Works Assoc. 93: 110-120.

[92] Liang, C., C. J. Bruell, M. C. Marley, and K. L. Sperry. 2003. Thermally activated persulfate oxidation of trichloroethylene (TCE) and 1,1,1-trichloroethane (TCA) in aqueous systems and soil slurries. Soil & Sediment Contamination 12 (2): 207-228.

[93] Londergan, J. T., H. W. Meinardus, P. E. Mariner, R. E. Jackson, C. L. Brown, V. Dwarakanath, G. A. Pope, J. S. Ginn, and S. Taffinder. 2001. DNAPLs Removal from a Heterogeneous Alluvial Aquifer by Surfactant-Enhanced Aquifer Remediation. Ground Water Monitoring and Remediation, Fall: 57-67.

[94] Lundegard, P. D., and G. Andersen. 1996. Multi-phase numerical simulation of air sparging performance. Groundwater 34 (3): 451-460.

[95] Ma, Y., and B. E. Sleep. 1997. Thermal variation of organic fluid properties and impact on thermal remediation feasibility. J. Soil Contamination 6 (3): 281-306.

[96] MacKinnon, L. K., and N. R. Thomson. 2002. Laboratory-scale in situ chemical oxidation of a perchloroethylene pool using permanganate. J. Contam. Hydrol. 56: 49-74.

[97] Major, D. W., M. L. McMaster, E. E. Cox, E. A. Edwards, S. M. Dworatzek, E. R. Hendrickson, M. G. Starr, J. A. Payne, and L. W. Buonamici. 2002. Field demonstration

of successful bio- augmentation to achieve dechlorination of tetrachloroethene to ethene. Environ. Sci. Technol. 36：5106-5116.

[98] Malone，D. R.，C. M. Kao，and R. C. Borden. 1993. Dissolution and biorestoration of nonaqueous phase hydrocarbons-model development and laboratory evaluation. Water Resources Research 29：2203-2213.

[99] Marley，M. C.，L. Fengming，and S. Magee. 1992. The application of a 3-D model in the design of air sparging systems. Ground Water Manag. 14：377-392.

[100] Martel，R.，and P. Gelinas. 1996. Surfactant solutions developed for NAPL recovery in contaminated aquifers. Ground Water 34：143-154.

[101] Martel，R.，P. J. Gelinas，and L. Saumure. 1998. Aquifer washing by micellar solutions：field test at the Thouin Sand Pit，L'Assomption，Quebec，Canada. Journal of Contaminant Hydrology 30：33-48.

[102] Mason，A. R.，and B. H. Kueper. 1996. Numerical simulation of surfactant-enhanced solubilization of pooled DNAPLs. Environ. Sci. Technol. 30 (11)：3205-3215.

[103] May，I. 2003. Army Environmental Center. Presentation to the Committee on Source Removal of Contaminants in the Subsurface. January 30，2003.

[104] McCarty，P. L. 1997. Breathing with chlorinated solvents. Science 276：1521-1522.

[105] McCarty，P. L.，M. N. Goltz，G. D. Hopkins，M. E. Dolan，J. P. Allan，B. T. Kawakami，and T. J. Carrothers. 1998. Full-scale application of in situ cometabolic degradation of trichloroethylene in groundwater through toluene injection. Environ. Sci. Technol. 32：88-100.

[106] McClure，P.，and B. E. Sleep. 1996. Simulation of bioventing for remediation of organics in groundwater. ASCE. J. Env. Eng. 122 (11)：1003-1012.

[107] McCormick，N. G.，J. H. Cornell，and A. M. Kaplan. 1981. Biodegradation of hexahydro-1,3,5- trinitro-1,3,5-triazine. Appl. Environ. Microbiol. 42：817-823.

[108] McCormick，N. G.，J. H. Cornell，and A. M. Kaplan. 1985. The anaerobic biotransformation of RDX，HMX and their acetylated derivatives. AD Report A149464 (TR85-007). Natick，MA：U. S. Army Natick Research and Development Center.

[109] McCray，J. E.，and R. W. Falta. 1997. Numerical Simulation of Air Sparging for Remediation of NAPL. Ground Water 35 (1)：99-110.

[110] McGee，B. C. W.，F. E. Vermeulen，P. K. W. Vinsome，M. R. Buettner，and F. S. Chute. 1994. In-situ decontamination of soil. The Journal of Canadian Petroleum Technology，October：15-22.

[111] McGee，B. C. W.，B. Nevokshonoff，and R. J. Warren. 2000. Electrical heating for the removal of recalcitrant organic compounds. In：Proceedings of the Second International Conference on Remediation of Chlorinated and Recalcitrant Compounds，Monterey，CA，May 22-25，2000.

[112] Meinardus，H. W.，V. Dwarakanath，J. Ewing，K. D. Gordon，G. J. Hirasaki，C. Holbert，and J. S. Ginn. 2002. Full-scale field application of surfactant-foam process for aquifer

remediation. In: Proceedings of the Third International Conference on Remediation of Chlorinated and Recalcitrant Compounds, Monterey, CA, May 20-23, 2002.

[113] Morgan, D. , D. Bryant, and K. Coleman. 2002. Permanganate chemical oxidation used in fractured rock. Ground Water Currents Issue 43.

[114] Morse, J. J. , B. C. Alleman, J. M. Gossett, S. H. Zinder, D. E. Fennell, G. W. Sewell, and C. M. Vogel. 1998. Draft technical protocol—a treatability test for evaluating the potential applicability of reductive biological in situ treatment technology to remediate chloroethenes. Washington, DC: DOD Environmental Security Technology Certification Program.

[115] Myers, D. 1999. Surfaces, Interfaces, and Colloids, Principles and Applications. 2nd ed. New York: Wiley-VCH.

[116] Nash, J. H. 1987. Field Studies of In-Situ Soil Washing. EPA/600/2-87/110. Cincinnati, OH: U. S. Environmental Protection Agency.

[117] National Research Council (NRC). 1993. In Situ Bioremediation: When Does it Work? Washington, DC: National Academy Press.

[118] NRC. 1994. Alternatives for Ground Water Cleanup. Washington, DC: National Academy Press.

[119] NRC. 1997. Innovations in Ground Water and Soil Cleanup: From Concept to Commercialization. Washington, DC: National Academy Press.

[120] NRC. 1999. Groundwater Soil Cleanup. Washington, DC: National Academy Press.

[121] NRC. 2000. Natural Attenuation for Groundwater Remediation. Washington, DC: National Academy Press.

[122] NRC. 2003. Environmental Cleanup at Navy Facilities: Adaptive Site Management. Washington, DC. National Academies Press.

[123] NAVFAC. 1999. In-situ chemical oxidation of organic contaminants in soil and groundwater using Fenton's Reagent. TDS-2071-ENV. Port Hueneme, CA: Naval Facilities Engineering Service Center.

[124] Naval Facilities Engineering Service Center (NFESC). 2002. Surfactant-Enhanced Aquifer Remediation (SEAR) Design Manual. NFESC Technical Report TR-2206-ENV. Battelle and Duke Engineering and Services. http://enviro. nfesc. navy. mil/erb/erb _ a/restoration/technologies/remed/phys _ chem/sear/tr-2206-sear. pdf.

[125] Nielsen, R. B. , and J. D. Keasling. 1999. Reductive dechlorination of chlorinated ethene DNAPLs by a culture enriched from contaminated groundwater. Biotechnology and Bioengineering 62: 162-165.

[126] Nyer, L. K. , and D. Vance. 1999. Hydrogen peroxide treatment: the good, the bad, the ugly. Ground Water Monitoring and Remediation 19 (3): 54-57.

[127] O'Haver, J. H. , R. Walk, B. Kitiyanan, J. H. Harwell, and D. A. Sabatini. 2004. Packed column and hollow fiber air stripping of a contaminant-surfactant stream. Journal of Environmental Engineering ASCE 130 (1): 4-11.

[128] Pennington, J. C. , M. Zakikhani, and D. W. Harrelson. 1999. Monitored natural attenua-

tion of explosives in groundwater—Environmental Security Technology Certification Program Completion Report. Technical Report EL-99-7. Vicksburg, MS: U. S. Army Corps of Engineers, Waterways Experiment Station.

[129] Philip, J. R. 1998. Full and boundary-layer solutions of the steady air sparging problem. J. Contam. Hydrol. 33 (3-4): 337-345.

[130] Poston, S. W., S. Ysrael, A. K. M. S. Hossain, E. F. Montgomery III, and H. J. Ramey, Jr. 1970. The effect of temperature on irreducible water saturation and relative permeability of unconsolidated sands. Soc. Pet. Eng. J., June: 171-180.

[131] Rabideau, A. J., and J. M. Blayden. 1998. Analytical model for contaminant mass removal by air sparging. Ground Water Monitor. Remed. 18 (4): 120-130.

[132] Ramsburg, C. A., and K. D. Pennell. 2002. Density-modified displacement for DNAPLs source zone remediation: density conversion and recovery in heterogeneous aquifer cells. Environ. Sci. Technol. 36 (14): 3176-3187.

[133] Rao, P. S. C., A. G. Hornsby, D. P. Kilcrease, and P. Nkedi-Kizza. 1985. Sorption and transport of hydrophobic organic chemicals in aqueous and mixed solvent systems: model development and preliminary evaluation. Journal of Environmental Quality 14 (3): 376-383.

[134] Rao, P. S. C., M. D. Annable, R. K. Sillan, D. Dai, K. Hatfield, W. D. Graham, A. L. Wood, and C. G. Enfield. 1997. Field-scale evaluation of in situ cosolvent flushing for enhanced aquifer remediation. Water Resources Research 33 (12): 2673-2686.

[135] Rao, P. S. C., H. W. Jawitz, C. G. Enfield. R. W. Falta, Jr., M. D. Annable, and A. L. Wood. 2001. Technology integration for contaminated site remediation: cleanup goals and performance criteria. Presented at Groundwater Quality 2001, Sheffield, UK, June 18-21, 2001.

[136] Rathfelder, K. M., L. M. Abriola, T. P. Taylor, and K. D. Pennell. 2001. Surfactant enhanced recovery of tetrachloroethylene from a porous medium containing low permeability lenses. II. Numerical simulation. Journal of Contaminant Hydrology 48 (3-4): 351-374.

[137] Ravikumar, J. X., and M. D. Gurol. 1994. Chemical oxidation of chlorinated organics by hydrogen peroxide in the presence of sand. Environ. Sci. Technol. 28 (3): 395-400.

[138] Reitsma, S., and Q. Dai. 2000. Reaction-enhanced mass transfer from NAPL pools. In: Proceedings from the Second International Conference on Remediation of Chlorinated and Recalcitrant Compounds, Monterey, CA, May 22-25, 2000.

[139] Rice, B. N., and R. F. Weston. 2000. Lessons learned from a dual-phase extraction field application. Pp. 93-100 In: Physical and Thermal Technologies: Remediation of Chlorinated and Recalcitrant Compounds. G. B. Wickramanayake and A. R. Gavaskar (eds.). Proceedings of the Second International Conference on Remediation of Chlorinated and Recalcitrant Compounds. Columbus, OH: Battelle Press.

[140] Richardson, R. E., C. A. James, V. K. Bhupathiraju, and L. Alvarez-Cohen. 2002. Microbia activity in soils following steam exposure. Biodegradation 13 (4): 285-295.

[141] Rieger, P. G., and H. J. Knackmuss. 1995. Basic knowledge and perspectives on biodegra-

dation of 2,4,6-trinitrotoluene and related nitroaromatic compounds in soil. In: Biodegradation of Nitro- aromatic Compounds. J. C. Spain (ed.). New York: Plenum Press.

[142] Rosen, M. J. 1989. Surfactants and Interfacial Phenomena. 2nd ed. New York: Wiley.

[143] Rubingh, D. 2003. Presentation to the NRC Committee on Source Removal of Contaminants in the Subsurface. April 14, 2004. Washington, DC.

[144] Sabatini, D. A., J. H. Harwell, M. Hasegawa, and R. C. Knox. 1998. Membrane processes and surfactant-enhanced subsurface remediation: results of a field demonstration. Journal of Membrane Science 151 (1): 89-100.

[145] Sabatini, D. A., J. H. Harwell, and R. C. Knox. 1999. Surfactant selection criteria for enhanced subsurface remediation. In: Innovative Subsurface Remediation: Field Testing of Physical, Chemical and Characterization Technologies. M. L. Brusseau, D. A. Sabatini, J. S. Gierke and M. D. Annable (eds.). ACS Symposium Series 725. Washington, DC: American Chemical Society.

[146] Sabatini, D. A., R. C. Knox, J. H. Harwell, and B. Wu. 2000. Integrated design of surfactant enhanced DNAPLs remediation: effective supersolubilization and gradient systems. Journal of Contaminant Hydrology 45 (1): 99-121.

[147] Schnarr, M., C. Truax, G. Farquhar, E. Hood, T. Gonullu, and B. Stickney. 1998. Laboratory and controlled field experiments using potassium permanganate to remediate trichloroethylene and perchloroethylene DNAPLs in porous media. J. Contam. Hydrol. 29: 205-224.

[148] Schroth, M. H., M. Oostrom, T. W. Wietsma, and J. D. Istok. 2001. In-situ oxidation of trichloro-ethene by permanganate: effects on porous medium properties. J. Contam. Hydrol. 50: 79-98.

[149] Seagren, E. A., B. E. Rittmann, and A. J. Valocchi. 1994. Quantitative evaluation of the enhancement of NAPL-pool dissolution by flushing and biodegradation. Environ. Sci. Technol. 28: 833-839.

[150] Semprini, L., and P. L. McCarty. 1991. Comparison between model simulations and field results for in-situ biorestoration of chlorinated aliphatics. I. Biostimulation of methanotrophic bacteria. Ground Water 29: 365-374.

[151] Semprini, L., and P. L. McCarty. 1992. Comparison between model simulations and field results for in-situ biorestoration of chlorinated aliphatics. II. Cometabolic transformations. Ground Water30: 37-44.

[152] She, Y., and B. E. Sleep. 1998. The effect of temperature on capillary pressure-saturation relationships for air-water and perchloroethylene-water systems. Water Resources Research 34 (10): 2587-2597.

[153] She, H., and B. E. Sleep. 1999. Removal of PCE from soil by steam flushing in a two-dimensional laboratory cell. Ground Water Monitoring and Remediation 19 (2): 70-77.

[154] Shiau, B. J., J. M. Brammer, D. A. Sabatini, J. H. Harwell, and R. C. Knox. 2003. Recent Development of In-Situ Surfactant Flushing and Case Studies for NAPL-impacted Site Closure and Remediation. Pp. 92-106 In: Proceedings of 2003 Petroleum Hydrocarbon and Or-

ganic Chemicals in Ground Water：Prevention，Assessment and Remediation. National Ground Water Association，August 19-22，2003，Costa Mesa，CA.

[155] Siegrist，R. L.，K. S. Lowe，L. C. Murdoch，T. L. Case，and D. A. Pickering. 1999. In-situ oxidation by fracture emplaced reactive solids. ASCE J. Env. Eng. 125 (5)：429-440.

[156] Sinnokrot，A. A.，H. J. Ramey Jr.，and S. S. Marsden Jr. 1971. Effect of temperature level upon capillary pressure curves. Soc. Petroleum Engrs. J. 11：13-22.

[157] Sleep，B. E. 1993. Modelling and laboratory investigations of steam flushing below the water table. Groundwater 31 (5)：831.

[158] Sleep，B. E.，L. Sehayek，and，C. Chien. 2000. A modeling and experimental study of LNAPL accumulation in wells and LNAPL recovery from wells. Water Resources Research 36 (12)：3535-3546.

[159] Song，D. L.，M. E. Conrad，K. S. Sorenson，and L. Alvarez-Cohen. 2002. Stable carbon isotopic fractionation during enhanced in-situ bioremediation of trichloroethylene. Environ. Sci. Technol. 36 (10)：2262-2268.

[160] Speitel，G. E.，T. L. Engels，and D. C. McKinney. 2001. Biodegredation of RDX in unsaturated soil. Biorem. J. 5：1-11.

[161] Stegemeier，G. L.，and H. J. Vinegar. 2001. Thermal conduction heating for in-situ thermal desorption of soils. Pp. 1-37 In：Hazardous and Radioactive Waste Treatment Technologies Handbook. C. H. Oh (ed.). Boca Raton，FL：CRC Press.

[162] Stroo，H. F.，M. Unger，C. H. Ward，M. C. Kavanaugh，C. Vogel，A. Leeson，J. Marqusee，and B. Smith. 2004. Remediating chlorinated solvent source zones. Environ. Sci. Technol. 37 (11)：225A-230A.

[163] Struse，A. M.，R. L. Siegrist，H. E. Dawson，and M. A. Urynowicz. 2002. Diffusive transport of permanganate during in situ oxidation. J. Environ. Eng. 128 (4)：327-334.

[164] Szafranski，R.，J. B. Lawson，G. J. Hirasaki，C. A. Miller，N. Akiya，S. King，R. E. Jackson，H. Meinardus，and J. Londergan. 1998. Surfactant/foam process for improved efficiency of aquifer remediation. Progr. Colloid Polym. Sci. 111：162-167.

[165] Tarr，M. A.，M. E. Lindsey，J. Lu，and G. Xu. 2000. Fenton oxidation：bringing pollutants and hydroxyl radicals together. In：Proceedings from the Second International Conference on Remediation of Chlorinated and Recalcitrant Compounds，Monterey，CA，May 22-25，2000.

[166] Travis，B. J.，and N. D. Rosenberg. 1997. Modeling in situ bioremediation of TCE at Savannah River：effects of product toxicity and microbial interactions on TCE degradation. Environ. Sci. Technol. 31：3093-3102.

[167] U. S. Department of Energy (DOE). 1999. In Situ Chemical Oxidation Using Potassium Permanganate. Innovative Technology Summary Report. DOE/EM-0496. Washington，DC：DOE Subsurface Contaminants Focus Area，Office of Environmental Management，Office of Science and Technology.

[168] U. S. Department of Energy (DOE). 2000. Hydrous pyrolysis Oxidation/Dynamic Underground Stripping. Innovative Technology Summary Report，DOE/EM-054. Washington，

DC: DOE.

[169] van-Dijke, M. I. J., and S. E. A. T. M. Van der Zee. 1998. Modeling of air sparging in a layered soil: numerical and analytical approximations. Water Resources Research 34 (3): 341-353.

[170] van-Dijke, M. I. J., S. E. A. T. M. Van der Zee, and C. J. Van Duijn. 1995. Multiphase flow modeling of air sparging. Advan. Water Resour. 18 (6): 319-333.

[171] Vermeulen, F. E., F. S. Chute, and M. R. Cervenan. 1979. Physical modelling of the electromagnetic heating of oil sand and other earth-type and biological materials. Canadian Electrical Engineering Journal 4 (4): 19-28.

[172] Vinegar, H. J., E. P. de Rouffignac, G. L. Stegemeier, J. M. Hirsch, and F. G. Carl. 1998. In situ thermal desorption using thermal wells and blankets. In: The Proceedings of the First International Conference on Remediation of Chlorinated and Recalcitrant Compounds. G. B. Wickramanayake and R. E. Hinchee (eds.). Physical, Chemical and Thermal Technologies. Monterey, California, May 18-21, 1998.

[173] Vinsome, P. K. W., B. C. W. Mcgee, F. E. Vermeulen, and F. S. Chute. 1994. Electrical heating. Journal of Canadian Petroleum Technology 33 (9): 29-35.

[174] Wattenbarger, R. A., and F. McDougal. 1988. Oil response to in-situ electrical resistance heating (ERH). Journal of Canadian Petroleum Technology 27 (6): 45-50.

[175] Watts, R. J., M. D. Udell, S. Kong, and S. W. Leung. 1999. Fenton-like soil remediation catalyzed by naturally occurring iron minerals. Environ. Eng. Sci. 16 (1): 93-103.

[176] White, P. D., and J. T. Moss. 1983. Thermal Recovery Methods. Oklahoma: PennWell Books.

[177] Yan, Y. E, and F. Schwartz. 1999. Oxidative degradation and kinetics of chlorinated ethylenes by potassium permanganate. J. Contam. Hydrol. 37 (3): 343-365.

[178] Yang, Y. R., and P. L. McCarty. 1998. Competition for hydrogen within a chlorinated solvent dehalogenating anaerobic mixed culture. Environ. Sci. Technol. 32: 3591-3597.

[179] Yang, Y., and McCarty, P. L. 2000. Biologically enhanced dissolution of tetrachloroethene DNAPLs. Environ. Sci. Technol 34: 2979-2984.

[180] Zhang, H., and R W. Schwartz. 2000. Simulation of oxidative treatment of chlorinated compounds by permanganate. In: Proceedings from the Second International Conference on Remediation of Chlorinated and Recalcitrant Compounds, Monterey, CA, May 22-25, 2000.

[181] Zoh, K., and K. D. Stenstrom. 2002. Fenton oxidation of hexahydro-1,3,5-trinitro-1,3,5-triazine (RDX) and octahydro-1,3,5,7-tetranitro-1,3,5,7-tetrazocine (HMX). Water Res. 36: 1331-1341.

6 污染源治理决策议定书要素

由陆军和其他责任方组成的委员会在污染源治理过程中获得的一个感受是：在污染源消除技术方面的投资往往未能达到预期的降低风险和/或场地关注的目标。毫无疑问，在没有明显进展的污染源修复活动方面的时间投资和资金操作阻碍了各方。尽管这一挑战部分原因是历史释放的DNAPLs和炸药在技术上很难被清理干净，还有一个原因是污染源区管理。

一个成功的污染源修复工程的设计和实施涉及污染源区域的迭代表征、修复目标的演变、技术的评价，在本书前面的章节中，每一项都得到了强调。由此产生的程序非常复杂，以生成一个正式的规程来确保未来的项目不会跳过这些基本要素，这也是本书中确认的需求。本章介绍的决策要素以协助项目经理设计、实施和评估污染源治理的效果为主。

一个规程被定义为完成一个既定目标应遵循的战略和方法，在此这个既定目标是在地下修复污染源物质（通过搬迁、改造或隔离）。本章所表述的规程要素侧重于信息收集，这不同于其他常用规程，常用规程通常提供广泛的现场采样技术、分析方法和数据解释附录（Wiedemeier等，1996）。相反，本章旨在帮助规范评估污染源治理的概念流程，包括数据收集和分析、设定目标、选择治理措施。该指引具有一般性，检查所有的可能性并且不会有任何一个技术或修复节点高出其他技术或修复节点一等。

为一般场地清理制订的决策工具和规程可以追溯到《综合环境反应、赔偿和责任法》(CERCLA或超级基金）和《资源保护与恢复法案》(RCRA）的初期。例如，第4章中讨论的CERCLA的9个标准以辅助项目经理在多种治理方案间做出选择。自20世纪80年代初，已经建立了许多详细的清理规程，其中大部分专注于特定类型的污染问题（例如地下储油罐、燃料烃场地、轻非水相液体）而不是本书所介绍的顽固的氯代溶剂。也有许多针对使用单一清理技术如抽出-处理、土壤气相抽提或者监控自然衰减的规程以及针对使用工程控制（例如阻隔）和制度监管的规程。

针对DNAPLs污染源治理的规程仍在开发中，并且是许多正在进行的研究的重点。例如，得克萨斯州的风险降低项目的NAPLs的管理决策过程，正在形成第8次草案，其将会是有用的治理措施的选择。美国环境保护署（EPA）组织了一个独立科学家小组撰写了一份概述DNAPLs清理的关键问题的白皮书（EPA，2003)。空军环保卓越中心和国防部（DoD）的战略环境研究和发展计划部（SERDP）均支持研究污染源治理的决策工具，特别是 SERDP 的用于评估污染源区域治理效果和成本决策的支持系统项目（Newell，2003）。对这些正在进行的工作的回顾表明将单一场地中的各种条件组合起来的可行性将是许多协议书的普遍主题。此外，尚无法对污染源治理技术的性能进行准确的预测，因此正在开发的预测工具只能提供一般意义上的描述以及对不同治理进行比较的能力［例如 Huntley 和 Beckett（2002）提出的 LNAPLs 溶解和传递筛选工具］。最后，目前正在开发的规程没有根据发展概括在一个给定环境下，一个给定的技术中以及特定的污染物情况下的期望值。基于这些限制以及 NRC 中所描述的自然衰减过程的必要要素的冗长检查（2000），作者委员会开发了进行源治理的六步法。

污染源治理的决定协议 6 个步骤组成（图 6-1），包括行动（白色方框）、收集数据和信息（灰色方框）和决策点（灰色菱形框）。步骤按顺序展示；然而实际上，有可能决定中的每一个步骤均需要多次迭代，直到可以继续进行下一个步骤。例如，对于一个成熟的技术可以获得什么限制可能需要重新审视目标。图 6-1 的显著特点之一是强调识别绝对目标的和功能目标，这些目标是清晰明确的并且是可核查的（步骤 2 和步骤 3）。对这些步骤的关注是对缺乏重点目标导致解决方案的期望和需求不足的观察的一个反映。

图 6-1 中确定的第二个主题是管理数据缺口和不确定性（例如灰色方框所示的“收集数据并完善概念模型”）。如第 2 章和第 3 章所讨论的，地质复杂性、地下污染物的行为和土地使用的历史变化均对不确定性贡献相当大，这些不确定性几乎具有不同位置和污染程度的各种危险废物场地。因此，协议强调使用者关注识别他们目前的理解局限、持续收集必要信息以做出有效决定以及控制可能的预知状况的改变。虽然，图 6-1 中所示的数据收集活动的迭代可能看起来在管理上是艰难的、复杂的以及耗时的，作者认为污染源修复在其缺失的情况下无法获得成功。事实上，根据作用在许多场地上的经验，不可能在治理选择过程中仅靠增加交易成本而做出清晰的迭代，因为实施方可能对治理措施不满意，因此会重启决策记录、重雇开发商、重新开展研究并重选治理措施。这样的操作模式必须与从一开始就依赖于迭代相比，在交流上是更复杂的。本书的一个主要目标是描绘迭代场地表征，其是决定污染源治理成功的关键，从而提高管理者和被管控的社区对其的接受程度。

虽然可能限定将图 6-1 用于最复杂的 DNAPLs 场地，设计的初衷是包含污染源区域的所有场地，而不考虑其复杂性。在步骤 4 中考虑的潜在技术包括在第 5 章中讨论的以及所有技术，如挖掘、物理阻隔和水力驱除阻隔。虽然该规程的目的是适用于所有 DNAPLs 和炸药的污染源场地，这并不意味着在所有场地都要实施积极治理。事实上，该规程的复杂程度取决于所期望的目标值，以及寻找可满足目标的技术的可行性。例如，在美国各地成千上万的干洗店场地，通过图 6-1 中的元素可能一天就可完成治理，并且它可能与国家计划列表推定治理一致。因此，尽管图 6-1 中的问题应该用于每个场地，在每个步骤中所花费的精力会随着场地条件而有几个数量级的不同。

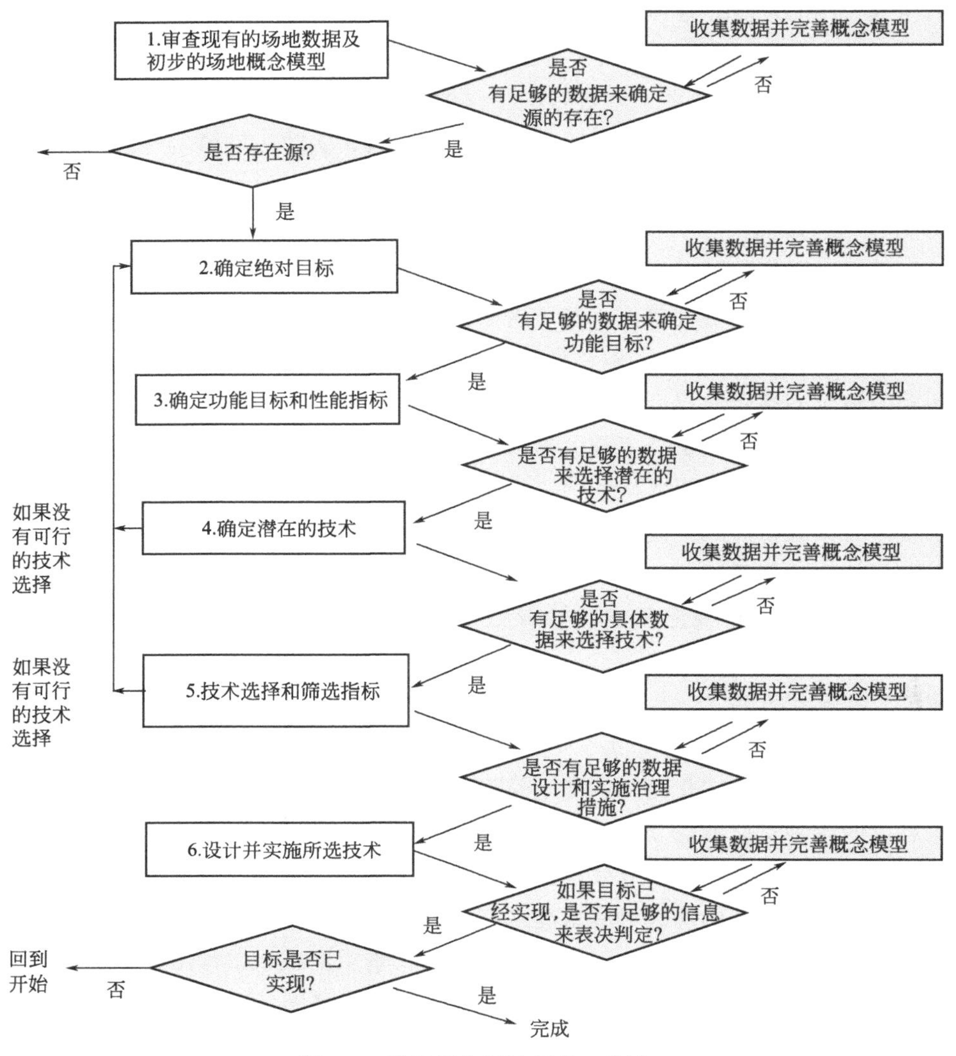

图 6-1 进行污染源治理的 6 步法

重要的是需要注意，图 6-1 中的污染源规程所建议的元素符合 CERCLA 的相关法规和指导文件。本章所提出的建议反映了重点调整方向和目前选择使用方法的逻辑细化，而不是介绍方法的整体改进。一般情况下，按国家应急计划（NCP）设想，修复目标的发展、收集和分析相关数据以及选择一个适当的治理措施可在治理调查/可行性研究（RI/FS）的背景下实现。因此，图 6-1 中所要求的步骤（容许）发生在 CERCLA 过程相。然而，与此同时，可能在一个基于 CERCLA 清理的治理设计/治理活动（RD/RA）中执行图 6-1 中的步骤 6。根据 NCP，可以预期与 RD/RA 活动普遍所载的决策记录（ROD）相符合。然而，NCP 很明确允许治理设计/治理活动期间在充分尊重场地治理活动细节的基础上具有灵活性。因此，修复行动“显著不同于决策记录所涉及的范围、性能及成本方面的选择”，主管部门必须公布所有对显著区别的解释，描述这些区别在“根本改变”之前决策记录所做出的治理。相反，在治理设计/治理活动阶段的修复措施的差异会从根本上改变早先选择的治理措施的基本特征，领导机构需要按照规定的程序修改治理设计/治理活动。这些NCP的规定明确允许持续分析和补充数据收集，如图6-1所示，这些将发生在治理设计/治理活动污染源治理阶段。图6-1所示的污染源表征的迭代特性与当前EPA在场地表征方面的指导（EPA，2004；http：//clu-in.com/download/char/dynwkpln.pdf）以及社会认可的环境样品采集方法（EPA，2001）一致。

本章并没有讨论所有的清理元素（尤其是那些没有特定的污染源治理）。例如，如何进行长期监测或者应急预案的必要性都没有讨论。这不应该被理解为建议删去某些活动。

图6-1中虽然没有明确显示，但已参与及参与中的可能受影响的各方是在污染源治理方面达成恰当行动共识的必要部分。如果没有多方充分的参与，解决方案的关键元素可能会缺失，并且/或者对未来发展产生错误的期望。此外，治理行动可能被看作是不那么激进的，可一定程度满足责任团体要求而又没有全面保护人类健康和环境的低成本选择。还有一个关注点是污染源区域可能会影响社会财产价值。出于这些原因，一个综合的污染源治理协议需要反映受影响社区在所有阶段的连续输入。在某些情况下，住宅区或商业区本身并不在场地附近，所以在这个问题上的灵活性是必要的。

下面对图6-1中确定的每一个步骤进行描述。

6.1 审查现有的场地数据及初步的场地概念模型

无论是调查一个新的可疑污染源还是一个已知的地下污染源，第一步都是要审视现有的场地数据。对于一个潜在的新污染源，土地的历史利用情况、废物管理的做法、区域地质报告以及航拍照片都可提供关键的关于污染源性质和程度的初步线索。第3章讨论了更深的地下场地在这个阶段应该测量的特点以及必要的工具。最常见的情况是可疑的污染源以前被调查过并且公开过特定的文档，包括存在的场地概念模型，应对其进行仔细审查。

在回顾现有的场地数据期间，要问的一个关键问题是：是否有足够的数据以确定污染源存在。如果这个问题不能得到肯定的回答，应该收集更多的数据。如果有足够的数据存在，那么应继续思考该污染源存在的概率是否很高。考虑这个问题的目的是为了确保在没有预测到污染源存在时（在一些场地中已经观察到）不推进污染源修复。

在上述基础上，数据挖掘、处理存在的污染源以及综合表征污染源的全面信息的指导原则对污染源修复草案是至关重要的。例如，这可能包括针对一个场地需要了解多少信息以理解水文控制的阻隔传递和归宿、污染源区域描述的标准、常见的污染源数据列表、开发初步场地概念模型的建议、常见的暴露情况的明细表以及描述风险评估方法等方面的指导。

6.2 确定绝对目标

图 6-1 中明确显示了确定绝对目标，因为在许多作者审议的案例中，正确地确定绝对目标是不明确的。虽然在图 6-1 中显示为步骤 2（其在此框架中这一点上是非常重要的）当场地被标记为潜在关注时，可以尽快开始确定目标。

开发场地修复目标是一个社会评价过程，在此过程中，利益相关者将会带来不同的（也许是不可调和的）观点（总统/国会委员会的风险评估和管理，1997）。该过程中的一个关键要求是区分绝对目标（不可替代的）和功能目标（可用替代方案以满足那些绝对目标）。这种细微的区别需要在利益相关者讨论期间进行深入的交流。这对于哪里需要一个特定目标是非常重要的，如在某时某地某点达到最大可接受污染物浓度水平（MCLs），对一个利息相关者（即利益相关者的真正目标也可以通过另一种方式获得）可能是一个功能目标，但对于另一个利益相关者则可能是绝对目标。在讨论期间，必须牢记一些利益相关者可能已经开始将绝对目标转化为特定的功能目标，并且甚至有可能没意识到这点。此外，许多利益相关者的目标可能是独立于如场地上有污染源的结论之外，而对场地地下水流污染的污染源，其他人可做出直接识别。

利益相关者讨论的目的不是一定要达成绝对目标的共识或达成对于场地清理的绝对目标的共识。相反，讨论是为了确保目标明确，消除不同利益相关者持有不同目标的混乱状态，例如，需要明晰不同业务的绝对目标（例如保护人类健康）以及如何衡量治理进展。常见易混淆的其他来源包括相对某些目标的时间和空间尺度（例如呼吁保护环境必须伴随着一些保护多少和持续多久的概念）。

部分成功是绝对目标设定的一部分，并且是一个需要澄清的问题。例如，如果一个 EPA 目标是获得本财年年底前 ROD 的签署，结果却没实现，如果 ROD 在十一月或者八月之后签署了，那么这是否可以被认为是部分成功？如果是在下一个财年而不是过了五年才签署，那么这是否要紧？另一个例子是开通一条河以捕获及放生鱼（不是为了捕鱼、吃鱼）被认为是部分成功，仅仅限制渔船的全部行动是否就意味满足目标？最后，对于每个利益相关者，需要尽可能澄清对目标的权衡。通常情况下，那些负责支付清理费用的利益相关者与那些不负有这一责任的利益相关者具有非常不同的表现与对不同成本的权衡。

为试图说明发展绝对目标（包括在初始利益相关者会议上表达出的相互冲突的目标）的原则，工具箱 6-1 展示了理论案例研究。这个案例的要点在于展示了绝对目标的确定和选择是一个体现多方利益相关者冲突及一致诉求的过程。

工具箱 6-1

绝对目标的开发： Alpha 边界贸易站的假想例子

Alpha 边界贸易站，一个假想的汽车维修厂，从 1943 年开始使用，直到 2001 年才停止使用。引起关注的主要原因是引擎维修中心，在那里使用了大量的氯化溶剂作为脱脂剂。在20世纪60年代，约有10055gal的废弃氯化溶剂被倒置在一个开口的坑里。已知污染是含有氯化溶剂和废油（质量比为：TCE 70%，1,1,1-TCA 10%，PCE 5%，废油和油脂15%）的DNAPLs。目前该场地还没有被开发，陆军打算将其开发为一个可能的工业场地。

该场地具有两个主要的水文地质条件——在裂隙（风化的）砂页岩上是6m厚的河床冲积层。冲积层（Ⅲ类）在地下水位处的细砂粒（固有渗透性$k=10^{-12}m^2$，传导系数$K=10^{-5}m/s$）到冲积层底部的稀疏低渗透淤泥床（固有渗透性$k=10^{-15}m^2$，传导系数$K=10^{-8}m/s$）。页岩（Ⅴ类）具有水平和垂直方向的裂隙并伴有海生页岩中风化层压力的释放，其整体渗透性为$10^{-14}m^2$（$K=10^{-7}m/s$）。页岩中裂隙孔隙度为0.001，岩石基质孔隙度为0.3。冲积层和页岩间的垂直水文梯度可以忽略不计。地下水水位在地面下2m处，冲积层中的平均水平水文梯度为0.001。从冲积层的顶部到底部，地下水水流的表观范围在1～100m/a。

关于DNAPLs污染源区域只有非常有限的信息，估计污染源区域为$0.4hm^2$。DNAPLs污染源区域的垂直取样是基于在地面下2m和8m处所取的土壤样。在倾倒区域的地下水中有一个污染羽流一直延续到下游，羽流中不仅含有原来的氯化烃类污染物还含有该类物质的降解产物，如DCE和氯乙烯，所有这些在场地下游30m处都超过标准的数十倍。场地的下游是一个居民区——杜克地产，居民主要是之前在Alpha边界贸易站工作的雇员以及他们的家属。从居民区流过后，羽流进入了离污染源区域500m的Halftrack Memorial州立湿地水库。在这个水库中，TCE的浓度超过了饮用水标准的数十倍。缺少场地的影响，但含水层应该被归于州立地下水管制的Ⅰ类，适用于饮用水水源。场地下游5km处有一个井，为该地水厂供水，但在此观察到了超出场地相关的污染物浓度的标准。

该场地的各种利益相关者都参与了第一次多方不同团体组织的场地治理会议，不同团体如下所列。这个清单不完整，还可包含其他具有不同关注点的利益相关者。

① 修复项目管理者（RPM）——核心责任是终止军队在此场地上的责任。这包括保护公共健康（例如没有在不可接受的浓度条件下产生对居民的完整的暴露途径）以及保护环境（例如没有对濒临灭绝或珍稀物种的显著影响）。清理必须满足转换到市政管理的军队标准。并且在年度预算程序中需负责整个清理的花费。

② 州环境机构场地管理者——核心责任是确保关闭/转移与州法律一致。确保地下水被定级为Ⅰ类（适用于饮用水）是主要的目的。因此，每个已存在的州法规，没有其他选择只有在所有含水层，包括污染源区域，满足MCLs。在达到目标时，只有在时间方面是灵活的。

③ US EPA场地管理者——负责9个超级基金以及适用的或相关和适当的需求（ARARs）的一致性。对于保护公共健康，在不可接受浓度下没有完整暴露给居民的途径。对于环境保护，坚决避免对濒临灭绝或珍稀的物种造成显著影响；EPA还要满足

自然资源受托人。对于 ARARs，MCLs 是不可行的，因为污染物浓度没有超过供应的饮用水。《超级基金修改与再授权法案》（SARA）要求偏好污染源去除，但这并不是决定性因素。

④ 州渔业和野生地区办公室——自然资源委托人对湿地负有责任。环境保护是主要关注点，包括消除已存在的对湿地生态系统的负面影响以及杜绝复发影响。该机构的立场是保护生物体，持久去除风险。

⑤ 县委员会——关注场地使用所带来的税收，避免由于获得场地带来责任以及工作岗位机会。尤其是，如果转移需要超过三年的时间，场地的经济学波动将很危险。委员会推延其他标准以保护健康和环境，意味着县里的选民和相关的管理者都必须接受。

⑥ Jane Doe（附近居民）——关注家庭健康的保护。在场地修复活动方面缺乏信心；关注点在地下水超过 MCLs 标准时会停留多长时间。没有接受使用公共供应水即可脱离风险。她还关注财产的价值并想要以那些没有被影响的社区相同的价格出售她的房子。

⑦ T. P. Jones（附近农民）——关注未来含水层水使用于农用地上；对将产品定级为“有机作物”的潜在影响。只要水中被认定含有污染物，他就会一直关注，否则他就不能够经营他想要的生意或者将农场以肥沃的状态（按其所述）传给子孙。

在首次认定 Alpha 边塞贸易站的污染源区域后的利益相关者会议中，与会者讨论并列出了一个很长的绝对目标，并且包含了每个利益相关者的关注点。这些目标包括将场地清理到没有污染前的状态、获得 MCLs、阻止污染物侵入湿地中以及更多的国际性表述目标如保护人体健康。在会议期间利益相关者也经历了在第 4 章中所注意到的疑虑。例如，对于是否同意满足 MCLs 作为一个绝对目标而非功能目标或者联邦的和州立的 EPA 代表对目标具有不同的审视是不能马上明晰的。怎样衡量“给我们的子孙一个干净的环境”的目标是否成功也是不清楚的。

通过进一步讨论，制订出了以下几个对各种目标重新定义的说明。

① 满足 MCLs。对于州场地管理者，这是一个绝对目标，而其他利益相关者则用此作为衡量公共健康保护的一个标尺。EPA 场地管理者能够确定在 SARA 下它是不“合适的”。当满足 MCLs 时，州场地管理者在核准场地修复决议时具有灵活性。

② 无污染物侵入湿地。短期而言，这是不必要的，因为托管人可以接受不超过健康生态系统“可接受度”的侵入。长期而言，这个目标是不足够的，因为托管人不可能认为在有污染源存在的情况湿地可以被保护。当然，这个没有被包含在此场地的绝对目标的清单中。

③ 陆军清理场地造成的困境。制订这个目标以确定需要一些利益相关者去除污染物源并且由其他利益相关者保护人体健康和环境。在其他案例中，这是多余的并且不会被包含在绝对目标的最后清单里。

④ 坐落在羽流中间的房屋买断。一些利益相关者将这个视为地下水污染造成的经济损失的众多补偿方法中的一种。类似地，这也是众多阻止对健康产生负面影响的方法中的一种并且得到了作为延迟考虑功能目标的一致认可。

利益相关者讨论提出了下列非经济性的绝对目标，这些目标反映了对每一个利益相关者不是每个目标都是绝对的，这里留有一个很大的重叠且每个利益相关者的目标都可以被其他利益相关者审视为可达到的目标：

① 通过在整个含水层（至少未来在某个点）达到 MCLs 以恢复到污染前的状态并且朝这个方向发展；

② 在不可接受浓度内没有对居民的完整暴露路径；

③ 对濒临灭绝或珍稀的物种没有显著影响；

④ 阻止额外的污染物侵入湿地，并且修复对生态系统已经造成的损伤；

⑤ 未来三年内转移/再开发场地。

解决这些绝对目标的功能目标可以被定义并且是工具箱 6-2 的主题。所有给定的功能目标都可能解决这些绝对目标中多数或部分目标。

工具箱 6-2
在 Alpha 边塞贸易站将绝对目标转化为功能目标

(1) 获得阻断人体和环境暴露途径的功能目标

对于许多工具箱 6-1 中的利益相关者，大多数或者全部的非经济性绝对目标可以通过功能目标获得，功能目标阻断了污染源与各种受体间的路径。例如，被利益相关者明确的绝对目标是通过阻断人体暴露途径（目前，这仅与杜克房产的居民相关）使保护公众远离场地污染物的高浓度区域。这可以通过转移居民、降低浓度到可以接受的浓度、设定污染物迁移的障碍或者阻止污染物从禁区释放几个方式完成。

阻碍暴露的障碍可能以任意水平实施，取决于场地条件。一个极端情况是不能提供给居民个人防护设备或者（已经在其他地方发生过）在他们的水井里安装蒸汽剥离器。然而，目前在杜克社区还没有任何水井，并且公共供水是就地解决的。

对于 Alpha 边塞贸易站，障碍方式可以解决有限的人体暴露风险，但不可以解决其他绝对目标（像保护环境，如湿地）。替代的功能目标强调了降低浓度或迁移地下水中的污染物，这些功能目标可达到绝对目标以同时达到这两个的结果。这些功能目标中的任何一个都可以被指定来降低暴露区的浓度（或有选择地建造一个障碍以阻碍污染物迁移）。这些可能包括在暴露区域定义浓度限值，明确污染物羽流地理学上的边界（例如篱笆线的所有权），或者，以一个更微妙的形式限制污染物进入生态系统甚至吸附污染物。每个可替代的定义将设置一个伴随标准和推论的系列以达成：定义了的功能目标以满足绝对目标；测定的质量事实上是功能目标的一个反映。

有趣的是，在 Alpha 边塞贸易站的前期的治理工作阐述了在明确功能目标和标准方面的潜在的问题。杜克社区在试图降低污染物浓度方面，安装了抽出-处理系统，并且详细记录了几百千克的溶剂被回收。然而，随后的调查表明在房子地下或者湿地中羽流浓度没有被降低，这个技术没有达到目标。因而，虽然由原因推出结果是合理的，但明显地，对于一个场地而言，标准与目标间的推断链涉及一些不合适的假设。

(2) 为达到污染源修复的功能目标

从工具箱 6-1 中可以看出，只有完全去除污染源才可满足 Jones 先生的、自然资源委托人的以及州场地管理者的绝对目标。在消除方面，预期为履行绝对目标而需要的时间似乎对不同利益相关者有显著不同（Jones 先生有更多紧迫的需要）。明显地，杜克社区或者湿地中制订污染物浓度功能目标与这个绝对目标不相关。

在阻断暴露途径方面，具有多个可替换目标以明确功能目标和标度并最终实现支持消除场地污染。其中一个选项是强调从污染源去除污染物质量。一个直接的指标是去除污染物的质量。然而，必须谨记，将这个目标/指标与其他目标关联是非常困难的，例如污染源物质在去除时间内将残留在地下。

一个可替换的功能目标可能被定义为污染源加强，即污染源持续污染地下水的能力。反过来，这可能更进一步地被明确为下游浓度、质量通量的衡量或者作为一系列抽提测试的表现。在阻断暴露途径的情况下，所陈述的绝对目标可与实际的测量建立很好的关联。

6.3 确定功能目标和性能指标

如第 4 章中所讨论的，绝对目标和功能目标之间的关系并不总是简单的。一个功能目标可以服务于多个绝对目标。例如，在一个特定时间和空间点实现一个特定的污染物浓度降低目标可能是为了保护人类和环境受体、满足绝对法定的要求以及满足机构的规划要求。类似地，一个给定的绝对目标可以转化为其他功能目标。例如，可以通过去除污染物或者通过将人群转移以达到阻止人体暴露。

设定功能目标和识别可替换的功能目标的困难部分在于整合多个绝对目标。当一个给定的功能目标（例如防止污染物迁移至异地）满足多个绝对目标（例如通过中断暴露途径保护人类健康和防止损坏识别的环境受体），可替换的功能目标可能是某一方面的一个绝对目标，但与其他方面不相关。例如，邻居房屋的买断可以保护人体健康，但不保护环保受体。

在指定功能目标时，重要的是要持续阐述直到认定一个指标，采用这个指标可能衡量完成该目标的进展，甚至衡量这个绝对目标。例如，在物业买断方面，注意到通过从污染物区域转移受体作为阻断暴露途径的一种方式，人们可能需要指定的辅助功能目标：转移出当前居民；防止任何人搬入。第一个目标可能需要将每份财产记录在案，腾空财产并签署目的合同。第二个目标可能更复杂，涉及许多因素，例如，居民建筑的拆毁、井的填埋、防护财产、粘贴警示条、建立严格的限制以应用于将来任何财产转移以及建立为确保实际遗留的土地使用控制程序。

最后一点说明了功能目标的一个方面，这些功能目标往往被重视得不够——功能目标怎样与其服务的绝对目标的时空维度相匹配。如果一个场地表征表明场地状态会持续一个较长的时期（预测一些场地状态已延续了许多世纪），然后，要么必须阐明功能目标，以便解决这个时间框架，要么必须让所有利益相关者明白绝对目标仅可在有限时间内得到实现。

如图 6-1 所示，确定功能目标之前，应考虑是否有足够数据来做出这一决定。如果没有，那么需要额外的数据收集和分析。

绝对目标转化为功能目标可以被描述为工具箱 6-2 中所示的假设案例的 Alpha 边塞贸易站危险废物场地。

6.4 确定潜在的技术

一旦决定功能目标，接下来的问题是识别技术是否可实现这些目标（如图 6-1 中的第 4 步）。如第 5 章中所描述的，一个给定技术的潜在效果取决于污染物类型、场地的水文地质环境以及所选择的功能目标。这表明，可以用一个多维的筛选方法确定有前途的技术。图 6-2 所示的立方体展示了这一点，它独立于各种变量：水文地质环境、治理目标和污染源治理技术。在第 2、第 4 和第 5 章中分别详细展示了这三个因素。显然必须有足够的关于这三个因素的信息以使用该立方体进行筛选。否则，如图 6-1 所示，应在使用立方体前进一步收集和分析数据。立方体的相关输出可以是一个高级、中级、低级或未知等级。这些评定值可对应于表 5-8 中给出的评级，如果该表的条目可以被视为立体框中的要素，如果用来衡量表 5-8 中质量去除、局部水相浓度降低、质量通量降低、减少污染源迁移的能力、毒性的改变的物理量是相关的。不管选择立方体轴上的哪一个目标，立方体中的条目不是场地特有的，而是从文献中收集、从其他案例研究中获取的等。

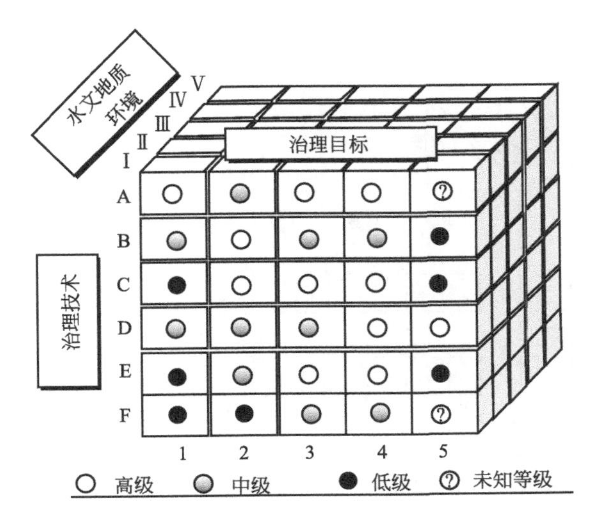

图 6-2 多维立体框式治理技术筛选法

注：候选技术的作用效果（高级、中级、低级、未知等级），与特定的功能目标和不同的水文地质环境有关。

立方体的使用开始于认定污染源污染物或污染物。如图 6-3（以及如表 5-8 中的第二列所标示的）所提出的概念，污染物类型约束了可应用的技术。例如，土壤气相抽提适用于易挥发性有机化合物，而不适用于半挥发性或不挥发性有机化合物。

其次，设定物理设置，特定技术的效力通常高度取决于环境设置。例如，许多冲洗技术（例如表面活性剂强化回收）并不适用于低渗透性的介质，由于缓慢的流体传递和回收率。图 6-4 中所设想的输出描述了适用于给定污染物的技术以及对一个给定设置可实现不同功能性目标的技术。图中的例子表明，这两种技术都不能实现目标 5，而更容易实现目标 3。已完成的多维数据集分析成果为应进行的技术选择提供了一个合理的切入点。如图 6-1 所示的，在没有适用的技术可以实现预期目标的情况下，用户必须重新回到步骤 2。

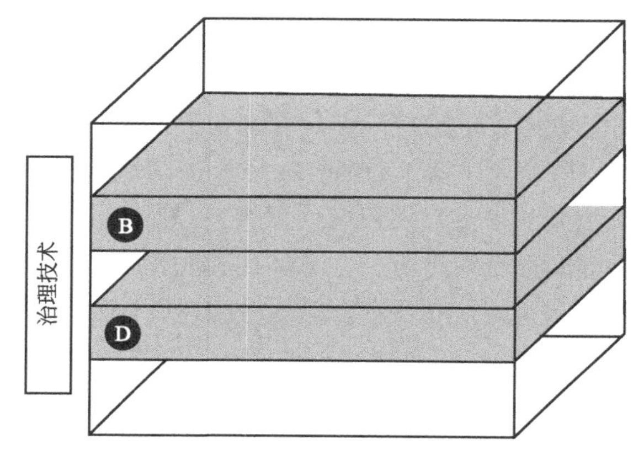

图 6-3　通过污染物类型约束适用技术

注：灰色的厚板表明这些技术适用于被关注的污染物。
选择技术 B 和 D 只是为了说明目的。

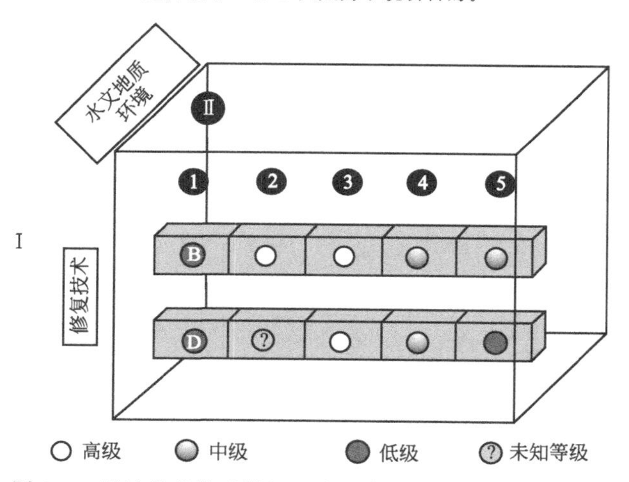

图 6-4　通过考虑物理设置，进一步缩小可能的补救选择

重要的是要了解这项工作的范围。展示立方体的目的只是为了识别可用于某水文地质环境下实现某些目标的技术，因此它是一种筛查工具，而不是一个明确的解决方案。

此外，在使用立方体时，必须牢记表 5-8 中相关的数据的限制和附加说明。并非所有的条目都是根据公布的实绩数据选择的。如果一种技术没有被很好地记录在科学和工程文献中，那么需要将主要功能目标转移到展示一个创新性技术，而不是实现场地治理的特定目标。理想的情况下，只有评级为“高级”的技术才应该在评估过程后得到进一步实施。作为一种次选方案，鉴于实现一个理想结果的不可靠性，被评为“中等”级别的技术被认为成功的可能性不太大。

回到我们假设的案例研究，使用工具箱 6-3 展示一个立方体的例子。

工具箱 6-3
在 Alpha 边塞贸易站使用多维筛选立方体

工具箱 6-1 描述了 Alpha 边塞贸易站的污染，其主要是氯代溶剂 DNAPLs 与Ⅲ类和Ⅳ类水文地质环境的结合。考虑这些因素，从表 5-8 开发出了表 6-1 并对Ⅲ类和Ⅴ类水文地质环境中的“低～高”，“中～高”或“高”范围做了最优筛选。表 6-1 与图 6-2 所示的立方体的平面对等（尽管准确的表条目与图 6-2 中的圆圈不对应）。

表 6-1 的一个主要特征是除了物理阻隔没有技术可以获得针对裂隙页岩中 5 个物理目标中的任何一个。由于页岩与冲积层相近，没有治理的页岩将消除在冲积层上附近地方获得显著的液相浓度降低和/或降低质量通量的可能性。对于这点，一个显著的例外是土壤混合/化学还原技术。在这种情况下，通常将黏土和铁一起混合使用以协助扩散铁并减少将其混入土壤所需的动力。使用土壤混合/化学还原技术可能会为污染页岩覆盖一层低渗透性的活性介质，此介质可以阻止污染物从页岩向冲积层的反向扩散。

表 6-1 各技术在适当地点可以有的有效性

技术	介质类型	在适当的地点可能有效性				
		质量去除	局部水相浓度降低	质量通量降低	减少污染源迁移的能力	毒性的改变
物理控制	Ⅲ			高	高	
	Ⅴ			低～高	低～高	
水力驱除(包括抽出-处理)	Ⅲ			高		
挖掘	Ⅲ	高	高	高	高	
表面活性剂/溶剂冲洗	Ⅲ	中～高		中～高	高	
化学氧化	Ⅲ			中～高		
土壤混合/化学还原	Ⅲ	高	高	高	高	中～高
蒸汽吹扫	Ⅲ			中～高		中～高
传导加热(ISTD)	Ⅲ	中～高	中～高	高	高	中～高
电阻加热	Ⅲ			中～高		中～高

注：表中只列出了那些低～高、中～高或高的项目，以突出可能被移进第 5 步的技术。技术可能受污染的页岩覆盖在低渗透反应介质的影响上，导致阻碍污染物从页岩中扩散到冲积层。

随后，比较了工具箱 6-2 中确定的功能目标与可实现目标。没有确认的选项将“消除”污染源，因为一些污染源物质将最低程度地被遗留在裂隙页岩中。可能需要去掉这个目标或者修订目标以反映使用最适用的技术时所获得的质量去除。工具箱 6-2 中讨论的阻断人体暴露途径的目标被认为可以通过几个途径实现：转移居民、降低他们可能接触到的污染物的浓度、布设污染物迁移的障碍或者阻止污染物从禁闭区域释放。尽管表 5-7 和立方框中所使用的目标没有一个可以和 Alpha 边塞贸易站中的两个绝对目标精确匹配，质量去除和质量流量的降低分别与污染源消除和人体暴露途径的消除最为接近。至少对Ⅲ类地下部分，这限制了技术清单只可采用挖掘、表面活性剂冲洗、传导加热和化学还原。

6.5 技术选择和筛选指标

污染源治理决策议定书的第 4 步骤可能会揭示 3 种或 4 种不同的治理措施或组合治理措施有可能实现给定的场地功能目标。例如，一种组合措施选项可能是制度控制加阻隔，而另一种可能是强化生物修复加自然衰减监测。考虑到多维数据集所揭示的一系列潜在可行的治理技术，下一步工作重点是对这些选项进行特定于场地的可行性评价，以便在已知的情况下决定选择哪种技术。这实质上是一个数据收集、数据分析、建模的过程，以更好地确定各种技术是否可以在给定场地上实施。除了技术层面的信息，场地特定的评价通常涉及成本、完成时间、修复节点、供应商表现以及负面影响（如对噪声、废气排放或车辆流量）的评价。根据该工作任务的规模，这项工作可能类似于 CERCLA 可行性研究和 RCRA 的纠正措施研究。

在这一点上，一个潜在的陷阱是在没有严格确定是否其适用于场地或者明晰其是否可以解决绝对目标的情况下，选择“最佳可用技术”。这种性质的决定通常反映一个想要做“最好的事情”的愿望。不幸的是，没有与功能目标紧密联系的行动往往离期望和/或需要差得远。这可能会导致特别常见的场景，即依次部署多种技术却无实质进展。因此，特定场地的数据收集工作应被视为一个时间和资源投资，该投资可以防止未来由一个错误的或不适当的技术选择而造成问题。

一旦收集并分析了由立方体得来的关于特定场地技术数据，必须做出采用哪个治理措施的决定（假设步骤 4 之后存在多种可能性）。在系统中获得这个决定的一个方法是构建目标和备选技术的矩阵，如表 6-2 所列。把在多维立体框图里认定的技术列于表格首列，功能目标列于表格第一行。每个交叉的表格代表了特定技术满足一个特定目标的能力。应用上面讨论的特定场地评估表中使用的条目。应对每个技术实现各功能目标的效果进行评价（尽管应定性地通过简单相加或者使用加权组合，此处不展开讨论）。将最高评级的 2 个或 3 个技术认定为修复活动的主要候选技术。建立和使用这个矩阵应有所有利益相关者参与并应将其记录在案。

表 6-2 中列出的各项目标应为在立方体中的项目或为不在其中但可根据场地的具体情况进行优化的项目。这些目标可能包括最大限度地降低生命周期成本、遵守法规、保持积极的关系、消除责任以及确保工人的安全。考虑范围内的与所有治理活动有类似评级的功能目标对制订决定没有什么影响，应将其从表中删除。工具箱 6-4 阐述了一个这样特定场地 Alpha 边界贸易站的矩阵的使用，采用定性（低、中、高）描述性评价而不是具体分值评判。

表 6-2 源治理方案分析表

技术选择	功能目标					评价
	1	2	3	4	5	
A						
B						
C						
D						
E						

当使用表 6-2 时，需要考虑的一点是实施期间技术的可实施性。可实施性是指在不利的或意外情况下技术可以正确实施的能力。这需要了解许多复杂的因素，如场地异质性的潜在影响、污染物的混合、转化副产物的潜力、气候的变化和/或地下水温度的变化以及其他治理措施或土地利用变化的潜在不利影响。

对于任何复杂的技术问题，制订和实施关于污染源治理的正确决策需要大量的培训、经验和专业知识。这些在本书中也是必不可少的，以确保本书中所建议的议定书要素正确实施。这对于确保正确地执行本书中所推荐的议定书要素是很必要的。为了最大限度地提高成功率，所选择的供应商应具有使用通过认定的特定技术的记录在案的经验，最好是有与所研究的场地中具有类似水文地质环境的经验。工具箱 6-5 更详细地描述了主要利益相关者群体的资格。

步骤 6 的一个可能的结果是，鉴于表 6-2 的功能目标和特定场地条件，没有任何一个特定技术完全是可行的。在这种情况下，有必要重新审视绝对目标和功能目标（步骤 2 和步骤 3），并随后制订新的选择。作为一般性问题，EPA 法规允许改变修复目标，尽管这需要场地管理者说服相关的利益相关者以确保其接受新的目标，并与预期未来的土地用途兼容。有时一个在异质性（Ⅲ类和Ⅴ类）介质上的 DNAPLs 场地想要达成的修复效果是技术上不可行（technologically impracticability，TI）的。仅在治理地下水污染的技术方面做出让步（豁免），会导致选择了一个更宽松的修复目标（如允许较高的污染物浓度）。然而，为了授予技术不可行豁免权，责任方必须提供一个技术上可行的替代治理策略，这个策略将防止污染迁移到污染源区域之外［更多对技术可行性的解释见 EPA（2003），NRC（1993）］。

工具箱 6-4
Alpha 边界贸易站上污染源治理选项的特定分析

为治理 Alpha 边界贸易站上的过量污染，提出了 4 种技术，尽管其中一种（阻隔）仅可能对裂隙页岩基床是有效的。除了场地的质量去除和质量通量降低的功能目标，陆军还希望有更安全的工作环境，在符合所有法规、社区接受治理活动以及使得治理措施的生命周期成本最小化的前提下。所有这些目标列在表 6-3 里，这个表包含了特定场地的数据和信息。需要注意的是，表中条目都是严格假想的并且是在参考表 5-8 中信息以及作者的专业性判断的基础上创造出来的。

表 6-3 各技术所达到的功能目标情况

技术选择		功能目标					
		质量去除	质量通量降低	生命周期成本最小化	工人安全	社区接纳度	法规遵循
挖掘	级别	高	高	中	中	高	高
	备注	所有质量都应该设计开挖	流出源区域的流量应为 0。从下梯度材料中流出的流量将会继续		在挖掘和运输过程中潜在的暴露	高度可见，可能产生运输的担忧，被认为是最终的方法	减少移动性、毒性、体积
表面活性剂/溶剂冲洗	级别	中～高	中～高	低	高	中	中～高
	备注	迁移率大概在 80%～90%之间	通量的减少取决于低含量单位的有效性	取决于回收表面活性剂的能力	与媒体的接触很少，分离步骤可能会暴露	社区可能不了解这项技术	降低质量，体积；毒性较低
土壤混合/化学还原	级别	高	高	中	中	高	高
	备注	氯化溶剂会迅速反应并被破坏	渗透性也会显著降低，通量也会降低		标准的大型施工设备的风险	高度可见，被认为是最终选择治理	迅速减少质量、毒性、体积
传导加热（TISD）	级别	中～高	高	低	中	中	中
	备注	取决于含水量	预计会很好，取决于黏土的迁移程度		高电流、收集和处理蒸汽会造成暴露的危险	社区可能不理解这项技术	减少体积，有可能移动；不会改变毒性
液压控制	级别	低	低	中～高	高	中	低
	备注	只从羽流中清除	通量的减少取决于羽流捕获的程度		在安装和操作过程中暴露	高度可见，结果是长期的	控制流动性，对体积影响很小，没有毒性

表中的定性描述以使陆军及其顾问团队相信挖掘和土壤混合/化学还原看起来最有可能满足陆军的目标清单。一旦所有利益相关者同意了这个评估，应当通过一个更详细的可行性分析以更进一步执行哪两个技术。如果这个技术可能是陆军的最优选择，应当严谨考虑土壤混合/化学还原技术的实验室评估和场地中试。因为挖掘是一个成熟技术，如果将其作为最后的选择，将不需要进行场地中试。

工具箱 6-5 专业知识需求

进行成功的污染源治理需要大量的专业知识。所需要的专业知识储备取决于个体的角色——监管者、责任方、治理咨询顾问或社区团体。

(1) 责任团体

责任团体需要能够评估修复咨询顾问的工作并基于咨询顾问的工作做出修复决定。这些个体应该具有充足的技术背景和经验以更主动地管理他们的咨询顾问并且负责任地和环境管理者谈判。责任团体代表应当理想化地具有相关的技术等级并可理解风险评估和社区参与的基本原则。

(2) 承包商和咨询顾问

修复公司应该具有污染源修复的专家并可彻底理解相关的科学和工程原理。在相关技术方面的经验和类似的场地条件是非常有价值的。

(3) 州管理者和联邦管理者

州管理者和联邦管理者掌管着评估他们收到的各种修复建议的特性并给出污染源修复建议是否具有足够的技术证明的判决。因为这些管理者必须能够理解大量的技术信息、想采用的技术，包括环境工程、地质、化学、微生物原理以及如何使用概念模型、数据工具和模拟的知识以评价污染物移动、降解以及风险评估的基本原理。

(4) 社区团体

受考虑实施污染修复的污染场地影响的社区成员应当包括尽早地决定制订过程以及应当具有参与这个过程的必要资源。潜在的培训可能包括介绍污染物在环境中的行为、基本风险评估、审查污染源修复技术的优缺点以及讨论验证各种污染源修复办法效果的有效性。

资料来源：改编自 NRC，2000。

6.6 设计和实施选择的技术

选择治理措施的设计和实施在很大程度上需要遵循标准工程实践，并伴随必要的行政要素，如合格的人员、足够的资金以及适当的时间表。在设计和建造方面，尽可能明智地具有适应性和灵活性，这是由 Karl Terzaghi (Bjerrum 等，1960) 和 Ralph Peck (Peck，1962，1969，1980) 开发的观测方法的前提。这表明，治理系统是基于已知的和可预见的未来情况而设计建造的，同时预测现场情况的潜在变化风险并且制订应急预案。这类似于 NRC 倡导的适应性场地管理理念 (2003)，该理念建议在选定治理措施的同时，应该探索风险更高、更不确定的治理措施来应对选定治理措施万一未能实现治理目标的情况。

在设计治理措施之前确认是否有足够数据来支持设计和实施治理措施十分重要。经常需要获取非常详细的信息以制订规范、验证污染源区范围和/或优化治理过程，这与进行 CERCLA 下的可处理性研究类似。在选定的情况下，这项活动可能包括广泛的实地调查和/或中试试验或“第一个模块”的实施。

一旦治理措施已经实施，积累的监测数据最终将被用于确定治理措施是否达到了预期的目标。这些监测数据应提供法律认定的检测报告，这些检测报告被用以确定治理措施是否满足目标。图 6-1 强调了“如果目标已经实现，是否有足够的信息来表决判定”这样的问题，因为这是对监控系统充分性的考验。治理后，如果在规定的时间内没有获得足够的信息，那么必须重新设计监控程序，以保证收集正确类型的信息（如果在上一步中确定了实际性能指标，这通常不应该是一个问题）。这个问题的第二种解释是修复措施实施了多久，还没表现出修复效果，监测不到预期效果目标。虽然它受所选技术的影响（从几周到几十年不等），在能够评判治理效力之前，必须已经过去了足够长的时间。例如，在生物修复的情况下，必须有足够的时间以保证微生物适应环境的氧化还原条件的变化、季节条件（例如温度）。激进的污染源治理策略，如原位化学氧化在几周内就能产生变化。然而，在大多数情况下需要额外的监测（以月来计）以确定结果的持久性和反弹的可能性。水力驱除和空气喷射法治理可能需要几年的时间。

如果有足够的信息，那么最后的步骤是确定是否已经实现绝对目标和功能目标。如果没有实现目标，那么重复上述内容和图 6-1 中列出的步骤是必要的。通过采用解决本章所述的关键要素的决策议定书，可以大大减少返工的可能性。

正如前面所提到的，上述污染源治理决策议定书的这些要素应适用于目前所有危险废物的场地，不论其成熟度如何。每一步所花费的时间将反映到目前为止已获得信息的充分性，从而使场地污染源治理情况特征得到描述，场地治理按照决策议定书的工作流程得到快速实施。

本章没有将记录文件单独作为一节来讨论。然而，良好的文件记录是决策制订和治理措施选择的重要组成部分。只有根据在实施之前设定的目标，才可以适当地评估一个治理措施的效果。同样，仅当决策过程被详细记录下来时，人们才可以在回顾中公平地评价决策的质量。因此，不管是目标还是技术，讨论的每个阶段和每个选择都应当记录下来，并说明做出其选择的原因。建立核心、完整的陆军污染源治理技术性能及其目标记录则对理解污染源治理技术在更广阔的水文地质环境中如何工作是非常有用的，它可以为遇到的新的污染源区域治理项目的管理者提供一个很好的参考。当评价治理措施时，最好由无利益关联的第三方单位进行项目成功度评价。

6.7 结论和建议

污染源治理决策议定书的 6 个关键要素是：a. 审查现有的场地数据；b. 绝对目标的确定；c. 功能目标和性能指标的识别；d. 特定场地水文地质和污染物特性的潜在技术效果说明；e. 选择适当的技术；f. 所选技术的设计和实施。特定场地数据收集可用于记录过程中的每一步并且用于细化场地概念模型。如果没有包括所有这些步骤，一个场地上的污染源治理获得成功的概率很低。

① 军队应当制订使用一个详细的、符合本章规定要素的决策议定书。污染源区治理需要特定以协助利益相关者优化对修复污染源区域的投资。需要解决的关键点是追求预期效果的措施的确定，了解在何种程度上目标是可行的以及能够量化预期方向上目标的进展。决策议定书将需要整合到已经存在的用于陆军单个场地的治理选择框架中，包括超级基金、RCRA、相关的州法律或者基地重新组合及关闭项目。

② 需改进 DNAPLs 源治理的技术转让及技术指导。需要帮助指导责任方判断正在考虑的场地所使用污染源治理技术是否是适合的，并且协助选择技术方案以使其达到特定场地条件及治理行为目标的最适宜状态。应在指导期间完整地训练个体人员。还应当对判断及记录修复决定过程给予特殊关注，建立治理时间的成功指标以及详尽地记录使用先前的衡量得出的治理程度。

③ 潜在受影响方的参与对污染源治理的成功是至关重要的。需要利益相关者的参与以更好地使其了解在一个特定场地上绝对目标的范畴、制订功能目标以及获得达成合适行动的共识。没有足够的公众参与，可能会错过解决方案的关键要素，所涉及的各方人员可能会觉得他们的需求被忽略，或可能会对治理效果产生错误的期待。为所有利益相关者了解公众认识对制订污染源治理的决策是至关重要的。

这项研究的目标之一是能够对未来污染源清除的策略做出明确的描述。根据以往污染源治理尝试而得出的重要结论是除了在简单水文地质条件下，在其他情况下数据不足以判定大多数技术的有效性（事实上，表 5-8 中的许多条目是基于作者最好的专业判断，而非基于实地研究）。此外，可用的污染源治理技术在极度复杂的水文地质环境中是无效的，如喀斯特地形。

④ 作者认为，按照图 6-1 所述的污染源治理决策议定书的元素，项目管理者将能够做出关于是否以及怎样治理污染源的重要决定，从而完成更有效的资源分配。从陆军设施和其他地方的污染源治理项目来看，图 6-1 中所展示的步骤——决定污染源是否存在；开发清晰的功能目标以及它们的标度；选择、设计并实施技术以及选择数据以支持所有这些决定——很少以本书中所描述的方式实施，这是显而易见的。迄今为止，在没有详细表征的场地、具有很复杂的水文地质环境的场地以及没有明确继续治理理由的场地中，潜在的责任方的努力非常不成熟。

最后，作者建议，在证明污染物总量去除和监测井中污染物浓度降低方面，一些表现出足够应用前景的技术值得进一步调查以确定其对水质的长期影响，尤其是除了 MCL 以外的其他目标，例如质量通量减少的影响变得越来越普遍。对于讨论的大多数技术，其功效在更复杂的水文地质环境中更加不确定。因此，今后的工作应试图确定这些技术能够成功应用的所有条件并更好地了解通过这些技术达到的污染物总量去除是如何影响水体质量的。

参考文献

[1] Bjerrum, L. , A. Casagrande, R. B. Peck, and A. W. Skempton (eds.). 1960. From theory to practice in soil mechanics: selections from the writings of Karel Terzaghi. New York: Wiley.

[2] Environmental Protection Agency (EPA). 1993. Guidance for evaluating the technical impracticability of ground-water restoration. OSWER Dir. No. 9234. 2-25. Washington, DC: EPA.

[3] EPA. 2001. Using the Triad approach to improve the cost-effectiveness of hazardous waste site cleanups. EPA-542-R-01-016. Washington, DC: EPA.

[4] EPA. 2003. The DNAPLs Remediation Challenge: Is there a Case for Source Depletion? EPA 600/R-03/143. Washington, DC: EPA Office of Research and Development.

[5] EPA. 2004. Improving Sampling, Analysis, and Data Management for Site Investigation and Cleanup. EPA 542-F-04-001a. Washington, DC: EPA Office of Solid Waste and Emergency Response.

[6] Huntley, D. , and G. D. Beckett. 2002. Evaluation of Hydrocarbon Removal from Source Zones and its Effect on Dissolved Plume Longevity and Concentration. Publication 4715. Washington, DC: American Petroleum Institute.

[7] NRC. 1994. Alternatives for Ground Water Cleanup. Washington, DC: National Academy Press.

[8] NRC. 1997. Innovations in Ground Water and Soil Cleanup: From Concept to Commercialization. Washington, DC: National Academy Press.

[9] NRC. 1999. Groundwater Soil Cleanup. Washington, DC: National Academy Press.

[10] NRC. 2000. Natural Attenuation for Groundwater Remediation. Washington, DC: National Academy Press.

[11] NRC. 2003. Environmental Cleanup at Navy Facilities: Adaptive Site Management. Washington, DC. National Academies Press.

[12] Newell, C. 2003. Presentation to the NRC Committee on Source Removal of Contaminants in the Subsurface. April 14, 2003. Washington, DC.

[13] Peck, R. B. 1962. Art and Science in Subsurface Engineering. Geotechnique 12 (1): 60-66.

[14] Peck, R. B. 1969. Advantages and limitations of the observational method in applied soil mechanics, Ninth Rankin Lecture. Geotechnique 19 (2): 171-187.

[15] Peck, R. B. 1980. Where has all the judgment gone? The Fifth Laurits Bjerrum Memorial Lecture, Norwegian Geotechnical, Oslo, Norway.

[16] Presidential/Congressional Commission on Risk Assessment and Risk Management. 1997. Framework for environmental health risk management. Volumes 1, 2. Washington, DC: U. S. Government Printing Office.

[17] Wiedemeier, T. H. , M. A. Swanson, D. E. Moutoux, E. Kinzie Gordon, J. T. Wilson, B. H. Wilson, D. H. Kampbell, J. E. Hansen, P. Haas, and F. H. Chapelle. 1996. Technical protocol for evaluating natural attenuation of chlorinated solvents in groundwater. Report prepared for Air Force Center for Environmental Excellence.

附录 A

军队和其他场地污染物列表

表 A-1 污染最严重的军事场地的污染物

场地	地点数目/家	污染物	受影响的介质	源治理手段
Aberdeen Proving Ground, MD	254	VOCs，SVOCs，重金属（Hg），PCBs，炸药，杀虫剂，UXO，辐射，化学武器/军火，生物战争材料	地下水（GW），地表水（SW），沉积物（Sed），土壤	清除土壤，地下储藏罐，垃圾，UXO
Alabama Army Ammunition Plant, AL	许多	硝基芳香族化合物，重金属（Pb），与弹药相关的废物（爆炸物），PCBs	GW，SW，Sed，土壤	焚烧和储存受污染的土壤
Anniston Army Depot，AL	47	VOCs、重金属、酚类、石油烃类化合物、酸、腐蚀剂	GW，土壤	移除土壤；过氧化氢注入处理；SIA GW 处理系统
Camp Bonneville, WA	14	POLs，溶剂，UXO	土壤	移除 USTs，碎屑（桶）以及土壤
Fort Chaffee，AR	许多	POLs，DDT，氯丹杀虫剂，TCE	GW，土壤	移除 USTs，油水分离器，隔板、洗涤架、加油台、土壤；露天焚烧和爆炸
Fort Dix，NJ	许多	重金属，POLs，氯化溶剂，PCBs	GW，SW，Sed，土壤	移除 USTs 和土壤
Fort Eustis，VA	27	石油烃类化合物，PCBs，VOCs，杀虫剂，重金属	GW，SW，Sed，土壤	移除 USTs 和土壤；使用气动泵和被动撇油器进行石油去除
Fort George G. Meade，MD	许多	重金属，石油烃类化合物，VOCs，UXO，石棉	GW，土壤	清除地上的储罐（ASTs）、建筑物、矿坑、石油桶和土壤
Fort Lewis，WA	许多	VOCs（TCE）、PCBs、重金属、废油和燃料、煤炭液化废物、PAHs、溶剂、电池电解质	GW，土壤	GW 提取和处理系统；P&T 系统；拆卸 TCE 鼓（空气喷雾及土壤蒸汽抽取系统于 1999 年关闭）
Fort McClellan, AL	67	VOCs［TCE 和五氯乙烷（PCA）］，SVOCs，杀虫剂，炸药，金属（Pb），UXO，放射性源，非储存的化学物质	GW，土壤	移除 USTs；在喷枪范围内移除

续表

场地	地点数目/家	污染物	受影响的介质	源治理手段
Fort Ord,CA	61	VOCs(四氯化碳);石油烃类化合物,重金属(Pb),杀虫剂	GW,土壤	移除"废物";Pb的回收;GW P&T系统
Fort Richardson,AK	38	白磷、PCBs、重金属、POLs、溶剂(TCE)、二噁英、化学试剂、UXO、炸药、杀虫剂	GW,土壤	清除USTs、埋藏的桶和土壤;热解吸;热增强土壤蒸汽提取;池塘排水(减少白磷)
Fort Riley,KS	许多	溶剂,杀虫剂,Pb	GW, SW, Sed,土壤	移除土壤和焚化炉;进行土壤蒸汽提取试验和自由产物回收试验
Fort Ritchie,MD	许多	UXO,重金属(Pb),石棉	GW,土壤	去除USTs,铅涂料和石棉
Fort Sheridan,IL	许多	燃油HCs、PAHs、金属、UXO	GW,土壤	清除USTs和土壤;执行UXO"清除"
Fort Wainwright,AK	许多	POLs、重金属、溶剂、杀虫剂、涂料、UXO、军械化合物、化学试剂	GW,土壤	拆除土壤、圆桶、消防训练坑和构筑物;用空气喷射幕布;拆卸和回收旧空气喷雾/土壤蒸汽提取系统
Fort Wingate,NM	许多	爆炸化合物、UXO、PCBs、杀虫剂、重金属、石棉、铅基涂料、硝酸盐(来自TNT)	GW,土壤	移除土壤;处置PCB-污染建筑材料;清除来自印第安部落土地的UXO
Hamilton Army Airfield,CA	许多	金属,VOCs,SVOCs,燃料HCs,POLs,PCBs,PAHs,杀虫剂	GW, SW, Sed,土壤	清除USTs和土壤;陆上燃料管线的拆除;冲洗、密封和废弃海上燃油管线
Hingham Annex,MA	许多	POLs,重金属,VOCs,PCBs,石棉	GW, SW, Sed,土壤	去除USTs、ASTs、油水分离器和土壤;采用沥青配料技术
Iowa Army Ammunition Plant,IA	42	炸药、重金属(Pb)、VOCs、杀虫剂	GW, SW, Sed,土壤	清除ASTs和土壤;土的挖掘和非现场焚烧;爆炸性污染的污水坑开挖;湿地的创建和植物修复的应用;低温的使用。热解吸;对爆炸物和金属污染土壤的"处理"
Jefferson Proving Ground,IN	许多	溶剂,石油烃类化合物,VOCs,PCBs,重金属,贫铀,UXO	GW,土壤	移除USTs;土壤的"处理";UXO清除操作
Joliet Army Ammunition Plant,IL	53	炸药,重金属,VOCs,PCBs,TNT	GW,土壤	污泥和土壤的清除;去除UXO碎屑
Lake City Army Ammunition Plant,MO	73	炸药,重金属,溶剂,POLs	GW,土壤	污水坑的清除措施;P&T系统;提取井
Letterkenny,PA	许多	VOCs,POLs,PCBs,金属(Hg),炸药,石棉	GW, SW, Sed,土壤	移除消防训练坑,烧油坑以及其他土壤;低温,热处理

续表

场地	地点数目/家	污染物	受影响的介质	源治理手段
Lexington-Blue Grass Army Depot,KY	67	VOCs,SVOCs,重金属(Pb),PCBs,杀虫剂,除草剂,石棉	GW,SW,Sed,土壤	去除USTs,变压器,石棉,土壤和池塘污泥
Lone Star Army Ammunition Plant,TX	许多	VOCs,石油,重金属,炸药	GW,土壤	清除土壤、蓄水池和燃料储存区;土壤"去污"
Louisiana Army Ammunition Plant,LA	7	油,油脂,脱脂剂(TCE),磷酸盐,溶剂,金属镀液,酸,粉煤灰,TNT,RDX,HMX	GW,SW,Sed,土壤	爆炸性污染土壤的焚烧
Milan Army Ammunition Plant,TN	38	与军火有关的废物	GW,土壤	土壤挖掘;土壤生物修复;为生物修复土壤建造的堆填区;GW处理装置(颗粒活性炭)
Military Ocean Terminal,Bayonne,NJ	67	石油烃类化合物,BTEX,VOCs,SVOCs,狄氏剂,重金属,PCBs,石棉	GW,土壤	清除USTs,ASTs,土壤水分离器,建筑物的石棉和土壤
Picatinny Arsenal,NJ	156	VOCs,炸药,PCBs,重金属,砷	GW,SW,Sed,土壤	清除USTs、埋藏的桶、污染的管道和土壤;使用GW提取和处理系统;使用GW P&T系统
Pueblo Chemical Depot,CO	许多(29个潜在的UXO场地)	重金属,POLs,VOCs,SVOCs,杀虫剂,炸药,PCBs和UXO	GW,土壤	移除土壤;净化、拆卸和拆除建筑物;GW提取和处理系统;钢板桩屏障;土壤生物修复
Red River Army Depot,TX	许多	TCE,杀虫剂,金属	GW,SW,Sed	清除土壤和池塘污泥
Redstone Arsenal,AL	298(216 Army;82 Marshall Space Flt.)	重金属,溶剂,化学武器/弹药,杀虫剂	GW,SW,Sed,土壤	GW提取和处理系统;空气吹提器;土壤蒸汽提取系统;工业化粪池系统建设
Riverbank Army Ammunition Plant,CA	6	铬,氰化物,锌	GW,土壤	蒸发和渗透池的清除动作;GW处理系统中的离子交换系统;GW提取系统
Rocky Mountain Arsenal,CO	209	杀虫剂,化学剂,VOCs,氯化有机物,PCBs,UXO,重金属,溶剂,石棉	GW,土壤	滚筒、土壤和石棉材料的移除;GW挖掘和处理系统;化学和卫生下水道堵塞;免耕土壤耕作
Sacramento Army Depot,CA	16	废机油和油脂,溶剂,金属电镀废料,腐蚀剂,氰化物,金属	GW,土壤	移除土壤;土壤蒸汽提取系统;空气喷射;GW的提取和处理系统

续表

场地	地点数目/家	污染物	受影响的介质	源治理手段
Savanna Army Depot,IL	许多	炸药,重金属(Pb),溶剂 POLs,VOCs,UXO,杀虫剂,TNT	GW, SW, Sed,土壤	移除土壤;高温,热处理;TNT-污染沉积物的焚烧
Seneca Army Depot,NY	36	氯化溶剂(TCE),放射性同位素,重金属,石油烃类化合物	GW, SW, Sed,土壤	去除 USTs 和土壤
Stratford Army Engine Plant,CT	许多	PCBs,石棉,燃油相关的 VOCs,溶剂,重金属(六价铬),PAHs	GW, SW, Sed,土壤	去除 USTs
Sudbury Training Annex,MA	74	VOCs,PCBs,杀虫剂,重金属,砷,石棉,UXO	GW,土壤	清除鼓,USTs,碎片和土壤
Sunflower Army Ammunition Plant,KS	许多	硝酸盐,硫酸盐,铅,铬,推进剂	GW, SW, Sed,土壤	清除土壤和土壤;清理石棉堆
Tobyhanna Army Depot,PA	许多	重金属, VOCs, PCBs, POLs,UXO	GW, SW, Sed,土壤	清除土壤和污水干燥床
Twin Cities Army Ammunition Plant,MN	25	VOCs,PCBs,重金属	GW, SW, Sed,土壤	移除土壤;土壤蒸汽提取系统;SVE 空气喷射系统
U. S. Army Soldiers System Center,MA	许多	杀虫剂,除草剂,五氯苯酚,溶剂,VOCs(TCE)	GW, SW, Sed,土壤	清除废弃的储油罐、路面和土壤
Umatilla Chemical Depot,OR	80	炸药,UXO,重金属(Pb),杀虫剂,硝酸盐	GW,土壤	移除 USTs;受污染土壤的生物修复(通过堆肥风干)

资料来源：国防环境修复计划，2001 财年年度报告。

表 A-2 在其他军事场地报告的污染物

场地	地点数目/个	污染物	受影响的介质	源治理手段
Andrews AFB,MD	22	重金属(Ni),SVOCs,VOCs PAHs,PCBs,杀虫剂	SW	土壤移除
Bangor Naval Submarine Base,ME	22	残留的 TNT 炸药,RDX,奥托燃料,VOCs	GW,Sed,土壤	土壤和 USTs 的清除;P&T 系统;带颗粒活性炭的封闭循环被动土壤洗涤系统
Barbers Point Naval Air Station,HI	17	PCBs,重金属(Pb),石油 HCs,杀虫剂,溶剂,石棉	GW,土壤	USTs 的移除
Barstow Marine Corps Logistics Base,CA	38	重金属,PCBs,石油 HCs,杀虫剂,除草剂,氯化 VOCs(TCE)	GW,土壤	清除 USTs 和工业废水污泥
Bergstrom AFB,TX	30+454 家	氯化 VOCs(TCE),杀虫剂,石油 HCs,金属,低水平放射性废料	GW,土壤	清除 USTs,ASTs,土壤,放射性废物;土壤蒸汽提取和空气喷射系统

续表

场地	地点数目/个	污染物	受影响的介质	源治理手段
Camp Lejeune MCB,NC	176	蓄电池酸液,燃料,废油,涂料,稀释剂,PCBs,杀虫剂,溶剂,金属	GW, SW, Sed,土壤	23个地点的补救系统
Castle AFB,CA	many	TCE,PCBs,POLs,杀虫剂,氰化物,镉	GW,土壤	土壤和USTs的清除;土壤蒸汽提取系统;油水分离器;P&T系统;生物通风系统
Hanscom AFB,MA	22	VOCs,氯化溶剂,汽油,喷气燃料,四乙基铅,PCBs,Hg	GW, SW, Sed,土壤	土壤和USTs的清除;GW/产品恢复和土壤蒸汽提取
Hill AFB,UT	106	溶剂(TCE),硫酸和铬酸,金属,石油烃类化合物	GW, SW, Sed,土壤	P&T系统
Homestead,AFB,FL	26(龙卷风前)/540(龙卷风后)	金属(Pb),VOCs,氰化物,杀虫剂,溶剂,PCBs	GW,土壤	清除USTs和土壤;GW的提取和处理;清除油水分离器;补救性生物通风系统
Lakehurst Naval Air Engineering Station,NJ	45	燃料,PCBs,溶剂(TCE),废油	GW,土壤	清除土壤、桶、罐和碎屑;土壤清洗、沥青处理、太阳能土壤灌溉和喷雾处理系统;P&T;蒸汽抽提;土壤生物通风
Langley AFB,VA	45	石油烃类化合物,氯丹杀虫剂,PCBs,重金属,溶剂	GW, SW, Sed,土壤	清除USTs和土壤;土壤蒸汽提取系统

资料来源:国防环境修复计划:2001财年年度报告。

表 A-3 在军事场地中普遍存在的有机污染物

场地	氯化溶剂					炸药			
	PCE	TCE	顺-1,2-DCE①	1,2-DCA	TCA②	DNT	TNT	HMX	RDX
Aberdeen Proving Ground	√	√	√	√	√	√	√	√	√
Alabama AAP						√	√		
Anniston AD	√	√							
Badger AAP					√	√			
Blue Grass Army Depot							√	√	√
Blue Grass Army Depot-Lexington	√								
Cameron Station		√							
Camp Bonneville									√
Camp Bullis		√							
Camp Crowder		√	√		√				
Camp Kilmer	√	√	√						
Camp Navajo							√		

续表

场地	氯化溶剂					炸药			
	PCE	TCE	顺-1,2-DCE[1]	1,2-DCA	TCA[2]	DNT	TNT	HMX	RDX
Camp Roberts	√	√							
Cold Regions Research Lab		√							
Cornhusker AAP					√		√		√
Devens Reserve Training Facility					√				
Dugway Proving Ground	√	√			√	√	√	√	√
Floyd Wets Site					√				
Fort Belvoir									
Fort Benning		√			√				
Fort Bliss									
Fort Bragg	√	√					√		
Fort Campbell		√							
Fort Carson	√	√	√	√	√		√		
Fort Des Moines	√								
Fort Detrick	√	√				√			√
Fort Dix	√	√	√						
Fort Drum				√					
Fort Eustis		√			√				
Fort Gillem	√	√		√	√				
Fort Gordon	√	√	√	√		√			
Fort Jackson	√	√	√						
Fort Knox		√	√						
Fort Leavenworth	√	√	√		√				
Fort Lee	√	√	√						
Fort Leonard Wood	√	√	√						
Fort Lewis		√		√					
Fort McClellan		√	√		√	√	√		√
Fort McCoy									
Fort McNair									
Fort Meade	√	√							
Fort Monmouth	√	√	√						
Fort Richardson	√	√	√			√			
Fort Riley	√	√	√		√				

续表

场地	氯化溶剂					炸药			
	PCE	TCE	顺-1,2-DCE[1]	1,2-DCA	TCA[2]	DNT	TNT	HMX	RDX
Fort Ritchie	√	√							
Fort Rucker		√	√						
Fort Sam Houston									
Fort Shafter	√	√	√						
Fort Stewart		√							
Fort Story	√								
Fort Wainwright	√	√		√					
Fort Wingate Depot Activity									
Haines Pipeline	√			√		√	√	√	√
Hamilton Army Airfield					√				
Hawthorne Army Depot	√	√				√	√	√	√
Holston AAP								√	
Hunter Army Airfield	√	√	√		√				
Indiana AAP	√	√			√	√			
Iowa AAP	√	√	√		√	√	√	√	√
Jefferson Proving Ground					√				
Joliet AAP				√	√	√	√		
Kansas AAP				√	√		√	√	√
Kelly Support Facility					√				
Kunia Field Station									
Lake City AAP	√	√	√	√					
Letterkenny Army Depot	√	√	√	√	√		√	√	
Lincoln AMSA	√	√							
Lone Star AAP		√		√			√		√
Longhorn AAP		√		√	√	√	√		
Los Alamitos Armed Forces	√	√	√	√					
LTA，Marion ENGR Depot		√	√						
McAlester AAP		√							
Middletown USARC		√							
Milan AAP							√	√	
Military Ocean TML Sunny Point			√						
Newport Chem Depot	√	√	√			√	√	√	√

续表

场地	氯化溶剂					炸药			
	PCE	TCE	顺-1,2-DCE[1]	1,2-DCA	TCA[2]	DNT	TNT	HMX	RDX
NTC and Fort Irwin	√	√		√	√	√	√	√	√
Oakland Army Base	√	√	√						
Papago Military Reservation	√								
Phoenix Military Reservation		√							
Picatinny Arsenal	√	√		√	√	√	√	√	√
Presidio of Monterey		√						√	√
Pueblo Chemical Depot	√	√	√	√	√	√	√	√	√
Radford AAP	√	√			√	√	√	√	
Ravenna AAP						√	√	√	√
Red River Army Depot	√	√	√	√	√				
Redstone Arsenal		√				√		√	√
Rock Island Arsenal			√	√					
Rocky Mountain Arsenal		√							
Sacramento Army Depot		√							
Savannah Depot Activity	√	√		√		√	√	√	√
Seneca Army Depot Activity	√	√	√				√		
Sierra Army Depot		√		√			√		
Soldier Systems Center	√	√			√				
Stratford Army Engine Plant	√	√			√				
Sunflower AAP		√							
Tacony Warehouse	√	√							
Tarheel Army Missile Plant	√	√	√						
Tobyhanna Army Depot	√								
Tooele Army Depot		√			√		√		
Twin Cities AAP		√		√	√				
Umatilla Chem Depot						√	√		
USARC Fort Nathaniel Greene									
USARC Kings Mills		√							
Vint Hill Farms Station	√	√							
Volunteer AAP						√	√		
Walter Reed Army Medical									
Watervliet Arsenal	√	√	√		√				

续表

场地	氯化溶剂					炸药			
	PCE	TCE	顺-1,2-DCE①	1,2-DCA	TCA②	DNT	TNT	HMX	RDX
White Sands Missile Range		√		√	√	√			
Yakima Training Center		√							
Yuma Proving Ground						√			
总数/家	51	74	32	24	35	26	30	14	19
该污染物在所有设施中所占百分比/%	37	54	23	1	25	19	22	10	14

① 不包括其他的 DCE 异构体。

② 包括 1,1,1-TCA 以及 1,1,2-TCA。

注：1. BRAC 设施的数量：23 个。

2. 活跃设施的数量：115 个。

3. 设施总数：138 个。

资料来源：劳瑞·海恩斯，陆军环境中心。

B 附录

缩略语

AAP	军用弹药厂
AD	军火库
AFB	空军基地
ARAR	适用或相关的适当要求
AS/SVE	空气与土壤蒸汽的抽提
AST	地上储罐
BRAC	基地重组与关闭
BTEX	苯，甲苯，乙苯，二甲苯
CERCLA	《综合环境应对、赔偿和责任法》
CMC	临界胶束浓度
CPT	锥形透度计
CT	四氯化碳
CTE	中心趋向暴露估计
CVOC	氯化挥发性有机化合物
DCA	二氯乙烷
DCE	二氯乙烯
DERP	国防环境恢复计划
DMPLs	重质混溶相液体
DNAPLs	重质非水相液体
DNT	二硝基甲苯
DoD	美国国防部
DOE	美国能源部
DPT	驱动点筛选
DWEL	饮用水当量水平

ERH	电阻加热
EPA	美国环境保护署
FLUTe	柔性衬管地下技术
GPR	探地雷达
GW	地下水
HCs	烃类化合物
HMX	八氢-1,3,5,7-四硝基-1,3,5,7-四氮杂环辛烷
HRS	灾害分级系统
HVOC	卤化挥发性有机化合物
ISCO	原位化学氧化
ISTD	原位热脱附
LNAPLs	轻质非水相液体
MCB	海军陆战队基地
MCL	最大污染物水平（最大可接受污染物浓度水平）
MCLG	最大污染物水平目标
MIP	薄膜界面探测系统
MNA	监控自然衰减
MNT	单硝基甲苯
MTBE	甲基叔丁基醚
NAPL	非水相液体
NAS	海军航空站
NCP	国家应急计划
NFESC	海军设施工程服务中心
NPL	国家优先事项清单
NRC	国家研究委员会
NRD	自然资源损害
OU	操作单元

O&M 操作和维护
OMM 操作、维护和监控

PAH 多环芳香烃
PCB 多氯联苯
PCE 四氯乙烯
PITT 分区井间示踪剂测试
PRPs 潜在的责任方
P&T 抽出处理

RAGS 超级基金的风险评估指南
RCRA 《资源保护与恢复法案》
R&D 研究和开发
RDX 一流的爆破用炸药/研究爆破炸药或六氢-1,3,5 -三硝基-1,3,5-三嗪
RD/RA 补救设计/补救行动
RIP 就地补救
RI/FS 治理调查和可行性研究
ROD 决策记录
RPM 修复项目管理者
RME 合理的最大暴露个体

SARA 《超级基金修改与再授权法案》
SCM 场地概念模型
SEAR 基于表面活性剂增强的含水层修复
SERDP 战略环境研究与发展计划部
SVE 土壤气相抽提
SVOC 半挥发性有机化合物

TCA 三氯乙烷
TCE 三氯乙烯
TI 技术不可行
TNB 1,3,5-三硝基苯
TNT 2,4,6-三硝基甲苯
TSDF 治理、储存和处理设施
TSCA 有毒物质控制法

UCL	置信上限
USACE	美国陆军工兵部队
UST	地下储罐
UXO	未爆弹药
VC	氯乙烯
VOCs	挥发性有机化合物
ZVI	零价铁

C 附录

国家研究委员会成员和员工简介

JOHN C. FOUNTAIN（主席）是北卡罗来纳州立大学海洋、地球和大气科学系的教授和系主任。他曾是纽约州立大学布法罗分校的地球化学教授。自 1987 年以来，他一直致力于 DNAPLs 的修复工作，包括实验室工作和实地研究，在许多不同地点使用表面活性剂作为修复工具，包括军事设施（Hill 空军基地和波登加拿大部队基地）、工业场地（科珀斯克里斯蒂的杜邦公司、得克萨斯州的查尔斯州的 PPG 工厂）以及能源工厂（帕德卡、肯塔基州和俄亥俄州朴次茅斯）。近年来，他主要致力于修复在断裂基岩中的 DNAPLs 污染，包括断裂位置和裂缝的流动。他曾 4 次任职于国家研究委员会，其中包括在美国能源部的武器综合体中清除地下污染物的技术委员会。他从加州理工大学圣路易斯分校获得理学学士学位，并获得加州大学圣巴巴拉分校的理学硕士和地质学博士学位。

LINDA M. ABRIOLA 是塔夫斯大学土木与环境工程学院的工程学院院长和教授。在此之前，她曾是密歇根大学霍瑞斯·威廉姆斯学院的环境工程学教授。她的主要研究重点是集成数学建模和实验室实验，以研究和阐明在地下的非水相液体有机污染物的运输、去向和修复的过程。Abriola 博士的众多专业头衔包括美国环境保护署科学顾问委员会、国家研究委员会的水科学技术委员会和美国能源部的 NABIR（即自然和加速生物修复研究）顾问委员会。Abriola 博士在国家研究委员会的地下水净化方案委员会工作，这是第一个研究抽出处理技术的有效性的国家研究委员会。Abriola 博士是本书 100 多篇参考文献的作者，她获得了许多奖项，包括女性地球科学家协会杰出教育家奖（1996 年）和全国地下水协会的杰出达西讲师的职位（1996 年）。她是美国地球物理联盟的成员，也是美国国家工程院的成员。Abriola 博士从德雷克塞尔大学获得了土木工程学士学位及硕士学位，于普林斯顿大学获得土木工程博士学位。

LISA M. ALVAREZ-COHEN 是加州大学伯克利分校土木与环境工程学系环境工程的教授，并获得了“Fred 和 Claire Sauer 教授”称号。她从哈佛大学获得工程学和应用科学学士学位，在斯坦福大学获得环境工程与科学博士学位。她目前的研究兴趣是地下污染物的生物转化，包括氯化溶剂、MTBE 和 NDMA，以及在原位生物修复中评估的创新方法，包括分子生物学、同位素使用和直接显微技术。她对自然衰减的研究有一部分是在阿拉梅达角海军航空站完成的。Alvarez-Cohen 博士是《环境工程科学》的副主编。她之前是美国地质勘探局水资源研究委员会和现场生物修复委员会委员。

MARY JO BAEDECKER 是美国地质调查局的退休科学家。她曾是美国地质调查局的首席科学家，负责水文科学的国家研究项目。她的研究兴趣是在水文环境中有机污染物的降解和衰减。她是 1993 年地下水科学家和工程师协会的达西讲师，并在 1999 年担任美国地质学会水文地质部门的主席。她曾是乔治华盛顿大学的教授。她获得了来自肯塔基大学有机化学的硕士学位和乔治华盛顿大学地球化学的博士学位。她曾在国家研究委员会的地下水清除方案委员会工作。

DAVID E. ELLIS 是杜邦公司的环境科学家，他在修复技术和技术实地测试方面具有丰富的专业知识。作为杜邦公司修复集团的修复技术负责人，他目前专注于研究生物修复、原位处理、沉积物、炸药和未爆炸武器、水文地质学和建模。他也是州际技术和管理委员会的董事会成员，该委员会的目标是通过识别和克服监管障碍来推进创新的修复技术。最后，他是 RTDF 生物修复联盟的创始人和主席，该协会是一个行业/政府联合体，致力于开发安全有效的生物修复技术，用于处理氯化溶剂污染。Ellis 博士于阿勒格尼学院（Allegheny College）获得了地质学学士学位及学术研究型硕士学位并于耶鲁大学获得了地质学和地球化学博士学位。他曾在国家研究委员会内部的生物修复委员会任职。

THOMAS C. HARMON 是加州大学默塞德分校（University of California，Merced）工程学院（School of Engineering）的副教授和创始教员。在此之前，他曾在加州大学洛杉矶分校土木与环境工程系工作。他从约翰霍普金斯大学获得土木工程学士学位，在斯坦福大学获得土木工程硕士和博士学位。目前，他在加州大学洛杉矶分校（UCLA）的国家科学基金会的嵌入式网络传感中心（CENS）指导污染运输监测研究工作。Harmon 博士的研究重点是在地下环境中化学物质的命运和运输以及生物地球化学循环。他最近发表了关于 DNAPLs 溶解速率的测量和建模，以及使用逆建模技术将 DNAPLs 定位为溶解源的方法。

NANCY J. HAYDEN 是佛蒙特大学土木与环境工程系的副教授。她从密歇根大学环境科学与林业学院获得了森林生物学学士学位，并获得了密歇根州立大学环境工程硕士和博士学位。她从事在被水不溶性溶剂（特别是含黏土多孔介质中的 DNAPLs 的酒精冲洗）所污染的土壤和地下水的修复策略领域基础和应用研究。她使用本量表并在实地规模研究了新技术的可行性和已使用技术的优化。最近，Hayden 博士参与了植物修复和植物性废水处理系统的研究。

PETER KITANIDIS 是斯坦福大学土木与环境工程学系的环境流体力学和水文学教授，同时也是地质与环境科学系（非主要任职学系）的教授。他擅长分析数据、不确定性研究、规模问题，以及描述环境中流量和传输速率的数学模型的开发和实现。他设计了空间分布式水文和水质数据分析方法、地下水模型的标定、可用信息不完整的采样控制策略的优化、地质介质中稀释和混合的研究方法。他撰写或合著了大约 130 篇关于这些主题的论文，是《地球统计学导论》一书的作者。他获得了麻省理工学院的博士学位。

JOEL A. MINTZ 是诺瓦东南大学谢泼德布罗德法律中心的法学教授。在加入该学院之前，他代表联邦政府对危险废物处置场地进行诉讼，这些场所对健康或环境构成迫在眉睫的危险。他在该地区出版了四本书（包括《环境法：案例与问题》）并在许多期刊发表了文章，他被认为是美国环境执法方面的主要权威之一。在美国环境布鲁泰克机构（EPA），由于其值得称赞的工作他获得了一个青铜勋章和一个特别奖，被列入美国名人录、世界名人录、美国法律名人录、南部和西南部名人录、当代作家以及美国学者目录。他从哥伦比亚大学获得学士、法学硕士和法学博士。

JAMES M. PHELAN 是桑迪亚国家实验室的杰出技术人员。自 1983 年加入桑迪亚以来，他参与了环境技术的实验室研究和实地测试，以表征和修复被污染的土壤和地下水。最近，他专注于在土壤和地下水中就地处理炸药，包括生物处理、化学氧化和化学还原技术。他过去有过用空气喷雾和真空萃取处理氯化有机物的经验；采用热增强蒸汽萃取法处理无衬里的垃圾填埋有机废物处理单元和/或处理放射性/混合废物堆填区的技术方案管理。他研究的爆炸物扩展到影响埋地地雷化学传感的环境因素，以及固相能量转移到土壤孔隙水的质量转移。Phelan 先生从加州大学戴维斯分校获得了环境毒理学学士学位，并在科罗拉多州立大学获得环境健康硕士学位。

GARY A. POPE 是得克萨斯大学奥斯汀分校石油和地质系统中心主任，他从 1977 年开始任教。他是德士古石油工程公司的百年主席。在此之前，他曾在壳牌开发公司做过 5 年的生产研究。Pope 博士获得了赖斯大学的化学工程专业的博士学位和俄克拉荷马州立大学的化学工程专业的学士学位。他的教学和研究领域包括源区迁移的化学和热方法、地下水建模、地下水示踪剂、提高采收率、化学热力学、油藏工程和油藏模拟。他撰写或合著了 200 多篇关于这些研究课题的技术论文，并在得克萨斯大学指导了 100 多名研究生。1999 年，波普当选为美国国家工程学院院士，基于他对在多孔介质中进行多相流动和运输的贡献以及这些原则在改善采油和含水层修复方面的应用。

DAVID A . SABATINI 是一位教授，也是太阳公司土木工程和环境科学主席；环境与地下水研究所所长；以及俄克拉荷马州立大学应用表面活性剂研究所副所长。他的研究领域包括地下运移和归趋过程、地下修复技术、环保产品和工艺的发展以及创新的教育方法。他还是表面活性剂公司的合作伙伴，也是苏贝克环境公司的共同创始人和合作伙伴，该公司设计并开发了一种新型的地下修复技术。他曾是《地下水》《污染水文学杂志》《表面活性剂和清洁剂杂志》的主编。Sabatini 博士于伊利诺伊州立大学获得了学士学位，于孟菲斯州立大学获得了硕士学位，于艾奥瓦州立大学获得了博士学位。

THOMAS C. SALE 是科罗拉多州立大学土木工程助理教授和独立咨询水文地质学家。自 1981 年以来，他一直积极参与从地下释放的 NAPLs 的描述和修复工作。20 世纪 80 年代早期，Sale 博士在美国中部的炼油厂使用水驱和水平排水渠进行设计、建造和操作自由产品回收系统。在他任职于 CH2M HILL 的 10 年里，他的主要工作是表征和减轻地下污染物和地下水资源的开发所带来的风险。他目前在美国能源部位于科罗拉多州戈尔登市（溶剂污染）附近的 Rocky Flats 工厂担任顾问，并在美国 6 个主要的炼油厂工作，在那里，移动 NAPLs 回收技术的技术实用性和移动 NAPLs 回收系统的适当修复节点都是问题。Sale 博士获得了科罗拉多州立大学的博士学位，他在亚利桑那大学获得了流域水文学硕士学位并于俄亥俄州迈阿密大学获得了地质学和化学学士学位。

BRENT E. SLEEP 是多伦多大学土木工程教授。他从滑铁卢大学获得了学士学位、硕士学位以及博士学位。Sleep 博士的专长是地下有机物的热处理，特别是通过蒸汽和热空气喷射和热提取。此外，他还对土壤和地下水中溶剂的原位生物修复和原位化学氧化和生物增强进行了研究。他的研究包括在饱和及非饱和土壤系统及裂隙岩中进行实验室规模和中试规模的实验。他还使用同位素对地下的污染物来源进行描述。

JULIE L. WILSON 是俄勒冈州波特兰市 EnviroIssues 公司的高级助理。她有超过 20 年的环境调查、风险评估和工业卫生/健康和安全方面的经验。她管理了多个环境项目，包括现场调查和清理、工业和临床设施的环境审计以及人类健康和生态风险评估，这些项目遍布全国各地，包括超级基金地点、军事设施和私人工业区。她的工作地点包括土地填埋场、带有机污染土壤的场地和地下水以及有沉积物的地方。威尔逊已在俄勒冈州和华盛顿担任指定职位，帮助开发现场调查和清理政策和法规。威尔逊博士是一名合格的工业卫生师，她从密歇根理工大学获得生物学学士学位，她在普渡大学获得了健康物理学硕士学位并于纽约大学获得了环境医学博士（毒理学）博士。

JOHN S. YOUNG 是以色列卫生部食品和营养服务的风险评估和毒理学家。他还在耶路撒冷希伯来大学地球科学研究所担任教职。他曾是汉普郡研究中心的主席，他在那里指导政府资助的风险评估软件系统的开发，以评估受污染的地点和多路径接触杀虫剂的风险，并担任不同污染地点的修复技术顾问。在加入汉普郡之前，他曾在约翰霍普金斯大学环境卫生与公共卫生学院担任教员。Young 博士从乔治敦大学获得心理学学士学位，在布朗大学获得心理学博士学位，在约翰霍普金斯大学和海军医学研究所接受博士后培训。他最近在美国国家管理委员会的小组委员会工作，审查疾病控制和预防中心的最新的放射流行病学表。

KATHERINE L. YURACKO 是 YAHSGS 公司的创始人兼首席执行官，该公司提供技术、分析和管理支持服务，并在物理、工程和生命科学领域进行创新研究。YAHSGS 通过国家卫生研究院、美国国家科学基金会、美国空军和能源部的研究资助，对毒物学和信息技术进行研究。YAHSGS 还提供生命周期分析、价值工程和战略规划的服务，风险分析和风险缓解，创新技术应用分析，管理分析和规划以及环境清理。在创立 YAHSGS 之前，Yuracko 博士是橡树岭国家实验室生命周期分析中心的主任，曾在美国管理和预算办公室和白宫科学技术政策办公室任职，是富布赖特学者。Yuracko 博士从麻省理工学院获得健康物理学和核能工程理学硕士以及核能工程博士，从哈佛大学获得能源与环境政策硕士、物理学学士。

LAURA J. EHLER 是国家研究委员会水科学技术委员会的高级职员。自 1997 年加入国家研究委员会以来，她担任了 11 个委员会的研究主任，其中包括负责审查纽约市流域管理策略的委员会、瑞帕利亚区运作和管理策略委员会，以及土壤和沉积物中污染物的生物可获得性委员会。她从加州理工学院获得学士学位，主修生物学、工程学和应用科学。她在约翰霍普金斯大学获得了硕士和环境工程学博士学位。她的毕业论文为 RP4 质粒在生物膜的假单胞菌群中转移，获得了 1998 年的环境工程教授奖，并获得了最佳博士论文奖。

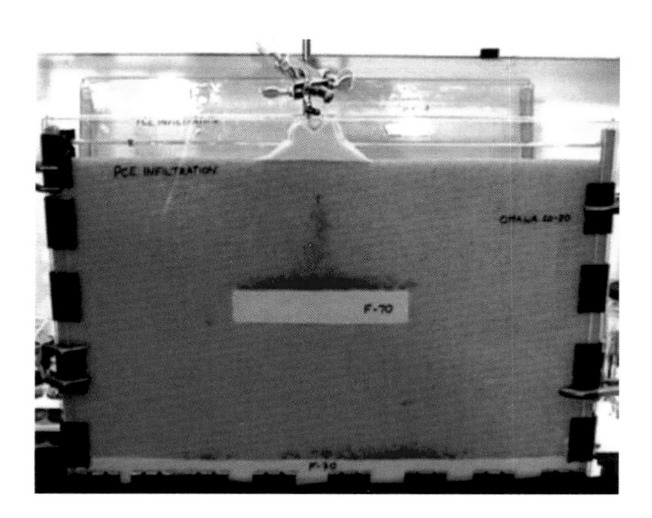

(a) 高界面张力

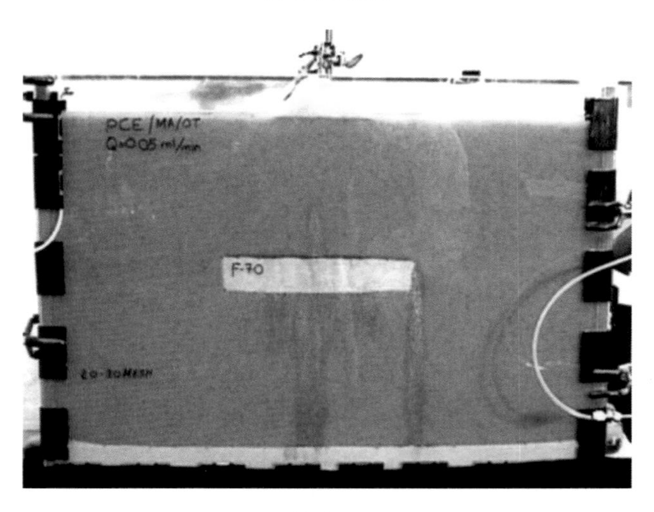

(b) 低界面张力

图 2-11　界面张力（IFT）对 DNAPLs 迁移的影响

注：（a）含水层单元实验（实验单元：60cm 长×35cm 高）的照片和（b）被含有表面活性剂水溶液（IFT 减少至 0.5dyn/cm）饱和的砂土层中的最终分布。

资料来源：Rathfelder 等，经许可转载（2003 年）。©2003 爱思唯尔科学（Elsevier Science）。

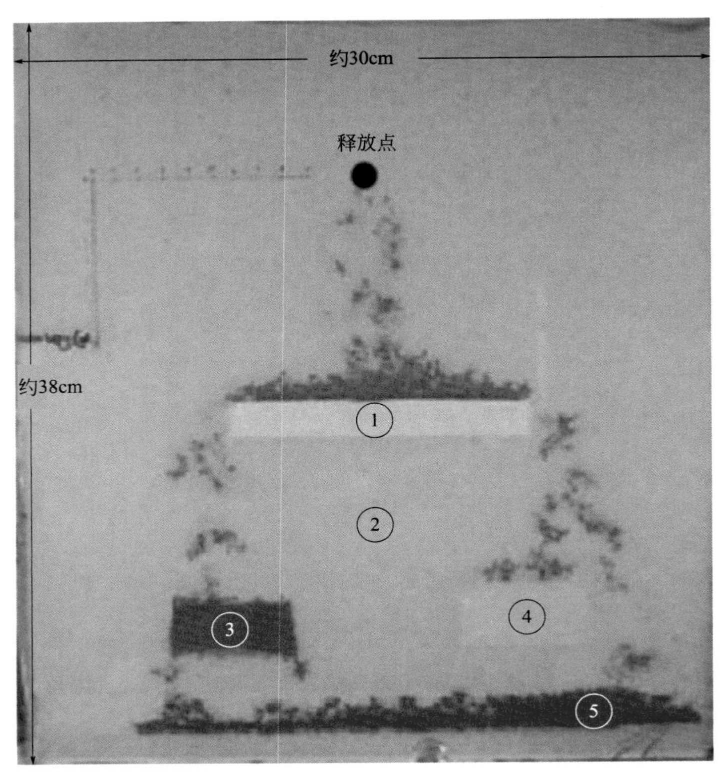

图 2-12　在沙箱中润湿性对四氯乙烯（暗染料）迁移的影响

注：砂子的润湿性和渗透性：①水润湿，$4.7\times10^{-12}m^2$；②水润湿，$4.0\times10^{-10}m^2$；③有机相润湿，$6.4\times10^{-11}m^2$；④水润湿，$6.4\times10^{-11}m^2$；⑤有机相润湿，$4\times10^{-10}m^2$。

资料来源：O'Carroll 等，经许可转载（2004 年）。©2004 年爱思唯尔科学（Elsevier Science）。

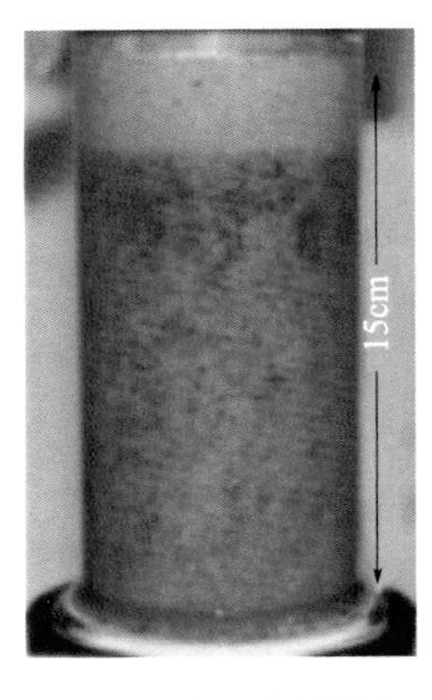

(a) PCE在粗砂中的截留

(b) 来自分级砂中代表性结节

图 2-13　NAPLs 的截留

资料来源：允许转载来自 Powers，et al（1992 年）。©1992 美国地球物理联合会。

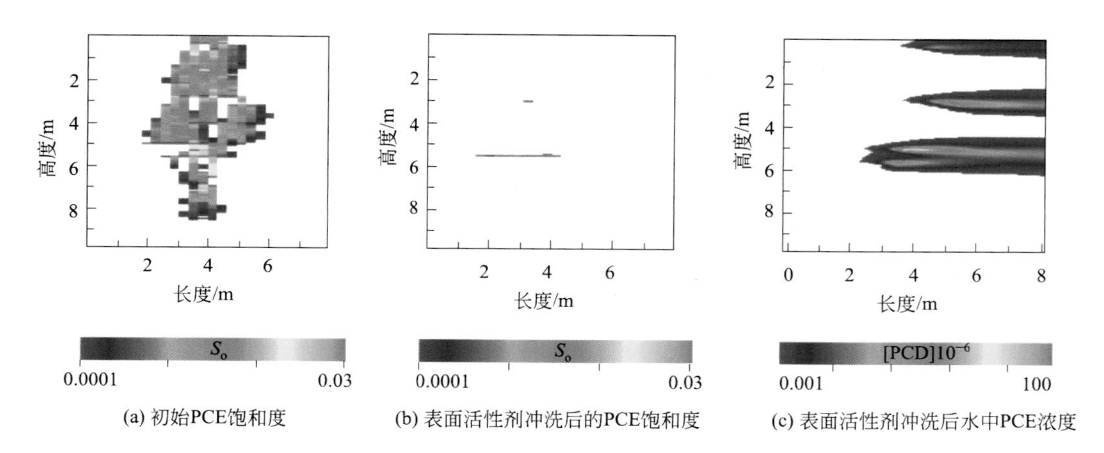

(a) 初始PCE饱和度
(b) 表面活性剂冲洗后的PCE饱和度
(c) 表面活性剂冲洗后水中PCE浓度

图 4-1　PCE 渗透及后续的总量去除行为

资料来源：改编自 Lemke 和 Abriola，2003；Lemke 等，2004。

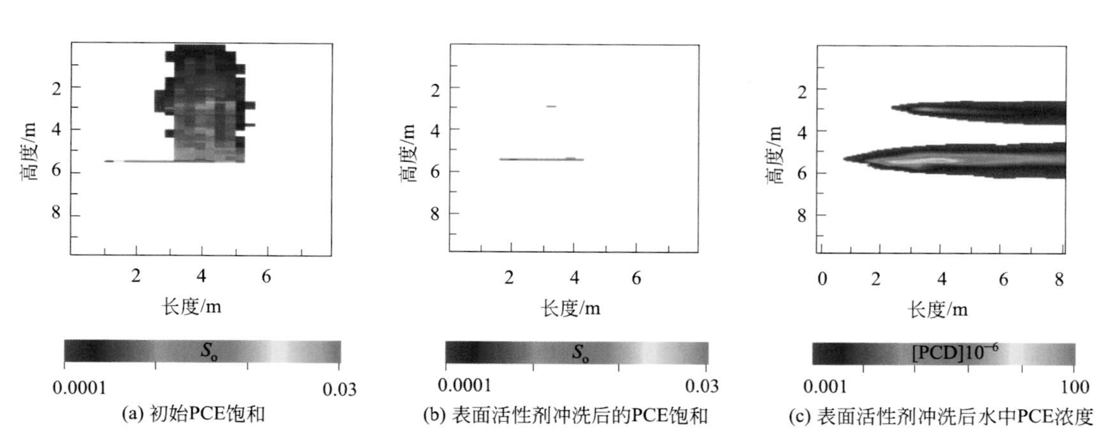

(a) 初始PCE饱和
(b) 表面活性剂冲洗后的PCE饱和
(c) 表面活性剂冲洗后水中PCE浓度

图 4-2　具有大量 PCE 池情况下污染物的渗透及后续的总量去除行为

资料来源：改编自 Lemke 和 Abriola，2003；Lemke 等，2004。

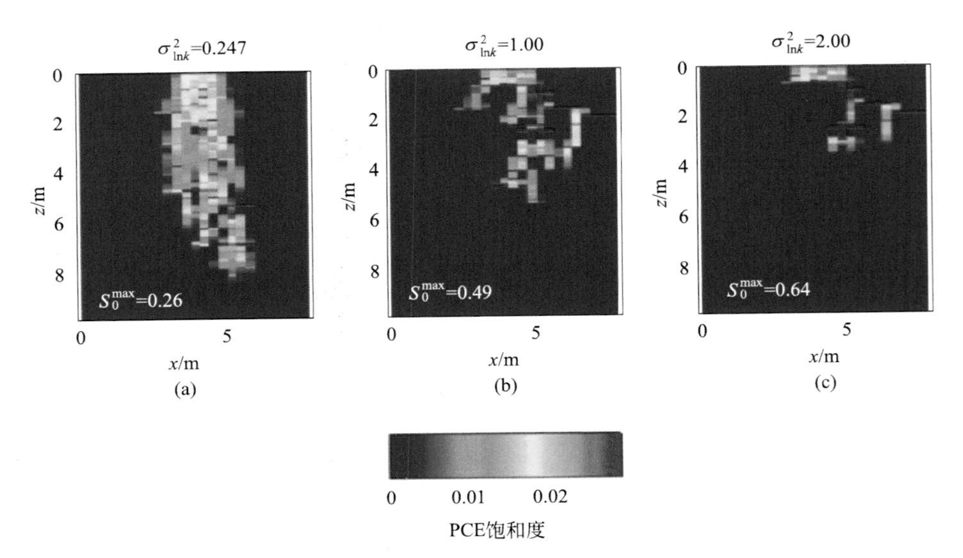

图 4-4　生成 ln$k$ 方差对 PCE 饱和度的影响

注：k＝渗透性。

资料来源：经 Phelan 等（2004）的允许转载。2004 爱思唯尔科学（Elsevier Science）。

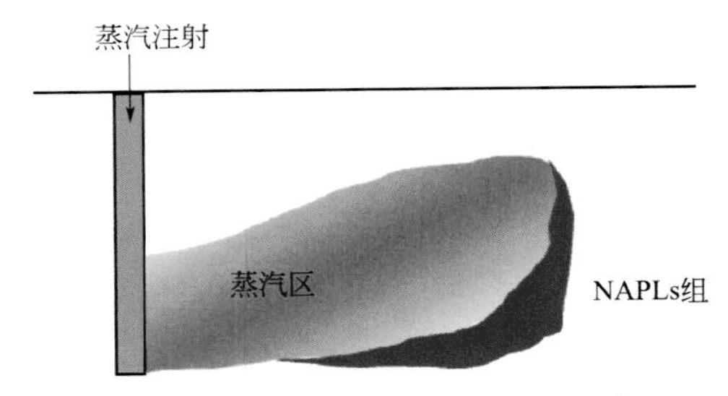

图 5-6　蒸汽区和 NAPLs 组的形成